国家社会科学基金项目

中华孝文化传承与创新研究

李银安　李　明　等◎著

人民出版社

目 录

中 篇 时代要求，立足当下构建新孝道

下 篇 五维支撑，综合施策落实新孝道

绪　论

以古鉴今：从孝"治"天下到孝"资"和谐

这个选题来自于我们的思绪游走于历史与现实之间的一种直觉推理和美好愿望：既然历史上"孝"有助于解决养老敬老问题，它不仅能增进家庭和睦，而且还能促进社会和谐，不仅成就了中华礼仪之邦的美名，还能帮助中华民族以"仁、礼、孝"之精神与文教制度德服天下、协和万邦，而今天我们要建设和谐社会，特别是要解决日益突出的老龄化社会的养老敬老问题，那么"孝"还应当可以发挥作用，至于时代有变，甚至发生了质变，我们相信作适当的扬弃、改造，"孝"是可以完成现代转化而延续它的历史使命的，即使不能达到像历史上所标榜和推崇的以孝"治"天下的令人仰羡的景象，今天我们希望以孝"资"（帮助）建构和谐社会、助推中华民族实现伟大复兴，也应该是一种既有历史支撑又有现实需要的理性之思。这种推理与愿望能否成立和实现，"孝"在历史与现实之间能否联系起来、能否传承接续，乃至于能否创新构建接续传统、服务时代的新孝道，这一选题是否有意义，全在于它是否能得到科学论证、价值认同和现实建构。我们的全部研究工作即围绕这个判断和命题而展开。

一、选题来历、问题导向与研究思路、视角

由于多年来对传统文化的兴趣，及至新世纪初涉及他的核心——"孝"，于是产生了浓厚的学习、研究兴趣。2005 年 11 月，本课题负责人携带论文《孝文化与社会和谐》参加湖北省荆楚文化研究会在湖北省孝感市举办的"中华孝文化理论研讨会"。2006 年 8 月中标主持中央党校调研课题《弘扬创新孝文化，

服务构建和谐社会》。2007 年初，以《"孝"与社会和谐研究》申报国家社科基金课题，6 月，一举中标。如果说此前是兴趣所及和专题学习而无压力甚至轻松欣喜的话，那么对于国家课题，深感"研究"的要求高、责任重，自我压力也越来越大。6 年来，随着学习、思考和研究的深入，面对越来越多的研究成果越发感觉自己学力之不足，面对社会面越来越高的兴孝呼声、越来越浓的兴孝氛围与行动、越来越需要深入深刻的研究，越来越感觉到自己研究的责任更加重大。

回想 6 年前，能找到的"孝"研究资料，虽说以"孝"为话题或涉及孝话题的消息报道和研究文章有千余篇，而以"孝文化"为题的研究论文不过 200篇，以"孝道"为题的则不过百篇，专题著作则见不到 10 部，且资料、观点陈陈相因、语焉不详，鼓吹和研究的热情很高，但研究不深、对策不实、不科学也不系统；如今，学界和社会面，基于对现实"孝"状况不堪的关切，特别是和谐社会建设和养老问题的现实需要，研究孝和兴孝的局面大开，蔚为壮观。社会面兴孝的呼吁不遗余力、声浪持续高涨，兴孝行动迅速而繁多、形式五花八门，特别是从 2007 年 9 月开始的国家层面开展的"道德楷模"评选表彰专设"孝老爱亲"一项，更是引领推动，营造了全社会重孝、兴孝的良好氛围。学界的专题研究著作、文章资料如雨后春笋而出，浩如烟海，实践和研究所及，宽广度和深刻度空前提升，我更是觉得思想不及行动、思考不及借鉴，总希望能看到最新的研究成果与新思路，以至于迟迟难以动笔结题。经过 4 年的资料收集整理、学习消化思考、问卷调研和实地考察及广泛访谈，特别是与同道讨论交流、斟酌咨询结题文案框架，有了研究思路和初步建议想法的时候，加之结题的催促，终于写作了。事实上，时已至此，自己的人生阅历和职业经历也增强了完成这一专题研究的优势。自己为人子 50 年、为人父 28 年，也有对"孝"的亲身体验。作为党校教师，有从事政治理论宣传之责，又有研究传统文化的浓厚兴趣，沉潜反复，也有了自觉游走于主流意识形态与学术研究范式及话语之间的驾驭能力的自信。

唯其如此，加之明了理论决定于现实的需要，也就有了更多的问题意识。思考和研究"孝与社会和谐"，必然涉及诸多理论和现实问题。举其大者，如"人"与"社会"问题、亲情与血缘的问题、父母与子女及代际关系的问题、个人与家庭与单位与组织与社会的问题、赡养善待与孝敬的问题、民族与宗教的问题、血缘与业缘的问题、道德与实践的问题、愿望与实现的问题、理论与实际的问题、家庭家族与国家社会的问题、古与今的问题、城市与乡村的问题、中国与域外的问题、中国与中华文化圈的问题等等。孝的主体是人，"孝"是主题，必须作用于人、作用于"社会"才有价值。即使是限定于"孝之于社会"这一主题，仅限定于政治学研究方向之内，那么，放开思绪，也是问题多多。

其一是孝的普遍性与科学性问题。人类结成社会，虽有矛盾作为前进动力，但永恒追求和谐恐怕不用怀疑，问题是在社会和谐所包括的人自身的和谐、人际和谐、人与社会相和谐以及人与自然相和谐的结构中，"孝"的位置在哪里，能否起作用、起多大的作用、作用好坏如何，"和谐"需要致安宁、得快乐，"孝"能使人安宁、快乐吗？审视世界文明多彩长卷，中华民族和中华文化圈孝道文明一花独放，孝文化蔚为壮观，其他民族虽亦有孝现象，但不足以形成孝文化、孝文明和孝道，那么他们是如何解决养老问题的，域外文明社会不和谐、人们代际之间不快乐吗？进而追问，人类是否天然有孝心、具备孝的天性，也就是孝是否与人的自然属性相关，是否具有生物性、科学性，人类是否有孝基因和孝的遗传基因？"孝"的社会性是否基于人性，是否"发乎情，止乎礼"？设若孝单单是基于社会的价值认同、社会的需要、需求，那么，孝观念是家长、社会的教育灌输获得，还是个人领会悟得，还是家长、社会长辈示范加之个人学习逐渐习成？全社会、全世界是否需要孝道，世人能否普遍尽孝，当前乃至今后能否形成和弘扬新孝道？

其二是孝的代际性承继与转换的问题。人之有代际关系及其能转换，成为孝实现的一个重要条件。人生来为子女，继而为父母，有生老病死，自古皆然，孝才可能成为贯穿代际、促进各方和谐的选项。随着科学的发达与进步，有研究预测，在不久的将来，人类可通过修复基因或更换病坏器官等手段而力争长生不死，有生死才有老小，无死即无老，若如此，必将挑战代际关系的存在和认定，那么，因绝对年龄增大而相对年龄差距甚小的普遍长寿的人们之间还有代际关系吗，如果有，如何认定？人们依靠科学而不担心也不会老死，那么社会还需要养老、扶老、敬老的孝道吗？当然这个问题还不很现实，但也值得在研究中作思考。再者，人们行使孝义务、享受孝权益，实现孝的权利义务代际转换的依据是什么？是权利与义务的对等转换还是以角色转换为标志？转换的时间段在家庭里和社会面大致如何界定？如老人是从60岁还是其他什么时间为标志，享受孝权益？子女是从参加工作取得薪水时还是其他什么时候行使孝养义务？如果说，行使孝义务大致包括经济赡养、生活照料和精神慰藉等三项，那么这些内容能否拆分，时间是否一致，能否分项、分段行使孝义务？

同理，孝权益是否也要或者也可以分项、分段享受？这些追问看似钻牛角尖，实际上，唯有如此厘定，才是可以落实的。

其三是家庭及其变迁的社会意义的问题。无论孝是否起于父系氏族社会晚期，家庭成为社会的细胞则是几千年的定制，人类社会历史上的社会制度无论是奴隶主制还是封建制，都是家长制，皇权也好还是国家权力也好，都是以父权为基础的。孝的义务方都是"子民"——在家为子女，在国为"子民"、"臣子"，在家国同构的传统社会政治体制中，尊长、忠君与孝老是一致的，所以以孝修身、以孝齐家、以孝治国、以孝平天下不仅不矛盾，而且是步步递进的，孝无逃于天地间。在传统社会，个人和家庭是皇权和国家的双重管理对象，所以法有"连坐"、"抄家"、"诛九族"。而在近现代社会、现代国家，社会政治法律意义上的人是作为"人民"和"公民"而存在的，国家与公民的权力义务关系直接对应作为个体的人。法律规定公民人格和权力是平等的，无论是与亲人还是与仇人、也无论是对老人还是非老年人，国家如何从理论和法律上要求一部分公民为另一部分公民行孝、尽孝。从国家层面看，国家与家庭之间的关系及其相互的权利义务关系在法律上是不清楚的，至少在我国还缺乏"公民社会关系法"来定义和规范家庭成员间的权利义务关系。这样，国家层面如何与主要在家庭中发挥作用的孝发生关系就成为问题。古代即有"清官难断家务事"之说，今天，国家就更不能插手"家务事"，视乎"家"外于"国"外。如果国家要介入家庭事务，这就有个法理与方法、路径与边界的问题。这也为当前国家加强对作为家庭成员的公民实施社会管理，提出了一个需填补"法理真空"的问题。

其四是家庭结构、功能变迁的问题。尽管中国社会长期将孝泛化，希望它能成为社会公德，但是孝主要还是作为家庭伦理、家庭美德而存在的。过去，孝是通过家而家族、进而家国同构而泛化的；今天，家庭小型化、少子化、核心化趋势明显，特别是核心家庭、单亲家庭甚至单身家庭的发展，家庭有无，功能如何定位都成为问题。中国近代以来，家族在式微，特别是经过实施30余年并继续执行的计划生育国策后，大家族基本不存在了，至少是在迅速萎缩，家庭"三化"趋势难以逆转。如此情况下，孝如何实现，要不要、可不可以泛化成为现实问题。再说家庭功能，过去家庭是作为生产生活单位二元扭合而存在的，今天这个功能不能说已经消失了，但是至少是在弱化。在农业社会，家庭通过集体经营土地而获得基本生活保障，付出劳力而抚幼养老，代际间养育义务自然转换，孝的权利与义务也自然承继。这里隐含着代际间的权利义务对等原则，尽管被道德化而有所遮蔽，但"理"还凸显其中，所以肖群忠深刻地指出"孝曾经解决了中国人的养老问题"。在某种意义上，古代通过弘扬"孝"，培育和推行"孝道"，形成了解决养老问题的长效机制。今天，家庭的变迁使其作为生产经营的经济单位的功能大大弱化，这对孝有无影响、有多大的影响，还能否通过弘扬孝道来维持或支撑甚或帮助支撑形成解决养老问题的长效机制，也值得研究。

其五是如何认识和构建孝文化体系和孝道制度的问题。孝虽只彰显于东方，但是其历史悠久、内容丰富、意义深厚、德目繁多、规条复杂、体系浩大。两千多年来，研究、实践《孝经》内容的人和著作难以计数；历代记载、表彰孝子、孝行、孝事、孝节的文书和碑文也无法统计；提倡和奖励孝行的人、惩处不孝的事例也难以历数。仅从目前的宣传和研究使用词语看，表达"孝"的不同内容和意义的概念就令人眼花缭乱。单带孝字并用作概念的孝词就不下 100 个，如仅《御定佩文韵府》辑录的"孝词"就有 76 个之多。[①]两千多年前刊定的《孝经》为古代社会各阶层实践弘扬孝道提出了明确的要求，也为孝道理论架构了完整的体系。元代刊定的《二十四孝》也树立了践行孝道的榜样，它们明确地指导和深刻地影响了中国传统社会的孝德实践，是中华民族的道德经典和文化瑰宝。今天我们不能全盘接受，从总体精神上也不能整体继承。因为时代的性质发生了革命性的变化，我们社会主流的意识形态和政治理论体系也是立足于现代文明而建构的。从内容上看，传统孝道确实时过境迁，特别是传统孝道基于帝制和神权的建构，与现代的科学、民主理念本质上不符；从理论形式上看，范畴、概念体系等也是格格不入。作为民族文化的优秀成果和合理理念，中华孝义和传统孝道的合理内容应该也可以包容于现代精神文明及其理论建构之中，但必须经过扬弃。从政治学研究的角度看，我们认为，在概念方面，主要廓清"孝意识"（初发状态的）、"孝观念"（表述状态的）、"孝文化"（文明程度的）、"孝道"（制度、理论体系状态的）几个概念即可。从实践内容扩充和理论体系建构方面看，则不仅仅是要关注孝作为道德和伦理学研究的方面，还要关注孝作为促进代际和谐的社会学向度、社会保障建设的经济学向度、政策法律引导的政治学向度和国家安全与文化软实力建设的传播学向度，如此，才能构成政治学意义上的孝与孝道研究与建设的完整体系，也才具有实践的可操作性。

---

① 陈爱平：《孝说》，重庆大学出版社 2007 年版，第 149 页。

　　要研究和对接古今的"孝"与"孝道",还有如此等等的诸多问题。当然,综合我们的思考和研究,我们立论《"孝"与社会和谐研究》,还是明确地主张弘扬孝文化精华和科学地论证构建"新孝道"以促进社会和谐,这个"新孝道"是扬弃传统"孝"与"孝道",在新的社会实践发展的要求中来构建。做这样的构建,会遇到如上所述的很多问题,但是,最主要的还是现时代需要什么样的孝道和现实社会人们能接受什么样的"孝"与"孝道"的问题。我们还是以两件颇有影响也足以混淆视听的事例来作说明,即汶川大地震后,两个劫后余生的普通人物"范跑跑——范美忠主动挑战孝伦理"和"背妻男——吴加芳宁愿坐牢也不供养父亲",他们相互矛盾甚至自我矛盾的做法与说法,确实值得人们深思沉想。

　　2008年的汶川大地震震惊了世界,也震撼和荡涤着每一个人的心灵。躲过一劫而惊魂未定的重震区的中学教师范美忠,因为不顾学生安危而独自逃生的行为、"不救母亲"的"言说"而被愤怒的人们称为"范跑跑"。范美忠在"Q吧今日话题"发表大地震亲历记《那一刻地动山摇》说:"我是一个追求自由和公正的人,却不是先人后己勇于牺牲自我的人! 在这种生死抉择的瞬间,只有为了我的女儿我才可能考虑牺牲自我,其他的人,哪怕是我的母亲,在这种情况下我也不会管的。"面对媒体他辩解,这或许是我的自我开脱,但我没有丝毫的道德负疚感。在和专家的辩论中,这个北京大学毕业的高材生振振有词地说,我确实有这个目的,就是挑战"孝伦理"。

　　因在汶川大地震后用摩托车背着遇难的妻子去安葬而感动国人的情义汉子吴加芳则被人善意地称为"背妻男",但是在随后的访谈中,因为他"不养父亲"的言论(他说,哪怕他【父亲】告上法庭,我输了官司宁愿坐牢也不供养他),有爱心而无孝心,又引起人们的质疑。虽然他们的个中原因有一定的道理,但是他们一个是主动地挑战"孝伦理",一个是触犯了人们心中的"孝道",挑战做人的基本道德和底线伦理,因而引起了人们极大的争议。这些说明了传统的"孝"和"孝道"遭到了现实挑战。

　　总之,"孝"包括"孝道"在中国是一个历久弥新的话题,是传统社会中国人生活伦理的共同准则,是中华民族成员长期和睦相处、共同发展的文化纽带,是社会和谐的黏合剂,是个人和家庭价值观的基本范畴。从古至今,我们可以很轻松地举出众多令人感奋的孝子、孝行和孝事,也可以为一些比比皆是的令人发指的不孝行为而愤怒。一般说来,读书明理者更能孝敬父母长辈,但是,有的农夫不识一字,甚至是江洋大盗,却很有孝心,有的读书优秀之人甚至官居高位者，却丧失人性，虐待甚至遗弃父母。为什么会这样，最具中国特色的孝文化全貌如何、精髓何在、有无糟粕，"孝"到底价值几何？今天，在社会主义市场经济条件下，"孝"还能振兴弘扬吗？如何兴利除弊？还能创新传承吗？新孝道应当是怎样的，起什么样的作用，如何实施才能真正做到切实可行？这确实是一项浩繁持续的社会工程，也是一项富有挑战性的研究课题。

孝是人类较早产生的一种社会意识。根据马克思主义关于物质与意识关系的基本原理，人的社会意识是社会生活的反映。目前研究孝的起源有两条路线四条路径，一条路线是作自然科学的研究，其中一条路径是作生物学的研究。对此，我们也沿着鲁迅当年所说"单细胞动物有内的努力，积久才会繁复，无脊椎动物有内的努力，积久才会发生脊椎。所以后起的生命，总比以前的更有意义，更近完全，因此也更有价值，更可宝贵；前者的生命，应该牺牲于他"①的思路做过考察，甚至关注当前的基因研究一年有余，至今不能确定孝的生理机理。还有一条路径是作文字学和词源学的"科学"实证研究。据研究，单是孝的字形、字义就有多重意义，如"子承老说"、"男女交媾说"、"'子'搀扶说"等②，不一而足；另一条路线是作社会科学的研究，其中一条路径是作宏大叙事的历史研究，用历史唯物主义认识论从人类社会历史发展规律推论孝的起源；另一路径是作考古和文献的发掘，所谓对孝的物证原出或文献记载作实证考察的研究。

我们认为，能实证当然好，问题是历史久远，孝的遗物之难存、难见，即使如肖群忠所说，"据可靠文献能证明的，孝当产生或大兴于周代，其初始意指尊祖敬宗、报本返初和生儿育女、延续生命。"③"当"和"或"说到底，还是推论。既然如此，我们不妨沿着"有的论者认为"的"孝产生于原始社会末期的父系氏族时代"④的认识路径，作合理的推论。放眼人类社会历史发展，循着中华文明前进足迹和发展脉动，立足于人们因发展社会生产生活而构建文化制度和提升精神追求以延伸生命、提升生存质量，从而形成特色文明的认识路线，也就是遵循马克思主义历史唯物主义认识路线，研究孝在人类社会生活中

①《鲁迅全集》（第一卷），人民文学出版社 1981 年版，第 213 页。
② 肖群忠：《孝与中国文化》，人民出版社 2001 年版，第 11 页。
③ 肖群忠：《孝与中国文化》，人民出版社 2001 年版，第 9 页。
④ 肖群忠：《孝与中国文化》，人民出版社 2001 年版，第 9 页。

的缘起、发展演变和孝文化、孝道的形成、流变与发展、调节人伦关系的功能、和谐家庭与社会的作用、特色文化制度的传承与创新、新孝道的构建，这就是我们的研究视角和路线——政治学视角与历史唯物主义路线。

二、孝文化是中华文明的鲜明特征和基本标识

人类走向文明的一个重要标志是人们拥有道德感、自律心——道德意识、道德观念、伦理规范。人类道德心中的"孝"意识被中华民族发挥到了极致，从孝意识到孝观念提升到孝伦理，创制孝的经典文本和"孝道"制度，成为独具东方特色的孝文化，在东亚和中华文化圈形成了一道鲜明而独特的可用伦理色彩标识的文明。甚至可以说中华传统文明就是以"孝"为基础的政治伦理型文明。传统中国文化在某种意义上，可称为孝的文化；传统中国社会，更是奠基于孝道之上的社会，因而孝道乃是使中华文明区别于古希腊罗马文明、古埃及文明和印度文明的重大文化现象之一。在传统的中国社会与文化中，孝道实具有根源性、原发性、综合性，是中国文化的一个核心观念与首要文化精神，是中国文化的显著特色之一。[①]她支撑、维系中华文明数千年，历史和地域影响所及，也为中华文化圈烙上了鲜明而深刻的道德色彩印记，在某种意义上可以说，孝是东方文明的基础色调和凝固剂，是东方文明的内核。虽然不能说世界上其他文明区域没有养、敬、爱父母的伦理观念，但世界上还没有哪个民族的文化像中国的文化这样，把孝道提到如此重要的地位上，也没有哪个民族像中国人如此重视孝道。（朝鲜民族孝文化的发生和当代韩国弘扬孝道的情况，本著上篇第二章第四节有专门论述）。

（一）中华"孝"之特色

"孝"是最具中国特色的传统文化，是中国社会长期稳定的黏合剂，中华文明的深层底蕴，也是东方文明的突出标识。它是维系中华民族团结稳定的文化纽带，对中华文明的长期赓续发挥了巨大的作用。孝文化是中华民族传统的和谐文化，研究"孝与社会和谐"就抓住了传统中华文化和东方文明的根本。

其一，从有代表性的人物的评价看，中华孝文化最具世界特色。如中国民主革命先行者孙中山在其《三民主义·民族主义》中指出的："《孝经》所

---

① 刘少峰：《探寻孝文化对青少年人格形成的路径》。

言的孝字，几乎无所不包，无所不至，现在世界上最文明的国家，讲到孝字，还没有像中国讲的这么完全"。①世界著名哲学家黑格尔甚至感叹："中国纯粹建筑在这一种道德结合上，国家的特性便是客观的'家庭孝敬'，中国人把自己看作是属于他们的家庭的，而同时又是国家的儿女"。②西方著名思想家马克斯·韦伯曾把中国儒家伦理与西方基督教做过比较分析后说，中国人"所有人际关系都以'孝'为原则。"③这些说明，"孝不仅在中国文化中有其广泛的文化综合意义，它不仅是一种亲子间的伦理价值观念与规范，而且包含着宗教的、哲学的、政治的、法律的、教育的、民俗的、艺术的等诸多文化意蕴，可以说是中国文化的一个核心观念与首要文化精神，是中国文化的显著特色之一。"④

其二，从孝的中国起源看，孝是中华传统社会构建人伦和谐的核心理念。孝意识是人的社会属性的起源之一。随着社会生产力的发展，私有制产生，原始低级的社会和谐局面被打破，氏族部落社会向在个体家庭和血缘家族基础上构建的宗法社会转变。作为社会组织细胞的家庭，其内部权利义务关系逐渐形成，维持个体家庭、血缘家族和宗法社会和谐的新伦理要求被提出。正是私有制的产生，世界各文明于此具有以血缘关系来组织社会关系的共性，也正是因为私有制的发展，它所要求的社会组织方式容许多样性，东西方文明的衍生路径也开始分途：西方早期文明社会、西亚北非文明社会的商贸文明较东方社会更为发展，其氏族血缘关系解体较东方社会更为充分，逐步确立了以财产权为核心的社会关系，保障这一基本利益关系的财产法律制度也较早出现且较东方更为完善，如巴比伦的《汉摩拉比法典》，西方通过建立资本主义制度进一步演变为法治为重的社会；以中国为中心的东方社会以血缘关系构建社会关系的传统带入阶级社会甚至当今社会，或者说血缘关系在东方世界解体不充分，反而完善和巩固了以人伦为中心的社会关系和组织体系，形成了一种典型的政治伦理型的文明。孝文化在东方社会持续发酵，在经验型的农耕社会，长者成为家庭的中心，长慈幼孝成为家庭伦理的核心，因家国同构的组织和政权体系的推行，"国家"政策鼓励孝行，建构以忠孝为核心的主流意识形态，特别是立

① 孙中山：《孙中山选集》，人民出版社1956年版，第649页。
② 黑格尔：《历史哲学》，上海人民出版社1990年版，第232页。
③ 参见马克斯·韦伯著，王荣芬译：《中国的宗教：儒教与道教》，商务印书馆1999年版，第207—209页。
④ 肖群忠：《孝与中国文化》，人民出版社2001年版，第3页。

法惩治"非孝"行为，孝的基本理念、行为规范和制度体系——孝道在全社会逐步形成。"孝"的表现是善事父母，而孝道的实质是强调尊长敬老，这样的孝文化就成为中国和中华文化圈的道德核心和文明特征。

其三，从发展与作用方面看，"孝"是中国特色"和合文化"的核心。周公制礼以来，强调以"德"特别是"孝"来协调和谐各方面的关系，传统中华文明逐步成熟定型、披上了一层"温情脉脉的道德面纱"，"孝"的理念在血缘关系、一般社会关系、政治关系三大系统中不断延伸与扩展：首先是把对父母纯朴的"孝"延伸为兄弟间的"孝悌"，继而把孝延伸到亲戚血缘关系中，从家庭扩展到血缘家族再推衍到全社会，最后是把孝悌从人际关系领域延伸到政治关系领域，这样，道德规范要求与宗法专制统治相结合，伦理与政治高度统一，整个社会以忠为经以孝为纬被编织成为一张力求一团和气、力争和睦相处的巨大人情网。汉代及后世标榜与实践"以孝治天下"，给中国社会发展和中华文明演进打上了深深的烙印。①

其四，从中华民族的"行孝"实践看，孝文化成为礼仪之邦的突出标识。孝的文化历来受到全社会的推崇，孝敬父母、显亲扬名、忠孝节义成为人们普遍的价值追求。行孝成为美德之首、立身之本、齐家之宝、治国之道。孝道的盛行，培养了人们的责任、忠诚和顺从意识，净化了民风，同时理顺了人际关系，调整着复杂的社会关系，稳定着"国家"秩序。②自汉以后，统治者大力倡导孝行，宣扬孝义，褒奖孝德之人，《孝经》更是将孝义确定化、孝德模式化、孝行极端化、孝道神圣化、孝文化系统化。这在客观上顺应和增强了孝义的人民性，使得孝植根于民族的土壤之中。由于历代主流社会长期持续的推广和弘扬孝德、孝道和孝行，使得中国成为东方礼仪之邦的代表。

其五，中华民族为人类进步作出的精神与文化制度性贡献，以创造孝文化最为典型。就维系社会伦理与人际精神生活而言，中国传统文化的要义集中在"仁"、"礼"、"孝"三个方面。事实上，对传统孝文化的形成和发展应该放到中国古代社会以耕种为主的农业生产的自然经济、以家国同构的家长式统治为主的集权政治、以儒家的思想道德为主强调和谐一统的封建文化以及以耕读传家聚族而居的田园牧歌式的乡村生活的历史背景中去考察。中国古代把"孝"法律化、制度化，人民群众的日常生活也与"孝"息息相关，

---

① 李银安：《创新弘扬孝文化与构建社会主义和谐社会》，《党政干部论坛》2006年第4期。
② 李银安：《创新弘扬孝文化与构建社会主义和谐社会》，《党政干部论坛》2006年第4期。

孝文化包含了亲亲、爱人、爱家、爱国和注重品德修养等内容，形成了尊《孝经》、褒孝子、举孝廉、惩不孝的弘孝机制，培育了平和的处世态度、社会心理，养成了仁爱敦厚、内敛隐忍、温顺守礼、热爱和平、崇尚个人修养的性格特征。

其六，从作用和效果看，中华孝文化倡导"侍亲睦邻"，也确实促进了全社会的和谐稳定，进而促进了中华各民族的大团结，具有强大的民族凝聚力。孝文化社会稳定作用首先表现为以孝事亲，维护家庭的和谐，再由家及世、推己及人，促进形成团结和睦的人际关系，从而促进了社会的和谐稳定。①孝孕育了中华民族共同的文化心理，成为维系中华各民族大团结的文化纽带。孝文化是塑造中华民族心理和中国国民性格的重要因素，成为区别于其他民族的显著特征，培养了中国人民强烈的爱国主义情感，孝文化主张爱亲爱人、爱家爱族、爱乡爱国，孝是爱国心的根源，通过地缘和血缘，立体地符合人伦地构建和塑造了中华民族以爱国主义为核心的伟大民族精神。

（二）独特之中华孝义，所从何来？

孔子说："夫孝，天之经也，地之义也，民之行也。"孝果真如此吗？这话得分开来理解。事实上，直至目前的科学研究，我们还不能证明孝亲是人的自然属性，所谓"乌鸦反哺"等说法只是人为的比赋。可见"孝"并不是天经地义的。那么，孝是否为民之行呢？考察、明确"孝"的社会属性，我们认为，诚哉斯言。

1."孝"是人的社会属性，是人类血缘亲爱和人伦和谐需要的产物。

一般地说，人类最初级和最基本的代际伦理表现是"亲亲"——基于爱的血缘亲情表现，所以孔子说"父子之道，天性也。"孔子这里的"道"就是"孝"。"孝"发端于父系社会形成之初。由于血缘关系产生的亲子代际伦理关系和个体家庭形成，人类的孝行为和孝意识就此产生。正是随着社会生产力的发展，私有财产大量出现，原始社会氏族部落开始瓦解，个体家庭开始形成并成为基本的社会生产、生活单位，与此相联系，家庭内部权利义务关系逐渐形成。为了家庭的生存和延续，父母有抚养子女的义务，也有权支配子女；子女对父母则应尊敬和服从，父母年老体弱时子女作为回报应尽赡养的义务。原始低级的社会和谐局面被打破，新的维持家庭、族群、社会和谐的要求被提出，

---

① 刘燕凌：《儒家孝文化与和谐社会的建设》，《江苏省社会主义学院学报》2011 年第2 期。

孝的思想观念及行为由此产生。从这个意义上说，人类社会的孝行为、孝意识是同源发生的。"孝"自产生到发展流变，有多方面的意义与要求，但最为突出的是"善事父母"，其实质要求是养亲、尊长、敬老。①

2.孝在不同民族呈现出流变消长的历史图景。

随着以生产方式转变为核心的世界各大民族及各大文明区域的社会发展模式的变革，中外文明路径开始分途：以中国为中心的东方社会，农耕文明逐步兴起、成熟以致烂熟并得以坚持和扩散，因此在氏族向家庭乃至家族转换的过程中，血缘关系解体不仅不充分，而且完善、扩散和巩固形成了以人伦为中心的社会关系。在经验型的农耕社会，长者成为家庭的中心，长慈幼孝成为家庭伦理的核心，因家国同构——国是家的放大、家是国的缩小，统治者极力鼓励兴孝并立法惩治"非孝"，孝的思想观念以及与之相适应的行为规范得以泛化和强化，形成了以伦理道德和人治化的政治为主调节社会关系的传统，从而独具东方特色的"孝文化"和"孝道"在全社会逐步形成并得以强化；而在西方社会包括西亚文明区域，以商贸为主的生产方式的兴起，其氏族血缘关系解体较为充分，家庭虽依然存在，但在全社会逐步确立了以财产权为核心的社会关系，形成了以法律和制度化的政治为主调节社会关系的传统，原有的孝意识也就没能发展成"孝文化"，更谈不上形成"孝道"了。

3.中华传统孝义、孝文化、孝道的形成、衍伸、固化与拓展。

汉字"孝"最早见于殷商甲骨文，从字的结构来看，是"子承老"的意思。汉代许慎认为"善事父母者为孝"。作为一种文化现象，中华孝文化是以一种成型的思想观念出现的。《周礼》将"孝、友、睦、姻、任、恤"称为人之六行。随着"孝"的发展与延伸，孝文化形成并成为中国特色"和合"文明的核心。周公制礼以来，传统中华文明逐步走向成熟定型并披上一层"温情脉脉的道德面纱"。春秋时期，孔孟儒学兴起，提出仁义思想，"仁之实，事亲是也；义之实，从兄是也"。《论语》中提出了孝的具体伦理道德规范，如"生，事之以礼；死，葬之以礼，祭之以礼。"《孝经》集成后，孝传天下，教化民众，使人们确信"夫孝，天之经，地之义，人之行也"。汉武帝时"罢黜百家，独尊儒术"，以儒家思想为正统，将儒家道德观念和伦理规范神圣化为"天志"，在此基础上又提出"三纲""五常"说，"孝"最终成为中国封建社会最

① 李银安：《创新弘扬孝文化与构建社会主义和谐社会》，《党政干部论坛》2006年第4期。

基础的道德原则和规范。^①

孝的含义也在中国宗法封建专制的社会关系中不断延伸与扩展：首先是把对父母纯朴的孝亲延伸为家庭孝悌，继而把孝延伸到血缘亲戚、家族关系中，进而从家庭、家族扩展到社会，最后是把孝悌从人际关系领域延伸到政治关系领域，道德规范要求与专制统治结合，孝达到了伦理与政治的高度统一。这样孝在血缘伦理关系、一般社会关系、政治关系三大系统中得到生动体现，形成了独具中华特色的"孝文化"。汉代及其以后，孝的内涵已经相当完整、系统，宋明时期，程朱理学进一步提出"宇宙之间一理而已"，"三纲五常"都是理的表现。^②由此，正统的固化的孝观念、孝行为和规范——孝文化上升为"孝道"。

（三）中华孝文化，精华何在？

"孝"是最具中国特色的传统文化内容，是中国社会长期稳定的黏合剂，是中华文明的深层底蕴，也是东方文明的突出标识。我们把一切关于孝的思想观念、行为规范、文艺作品以及相关的民风民俗等统称为孝文化。孝文化作为中华民族的共同文化纽带、良好道德规范，它宣扬人性的真、善、美品质，塑造了中华民族精神和国民品格。长期以来"孝"成为中国人的美德之首、立身之本、齐家之宝、治国之道，对伟大中华文明的赓续发挥了巨大作用。

1."孝"是中华优秀传统文化的逻辑起点。

孝文化是中国传统文化中内涵最深、包容最广、绵延最长、最有渗透融通力的文化系统。从行为上说，孝文化的精华包含了诸如文明礼貌、尊敬父母、友爱兄弟、家庭和睦、尊师敬贤、尊长爱幼、同情弱小、扶危济困、热爱人民、热爱祖国、不畏困难、奋发有为等美德范畴。从内容上来说，孝文化包括了敬、信、诚、慈、善、恭、和、让、礼、谦、宽、贞、廉、直、俭等美德范畴。这些美德范畴，以今天的眼光看来涉及个人品德、家庭美德、职业道德、社会公德各方面，都是中国特色社会主义道德观念和伦理规范建设的重要内容。因此孝文化不只从属于封建社会，建设中国特色社会主义也需要"孝"，孝文化的精华内容也是中国特色社会主义先进文化不可缺少的重要组成部分。^③

---

① 李银安：《创新弘扬孝文化与构建社会主义和谐社会》，《党政干部论坛》2006 年第 4 期。

② 李银安：《创新弘扬孝文化与构建社会主义和谐社会》，《党政干部论坛》2006 年第 4 期。

③ 李银安：《创新弘扬孝文化与构建社会主义和谐社会》，《党政干部论坛》2006 年第 4 期。

2. 孝具有塑造华人人格的广泛性和实践性品格。

孝的强大的作用突出表现在维护家庭的稳定和谐。父母子女关系是家庭的基本关系，上慈下孝是家庭最基本伦理规范，它能保证子女在父母的关爱下健康成长，父母在子女的赡养下安度晚年，维护着家庭关系的稳定。而家庭是社会的细胞，家庭的稳定促进社会的稳定。传统孝文化极力倡导"侍亲睦邻"，促进了全社会的和谐稳定。行孝首先表现为以孝事亲，维护家庭的和谐，再由家及世、推己及人，促进形成团结和睦的人际关系，从而促进了社会的和谐稳定。中华民族孝亲敬老的道德观念不仅存在于广大人民群众之中，而且就像血溶于骨髓一样溶于民族意识，成为一种社会公德乃至美德，被社会所公认和奉行。"孝亲"意识的长期延续，形成了中国从古至今的传统社会心理，养成了中华民族仁爱敦厚、守礼温顺、热爱和平、崇尚个人修养的性格特征，其有利和不利的方面都是显而易见的。积极的方面是孝文化包含的亲亲、爱人、爱家、爱国和注重品德修养等；消极的方面是形成了人们绝对服从的奴性，个人权利与自由意识淡漠和缺乏勇于创新、冒险进取的精神。[1] 传统孝文化在担纲中国农耕社会精神文明主旋律的过程中，无疑会包含一些封建性糟粕，如强调"无违"、无条件地服从、等级观念和愚孝等非理性因素，形成并强化人们绝对服从的奴性，特别是宋代及其以后的封建统治者将孝义确定化、孝德模式化、孝行极端化、孝道神圣化、孝文化系统化，将"孝"泛化，极大地制约和抑制了中华民族的活力、创造力。这些正是我们创新孝文化时应当克服和规避的。

3. 孝成为中华民族东方礼仪之邦、和乐文明的标识。

中华民族为人类文明作出的历史贡献，以创造独具东方特色的孝文化最为典型。历代统治者力倡孝行，宣扬孝义，褒奖百姓之中有孝德之人，并且把孝作为选拔和考核官吏的重要标准，乃至将孝制度化、法律化。这在客观上进一步加深和加强了孝义的人民性，使得孝普及到民族的每一个角落，植根于民族的土壤之中。孝德、孝道和孝行的长期持续的推广和弘扬，使中华民族和中国社会成为东方讲礼仪、求和乐的文明之邦的代表。[2] 黑格尔在《历史哲学》《东方世界·中国》中认为："中国纯粹建立在这种道德的结合上，国家特性便是

---

[1] 刘燕凌：《儒家孝文化与和谐社会的建设》，《江苏省社会主义学院学报》2011年第2期。
[2] 李银安：《创新弘扬孝文化与构建社会主义和谐社会》，《党政干部论坛》2006年第4期。

客观的'家庭孝敬'，中国人把自己看作是属于他们家庭的，而同时又是国家的儿女。"马克斯·韦伯曾把中国儒家伦理与西方基督教伦理做过比较分析，他认为中国人"所有人际关系都以'孝'为原则"。可见，孝是中华文明区别于其他文明的重要标识之一。

当然，传统孝文化在担纲中国农耕社会精神文明主旋律的过程中，主要是受宗法封建专制国家上层和封建士大夫阶层推崇和推动而成为主流意识形态的，无可避免地包含了一些如前所述的封建性糟粕，如强调"天意"、"神明"的精神信仰和实践上的迷信等非理性因素，形成并强化了人们绝对服从"神权、皇权、族权、父权、夫权"的精神和生活行为桎梏，对此，我们在传承、弘扬和创新孝文化，建设社会主义和谐社会的进程中构建新孝道时必须着力克服和彻底抛弃。

三、在建设社会主义和谐社会进程中构建新孝道

2012 年 6 月，《老年人权益保障法》修订草案新增了"常回家看看"内容，引起社会热议。8 月 13 日，有关方面发布"新 24 孝"行动标准，包括"教父母学会上网"、"为父母购买合适的保险"等与现代生活紧密结合的行动准则，"支持单身父母再婚"、"仔细聆听父母的往事"等观念突破和对老年人的心理关怀，又引起广泛关注和争论。网上多数人为之叫好并对照反思自己做得不够、如何做得更好；少数人则苦诉如何不易做到，更有人纠结这是"标准"还是号召，甚至质疑、抵触兴孝。12 月 28 日，《中华人民共和国老年人权益保障法》以国家主席令发布，法定今后每年 9 月 9 日为"老年节"，固化了"常回家看看"等内容，体现了中华传统美德"孝"的基本精神——敬老、养老、助老，但全文没有出现一个"孝"字。2013 年 1 月 19 日《人民日报》配合全文发布《老年人权益保障法》，整版刊登"讲文明树新风"公益广告，宣传"中华美德孝当先，为人尽孝记心间"，在两双手搭建的"家"中突出彰显一个大大的"孝"字。在社会生活面，多年来每到"重阳""春节"，关于"家、老、孝"的热议总是纠结着社会和人心。由此看来，在市场化取向日益深化和社会老龄化加剧的今天，兴孝是大势所趋，但是在认识和实践上又有一定难度。对"孝"、"兴孝"和"行孝"，究竟应如何认识、如何促进、如何落实，笔者试作探讨。

（一）孝之于当下，为何会纠结？

面向全社会号召弘扬、创新和实践"孝"这一中华民族传统美德，为什么

还会有人纠结呢？笔者多年学习研究孝文化并在生活中悉心体验和实践，深感"孝"之凝重。

1. 深层呼唤与高端回应相契合，"孝"得以传承光大在当代面临机遇。

伴随着加快推进现代化建设、全面奔小康的脚步，中国社会的老龄化问题也不期而至，"孝"这一中华民族的文化基因又被激活，人们惊喜地发现中华民族孝心犹存，"孝"或许可以有所作为。由此，"孝"这一被主流社会弘扬了两千多年又被边缘化了近百年的中华民族文化底蕴，在当代或许迎来了得以传承光大的历史际遇。孝在中国古代社会，乃至在今天的百姓家庭生活中，从来就没有被遗忘，而是作为我们民族的文化血脉深层浸润着百姓的心田。2001 年春节习仲勋的夫人齐心在与时任福建省省委副书记、福建省省长的儿子习近平通电话时，谆谆告诫"只要你把工作搞好了，就是对爸爸妈妈最大的孝心"，并进一步说明"这就是对家里负责，对自己负责，这都是一致的。"2011 年中共十七届六中全会做出的"决定"明确阐明"中国共产党是中国优秀传统文化的忠实传承者和弘扬者，是中国先进文化的积极倡导者和发展者。"从理论上彻底接通了中国古今思想文化的精髓。2013 年 3 月 28 日，李克强总理在江苏省江阴市新桥镇考察调研时，听到一位农民工说他们小两口每月将打工收入的一半寄给在老家的父母时，称赞说"你这是在尽孝道"。如此这些，足以说明，弘扬孝道这一中华民族文化精华的深层呼唤得到了党和政府的高端回应。

《说文解字》解"善事父母者为孝"。"孝"深藏于中国人心底，是一桩人们终其一生都想去做、都在做但又自认没有做好的事。对每个人来说，孝是一笔良心账，孝敬父母天经地义，但人与人之间的认识和实践反差巨大。对于家庭言传身教好、个人道德品质良、生活环境风气正的多数人来说，兴孝、行孝再简单不过了，几乎与知识程度、政治态度、经济和能力等无关，大家孝心无异，只是孝行的方式和程度有差别。至于少数根本不讲孝道、虐待父母、欺老作恶的人和事历代都有，但都受到全社会的道德谴责或法律严惩。总体说来，中国人曾因讲究一个"孝"字，解决了整个民族几千年的养老问题，也创造了特色鲜明而延绵不绝的中华文明。应对当今社会和家庭急剧变革的挑战，建设和谐幸福家庭，引导世风健康发展，促进社会总体和谐，也确实需要并且已经在大力弘扬和实践"孝亲敬老"美德。"孝"这一融入中华民族文化血脉并不绝传承的优秀基因，在当代面临激活、光大的机遇，找到了继续发挥独特作用的舞台。但是，毕竟时代大不相同，我们与"孝"也久违了。今天要兴孝，我们确实面临一系列认识和现实问题。

2. 今日号召全民"兴孝"不容易。

在中华民族历史上，在中国文化传统中，在人们日常生活里，孝的分量极重、不可或缺、作用巨大，但是，长时期以来，在我们党和新中国的意识形态中，在当今主流价值意义系统和话语体系甚至现代伦理规范中，她并不占重要位置。"孝"这一传统文化的核心价值，在穿越中国近现代乃至当代社会的时空隧道接受洗礼的过程中，如同黑夜中的黑衣人，人们知道她存在，但又不是很清楚，也没有人刻意去一探究竟，但是一旦有关于她的动静，总能引起人们的一片惊呼和广泛的议论，最终又因不甚了了而归于沉寂。现在号召兴孝需要宣传发动，但要切实达到一呼百应的效果，还需要作深层次理性思考，不仅要提高认识，还要设计制度、建立机制、出台措施，最终落实到每一个人的实际行动上，以孝心驱动孝行，以孝行体现孝心，知行合一，自觉实践。实践上要做到全民兴孝更不容易，因为"孝"意味着责任、义务和担当，又与情感、意愿、能力、条件等相联系，关乎全社会和每一个人，是一项需要社会各方面支持、亿万家庭共同努力，全民积极亲为实践的宏大系统工程。

3. 兴孝之难，确有社会面的客观原因。

一是历史上的孝道大兴与当今的兴孝呼唤之间相隔已久，时间消磨了人们对孝的厚重记忆与责任担当。近代以来，中国社会被迫转型，先进的人们向西方寻得"科学"与"民主"作为救国真理，返身"打倒孔家店"，清算以忠孝为核心的封建正统思想道德并与之决裂；革命战争年代和计划体制时期，革命的意识形态影响、阶级斗争的思维方式惯性、"同传统观念作最彻底的决裂"、"大义灭亲"、"打倒孝子贤孙"和"破四旧"的号召与实践、"舍小家顾大家"的错位价值导向；当今市场经济体制下的能力本位和竞争取向等，都使得"孝"被边缘化和贬义化，因此要客观看待社会面"孝"意识淡漠的现实，要想兴孝、弘孝还需要做纠正认识偏差和激活孝的正面意义的大量工作。二是时代的质变特别是市场经济条件下的价值取向和现代生活压力确实增加了行孝难度，现代生产方式的发展变化引起社会组织方式、就业方式、生活方式、价值追求、权利义务观念的变化。就社会主导层面讲，提倡兴孝需要有充分的理论论证、强大的宣传引导、较为成熟的实践经验总结和系统务实的制度安排以及强有力的推进机制。事实上，目前包括"新24孝标准"在内的关于"兴孝"的种种举措，既没有体现较为充分的理论支撑，也没能充分考虑实践层面的制度、机制和措施配套。也就是说，"孝"在理论上还没有完成返本开新任务，实现中华孝义的现代转换；实践上还没有达到创新总结的程度，探索出有效的现代孝行推广机制。

这就需要我们深刻揭示、正确阐释、大力弘扬和切实创新中华孝文化，加强道德建设、社会保障建设、政策法律引导、和谐代际关系建设和国家文化软实力建设，多维度支撑构建新孝道，激扬"孝亲敬老"社会风尚，以促进解决养老、敬老现实问题，助推和谐社会建设。

（二）传统与现代，"孝"如何对接？

五四运动以来，"孝"长期被赋予了贬义，被视为中国传统文化中封建糟粕的代表。新中国成立后，受"革命型"意识形态的影响，特别是历经文化大革命十年浩劫，孝文化曾一度被等同于封建余孽，遭到全盘否定。尽管孝文化也包含了一些封建性糟粕，但我们更应该看到，孝文化奠定了中华民族传统伦理道德的基础，包含了可贵的精华内容，已经融入中华民族精神之中。[1]孝文化在今天仍然具有极强的道德教育和精神激励作用。

1. 弘扬创新孝文化，融入社会主义精神文明，促进构建和谐社会。

当今中国正处于社会转型的关键时期，时代需要我们发展社会主义先进文化，尽快构建适应社会主义市场经济体制的道德体系。在文化建设中，党中央也强调要继承和发扬中华民族优良道德传统。中华孝文化具有极强的道德教育和精神激励作用。孝亲敬老是中华民族伦理的主旋律，它倡导对人类富于爱心、对他人充满敬意、对亲人始终行孝，我们应当将"孝"纳入现代伦理范畴，将人道主义、集体主义、法治精神统一起来，将以孝立身、增强党性与以德治国、依法治国相结合，做到尊老爱幼、和睦邻里、协和人际关系，从而促进社会总体和谐。当今中国快速步入老年型社会，空巢家庭日益增多，特别是农村"三留守人员"（留守老人、留守妇女、留守儿童）问题突出，社会保障机制尚未健全，老年人生活甚至生存环境堪忧，因此，弘扬传统孝文化精华、构建新孝道，促进养老、敬老和社会和谐，已经成为社会建设，特别是社会主义新农村建设的一项重要而紧迫的任务。更为重要的是，随着我国社会组织形式、就业结构、社会结构的变革加快，在当代家庭小型化、家族观念淡化、人口高度流动、资讯高度发达而人际交流相对缺乏的状态下，如何建立和完善孝亲敬老的实现形式。当前，应以建设社会主义新农村、解决老龄化社会问题、构建社会主义和谐社会为针对性，探索通过巩固家庭和谐进而促进社会总体和

---

[1] 李银安：《创新弘扬孝文化与构建社会主义和谐社会》，《党政干部论坛》2006年第4期。

谐的多种实现形式和长效机制等。[①]

2. 全面、正确地认识党的理论和党员道德与"孝"的关系。

中国共产党是中华优秀传统文化的忠实继承者和传承者。弘扬并身体力行中华优秀孝文化与保持党的先进性是一致性的。在中国共产党人的理论与实践中，忠、孝与党性是相互依存的辩证统一关系。忠于人民、忠于国家、忠于党的事业是关键，而孝是忠的根本和前提。长期以来，共产党员是行孝的模范，将忠、孝观结合起来，首先做到在家孝敬父母，然后移小孝为大孝，于国家社会做到忠于人民、忠于祖国、忠于党的事业。无论在革命年代还是建设年代，党组织鼓励战友和同志为事业尽忠之时不忘给父母及家人捎个信，及时安排探亲尽孝，极大地鼓励了同志们的革命热情和奋斗精神。毛泽东同志在母亲逝世后写的《祭母文》、朱德写的《母亲的回忆》都惊天动地，感人至深。新中国成立后，党领导人民制定的宪法以及各种法律对"孝敬父母，尊老爱幼"都有明确规定。1959年毛泽东同志回韶山到母亲坟前三叩首，以示尽孝与怀念。当然，自古也有基于忠君爱国和民族大义等而"忠孝不能两全"的说法和事例，在我们党和国家的发展奋斗历史上也有这样的情况，为着组织纪律、事业整体利益而"先人后己"、"大义灭亲"、"舍小家顾大家"等，这些也只是在特殊情况下发生的，也可以理解并应当赞许和鼓励。无可讳言，在极左年代、极左思维影响下，特别是在以阶级斗争为纲的"文革"特殊时期，我们确实扭曲了是非观念、价值观念，错误地与"传统观念作最彻底的决裂"，一定程度上抛弃和践踏了中国传统思想道德，特别是经过宣传放大，对民族文化造成了极大的伤害，产生了恶劣影响。尽管教训是深刻的，但这不能影响我们党长期以来总体上对民族传统文化的正确认识与态度。

3. 深度对接为人民服务宗旨和传统孝文化精华。

党的根本宗旨是全心全意为人民服务，前提是对人民群众要充满感情和爱，这就要求党员及其领导干部，要将对父母之爱化为对广大人民群众最深沉的爱，"视人民为父母，把祖国当母亲"。孔繁森说：一个共产党员爱的最高境界是爱人民。这也是当代中国共产党人对孝文化内涵的创新，也是对中华"孝义"的丰富和发展。孝敬父母、尊老爱幼、尊重他人、热爱人民、忠于事业，就是中国共产党人对中华孝义的现代阐释。党的十六大报告指出，要建立与社

[①] 李银安：《创新弘扬孝文化与构建社会主义和谐社会》，《党政干部论坛》2006年第4期。

会主义市场经济相适应、与社会主义法律规范相协调、与中华民族传统美德相承接的社会主义思想道德体系。事实上，无论是从传统与现代的理论对接还是民族美德与现实实践的融合，创建现代"弘孝"机制，与建设"乡风文明"的社会主义新农村的要求相符合，与建设"团结友善"的家庭美德等公民道德建设特别是未成年人思想道德教育的要求相联系，与构建"人与人和谐相处"的社会主义和谐社会要求相契合。如果说以上论述解决了传统孝文化精华与现代精神文明建设的理论对接，那么接下来的问题是，如何创新、融合与落实，特别是在生产生活方式发生了质变的今天，如何统一孝功能的"和"与"活"，孝作用的"稳定"与"进取"，孝义"亲"、"敬"的道德取向与现代社会"平等"、"民主"的法治要求等。

归结以上论述，我们认为，基于农业生产方式和血缘家庭生活组织、村社熟人聚居的生活方式而形成并发展的孝意识与孝文化具有普世性，只不过在农业文明烂熟的家国同构的家天下中国以及历史上受中华文明深刻影响的中华文化圈，这种孝文化得以持续光大和推广，以至形成了孝道文化制度。传统孝道的要件包括基于血缘亲情、以亲子关系为核心、以家庭代际抚育和反哺为根本，以国家的提倡和保障为凭借，以全社会自觉认同为依托。现代公民法治社会的生产生活方式虽然离孝与孝道渐行渐远，但是农业和农村依然存在，特别是家庭依然是人们重要的生活空间、家庭代际关照依然存在，特别是在中国人依然认同传统美德的今天，孝意识产生、促使孝文化生根、开花的种子、土壤和气候依然存在，那么，创新构建新孝道依然是可能的，也是为人们和社会所需要的。我们主张构建的新孝道是吸取、传承和弘扬传统优秀孝资源，立足于中国社会主义初级阶段基本国情，在国家以提供社会公共服务为主解决老年人养老保障为基本取向的基础上，着眼于家庭、亲情和代际人伦，以建设家庭美德为核心，坚持家庭代际间人格平等和权利义务基本对等的原则，以双向互爱互养互助为前提，着重培育子女等晚辈对父母等长辈在态度上尊敬、经济上资助、生活上照顾、精神上慰藉的道德观念、伦理规范及其长效促进机制，以促进社会整体和谐的完整体系。

四、立足现实状况、特点和要求，新孝道如何建？

新孝道建设是一项实践性系统工程，需要从伦理道德、经济产业、社会建设、政治法律和文化传承创新等五大维度着手，整体推进。

第一维支撑：道德伦理维度——从引导和规范道德建设的伦理学维度，创新和弘扬孝文化，突出"孝"在个人品德、家庭美德、职业道德和社会公德建设中的基础地位。

一是创新弘扬新孝道，务必明确"孝"的作用场——家庭，使"孝"切实回归家庭并成为家庭第一伦理，以夯实家庭美德建设的基础。

二是构建新孝道应在伦理学意义的知、情、意、行四大层面展开并达到有机融合。兴孝和行孝，一是"知"，即强化行孝主体的孝感知和孝知识，进行感恩教育和孝知识普及。二是"情"，要强化子女对父母慈爱和抚养子女的情感体验。三是"意"，即将对孝的认知和体验上升到道德意志的高度，使之成为一种社会理性，进而成为一种民间信仰，使"孝"成为发自内心自律和社会舆论他律的"敬"。四是"行"，即将孝亲行为融入人们的日常生活实践之中，注重"孝"习性的养成教育和训练。这样基于亲情互动的爱的体验，孝的感知和孝知识认识，孝的情感体验和意志升华，特别是孝行为习惯的养成和坚持，认知和实践孝道达到心德和行德的统一，在知情意行四大层面达到内在协同、有机融合，"孝"的道德观念和伦理规范才能得以光大和落实。

三是构建新孝道，需要创新孝的道德观念，规范孝行享受行孝的权利、义务和行为方式等。在当今时代创新、弘扬孝道需要写出"新礼记"（公民基本道德观念与生活伦理基本规范通则）作为调整家庭伦理关系和社会人际伦理关系的基础。

四是新孝道建设要加强"教化伦理"与"生活伦理"的对接，要明确其重点领域和针对性是经济伦理。当前，道德建设要与社会主义市场经济体制相适应，就要突出解决好树立正确的义利统一的价值观问题。在经济伦理迅速取代政治伦理的情况下，与构建新孝道相伴随，人们应正确认识和对待不同年龄段群体的创富与获取财富的能力与实际收入情况，积极支持创富并引导他们合理用好财富。一般说来，在家庭中甚至在社会面，青壮年是社会财富的创富和获得主体，一方面父母辈和社会老年群体要理解和支持他们积极创富、获取财富，另一方面，青壮年也要合理支配财富，在家庭要充分尽到赡养老小的义务，于社会也要为弱势群体的生存发展和改善尽到社会责任。

五是在社会公共生活中，"孝"体现在敬老、助老方面，要从公民义务、社会责任和道德品德三大方面予以倡导和完善，尊重和维护相关权利义务、社会规则，提高全社会文明水平，但是不可泛道德化。

六是培育和弘扬尊老、敬老、助老等社会公德精神要谨防"破窗效应"，并提倡人们积极参与"修复破窗"。"破窗"不可怕，关键是我们要有"修复破窗"的信心和行动。及时修好某一扇被打破玻璃的窗,能有效阻止"破窗现象"的继续蔓延,并很快收获到努力"修复破窗"——传承、弘扬孝道的良好效果。

第二维支撑:经济学维度——从加强和落实养老保障的经济学维度,突出"经济上供养"在养老保障及"经济伦理"在孝道伦理建设中的关键作用,夯实弘扬孝道文化的基础。

一是要做到在老年人名下经济上的相对自立,这就要加强在中国社会老龄化形势下的多支柱支撑的社会保障体系特别是养老保险制度体系建设。

二是在"孝"的经济供养问题上,在家庭代际间要算明大帐,对于父辈抚养与子辈赡养的责任、义务的相应转换,国家要提供法理支持、舆论引导和制度支撑。在现代法治社会,对于家庭养老的代际抚养和赡养责任、义务的传递,国家应理直气壮地支持,提出原则意见、做出法律支撑安排。其中关键是要借鉴和引进与市场经济体制相联系,体现经济利益代际让渡的新的伦理原则。要研究父母子女辈之间的投入与产出、付出与回报、成本与收益的关系问题,运用"感激性义务"与"还债性义务"理论,双向引导和制约"基本投入"与"基本回报","超常投入"与"超常回报"。

三是要规范社会养老保险事业建设,做实个人账户,确保统账结合模式可持续发展。同时,还需大力发展包括职业年金、企业年金及其他可以为老年人提供生活来源的职业性养老保障,鼓励通过商业性人寿保险以及其他市场购买方式获得老年经济保障,加强养老经济保障。

四是要大力发展老年产业,将社会化、市场化、产业化作为服务和解决养老问题的重要手段。针对我国老龄产业的现状,着眼于老龄产业的发展趋势,必须将发展老龄产业置于国家战略高度来认识,制定我国的老龄产业发展规划;正确区分老龄事业与老龄产业、竞争性老龄产业与非竞争性老龄产业的政策界限;加快养老设施建设、规范老龄市场秩序、积极拓宽养老资金筹划渠道,积极创新市场化融资新渠道等。

第三维支撑:社会学维度——从促进家庭和社会代际和谐的社会学维度,顺应中国社会结构的根本性变革,确立"应对老龄化"国策,在充分发挥家庭和社会组织作用基础上,由政府主导构建多层次全覆盖的国家养老服务体系。

一是要从战略层面高度重视并充分认识当前中国社会的老龄化与社会结构的根本性变革相叠加所带来的养老问题的严重性,将"应对老龄化"确立为基本国策之一。

二是要重视和完善家庭和家庭制度建设,筑牢养老之基,明确家庭养老主体及其责任义务，鼓励和帮助老年人提升自养能力，特别要发挥好家庭成员照料失去自理能力老人和扶助高龄老人的作用。在当前情况下，促进社会的和谐与文明建设，要更加注重发挥婚姻家庭的社会职能即主要包括经济、教育、家庭保障等职能作用。

三是要细化家庭角色的责任，落实养老义务，构建以家庭养老为基础的养老服务体系，需要科学界定政府、家庭和市场在养老问题上的边界，需要深入研究家庭角色关系及其抚养扶养责任。相对于古代以父子为家庭关系的核心，今天的以夫妻为核心模式，彻底解决了代际和夫妻地位平等的问题，但是由于事实上存在着代际和性别的差异，我们有必要借鉴古代合理而行之有效的规定与做法，完善今天的家庭生活准则与家务分工，特别要建立和完善符合时代要求、中国特色的现代家庭制度。因为时代的巨变，今天要保持家庭的有序运转、和谐相处，特别要注重自身养老金的积累、落实成年子女对家庭老人的生活照料安排、发挥媳妇在家庭生活中的积极作用这三大事项，这也需要政府和社会从内外两个方面予以倡导、支持、督促和落实。

四是要有序整合"家"外社会资源，挖掘和发挥社会志愿者组织、学生群体、老年义工组织以及慈善机构等非政府组织的养老服务功能和作用，深入老年家庭，以城乡"空巢家庭"老人、"三无"老人、农村"五保"老人和低收入家庭中的半失能老人以及老年痴呆症患者为重点，提供无偿的陪伴、生活照料和娱乐助兴等服务活动。国家发展城乡社区辅助居家养老服务体系责无旁贷，具体应从四个方面着手：一是以辅助居家养老服务设施建设为重点，培植、完善和提升城乡社区支持家庭养老服务功能；二是积极改进辅助居家养老服务方式，加快辅助居家养老服务信息化建设；三是推进养老服务社会化，鼓励发展辅助居家养老服务社会组织和市场主体；四是加强社区辅助居家养老服务队伍建设。

应对人口老龄化挑战需要文化引导和政策、制度支撑，这就要培育"服务养老"的文化、倡立"新孝道"，出台培育新孝道文化的促进政策和制度安排。在市场化的现时代，要在全社会突出树立"提供家庭养老服务也是在工作"的理念，国家鼓励子女尤其是"媳妇"居家照顾失能老年人，由政府登记、比照为就业、规范要求并提供补贴。

第四维支撑：政治与法律维度——从运用政策和法律引导规范社会生活的政治学维度，突出政策的引领与导向作用，强化法律法规的底线制约作用，将新孝道建设融入主流社会生活。

一是要明确提出"党管道德建设"原则，中国共产党作为执政党要积极引领和指导全社会的道德建设，以突显中国政治的历史传承和人文特色。

二是要在国家荣誉制度中，要突出家庭核心价值，以充实和完善中国特色社会主义基本价值体系内涵。同时开展评奖表彰活动，立起公民规范、干部德行、党员先进性的道德标杆。相对于已经明确和较为强化的思想理论教育来说，当前重要的是要加强对全体公民包括党员干部特别是党政领导干部的道德素质教育和提升。

三是要掌握和引导主流媒体，运用公益广告加强对公民应具备的家庭生活知识、社会伦理知识、处理人际关系的要求和技巧、道德修养要求与方法以及公民基本行为规范的宣传、普及、提高和帮助指导的工作。

四是要培育、弘扬孝义精神，引导和督促行孝、尽孝义务，需要法律制度予以切实保障。当前要大力宣传与坚决实施《中华人民共和国老年人权益保障法》。

五是要在我国立法理论中确立"亲权"理念，贯通"亲权"、"监护"关系，研究制定并出台"亲子关系法"或"家庭关系法"，以此规范血缘型社会关系法律行为，作为处理亲子关系、家庭关系的根本依据。我国应确立广义的"亲权"——保障家庭及亲属亲情良性互动的各方权益，并与"监护权"及"监护制度"有机结合起来，以此理念为依据，研究制定或修订相关法律，如将《婚姻法》扩充为《婚姻家庭亲属法》，或者研究制定出台专门的《亲子关系法》、《家庭关系法》等予以补充，最终将诸多法律相关调整家庭关系的内容协同完善，整合到涉及内容更为广泛而全面、更为需要出台的"中华人民共和国民法典"之中。

六是党和政府要鼓励和引导各行各业各单位、城乡社区在制定规章、公约时，将尊老敬老、约束职工和子女养老、谴责"不孝"观念和惩处"不孝"行为的内容融入其中。

七是要落实和完善"人民调解制度"和《人民调解法》，发挥"农村道德委员会"等民间自治组织的自我调处作用，切实培育和维护"新孝道"，将大量的属于家庭矛盾和邻里矛盾等人民内部矛盾问题化解在基层，化解在司法诉讼之前。

第五维支撑：文化建设维度——从确保国家安全与建设国家软实力的文化学维度，突出民族优秀传统的传承与创新，建设特色鲜明、和谐社会、充满活力的新孝道，使之成为中华民族伟大复兴的文化支撑和道德基石。

一是要突出孝文化纽带作用，服务建设"和谐文化"与和谐社会建设，促进全面建成小康社会，助推实现中华民族和中华文化伟大复兴的中国梦。二是要突出孝文化的教化传承作用，延伸中华民族的文化血脉，建设中华民族共有精神家园，促进中华民族的文化认同，即对家国、亲情、乡祖观念的认同。三是要保护和开发中华传统孝文化这一民族文化和中华民族共有精神家园的"基因库"，这也是确保国家文化安全的重要内容和途径。

以孝文化为基础的政治伦理型的中华传统文化是我国文化安全的特色保护层，也是中国文化的特色和核心内涵。由爱亲、爱家、爱乡而申发的爱国主义伟大民族精神是国家文化安全的内核，它需要科学理论的引导，更重要的是需要源于民族传统文化和文化传统的民族精神作为核心支撑。确保国家文化安全要打造以仁爱、孝义为标识的代表中华民族文化先进性和特色的"身份证"，保护民族文化的"物种源"和"基因库"。

当代中国文化建设离不开也确实需要党的引领、指导和推进，创新建设孝文化、构建新孝道，提升国家文化软实力、构筑中华民族共有精神家园更是如此，因为这将更多地涉及如何正确处理传统文化的传承与弘扬、继承与创新，本国本民族文化与世界其他民族文化，优秀传统文化与当代先进文化的关系等问题。

传承、弘扬、创新以孝道为核心的中国优秀传统文化，增强文化亲和力、凝聚力，善的价值导向，是建设中华民族共有精神家园的基础性工程。在当前，构建中华民族共有精神家园就是要创建区分层次而又具有包容性的全民价值与信仰体系，就是要从培育国魂民族魂的高度，创设引领全体公民灵魂安顿的价值与信仰系统，即完善"中国特色社会主义核心价值体系"，将其建设成包容共产党人信仰共产主义远大理想、公职人员信仰中国特色社会主义共同理想、无神论公民信仰实践理性、合法宗教信徒信仰所选宗教、特别是普通农民也可以信仰中国传统伦理政治型的生活哲学的不失共有基础又可提升的一元引领、多层支撑、开放有序的价值凝聚与信仰坚守系统。

弘扬、创新以孝道为核心的中国优秀传统文化，传承发展中国特色文脉，必须大力发掘、整理孝文化遗产资源并进行科学的保护和适度开发。当前要加快孝文化资源的发掘整理工作，主要是开展孝文化遗产普查，建立孝文化遗产档案，加强孝文化遗产管理。同时要实施科学的保护。物质形态的孝文化资源的保护，应该坚持以移植性保护和开发性保护为主，同时坚持博物馆保护的方式。对非物质形态的孝文化资源的保护必须采取研究型的保护方式，例如修建民族风情园、生态园和民俗博物馆等，另外，还可以采用确立传承人的办法加强对重要的非物质文化资源的保护。对孝文化资源进行开发利用，必须坚持合理利用、避免过度开发的原则。目前，孝文化产业开发的模式和努力方向主要是发展老年服务业、孝文化旅游业和开发孝文化产品。开发利用孝文化资源需要进行全面、科学、合理的统一规划，结合地域资源的实际情况，有步骤、有重点地开发利用，从而为创新传统孝文化和发展文化产业以促进经济腾飞、社会进步发挥重大的作用。

综上所述，在当代中国，在建设全面小康社会，加快推进中国特色社会主义现代化的今天，我们仍然要而且必须传承、弘扬和创新中华孝文化，将"孝"恢复和提升到"道"的高度，成为中国人和中华文明的恒久精神追求和生活恪守的底线，将孝道进行到底。

五、本课题关键词与本书有关"孝"的基本概念

1. 本课题关键词：

亲情，亲权，家庭及亲属关系，亲子关系，代际关系，农耕经济，农业生产方式，农村生活方式，宗法社会，尊长，敬老，赡养，生活照料，精神慰藉，老龄化，社会保障，孝，孝文化，孝道

2. 关于"孝"的基本概念含义简释：

孝：赡养亲长、尊敬老人。

孝文化：一切有关孝的物质、精神、习俗和制度等的总和。

孝道：关于兴孝、行孝、维护孝的一整套礼法制度。

行孝：实践孝的要求的言行。

孝行：合乎孝的要求的行为。

孝子：言行符合孝与孝道要求的人。

不孝：不履行或违反孝义务的言行。

非孝：违反孝义务的言行或非议孝的言论。

上篇

返本开新，全面审视传统孝文化

第一章 孝行五千年

第一节 回归本源，科学认识孝的缘起和传统孝资源

走进五千年的孝文化史，我们从认识"孝"字始，这个过程也就是科学认识孝的缘起的过程。文字是记录语言的书写符号，是人类对现实现象的反映。很显然，在"孝"的文字产生之前，甚至在"孝"的意义在人类语言中出现之前，人类就已经有了"孝"的意识和"孝"的行为。人类的孝意识和孝行为在很大程度上产生于动物反哺的本能。所谓"孩提之童无不知爱其亲者，及其长也，无不知敬其兄也。"[①]说的就是这种本能，也即人类孝意识的起源。

一、孝是人类走向氏族社会文明的行为成果

随着人类的逐步进化，人类的反哺本能就表现得更加确切。"在母系氏族社会的妇女，特别是老年妇女往往是氏族社会生产的指挥者或领导者。她们有较为丰富的经验，受到大家的特别的尊重。在她们死后，进行了与众不同的安葬，将生前使用的装饰品随葬。这种区别正是氏族成员对他们的氏族首领或年长者爱戴的一种反映"[②]。随着父系氏族社会的到来，儿女由"只知其母而不知其父"逐渐地能够认识父母双方，"与此相适应，相互的义务也发生了变化。这时，对老人的照顾和赡养，已经不是氏族成员的义务，而是由家庭公社成员或死者的子女承担了"[③]。人类孝的意识由对母亲的孝敬变为对父母双方的孝

---

① 《孟子·尽心上》。
② 宋兆麟等：《中国原始社会史》，文物出版社 1983 年版，第 124 页。
③ 宋兆麟等：《中国原始社会史》，文物出版社 1983 年版，第 308 页。

敬。以上这段时间的"孝"还仅仅存在于意识、行为、语言。[1]因此，孝是人类走向氏族社会文明的行为成果，这就是"孝"的起源。

"孝"真正从意识变为概念，源于"孝"文字的产生，研究"孝"的字面义，要从中国古老的象形文字入手——以形观义。中国的汉字是在夏、商、周时期形成并逐步成熟的。在我国最早文字——甲骨文中并未出现"孝"字。在金文中，"孝"字有以下几种的形体："𣎼"（𣪘鼎），"𣎻"（散盘），"𣎼"（曾伯簠），"𣎼"（颂鼎），"𣎼"（陈侯午敦），"𣎼"（番君簠）[2]；"𣎼"（戈𠬝且丁卣）；"𣎼"（姬鼎）；"𣎼"（师麻簠）；"𣎼"（中山王壶）[3]。我们把这些字形同篆书"𣎼"[4]和隶书"孝"相比较，可以发现，它们的上半部分都好像是一个戴发伛偻的老者形象，即使有的金文中，老者的"身体部分"不清晰，但也剩了一头"长发"；下半部分都是"子"字。换言之，"孝"字字形自金文到隶书都是由两部分组成的会意字。[5]

《尔雅·释训》解释说："善事父母者为孝"[6]；《说文解字·老部》解释说："孝，善事父母者。从老省，从子，子承老也。"[7]这些解释基本上是对"孝"的各种字形的会意，即钱穆所说："'父子相通'即为'孝'"。[8]亦即康殷在《文字源流浅说》中分析："孝"就像"'子'用头承老人手行走。用扶持老人行走之形以示孝。"[9]因此，"善事父母"是"孝"的本义，这一点应该是没有问题的。"孝"的这一本义在先秦文献中也有所体现。如《尚书·周书·康诰》中就记载了"元恶大憝，矧惟不孝不友。子弗祗服厥父事，大伤厥考心……"即子女不得伤父母的心，不然就是极大的罪恶。《尚书·周书·酒诰》里也提到"妹土，嗣尔股肱，纯其艺黍稷，奔走事厥考厥长。肇牵牛车，远服贾用，孝养厥父母；厥父母庆，自洗腆，致用酒。"记录了儿女孝顺赡养父母，父母疼爱孩子，其乐融融的情景。

同时也有研究认为："孝"的文字其实反映了"从生殖崇拜到祖先崇拜"

---

① 参见刘孝杰：《"孝"词义源流考》，《安庆师范学院学报（社会科学版）》2012年第5期。
② 高明编：《古文字类编》，中华书局1980年版，第52页。
③《汉语大字典》，湖北辞书出版社、四川辞书出版社1987年版，第1011页。
④ 段玉裁：《说文解字注》，上海古籍出版社1981年版，第398页。
⑤ 宋兆麟等：《中国原始社会史》，文物出版社1983年版，第308页。
⑥ 郝懿行：《尔雅义疏》，上海古籍出版社1983年版，第583页。
⑦ 段玉裁：《说文解字注》，上海古籍出版社1981年版，第398页。
⑧ 钱穆：《中国文化史》，商务印书馆1994年版。
⑨ 康殷：《文字源流浅说》，学海出版社1979年版。

这一"人对生命来源追寻的一条轨迹",并以原始宗教的形式定格。"孝"由"妣"、"祖"而来,是"人对生命来源以原始宗教形式的表达"。甲骨文"孝"是男女交合崇拜的符号记录,金文"孝"是祖先崇拜的符号记录。"生殖崇拜的本质是生命崇拜,祖先崇拜是生殖崇拜的延展,本质仍是生命崇拜。"因此,甲骨文"孝"、金文"孝"的原义都是指生殖繁衍。"孝"经过了由女阴崇拜、男根崇拜、男女交合崇拜,进而祖先崇拜的过程,是人生命意识中对于"生、死"大问题追问探寻的脉络和轨迹。孝的生命意识是一种重生意识,它推动了中国人口的繁衍增长,塑造了中国人重视现世生活的基本态度。"孝"在后世的发展中,被伦理化和制度化,规范为严格的礼仪和世俗信念,并为宗法社会的基石,最终提升为国家意志。[①]

在此,有一点需要说明,文字的产生并不意味着"孝"的伦理意义已经塑造成形,针对"孝"的观念何时成形这一问题,肖群忠认为:"直至周初,祀祖才算是真正具有孝道之教化意义。因此,笔者认为,孝观念正式形成于周初比较确切,可以为大量文献所证实。"[②]

二、孝是初民"敬祖"宗教行为的伦理总结

"孝"的原始字义在西周时发生了演变,"孝"开始与宗法、祭祀发生了关系。如金文中记载的"用追孝于己伯,用享大宗","用享孝于皇申(神)、祖、考,于好朋友";"用享以孝,于我皇祖文考……用匽以喜,用乐嘉宾父兄及我朋友";"用享以孝,于予皇祖文考。用宴用喜,用乐嘉宾,及我朋友"等等。所记载的都是宗庙祭祀活动。在这里,"孝"的对象由在世的生身父母转变为已经死去的祖先,"孝"也同宗庙祭祀发生联系。即子女对在世的父母尽心奉养,并在父母去世之后延续这一情感,采用某种特殊的方式表达这种情感,从而使"孝"的对象得以扩大,祭祖的行为也就产生了。如此代代相传,祭祖就成了"孝"的一种表现。而后,"西周建立起完善、严密的宗法制,遂将原本属于祖先崇拜的祭祖、属于亲子道德的孝纳入宗法的范围。也就是说,西周宗法制采用了宗教祭祖的形式,并吸收了孝亲道德的精神,以突出尊祖之

---

① 昌文彬:《"孝"字的创生及其原义释》,《理论月刊》2010 年第 10 期。
② 肖群忠:《孝与中国文化》,人民出版社 2001 年版,第 14 页。

意，提高了尊祖的意义"。①查昌国也指出："春秋之'孝'直接源于西周之孝观念……主要内容为'尊祖敬宗'，'保族宜家'（'家'指宗族共同体），凡君宗惠于族人和下辈的行为，皆可赅之以孝，以父为对象的孝只限于君宗的范围，是调节君宗与储君嗣宗关系的重要政治准则，并不是维护一般父子关系的伦理准则。这种孝观念在处理父子矛盾时排斥伦常，一断于义，未见尊亲的内容，与后来孔孟儒家倡导的'善父母为孝'、'孝莫大于严父'之孝友本质差异。"②由上可知，孝是初民"敬祖"宗教行为的伦理总结。

三、孝是血缘关系下人类家伦理的本初表现

到了春秋时期，以孔子为代表的儒家接过了对"孝"的诠释权和话语权。研究"孝"的"文本义"，其实就是研究以《周易》、《尚书》、《礼记》、《孟子》、《荀子》等为代表的儒家经典文献，这也是冯天喻先生所说的"元典"义。《大戴礼记·曾子大孝》中记载："孝有三：小孝用力，中孝用劳，大孝不匮。"《孟子·离娄上》云："不孝有三，无后为大。"都是将传宗接代摆在首位。然而儒家把"孝"的伦理意义大大发展，还是表现在"善事父母"被提到了一个突出的位置。儒家经典论"孝"，无不以"善事父母"为核心。例如：《论语·为政》中，孟懿子问孝，子曰："无违。"樊迟御，子告之曰："孟孙问孝于我，我对曰，无违。"樊迟曰："何谓也？"子曰："生，事之以礼；死，葬之以礼，祭之以礼。"《孟子·万章上》有"孝子之至，莫大乎尊亲。"《孝经·记孝行》有"孝子之事亲也，居则致其敬，养则致其乐，病则致其忧，丧则致其哀，祭则致其严。"

到了汉代，"孝"经过儒家的全面修正、精心改造，终于形成了一套完整的理论体系和行为模式。对于这点，肖群忠也有论述，他说"从孝之发生的初始含义上再做细究的话，似乎孝之含义还不仅于此，还有另外两层含义。这就是尊祖敬宗、生儿育女、传宗接代。孝的这三种含义是同时共有的，但在周至春秋战国这段时期，是后两者占主导，之后，善事父母成为孝的核心意蕴。"③

由上，我们可以总结出"孝"在经典文献中的三个初始的"文本义"：尊

---

① 陈筱芳：《孝德的起源及其宗法、政治的关系》，《西南民族大学学报》2000年第9期。
② 查昌国：《西周之"孝"义初探》，《中国史研究》1993年第2期。
③ 肖群忠：《孝与中国文化》，人民出版社2001年版，第12页。

祖敬宗（其包括报本反始、慎终追远、继志述事的伦理精神，体现了一种宗族伦理）、生儿育女、传宗接代（体现了一种家庭道德，以上两者就是孝在西周乃至春秋之前的初始含义）和善事父母（孝养的观念逐渐代替了"追孝"，并占据主导地位，这种变化确立了后来中国社会伦理重人事、轻鬼神的基础）。总之，"孝"生发于殷商，成形于周代，变异于儒家之手。由"生儿育女"之"孝"到"父子相承"之"孝"，再到儒家"善事父母"之"孝"，这就是"孝"演进的"三部曲"。

汉代以后，儒家经典进入到"诠释"的历史，对"孝"的阐述也就开始在文本义的基础上，甚至脱离开文本义而尽情诠释。"孝"所具有的"善事父母"的含义成为诠释、赞扬、甚至曲解的对象。在儒家独尊的文化背景下，孝开始与儒家的核心观念——仁、礼、忠等发生联系，而成为与政治发生密切联系的"孝道"。至曾子，儒家的孝道理论方才集大成，"孝道"被全面泛化，融入到了儒家仁爱、忠君的理论体系之内。而至《孝经》，可以说儒家关于孝道的论述已经全面完备，孝之地位与作用也被推到极致，儒家孝道理论创造完成。此后，中国便进入到了"孝治天下"的历史，孝之理论纲常化，孝之论证神秘化，孝之精神政治化，孝之作用实践化，孝之义务绝对化。进入魏晋隋唐，对孝道的诠释又体现了儒释道三者合一的特点。而至宋元明清，孝道走向极端，"愚孝"成为这一时期孝道的特点之一。

从上述孝道诠释义的变化可以看出，"孝"的含义在历史背景、思想背景的变化下，其内涵、外延、作用等都发生了深刻的变化。宋元明清时期的"孝"的含义和"孝"的原始含义、儒家经典文献中的"文本义"究竟有多少一样和不一样的地方肯定不是三言两语能够讲清的。但是这个历史变化同样告诉我们，"孝"在历史文化的发展过程中，与政治紧密联系在一起，确确实实是发挥了重要的作用。这种作用发挥得好，人民便可以安居乐业，守望相助；发挥得不好或者走了极端，就会有"愚孝"的发生。由此再来看近代以来"孝道"的命运，也不难理解，批判的对象是已经被改造的千疮百孔的"孝道"，而不是"孝"本身。

现在，我们可以对本文中所出现的"孝"、"孝道"、"孝文化"三者有一个更加清晰的认识了。"孝"的本义即"尊祖敬宗；生儿育女、传宗接代；善事父母"；"孝道"，"乃是从人类本性上的一点敬爱父母之心而谋，加以保存、发展及扩充的道德原理。"也可以说，孝道就是对孝思、孝行作出的道德、礼仪规范，它是孝文化的核心内容。"孝思"就是关于孝的思想、理论方面的内容，

"孝行"就是对"孝思"的实践。[①]"孝文化"是指一切有关孝的物质、精神和制度等的总和。"中国孝文化"是指中国文化与中国人的孝意识、孝行为的内容与方式，其历史性过程，政治性归结和广泛的社会性衍伸的总和。[②]孝在传统文化中一方面是"善事父母"之伦理意识，另一方面，还具有祖先崇拜、追求永恒的宗教意义，从而强化着中国人的家族、宗族意识。这种伦理意识和家族、宗族意识通过一些专门的著述以及戏剧、民俗、绘画、碑文等形式表现出来。[③]如此看来，孝文化所包含的范围十分广泛，而本研究最为关注的，则是与政治密切联系的"孝道"，所希望结合现实国情建立起适应和谐社会发展的"新孝道"。

四、孝文化产生的社会基础——兼论中外孝道缘何兴衰不同[④]

恩格斯说："人们自觉或不自觉地，归根到底总是从他们阶级地位所依据的实际关系中，从他们生产和交换的经济关系中，吸取自己的道德观念。"[⑤]可见，孝意识作为一种社会观念在古代社会的产生绝非偶然，而是有其历史必然性的。同样，中国传统孝文化之所以能延续数千年也是有一定的基础和条件的。

（一）农业文明为孝文化的产生提供了经济基础

中国传统社会是建立在农业经济基础上的社会。农业经济具有相对稳定性的特点，它能够为人们提供稳定的物质生活保障，这就为传统养老敬老的孝观念产生创造了必要的物质基础。

与世界上一些以狩猎、捕鱼为生的游牧民族历史上都曾有过食杀父母和老人的现象不同，农业经济能为人们的生存提供稳定的、持续不断的食物资源，提供供养老人所必需的剩余劳动产品，农业经济对生产经验的依赖性为孝观念的产生奠定了物质基础。

在古代社会由于生产力落后、科学技术不发达，许多农业生产的规律都

---

① 谢幼伟：《孝治与民主》，《理性与生命——当代新儒学文萃1》，上海书店1994年版。

② 肖群忠：《孝与中国文化》，人民出版社2001年版。

③ 王铭、赵建华：《浅析孝、孝道、孝文化》，《和田师范专科学校学报（汉文综合版）》2007年第3期。

④ 本部分主要参考张玉峰：《传统孝观念的困境与超越》。

⑤《马克思恩格斯全集》第二十卷，人民出版社1960年版，第102页。

必须依赖于实践经验的积累和总结。因此，有没有丰富的农时农事经验，对于农业收成的丰欠多寡，起着十分关键的作用。"顺天时，量地利，则用力少而成功多；任情返道，劳而无获"。[1]所以，老年人就成了智慧的化身和经验的传授者，在社会中很自然就确立了其权威的地位。后辈敬重和爱戴具有丰富经验的前辈长者，年轻者服从、侍奉老年人，乃是顺理成章的事，从这个意义上说，"对祖先的崇拜，就是人类自身对历久以来的劳动经验的崇拜"。[2]

（二）个体家庭为孝文化的产生提供了前提条件

黑格尔对中国文化曾作过这样的论述："中国纯粹建筑在这样一种道德的结合上，国家的特性便是客观的家庭孝敬。"一语道破中国文化孝的本质与个体家庭在孝文化中的地位。

孝的载体是在婚姻基础上，由血缘关系为纽带而形成的家庭。奴隶社会初期，落后的生产力发展水平决定了家族、族群的集体耕作是当时社会基本的生产方式。在我国的西周时期，农业生产仍然是以原始协作式集体耕作为主，个体家庭经济还没有完全形成，那时候的家庭寄寓于宗族共同体中，作为社会基本生产单位和生活单位的也是这种宗族共同体。因此，这时候孝的对象只能是家族的祖先，而不是个体家庭中的父母，孝的形式不是"养"，而只能是"祭"。

春秋时期，随着生产力水平的提高，个体家庭逐步成为能够自主地组织生产和生活的基本社会单位和经济主体。在个体家庭中，"父亲"享有极大的权威，有权支配子女，有抚养教育子女的责任和义务，同时作为子女也有继承父母财产的权力和赡养父母的责任和义务，于是孝的对象由祖先转向父母，孝的形式也由"祭"变成了"养"，由此，伦理意义上的"孝"最终形成。

（三）宗法社会结构为孝文化提供了政治基础

从世界历史上看，农业是整个古代世界的决定性生产部门，四大文明古国都是农业文明，文明发育较晚的国家中也不乏农业文明，为何独有中国古代孝文化特别发达呢？对此，我们不能不注意到中国古代社会的特殊性，这就是，中国古代社会是宗法社会，中国古代的政治是"家国一体"的政治结构。

中国氏族制度解体的过程，是带着从氏族社会遗留下来的"由血缘家族组合而成的农村公社进入阶级社会的"并在其基础上建立起了公社国家，阶级社

① 缪启愉：《齐民要术校释》，农业出版社1982年版，第443页。
② 杨荣国：《中国古代思想史》，人民出版社1973年版，第3页。

会直接由血缘部落脱胎而来，部族首领一变而为国家的君主，由此建立起来的国家是"家邦式"的。正如侯外庐所说："古典的古代就是从家族到私产再到国家，国家代替了家族；而亚细亚的古代则是从家族到国家，国家混合在家族里面，就是所谓社稷。"①中国氏族的解体缺少了一个质变的环节，新旧纠葛，国家混合在家族里面，因而氏族社会的解体完成得很不充分，氏族社会的宗法制度及意识形态的残余大量积淀下来，成为培育中国文化的独特土壤，正是在这样的土壤中产生了存在于中国几千年的宗法制度。

宗法制度是我国古代社会最基本的政治制度，它是以血缘关系的亲疏来确定各种经济、政治利益和特权。王国维认为："周人制度之大异于商者，一曰立子立嫡制，由是生宗法及丧服之制，并由是而有封建弟子之制，君天下臣诸侯之制。"②所谓"立子立嫡之制"就是按父系血缘嫡庶之分而制立的天子、诸侯的世袭继承制。国即是家，"国之本在家"，稳定了家就起到了维护整个社会秩序的作用，所以在这其中，孝就占据了根本地位，由家庭伦理规范上升到了社会道德规范。

第二节　创典立制，建设维护中华礼仪之邦特色文明③

"孝"是中华民族的传统道德，讲求"孝道"是中国文化的重要内容和特征之一。国学大师钱穆曾经指出，中国文化是"孝的文化"。著名学者梁漱溟也将"孝"列为中国文化的第十三项特征，并指出中国人的孝道不仅闻名于世，色彩最显，而且堪称中国文化的"根荄所在"。然而，"孝"从"观念"变为"文化"，又从"文化"变为"天道"，从而成为中华礼仪之邦的特色文明，实乃经历了相当长的历史发展。而最早将"孝"理论化，还要从以孔孟为代表的儒家学派开始讲起。

---

① 引自肖群忠：《孝与中国文化》，人民出版社 2001 年版。
② 王国维：《观堂集林·殷周制度论》，中华书局 1959 年版，第 97 页。
③ 本部分主要参考刘永祥：《中国近代孝道文化研究》；李滢：《中国传统孝文化及其当代反思——以〈孝经〉、〈二十四孝〉为例》。

一、先秦儒家的孝道理论

在孔子所创立的儒学思想中，"孝"占有极其重要的地位。它是以"仁"和"礼"为核心的儒家道德体系的最重要的概念之一，是规范亲子关系最重要、最基本的一项伦理学范畴。

（一）孔子："孝"理论之开山鼻祖

孔子是儒家学说的创始人，他对西周传统的思想和制度极为赞成和拥护，因而对周初以来所大力提倡的孝道，是持完全肯定的态度的，而且对西周传统孝道的理论构建有重大的发展和贡献。孔子有关"孝"的思想主要有以下几个方面：

1."孝为仁之本"。

《论语·学而》说："有子曰：其为人也孝弟，而好犯上者鲜矣；不好犯上而好作乱者，未之有也。君子务本，本立而道生。孝弟也者，其为仁之本与！"整部《论语》开篇即提出了"孝为仁之本"的命题。孔子认为，孝敬父母，友爱兄弟，就是"仁"的根本，"仁"由"孝"生。孔子提倡"爱人"，主张由近及远、推己及人的差等之爱，认为一个人只有先爱亲，才能推衍于爱人，首先就是要爱自己的父母，因为它符合人性。因此，这一命题的提出，便把社会伦理的实现和个人道德修养的完成完全统一起来了。

在这个前提下，孔子又进一步提出了两个观点：

一，孝为人伦义务。也就是颇受争议的"父为子隐，子为父隐"。站在孔子的角度，要想做一个好人，就必须尽自己的人伦义务，在面对父亲犯罪、孩子犯罪的情况下，有本能的血缘亲情的提升，这是一种道德自觉和人伦义务。

二，由孝悌到"泛爱众"。《论语·学而》又言："入则孝，出则悌，谨而信，泛爱众，而亲仁。行有余力，则以学文。"即要求在家孝敬父母，出门友爱兄弟，由"爱亲"到爱天下人，直到达到"仁"的最高境界。

2."孝"之"礼"的要求。

孔子讲："克己复礼"。孝不是无条件的，而是受到"礼"的规范，这是外在规范和内心自发冲动的统一。

首先，要敬重父母。这种孝不仅体现在"能养"的层面，否则人与动物没有区别，孝应该是个体内心自然自觉的要求，生在内心的诚敬。

第二，要子承父志。《论语·学而》里，孔子说："父在，观其志；父没，观其行；三年无改于父之道，可谓孝矣。"在孔子看来，子女只有承父志，才是与父亲有真感情，才算真正的行孝。

第三，要慎终追远。《论语·阳货》里，宰我问孔子："三年之丧，期已久矣。"孔子回答说："食夫稻，衣夫锦，于女安乎？"宰我走后，孔子感叹道："予之不仁也！子生三年，然后免于父母之怀。夫三年之丧，天下之通丧也，予也有三年之爱于其父母乎！"在孔子看来，坚持历来通行的"三年之丧"是具有道德价值的，是真正"孝"的表现。

3."孝"与政治的关系。

所谓修身、齐家、治国、平天下，要治国安邦，平定天下，首先要和睦家庭。孔子强调"孝"，实际上也是一种政治伦理，孔子常常告诫弟子，孝行本身就是天下德治事业的组成部分。

首先，孔子表达了孝与政治活动的一致性。《论语·为政》中，孔子说："书云：'孝乎惟孝，友于兄弟，施于有政。'是亦为政，奚其为为政？"意思是说：只有孝顺父母，友爱兄弟，把这种风气影响到政治上去，就是参与政治了呀，为什么非要做官才算参与政治呢？可见孔子认为竭尽孝悌之道，已经包含了政治精神。所以，季康子问孔子治国之道的时候，孔子回答说："临之以庄，则敬；孝慈，则忠；举善而教不能，则勤。"这种与政治联系在一起的孝，事实上已经超越了具体的亲子关系。孔子看到了孝与政治的某种联系，可以看作是孝为政治服务之原则的最早提出。[1]

第二，由"孝"到重视祭祀。孔子之"孝"还表现在重视追思和祭祀祖先、鬼神。《论语·泰伯》中，孔子说："禹，吾无间然矣。菲饮食而致孝乎鬼神，恶衣服而致美乎黻冕。"意思是说，我对禹没有批评的了。因为他自己吃得很坏，却把祭品办得极为丰盛；穿得很坏，却把祭服做得极华美。孔子对禹的称赞，是出自于禹对祖先真诚的情感。

总之，孔子将"孝"放在"仁"的范畴中并将其作为"仁"的重要组成部分加以阐释，完整化了"仁学"体系，同时也使"孝"自身的理论得到了升华。

（二）曾子："孝"理论的集大成者

孔门弟子中，曾子可以说是儒家孝理论的集大成者。他在孝文化的理论层面，无论是从广度还是深度上，都继承和发展了孔子的孝思想。正所谓，孔子贵仁，曾子重孝，孟子主仁义，荀子隆礼，曾子思想是以孝为核心，并开创了儒家的孝治派。今存曾子论孝的文献只有《大戴礼记》中《曾子立事》、《曾子本孝》、《曾子立孝》、《曾子大孝》、《曾子事父母》、《曾子制言》、《曾子病》、

---

[1] 康学伟：《先秦孝道研究》，文津出版社1992年版，第181页。

《曾子天圆》等十篇。曾子论"孝"，主要有以下几个方面：

1. 将"孝"全面泛化。

曾子进一步扩大了孝的范围，他把孝的内涵和外延扩大到超过孔子"仁"的程度，使之成为诸德之源，百行之本。他曾有言曰："民之本教曰孝……夫仁者，仁此者也；义者，义此者也；忠者，忠此者也；强者，强此者也。""孝有三：小孝用力，中孝用劳，大孝不匮。思慈爱忘劳，可谓用力矣。尊仁安义，可谓用劳矣。博施备物，可谓不匮矣。断一树，杀一兽，不以其时，非孝也。""居处不庄，非孝也；事君不忠，非孝也；莅官不敬，非孝也；朋友不信，非孝也；战阵无勇，非孝也。"①曾子几乎将儒家仁、义、礼、智、信等所有内容都纳入孝的范畴，纳入其孝道思想体系，从而使孝得到了全面的泛化。他将孝道推崇为普遍而永恒的道德准则，是放之四海而皆准的真理。他说："夫孝，置之而塞于天地，衡之而衡于四海，施诸后世，而无朝夕，推而放诸东海而准，推而放诸西海而准，推而放诸南海而准，推而放诸北海而准。《诗》云：'自西自东，自南自北，无思不服，'此之谓也。"②曾子从各个角度，论证了"夫孝，天下之大经也"的道理，将孝视为人类社会的终极法则。

此外，将孝道与忠君联系在一起，是曾子对孝理论的一个重要发展。曾子明确将孝与忠君相联系，他说："事君不忠，非孝也！莅官不敬，非孝也！"③"忠君"已经成为"孝"的一部分，不忠君就是不孝。曾子又说："事父可以事君，事兄可以事师长；使子犹使臣也，使弟犹使承嗣也；能取朋友者，亦能取所予从政者矣"。④将事父与事君等同，事兄与事师长等同，对待父兄的原则亦即对待君主和师长的原则。曾子还有一番关于君、臣、父、兄之间的关系方面的论断："为人子而不能孝其父者，不敢言人父不能畜其子者；为人弟而不能承其兄者，不敢言人兄不能顺其弟者；为人臣而不能事其君者，不敢言人君不能使其臣者也。故与父言，言畜子；与子言，言孝父；与兄言，言顺弟；与弟言，言承兄；与君言，言使臣；与臣言，言事君。"⑤这样，曾子就把孔子提出的"君君、臣臣、父父、子子"的等级名分和"臣事君以忠"的政治概念进一步融入了孝道里面，对后来的"移孝作忠"思想的影响很大。

---

①《大戴礼记·曾子大孝》。
②《大戴礼记·曾子大孝》。
③《大戴礼记·曾子大孝》。
④《大戴礼记·曾子立事》。
⑤《大戴礼记·曾子立孝》。

2.深化了孝道理论。

第一，曾子强调孝是人类内心情感的真实流露，是人类的自然天性。他说："忠者，其孝之本与！"①"君子立孝，其忠之用，礼之贵"，"君子之孝也，忠爱以敬。"②对孝道本质有进一步深入的认识。

第二，曾子把孝作为实现一切善行的力量源泉和根本。曾子以孝为中心，把仁、义、礼、信、忠等纳入到孝的体系之中，在曾子的思想体系中，孝统摄了一切社会行为准则。

第三，曾子强调孝行与内心修养的一致性。他认为要通过孝道实践实现个人道德修养的志向，主要在于要对自身严格要求。他说："君子一举足不敢忘父母，故道而不径，舟而不游，不敢以父母之遗体行殆也。一出言不敢忘父母，故恶言不出口，忿言不及于己。然后不辱其身，不忧其亲，是可谓孝矣。"③

第四，曾子论述了社会各阶层之孝及孝之等级。曾子说："君子之孝也，以正致谏；士之孝也，以德从命；庶人之孝也，以力恶食，任善不敢臣三德。""孝有三，大孝不匮，中孝用劳，小孝用力。博施备物，可谓不匮；尊仁安义，可谓用劳；慈爱忘劳，可谓用力矣。"④

在这里，曾子对于孔子的孝道观确有独到的阐发与相当程度的发展，他把原本是家庭伦理的"孝"扩大到道德、政治、社会生活甚至天地间，这种孝道泛化的思想对后来的中国社会产生了很大的影响。

（三）孟子对"孝"理论的发展

孔门中，曾子之后，亚圣孟子对孝道也十分重视，特别是他将"性善论"作为孝道的哲学基础，使儒家孝道的哲学体系更加完备。孟子对孔"孝"理论的继承和发展，体现在以下几个方面：

1.对"孝"内涵的进一步解读。

首先，孟子提出了"尊亲"（尊敬双亲）、"顺亲"（顺从双亲）、"得亲"（得到双亲的信任和肯定）的原则。要"诚身以事亲"、"守身以事亲"，把孝与道德修养联系在一起。终其一生，不改"慕父母"⑤之心。第二，重视父母的丧葬和

---

①《大戴礼记·曾子本孝》。
②《大戴礼记·曾子立孝》。
③《大戴礼记·曾子本孝》。
④《大戴礼记·曾子大孝》。
⑤《孟子·万章章句上》。

祭祀，甚至超过对父母生时的奉养，主张厚葬，即"棺椁之美也。"①第三，娶妻生子以延续香火。孟子提出，"不孝有三，无后为大。"②赵岐解释："于礼有不孝者三事，谓阿意曲从，陷亲不义，一不孝也；家贫亲老，不为禄仕，二不孝也；不娶无子，绝先祖祀，三不孝也。三者之中，无后为大。"③也就是说，三者之中，最大的不孝，是不娶无子，使家族断了香火，祖先无人祭祀。然而这一思想在后世被强化，"后"也被过度解读，宣扬了重男轻女的思想，害人不浅。

2. 重视孝的政治作用。

第一，主张"以孝为本平治天下"。所谓"孟子道性善，言必称尧舜。"④孟子非常推崇舜，常常借舜说理。这是因为舜能以孝平治天下。孟子指出："天下之士悦之，人之所欲也，而不足以解忧；好色，人之所欲，妻帝之二女，而不足以解忧；富，人之所欲，富有天下，而不足以解忧；贵，人之所欲，贵为天子，而不足以解忧。人悦之、好色、富贵，无足以解忧者，惟顺于父母可以解忧。"⑤可见，孟子看重的是，舜通过齐家，而达到了治国平天下。

第二，亲亲原则的建立。《尚书·尧典》中有所谓"五典"及"五教"的说法，孟子则将此五教发展成五伦，说帝舜"使契为司徒，教以人伦：父子有亲，君臣有义，夫妇有别，长幼有序，朋友有信。"⑥他认为，只要"人伦明于上，小民亲于下"⑦，人人按照五伦所规定的道德标准行事，就能巩固统治，安定秩序。只是，孟子所言五伦并非平等而列，其中父子、君臣两伦最重要，而父子之伦为核心，即孝悌为道德之中心。他说，"尧舜之道，孝悌而已矣"⑧；"入则孝，出则悌，守先王之道"。⑨孟子将孝悌作为伦理道德的中心，是对孔子孝悌合一思想的直接继承与发展，更是对曾子思想的直接继承。

总之，孟子在继承孔子孝思想的同时，也发展了孝的思想和理论。

（四）《孝经》：孝道理论创造之完成

在十三经中，《孝经》的篇幅很短，只有不到两千字。但该书是我国先秦

---

① 《孟子·梁惠王章句下》。
② 《孟子·离娄章句上》。
③ 《孟子》，山西古籍出版社 1999 年版，第 128 页。
④ 《孟子》，山西古籍出版社 1999 年版，第 74 页。
⑤ 《孟子·万章章句上》。
⑥ 《孟子·滕文公上》。
⑦ 《孟子·告子下》。
⑧ 《孟子·告子下》。
⑨ 《孟子·滕文公下》。

孝思想系统化、理论化的成果，其宣扬的孝道，对中国人的观念和信仰，特别是对民间生活产生过极广泛的影响。由于本课题后面有专门论述《孝经》的部分，故在此仅提出观点，并不展开论述，详见第二章。

1. 从《孝经》的成书看，《孝经》集先秦诸子孝论之大成；

2. 从《孝经》的内容看，构成了一个完整的理论体系；

3. 从《孝经》的地位看，标志着儒家孝道的创立。

总之，《孝经》作为儒家专论孝道的一部经典，以其孝道理论的全面性、浓厚的政治化色彩使儒家的孝道理论创造达到了顶峰。

二、汉代的"以孝治天下"

早在先秦，孟子等人已开始将孝思想政治化，主张统治者以孝治理国家。但是直到汉代，才开始真正推行"以孝治天下"。

（一）推行"以孝治天下"的原因

汉朝初期，大规模的战争结束了，统治者开始寻找国家长治久安的良策，他们找到了儒家的孝。汉初的统治者之所以选择"以孝治天下"，主要原因有：

1. 儒家独尊地位的确立。

应该说，儒家独尊地位的确立是在汉代完成的，其标志就是汉武帝时的"罢黜百家，独尊儒术"，为实行"以孝治天下"打下了坚实的思想理论基础。

2. 秦朝灭亡的教训。

汉初统治者认识到，要使国家长治久安，就必须赢得民众的拥护，必须了解民性，顺乎民性。因此，西汉统治者认为，用"孝"教化民众，治理天下，合人性、顺民情。

（二）汉代的孝道政策

为了实现"以孝治天下"，汉朝的统治者采取多种方式，制定和实施多种政策措施。

首先，确立《孝经》的经学地位。武帝时立五经博士，以后增《论语》为六经，再增《孝经》为七经。对孝道的推广分为学校和日常推广两个层面。各级学校，无论是太学还是地方学校，无论是官学还是私学，都以传授孝道为己任。地方上，广泛传播孝道，使"孝"成了一种日常伦理和普遍的社会风俗。

此外，要倡导孝道，要使天下人皆孝悌，皇帝必须要亲自做出示范，才能号召天下人效仿。汉朝的许多皇帝都可称为孝道的表率，从汉代第一个皇帝汉高祖刘邦开始就揭开了最高统治者崇孝的序幕。惠帝刘盈以"仁孝"著称。孝文帝更是以"仁孝闻于天下"，被称为中国历史上"最孝的皇帝"。景帝也颇有其父之风。

其三，对孝悌者进行物质奖励，对不孝者进行惩罚。首先，优抚"孝悌"的诏令在两汉不断发布。"孝悌复除"是汉朝创制。其次，提拔重用孝悌者，"举孝廉"就是汉代影响最大的措施。孝，变成了绝大多数人的价值取向和人生追求，于是恪守孝道，争做孝子贤孙成为社会时尚。而对不孝之人，则要进行惩罚。司马迁说："君不君则犯，臣不臣则诛，父不父则无道，子不子则不孝。此四行者，天下之大过也。"[1]不孝就是严重触犯了刑法。

总之，作为第一个"以孝治天下"的封建王朝，汉代也是孝治实践的初始王朝，是封建孝治的初步形成期，众多的孝治政策和制度形成于此时。汉朝推行"以孝治天下"，对后世产生了深远的影响。一方面，形成了封建皇权的威严。君主把自己打扮成"民之父母"，天下的臣民都是其子女。处在这种关系下，是臣民对君权的顺从，君主不悦便惶恐、忧惧。"以孝治天下"使臣民从内心敬畏皇权，从而在根本上强化了皇权的威严。另一方面，约束了人们的日常行为。以孝为核心的儒家思想约束着人们的日常行为，各种各样的礼俗都是孝的外在表现和规范。

三、魏晋南北朝孝文化的变异

魏晋南北朝时期是中国封建王朝史上第一次大的动荡时期。自曹魏篡汉，开三国鼎立之局始，迄至杨坚灭北周，隋朝建立，复归一统，前后三百六十余年。其间，少数民族数下中原，政权林立且更迭频仍，兵连祸接，几乎无岁无之。魏晋时期，儒家经学略呈衰颓之势，崇尚清谈的玄学之风成一代思潮。但整体而言，魏晋时期仍然基本延续了两汉的孝治天下。战乱时期，国亡家破，人们更加渴望和平稳定，更加思念孝与孝道。因此，这一时期也成为《孝经》研究史上最活跃的时期。

（一）承继孝治天下的原因

在谈及魏晋时期承继两汉孝治天下的原因，鲁迅曾提出"避忠谈孝"的观

---

[1] 司马迁：《史记》第10卷，中华书局1959年版，第459页。

点。他说:"(魏晋)为什么要以孝治天下呢? 因为天位从禅位,即巧取豪夺而来,若主张以忠治天下,他们的立脚点便不稳,办事便棘手,立论也难了,所以一定要以孝治天下。"①同一个问题,肖群忠在《孝与中国文化》一书中也提出了自己的观点,他认为:"此期家族势力的强大呈现自秦汉一统后四百余年中未曾有过的局面,因此无论何人当政,都不能无视这些家族的巨大力量,提倡以孝治天下,也可以说是朝廷对私家势力的承认与退让。由于此项政策投合了世家大族的利益,适应了当时的社会潮流,它不仅风行于魏晋,并且及于南朝,与整个士族社会历史阶段相终始。……所谓士族,其本来的含义为以经学入仕、诗礼传家的儒生. 所以作为士族阶层就要标榜礼法。目的是标明自己的身份高贵,不同于操'贱业'致富的庶族地主或出身微贱的官僚,以便保有特权。而'孝'是礼法的重要组成部分,作为士族首领的皇帝,既然要标榜礼法,孝道便被提倡到前所未有的高度。"②刘永祥则认为"魏晋南北朝时期儒家经学虽然呈衰颓之势,但孝道是得到加强并有所发展的。而且从文化的传承性讲,经过汉代的极力提倡,孝道已经成为汉族人所特有的文化品格,政权的更迭无法将其从种群血液中消除。所以魏晋时期依然重视以孝治天下的原因,恐怕不仅仅有政治方面的原因,文化层面的因素不应该被我们所忽视。"③当然,归根结底,笔者认为,魏晋南北朝时期实行"以孝治天下"的政策,直接原因是适应门阀士族制度的需要,根源在于时代的需要、人心所思、民意所向。

(二)"以孝治天下"的基本国策

魏晋南北朝时期,将两汉以来的"以孝治天下"视为基本国策。其孝治政策同汉代有着一脉相承的关系,它继承了两汉许多倡孝的政策。比如皇族的《孝经》诵习、举孝廉、奖励孝悌、惩罚不孝、敬老、尊老等,都延续了汉代的传统。同时,魏晋时期的孝治政策与孝道表现又有比汉代完善的地方,从而形成了自己的特色。

魏晋时期,不仅皇族的教育中注重《孝经》的教授,而且皇帝还亲自讲解《孝经》,史书中多有记载。如"永和十二年二月辛丑,帝讲《孝经》……升平元年三月,帝讲《孝经》"④;"宁康三年九月,帝讲《孝经》"⑤等。《孝经》在这

---

① 鲁迅:《魏晋风度及文章与药及酒的关系》,《而已集》,人民文学出版社 1973 年版,第 93 页。
② 肖群忠:《孝与中国文化》,人民出版社 2001 年版,第 79-80 页。
③ 刘永祥:《中国近代孝道文化研究》。
④《晋书·穆帝纪》。
⑤《晋书·孝武帝纪》。

一时期已经具有治病、驱邪等作用，宗教化的特点非常明显。当然，在玄学化的魏晋时期，不仅《孝经》被拿来供奉，其他经典如《周易》等几乎都有被宗教化的倾向，这是后话了。

此外，这一时期的孝道也成为"清议"的核心。在魏晋南北朝时期，官员无论升官还是降职往往与其孝德、孝行有着密切的关系。另外，后世著名的留养制度，也在此时期形成。《太平御览》卷六百四十六"刑法部·弃市"条引《晋书》曰："咸和二年，句容令孔恢罪弃市。诏曰：'恢自陷刑网，罪当大辟。但以其父年老而有一子，以为恻可特原之。'"而《魏书》卷一百一十一《刑罚志》则明确记载，孝文帝元宏太和十二年诏："犯死，若父母、祖父母年老，更无成人子孙又无期亲者，仰案后列奏以待报。著之格令。"由此可见，晋代首开因孝留养之先河，而北魏则对其进一步完善，并最终为后世所沿用。

此外，家训中的孝道与家讳在魏晋时期也颇为盛行。我们熟悉的北齐颜之推所著的《颜氏家训》，古今闻名，饮誉甚高，向来被视为家训名著。该书对《孝经》甚是推崇，其中《勉学篇》就说："虽百世小人，知读《论语》、《孝经》者，尚为人师。"[①]

值得一提的是，"二十四史"中前四史没有专门为孝子列传，但是从《晋书》起，始列《孝友传》。从此，魏晋南北朝诸史除《周书》、《北齐书》外，都有专章设列《孝义传》或《孝友传》。而后世广为流传的《二十四孝》中的"王祥卧冰"、"孟宗哭笋"、"陆绩怀桔"、"吴猛饲蚊"等事迹，都取自这一时期。

与两汉相比，魏晋南北朝时期的"以孝治天下"产生了不小的变异。即上层和下层之间，只是将"孝"作为一种工具相互利用：皇帝将孝作为统治权术，迎合士族要求，从而巩固皇权。士族通过孝巩固家族势力，标榜士族身份。正如鲁迅所说："魏晋时代，崇尚礼教的看来似乎很不错，而实在是毁坏礼教。表面上毁坏礼教者，实则是承认礼教。因为魏晋时所谓崇奉礼教，是用以自利，那崇奉不过偶然崇奉，如曹操杀孔融，司马懿杀嵇康[②]，都是因为他们和不孝有关，但实在曹操、司马懿何尝是著名孝子，不过将这名义，加罪于反

---

① 《颜氏家训》。
② 经后世学者研究，杀嵇康的应是司马昭。（质疑《鲁迅大辞典》：杀嵇康的是司马昭而非他人。）

对自己的人罢了。"①

综上可知，魏晋时期虽然战乱频繁，但是孝道并未因此而衰落，而是获得了一定程度的发展和完善。但是反观统治阶级内部，门阀士族大肆鼓吹标榜礼法孝道，实际上皇室中父子兄弟却轮番上演骨肉相残的戏码，所谓孝悌，究竟为何？可谓矛盾至极。

四、隋唐时期的孝与孝道文化

隋唐时期的孝道文化，时代特色极为鲜明。

（一）进一步将孝政治化

隋唐时期，进一步将孝政治化。其一是希望解决"移孝于忠"的理论难题和"忠孝不能两全"的实践困难；其二是将孝道法律化。唐朝注重通过制定缜密完备的法律条规对各种不孝行为或不孝犯罪实施严格的社会控制，采用司法手段严惩不孝犯罪。

从政府政策的层面，唐代政府亦对孝道积极倡导。首先，对《孝经》极度推广，下诏令全国每家必须藏《孝经》一本，实为罕见。有唐一代，得皇帝御注并要天下人家家有备的，唯此《孝经》一书，《孝经》之推广已到极致。其次，学校教育中《孝经》为兼经，科举考试中《孝经》为必考科目。"唐制：凡学六，皆隶属国子监。……凡礼记、春秋左氏传为大经，诗、周礼、仪礼为中经，易、尚书、春秋公羊传、梁传为小经。通二经者，大经、小经各一；若中经二。通三经者，大经、中经、小经各一。通五经者，大经皆通，余经各一。孝经、论语皆兼通之。凡治孝经、论语共限一年，……"②唐代将《孝经》作为必考科目，可见重孝之程度。

（二）孝礼之完备与女孝教材的出现

唐代时，孝道的礼仪规范已经相当完备，自衣食住行至坐立行走，自财物处置至晨省昏定等等一应俱全，可谓详尽。还有一件值得注意的事是唐时出现了专门的女孝教材即《女孝经》，其内容涉及女性生活言行的各个方面，重点是从女子角度讲求孝道。（关于《女孝经》的内容在后文亦有分析。）

---

① 鲁迅：《魏晋风度及文章与药及酒的关系》，《而已集》，人民文学出版社 1973 年版，第93—94 页。
②《通考·学校二》，卷四十一。

总体来说，孝文化在隋唐时期，特别是唐代获得了空前发展，无论是在对孝的倡导、践行，还是对孝行的褒奖等方面，都是很有特色的。

五、宋元明清的孝道文教制度

孝道至唐代时已经相对较为完备，至宋元明清时期达到顶峰。整体而言，宋代实现了孝道的"理学化"，元代不甚重孝，明代又再次加强对孝道的重视，清代行宋明旧制并作修缮。

（一）宋代的孝道理学化

孝道文教制度，在经历唐末五代十国的动荡衰微之后，在宋朝被重新纳入封建政治的纲常轨道。历代统治者倡扬孝道，其根本目的是为了实施"孝治"，即以孝治国安民。而以孝道教化民众，提高社会民众孝德素质及行孝意识，则是"孝治"施政的基础。宋统治者在以孝化民，努力恢复传统孝文化，重构孝文化社会基础方面，采取了以前各朝各代一些常见的基本措施。主要有：注重《孝经》，奉行尊老国策，旌表孝德孝行，树立孝范楷模。在法制方面，宋代刑法大典《宋刑统》，采用司法手段严惩不孝犯罪。此外，宋代还把孝伦理和孝悌品行引入国家教育制度和人事制度，使之成为朝廷人才选拔或官员升迁的重要依据。总体来看，宋朝对孝文化的发展具有以下两个特征：

1. 完成"移孝作忠"。

到了宋朝，最终确立了事君重于事父母，即"忠"重于"孝"的指向，完成了"移孝作忠"的理论构建。有宋一代，孝文化中的"忠"越来越居于"孝"前，并且被日益固定为"死事一君"之义。宋朝的统治者明确地规定了在孝文化中"忠"才是核心。《宋大诏令集》中收录的诏令明确规定："新授职官内有家讳者，除三省御史台五品文班四品武班三品以上许准式，其余不在改避之限。"[①]宋太宗亦云："卒哭而讳，止可施于私家；闺门之事，岂宜责于公府。"[②]说明在他的观念中，公先于私，或说忠先于孝。

2. "孝"的理学化。

宋朝的"孝"思想深受理学影响。宋代时，理学家们对封建礼法进行了重新诠释，以儒家的礼法为基础，宣扬忠、孝、节、义的伦理思想，大讲"存天

---

① 《宋大诏令集》第 190 卷，中华书局 1962 年版。
② 唐长孺：《魏晋南北朝史论拾遗》，中华书局 1983 年版，第 218 页。

理，灭人欲"。宋代大儒朱熹的孝论，就把孝纳入其理学系统中。朱熹说："事亲当孝，事兄当悌之类，使当然之则。"[1]"君臣父子夫妇长幼之常，是皆必有当然之则，而自不容己，所谓理也。"[2]"如为君须仁，为臣须敬，为子须孝，为父须慈，物物各具此理，而物物各异其用，然莫非一理之流行也"[3]等等。从中可以看出，朱熹认为，事亲当孝是"当然之则"、"皆人心天命之自然，非人之所能为"，所以，这是"一理之流行"，是"所谓理也"。这就从理论上给孝定位，孝和仁、敬、慈一样，都是至高无上之"理"的表现，并且是不以人的意志为转移的。朱熹还说："君之仁，臣之敬，子之孝，父之慈，与国人交之信之类"则"君臣、父子、国人是体，仁、敬、慈、孝与信是用。"[4]总之，宋代是以宣扬理学闻名的，由理及礼对孝的渲染处处可见，在此仅举上一例。公允而言，"孝"的理学化中，对于我们今天仍有可资借鉴的积极方面，像尊重父母长辈、孝敬父母、赡养父母、尽子女对长辈应尽的义务等；但更多的是今天应批判唾弃的封建社会用伦理道德对人性摧残压制的糟粕。

（二）元代不甚重孝

元朝的统治时间很短，不足百年。对于儒家孝道，虽然元统治者也曾有倡孝之举，但整体而言，元代是不甚重孝的。这一点，大概与蒙古族入主中原以前，作为游牧民族本身就不太重孝有关，而通过其入主中原以后所实施的一些措施来看，他们虽然也受到汉族儒家孝道的同化，但是整体并没有大的改变。肖群忠在《孝与中国文化》一书中，这样论述道：

首先，在宋代被视为最高孝行的卧冰、割股、刻肝等孝行，在元代不但不予褒奖，而被元朝政府明令禁止。据《元史·刑法志》载："诸为子行孝，辄以割肝、刲股、埋儿之属为孝者，并禁止之。"[5]《元典章》辑录有关行孝的法律公牍仅有三条：一、"行孝割股不赏"，二、"禁卧冰行孝"，三、"禁割肝刻眼。"[6]

从其他一些材料中还可以反映出，元朝政府对一般的孝行常礼也极为淡漠。据《元史·世祖纪》载：世祖时，"左丞吕师夔，乞假五月，省母江州。

---

① 黎靖德编：《朱子语类》第 18 卷，中华书局 1994 年版，第 426 页。
② 朱熹：《朱子文集》第 15 卷，《经筵讲义》，齐鲁书社 1997 年版，第 318 页。
③ 黎靖德编：《朱子语类》第 18 卷，中华书局 1994 年版，第 4306 页。
④ 黎靖德编：《朱子语类》第 6 卷，中华书局 1994 年版，第 117 页。
⑤《元史》卷一〇五，《刑法志四》。
⑥ 肖群忠：《孝与中国文化》，人民出版社 2001 年版，第 94-95 页。

帝许之，因谕安童曰：'此事汝蒙古人不知。'"①……宋代健全的省亲制度到了元代已变得无制度可言了。用以维系宗族关系的孝道一经破坏，家族纽带也有所松懈。"宗法先坏，人无贵贱以析居异产为俗，"②"近世风俗益衰，吾观子士者之家，而三世不别籍者希矣。"③孝道的核心内容善事父母，也发生了动摇，甚至遗弃父母得到法律的承认。《元史·刑法志》云："诸父母在，分财异居，父母困乏，不共子职……亲族亦贫不能给者，许养济院收录。"④

总而论之，元代整体上不甚重孝，但由于历时较短，对传统孝道也无甚冲击，无碍孝道所成之文化品格，有元一代，孝道依然是当时社会主流的伦理道德。

（三）明代对孝道的重视

明代是中国封建社会君主专制空前强化的时期，统治者在加强政治、法律专制的同时，更加注重从思想文化上强化对人民的控制。因此，孝道思想受到明代历朝统治者的高度重视与提倡，致使"孝"与明代的政治、法律、道德等社会生活各个方面发生关联。

1."孝"与选官紧密关联。

把儒家孝道伦理和孝悌品行引入国家人事制度，注重为官者的孝德修身的完善，使之成为朝廷人才选拔或官员黜陟迁转的重要依据或参照标准，是明朝倡导孝文化在官场政治中的一个非常重要的表现。明太祖朱元璋就非常重视礼乐教化，对"忠孝节义"的倡导不遗余力。明初，罢废科举的时间持续了大约十年，在此时期内，以"孝悌力田"和"孝廉"科目推荐察举，是明代"以德行为本"选拔官员的重要途径。"以孝治天下"的纲常原则，在明朝的科举及官场人事制度中，已经转化成为非常具体的实践措施和习为常见的制度化行政行为，以孝选官使得很多具有良好孝德修身之人就职于各级仕宦岗位，极大地改变了明代的官风官德，促进劝民以孝、训孝化民的"孝治"施政风气的形成。

2.奖"孝悌"，倡尊老养老。

明朝统治者上台伊始即注重教化乡民，朱元璋颁布圣谕六条："孝顺父母，尊敬长上，和睦乡里，教训子孙，各安生理，勿作非为"。⑤之后明朝积极倡

---

① 《元史》卷一三，《世祖纪》。
② 《剡源戴先生文集》卷六。
③ 《剡源戴先生文集》卷五。
④ 肖群忠：《孝与中国文化》，人民出版社 2001 年版，第 94—95 页。
⑤ 《明太祖实录》第 255 卷。

导并奉行尊老养老国策，培养孝亲顺民。在此方面起到垂范的当属朱元璋，他在兴孝方面注意从身家做起。在明代皇帝统治的 277 年中，皇帝的庙号、谥号或陵名，以"孝"命名的很多，如"孝陵"、"孝宗"、"孝康"，尊谥中的"至孝"、"纯孝"、"广孝"等。在统治阶级上层的影响下，民间百姓的尊老养老风气也日益浓厚。在中国古代尊老敬老仪式中占有重要地位的"乡饮酒礼"，此时受到明朝统治者的大力提倡，对高龄年长者的地位也有所提高。具体而言，明朝在倡导养老方面采取了以下措施：第一，赐物。至明代，赐物成为一种由国家保障的经常性和终身性的养老方式，并且得到很好的贯彻实施。第二，减免赋役。《明史·食货志》上说："男子 16 岁以上为成丁，必须为官府服徭役，满 60 岁方可免徭役。这表明在明代 60 岁的年老者享有免除徭役的特权。明太祖、明成祖、明英宗，都多次下诏重申国家法令，民间老人年满 70 可免除其家一个成年男子的各种杂泛差役，以便奉养老人。"第三，兴建养老救济机构。朱元璋于洪武五年，仿效元朝做法，"诏天下郡县立孤老院"，后改孤老院为养济院。明朝养济机构的设置完备，其抚恤的具体办法完善，创造了良好的社会风尚。

此外，对于官吏及民间百姓的"孝行"、"义举"，明朝廷都积极给予表彰。纵观有明一代，官方对孝行旌表可谓是从未间断过，从明朝初期，"朱元璋开始推行旌表孝行节义，到明代正统、景泰、天顺年间，倡导贞节孝行日益频繁。从《明实录》中可见，此时平均每年或每隔几个月就要进行旌表，至正德年间，旌表虽有所减弱，但是这种活动并未停止，直至天启六年十二月仍在继续"。①

3. 在教育上突出"孝悌"。

整个明朝的文化教育领域都强化了伦理道德教育，受其影响，家庭教育内容中也充斥着伦理道德的说教。《孝经》是明朝统治者的必读之书，也是培养皇家子弟的基本教材。家训教育方面，朱元璋不仅是树立家训教化成功的典型，在全社会加以表彰，而且还亲自编撰家训训诫皇室子弟。明仁孝文皇后亲自撰写的《内训》，是封建帝后撰写的最为全面的一部家训，在中国传统家训教化史上占有重要的地位。在地方上立家规家训的现象非常之多，试举浦江义门郑氏为例。郑氏一家是以"孝义"著称于世，《宋史·孝义传》、《元史·孝友传》、《明史·孝义传》都记述了其家族同居始祖的孝义之行。明初，在名儒

---

① 秦海滢：《传统孝文化的传播与外延》，《济南大学学报》2006 年第 1 期。

宋濂的帮助下，其家族将《规范》《后录》和《续录》合并成有一百六十八则的《郑氏规范》，不但规条数目增加，而且内容上进行细化、深化、具体化，对子孙孝的要求加强了。在一百六十八则的《郑氏家范》中，明确提到"孝"或者与之相关的规条有 21 则。学校教育方面，明代修建学校最多，有国学、府学、州学、县学、宗学、社学、武学等。无论国子监生，还是地方儒学弟子均以经史为主干课，辅以"六艺"，此皆儒家治平之术。《孝经》作为儒家孝道伦理学说的集大成经典，因其特殊的德教功能而受到朱元璋的高度重视。

（四）清代中叶以前的孝道文教制度

清朝是一个少数民族入主中原而建立的统一的封建王朝。这一时期，清朝统治者为了缓和民族矛盾，维护清朝的统治，加上以前历朝历代对重孝传统的传承，更加注重对孝文化的提倡和保障。

一，清朝继承了明代对孝道的重视。将举孝廉发展为制科，将孝行、孝德作为选拔的重要参照标准，整个清代，通过孝悌察举而为官者，占有相当的比例。

二，清朝统治者以身示范孝道，使整个社会形成了一种浓厚的"孝"氛围。比如，康熙和乾隆皇帝都是有名的孝子。和明朝相似，在清朝统治的两百多年之中，皇帝的庙号、谥号，皇后的谥号，或者陵墓的名称，出现孝字的也特别多。

三，采取了各种奖励孝义行为的措施。主要包括：给银建坊、祠宇，以示鼓励，倡导孝义之风气；赏赐银两、缎匹等物品；旌其门、表闾里、赐匾额、为孝行书匾额、制辞章、题名墓碑等；以孝子及孝行来命名河流、山川等地名，以示旌表；对于孝子的言行，用"孺孝"、"纯孝"、"至孝"等名称来表彰；多次举办千叟宴，兴养老、敬老的风气。纵观清代前中期，政府采取各种方式倡导孝行，以兴教化，倡风气。同时，对于不孝的行为在法律上也有着严格而详备的规定。

综上，自汉代以后，孝道就与封建历史同步前行，随着封建社会的发展，孝道也不断得到完善和发展，并逐渐成为汉族人乃至中国人所特有的文化品格之一。虽然，其间也曾受到几次异族入侵的冲击，但是，孝道以其文化品格的强大传承力和同化力，不仅没有消亡，反而历经磨难后，获得了更大的发展。至宋明时期，随着封建社会达到其顶峰，孝道也随之攀上顶峰。纵观其延续历程，孝道在发展过程中，不断被赋予封建政治性的功用价值，诸如等级观念、顺从观念等等。与初始孝道相比，此时的孝道已经附加了太多的封建性内容，以致其发生了扭曲和变形，导致压得人们喘不过气来，即后人所说之孝道束缚。可以说，清代以前，封建孝道已经到达了它的顶峰，清代看似严密的孝道思想和政策，只是前朝尤其宋明时期的维护和延续，而清中叶以后，随着世界环境的变化，封建思想迎来了被"离经叛道"的时期。

第三节　矫枉过正，近现代对传统孝道的根本性动摇

近代中国，如何摆脱帝国主义压迫，谋求民族与国家的独立是由当时特殊历史条件所决定的主要任务。为此，一批仁人志士睁眼看世界，师夷以制夷，办洋务、倡变法、闹革命。同时，西方的价值观念、道德观念也被一批仁人志士介绍到中国来。这些社会思潮与变革冲击着传统的礼教秩序。依附武力的西方文明的入侵，带给传统中国的不仅仅是被凌辱的痛苦，同时带来的还有传统社会的全方位转型。发生在近代中国的不仅有经济的、政治的、社会的变化，亦有思想的时代转移。传统孝文化的命运总是和中国传统文化的命运相始终的。当传统文化遭到清算时，也就必然要涉及作为传统文化的重要部分——孝文化。在中国历史上，孝道曾被视作"天之经，地之义，人之行"。然而到了近代，特别是甲午战争之后，孝道开始受到人们的非议。

一、旧"孝"难敌"数千年未有之变"①

刘永祥在分析近代孝文化的历史命运中，采用了金字塔的模型做结构性解析。他认为："金字塔最顶端当属统治政权；其次为知识分子层面，即学术界与思想界；最底层当为社会基层，即我们常言之民间"。"质而言之，知识分子对于《孝经》的研究，对于孝道的种种讨论，无论是批判也好，抑或是褒扬也好，都只能是在知识分子这样一个为数不多的狭小的圈子里发挥其效应，很难直接对基层民众产生影响，这是知识界到现在依然自囿的难题之一。然而，知识界却有一个间接的平台，即统治政权。统治者需要知识界的智慧，所以他们对学术界和思想界从来不敢轻而视之，而知识界也恰恰通过政府来运用其学

---

① 本部分主要参见刘永祥：《近代中国孝道文化研究》。

说，这就是知识界的一种思潮往往会产生巨大的社会效应，而成为一种社会思潮的原因所在。"①因此，在这一部分，我们结合近代的社会历史文化背景，分析孝道文化在近代的境遇，就以官方的政策为导向，至于思想界的风起云涌，我们留待下面两个部分，再做探讨。

（一）晚清时期的孝道命运——兼论太平天国时期的孝道命运

晚清政府对于孝道依然延续了传统的方式，而且鉴于时世动乱，大有以孝道挽救人心的愿望。其主要表现在：

第一，将《孝经》再次列为科举考试命题，一度激起一股学习《孝经》的热潮。陈澧在《东塾读书记》中说："续汉书百官志，司隶校尉假佐二十五人。孝经师主监试经，诸州与司隶同，此东汉之制也。咸丰中有旨令岁科试增孝经论。正合东汉之制，若天下督学及府州县试士，以此为重，则天下皆诵孝经，如东汉时矣。"②第二，加强孝道旌表力度。受旌表者数量增多、旌表频繁。其中，对于如割股疗伤等被近代学人斥为"愚孝"的孝道的极端表现，晚清以前是以不予旌表为主流原则的。然而，就是诸如这类行为，在晚清社会大动荡时期，凡是这类孝行，"一经大吏报闻，朝上疏，夕表闾矣。"③其政策与前中期不同。可见，愈是乱世，统治者愈会大力宣传伦理道德。

然而，尽管他们在竭尽所能加强孝道宣传的力度，试图以挽救人心，但是近代以来的社会现实却一步步宣告了其愿望的最终破灭。随着西方文明倚仗坚船利炮强行输入中国，中国局势岌岌可危，晚清政府被迫做出一些改革，尤其是甲午海战以后，其孝道政策发生了两个变化。首先是传统官制中丁忧、守制政策的放松。传统社会中官员在父母去世后有丁忧、守制之责，一般为三年时间。但是，对于国家重臣而言，国事繁多，丁忧、守制往往有误国事；即使对于一般官员而言，丁忧、守制也往往造成官位不保，所以很多官员对于此都抱怨声声却也无可奈何。这种情况在晚清动荡时期，更是相当频繁，许多重臣都曾在守制期间被夺情起复，此时所谓丁忧、守制对于高级官员而言，已经流于形式了。其次是晚清教育改革和科举制的废除对传统《孝经》教育的冲击。晚清时期，表面看来，政府仍然加强传统孝道伦理，然而，随着新式学堂的增多，近代新科目亦迅速增加，以《孝经》为基础的经学科目渐渐被挤到了边缘

---

① 刘永祥：《近代中国孝道文化研究》。
② 陈澧：《东塾读书记》卷一，《万有文库》，王云五主编，商务印书馆1936年版。
③ 陈康祺：《郎潜纪闻初笔》卷十四，中华书局1984年版，第296页。

的角落里。再到后来，随着科举制的废除，《孝经》逐渐被遗弃，只能在私塾中才能够见到它的身影。再次是晚清孝道法律的变化。过去，不孝是十恶之一，而且法律条文中关于孝道的规定亦是数不胜数。然而，近代以来，西方文明的不断输入，导致中国传统社会发生了天翻地覆的变化，原有的《大清律》已经无法适应新生的社会体系，加上列强的逼迫，晚清政府最终决定重修律法，即"清末修律"。在此次修律过程中，以大清刑律的修订为核心内容，最终引发了晚清史上的"礼法之争"，孝道的有关内容也被牵涉于内，为后来孝道法律的彻底废除打下了基础。

总之，晚清政府虽然对传统的孝道依然看重，而且着意加强，然而其孝道政策却反映出在社会文化的改变下，孝道的历史命运已然发生了变化，为步入民国后的孝道境遇埋下了伏笔。

在此，还不得不说起在近代鸦片战争爆发后的第十个年头所发生的那场我国历史上最伟大的农民运动——太平天国运动。太平天国运动对传统的孝观念有过如此大胆而猛烈的冲击，特别是它一度摧毁了孝观念存在的基础——家庭。洪秀全宣称："天下多男人，尽是兄弟之辈，天下多女子，尽是姊妹之辈。""天下总一家，凡间皆兄弟"。在这样的思想指导下，太平天国社会一度将所有社会成员，无论父子、夫妇、兄弟、姐妹，按照男馆、女馆进行另外的排列组合，一时间呈现出"父母兄弟妻子立刻离散"，"虽夫妇母子不容相通"的生活局面①。父母和子女不仅平时"不容相通"，偶然在街上相遇，也"只许隔街说话，万分伤心，不许流泪。"② 如此生活，即使想遵行孝道都无从做起。无怪乎太平天国的死敌曾国藩哀叹道："举中国几千年礼义、人伦、诗书、典则，一旦扫地荡尽，此岂独我大清之变，乃开天辟地依赖名教之奇变。"③

反观太平天国的领导者，从一开始他们就是传统与反传统之间的矛盾者。一方面，他们勇敢的叛逆行为猛烈地冲击了传统的孝道观念；但是另一方面，他们从骨子里却是封建伦常的遵守者，长期生活在小农经济的社会结构中，他们根本无法摆脱封建家族观念，他们根本跳不出三纲五常的封建伦理框框。于是在下妻离子散民怨载道；在上妻妾成群争权夺利，太平天国的失败也就不足为怪了。

---

① 《太平天国》（四），第 695 页。
② 《太平天国史料汇编简辑》。
③ 《贼情汇纂》卷十二。

（二）民国北京政府时期的孝道命运

从 1912 年到 1927 年，是我们通常称谓的"北洋军阀统治时期"，亦即目前史学界所公认的"北京政府统治时期"。国民政府建立初始，对于传统的、不符合民主共和潮流的东西，一律加以清除，临时政府向封建传统"大开杀戒"，各种新政策层出不穷，其中对传统孝道产生冲击的亦不在少数。首先是法律中孝道内容的清除，至此，唐以后历代王朝所沿袭的《唐律》中关于孝道的条款，全部遭到废除。正如吴虞所说："新刑四百一十条，不见一个孝字。"[①]其次，是教育政策的改变。1912 年 5 月，教育部通令各省废止经科。传统经学在教育中的阵地被摧毁，作为修身、读经科目中的《孝经》自然也在废止之列。

而袁世凯掌控民国政府以后，却又试图恢复传统，尤以"尊孔读经"为最。"尊孔读经"，所提倡的是忠、孝、仁、义等传统道德，孝道亦是题中之意。1912 年 9 月，袁世凯颁布《整饬伦常令》，宣称："中华立国以孝悌忠信礼义廉耻为人道之大经。政体虽更，民彝无改""本大总统痛时局之阽危，怵纪纲之废弛，每念今日大患，尚不在国事，而在人心。"袁世凯同时又发布《崇孔伦常文》，宣称"中华立国，以孝、悌、忠、信、礼、义、廉、耻为人道之大经，政体虽更，民彝无改"，八德"乃人群秩序之大常，非帝王专制之规"，要求"全国人民，恪循礼法，共济时艰"。[②]袁世凯在两文中均将孝悌放在道德伦常之首位，亦明言今之大患，不在国事，而在人心，可见其试图用以孝道为核心的传统伦理道德笼络人心，为自己恢复帝制做好铺垫。

袁世凯死后，从 1917 年到 1928 年，各派系封建军阀拥兵自重，割据一方，他们一手挥舞刀枪，另一手却托起了孔子的牌位，大力倡导尊孔读经，而孝道亦在其中。总体而言，北京政府并不想抛弃传统孝道伦理，对于孝道是大力提倡的。然而，随着社会经济、政治、教育等各方面的近代化，传统孝道所赖以存在的基础已经渐次被破坏掉，所以在时代浪潮面前，传统孝道进一步衰亡。

（三）民国南京政府时期的孝道命运

1927 年，蒋介石叛变革命，在南京成立了国民政府。从此，国民党集团代替了北洋军阀的统治。蒋介石集团像北洋军阀一样，仍然尊奉儒家传统道德，

---

① 《吴虞集》，第 177 页。
② 韩达编：《袁大总统文牍类编》，《评孔纪年》，第 5 页。

只是他们的做法是在三民主义旗帜的掩护下进行的，更具隐蔽性。因为要恢复中国传统儒家道德体系，所以对于传统孝道伦理，南京国民政府自是大力提倡。尤其是新生活运动开始，日本侵华以后，南京国民政府更是不遗余力的宣扬孝道，并将孝道扩大化，宣扬对民族尽大孝，以此来激励抗日。

首先，蒋介石集团对孙中山的"三民主义"重新加以解释，从而使"孙中山孔子化"，使"三民主义儒学化"。蒋介石认为，孙中山是儒家道统的继承者，"中山先生的思想，完全是中国的正统思想，就是继承尧舜以至孔孟而中绝的仁义道德的思想。"孙中山思想、三民主义学说完全来源于中国的传统文化，"三民主义就是从仁义道德中发生出来的。"①他指出"三民主义"的基本精神就是"忠孝仁爱信义和平"八德，就是"礼义廉耻"四维。1932年，在《革命哲学的重要》讲演中，蒋介石说："中国固有的民族性是什么？从来立国的精神是什么？现在需要的又是什么？总理已经写得明白，就是'三民主义'。三民主义是什么呢？在伦理和政治方面讲，就是'忠孝仁爱信义和平'来做基础，在方法实行上讲：就是'知难行易'的革命哲学。现在我们要恢复民族精神，要中国的国家民族复兴，就先要恢复中国固有的忠孝仁爱信义和平的民族道德。"②如此一来，他口中的"三民主义"就成了装着传统儒学旧酒的三民主义新瓶。

1928年春，南京国民党政府下令恢复旧道德，把"忠孝"、"仁爱"、"信义"、"和平"和"格物、致知、正心、诚意、修身、齐家、治国、平天下"作为道德标准。③1933年，国民党令各级党部及社会团体悬挂"忠孝"、"仁爱"、"信义"、"和平"匾额；不久，国民党政治教育部又宣布以"忠孝"、"仁爱"、"信义"、"和平"为"小学公民训练标准。"④"忠孝"一体始终位居首位，因为自古忠孝不分，忠由孝生，孝为忠教，忠即是孝，孝即是忠。蒋氏集团提倡孝道的目的自是为培养忠臣，故忠孝并提，这与为五四思想家所批判的孝道培养顺民的功能并没有不同。

自1934年开始，南京政府推广"新生活运动"，蒋介石说："本来我们所

---

① 蒋介石：《中国教育的思想问题》，张其昀主编：《先总统蒋公全集》第一卷，中国文化大学与中华学术院出版部1984年版，第616-617页。
② 蒋介石：《革命哲学的重要》，《中国现代思想史资料简编》第3卷，浙江人民出版社1983年版，第587页。
③《国民政府公报》第51期，1928年4月。
④《中国现代政治史大事月表》，1933年2月20日。

谓新生活目的，就是要使全体国民，凡日常生活衣食住行，统统要照到我们中国固有的礼义廉耻道德的习惯来做人，简言之，就是根据中国固有道德的习惯，来决定人人所必需的日常生活行动，这就是新生活运动的内容，并没有旁的新花样。因为生活总是生活，无所谓新旧，我们讲新旧，是就时间而言，要扫除现在一切违反礼义廉耻不合于人生正道的野蛮生活、鬼生活，而重新来恢复明礼义，知廉耻，守纪律、守时间的文明做人的生活。这种文明做人的生活，本来是我们祖先向来所过的，不过最近因为社会的堕落，教育的腐败，一般国民将他固有的礼义廉耻忘掉，不去用他，连得衣食住行也不会了。"①"礼义廉耻"是新生活运动的总纲领，称为"四维"；而更具操作性和宣传性的则是"忠孝仁爱信义和平"，称为"八德"。两者共同涵盖了新生活运动的全部内容。

蒋介石利用铁血手段推介"四维"、"八德"，他把"八德"作为国民党党员守则"十二条"的主要内容，又规定为全国青年的守则，其中，把孝道在排在第二位，仅次于忠。1938年3月，国民政府颁行《青年训练大纲》和《中等以上学校导师制纲要》，对大中学生进行强制性"信仰训练"，提出"时时刻刻心领袖之心，行领袖之行"的要求，妄图通过"发挥忠孝仁爱信义和平诸美德，""实现领袖提倡礼义廉耻之意义"的教育目的。1938年10月，国民党教育部决定把孔子孟子的《四书》列为大学国文系学生必修课程。在蒋介石的旨意下，"四维"和"八德"也成为全国学校的训育准则。并将儒家经书用白话文重新编写，通令全国中小学一律采用。传统孝道再次藉着尊孔读经的浪潮反冲到教育中，传统孝道内容也再次被编入各级教科书中。

随着抗日战争的到来，在抗日民族统一战线的基础上，国共两党领导中华民族对日寇进行了殊死的搏斗，在"抗战压倒一切"的紧迫现实中，中国思想文化领域的启蒙运动又带上了比甲午战争之后戊戌时代更浓郁、更悲壮的救亡色彩，儒学中"大一统"和"辨夷夏"的思想对唤起全中华民族的救亡意识有重要作用。因此，南京政府更加极力宣传儒家固有道德，其中，孝道在抗战时期成为激励国人抗日情绪的精神动力和食粮。1939年3月，国防最高委员会颁布《国民精神总动员纲领及实施办法》，开展了一场"国民精神总动员"运动。"国民精神总动员"提出"救国八德"，"八德之中，最根本者为忠孝。唯忠与孝，实中华民族立国之本，五千年来先民所留遗于后代子孙之至宝。今当国家

---

① 蒋介石：《新生活的意义和目的》，萧继宗编：《革命文献》第68辑，第32页。

危急之时，全国同胞务必竭忠尽孝，对国家尽其至忠，对民族行其大孝。"[1]传统孝道在此时被赋予了更加宽泛的意义，从而发挥着其在抗战时期独特的精神动员作用。

纵观孝道的近代官方境遇，可以发现，处于官方统治地位的政权，都对传统孝道给予了很高的待遇，都不想抛弃传统孝道，都想继续利用它来为自己的统治服务。然而却由于经济、政治基础的改变，孝道的官方境遇虽然不低，却也起起伏伏。这种境况，在思想界表现得更加淋漓尽致。

二、急进人士的"离经叛道"之论[2]

近代百年，特别是甲午战争之后，孝道开始受到人们的非议，形成了一股激烈的非孝思潮。

在近代中国，比较早对孝道提出非议的是康有为。1888 年前后，康有为在《实理公法全书》中说："公法于父母不得责子女以孝，子女不得责父母以慈，人有自主之权焉。"[3]另一本影响更大的《大同书》实际上就是一部向封建家族观念挑战的宣言书，该书最关键在于提出了毁灭家族的思想。康有为的思想深深地影响了谭嗣同。甲午战后，谭嗣同大胆地叫响了"冲决重重网罗"的口号。网罗之一就是作为伦常首要的孝的观念。他对三纲学说提出批判，"君臣之祸亟，而父子、夫妇之伦遂各以名势相制为当然矣。此皆三纲之名之为害也。名之所在，不惟关其口，使不敢昌言，乃并锢其心，使不敢涉想。愚黔首之术，故莫以繁其名为尚焉。君臣之名，或尚以人合而破之。至于父子之名，则真以为天之所合，卷舌而不敢议。"[4]

辛亥革命时期，人们不仅对三纲提出批判，而且提出了家庭革命、祖宗革命等主张。但总体而言，从甲午战后至辛亥革命时期，人们批判的重点在专制主义。直至新文化运动时期，陈独秀、李大钊、吴虞、鲁迅、胡适等文化新人"开风气之先"，破孔子之道，立文化新宗，对孝道进行了激烈批判。

---

[1] 彭明主编：《国民精神总动员纲领及实施办法》，《中国现代史资料选辑》第五册，第117 页。
[2] 本部分主要参见刘保刚：《试论近代中国的非孝与拥孝》，《晋阳学刊》2009 年第 4 期。路丙辉：《传统孝文化及其现代转型》。
[3] 姜义华：《康有为全集》第 1 卷，上海古籍出版社 1987 年版，第 285 页。
[4] 蔡尚思、方行：《谭嗣同全集》（下），中华书局 1981 年版，第 348 页。

（一）陈独秀批"三纲"

陈独秀论孝，是从文化上入手。他指出，儒家的"三纲"说教，是"奴隶之道德"的根源。因为"三纲"说教，使人失去了主体精神，丧失了独立自主的人格。陈独秀将孔教视为有碍于社会进步的一种政治教条来反对，把它作为锢蔽人心的一种迷信来反对，因此，他坚决地指出，只要是骗人的东西，不管它身穿什么外衣，都要统统予以反对；不论它是不是自古相传的信仰，只要它是腐朽的、不合理的，就要统统推倒。陈独秀揭露的是作为封建正统思想的"孔孟之道"，深刻揭示了"孝道"与封建专制主义的关系，很明显，这些批判是政治意义的，并不是严格的学术探讨和研究。

（二）李大钊"破孔子之道"

作为进一步的政治批判，李大钊则主要是运用唯物史观来破"孔孟之道"。李大钊指出："中国的大家族制度，就是中国的农业经济组织，就是中国两千年来社会的基础构造。一切政治、法度、伦理、道德、学术、思想、风俗、习惯，都建筑在大家族制度上作它的表层构造。孔子的学说所以能支配中国人心有两千余年的缘故，不是他的本身的权威具有绝大的权威，永久不变的真理，配作中国人的'万世师表'，因他是适应中国两千余年来未曾变动的农业经济组织反映出来的产物，因他是中国大家族制度上的表层构造，因为经济上有他的基础。"[1]因此，要彻底铲除孔子之道对于人们的精神束缚，就得动摇孔子学说千百年来所赖以生存的小农经济基础。"中国的农业经济，既因受了重大的压迫而生动摇，那么首先崩颓粉碎的，就是大家族制度了。中国的一切风俗、礼教、政法、伦理，都以大家族制度为基础，而以孔子主义为其全结晶体。大家族制度既入了崩颓粉碎的命运，孔子主义也不能不跟着崩颓粉碎了。"[2]

（三）鲁迅揭穿"吃人的礼教"

鲁迅则是站在人道主义的立场上进行批判的。在《狂人日记》中，鲁迅指出，中国封建社会几千年的历史，实际上就是封建统治者"吃人"的历史；统治者在"仁义道德"的伪装下，干着嗜血食肉的吃人勾当："我翻开历史一查，这历史没有年代，歪歪斜斜的每页上都写着'仁义道德'几个字。我横竖睡不着，仔细看了半夜，才从字缝里看出字来，满本里都写着两个字是'吃

① 李大钊：《孔子与宪法》，《甲寅》日刊，1917年1月30日。
② 李大钊：《李大钊文集》（下），人民出版社1984年版，第178-179、181-182页。

人'！"①在《我之节烈观》中，鲁迅批判了封建夫权主义："我依据以上的事实和理由，要断定节烈这事是：极难极苦，不愿身受，然而不利自他，无益社会国家，于人生将来又毫无意义的行为，现在已经失去了存在的生命和价值"。②在《我们现在怎样做父亲》中，他痛斥了封建的父权主义："中国的旧学说旧手段，实在从古以来，并无良效，无非使坏人增长些虚伪，好人无端的多受些人我都无利益的苦痛罢了。"③

（四）厘清反孝人士的批判"真相"

综上所述，上面这些"五四斗士"们，对孝道的批判与主张主要表现为：反对主恩的孝道观念，主张爱与平等；反对亲亲疏疏，主张博爱；反对家族本位，主张国家本位。

其实，在激烈的批判之下，非孝者们并不反对子女对父母的敬爱。谭嗣同就说："孝且不可，何况不孝也。"④吴稚晖也说："孝者无他，用爱最挚之一名词而已。"⑤陈独秀也说："我们不满意于旧道德，是因为孝悌的范围太狭了……现在有一班青年却误解了这个意思……他却打着新思想新家庭的旗帜，抛弃了他慈爱的，可怜的老母。"⑥吴虞也说："父子母子不必有尊卑的观念，却当有互相扶助的责任。"⑦

由此可知，非孝者所非的不是发自内心地对父母的爱，而是不主张父母对子女就只有恩情，子女必须报恩的这种不平等的关系。吴虞就说："同为人类，同做人事，没有什么恩，也没有什么德。"⑧鲁迅也说："倘如旧说，抹煞了爱，一味说恩，又因此责望报偿，那便不但败坏了父子间的道德，而且也大反于做父母的实际的真情，播下乖刺的种子。"⑨他们认为孝道使子女成为父母的附属品，没有独立人格，就是报恩主义所致。他们特别反对传统孝道中不合人情，特别是"二十四孝"中一些违反人道的说教。对传统孝道中"不孝有三，无后为大"、三年丧期、"身体发肤，受之父母，不敢毁伤"，"父母在，不远游"，

① 鲁迅：《鲁迅全集》第 1 卷，人民文学出版社 1981 年版，第 425 页。
② 鲁迅：《鲁迅全集》第 1 卷，人民文学出版社 1981 年版，第 432 页。
③ 鲁迅：《鲁迅全集》第 1 卷，人民文学出版社 1981 年版，第 137 页。
④ 蔡尚思、方行：《谭嗣同全集》（下），中华书局 1981 年版，第 348 页。
⑤《吴稚晖学术论著》（第三编），《民国丛书》第三编第 85 辑，上海书店，第 13 页。
⑥ 陈独秀：《新文化运动是什么？》，《新青年》第 7 卷第 5 号。
⑦ 吴虞：《吴虞文录》，黄山书社 2008 年版，第 13 页。
⑧ 吴虞：《吴虞文录》，黄山书社 2008 年版，第 13 页。
⑨ 鲁迅：《鲁迅全集》第 1 卷，人民文学出版社 1981 年版，第 132 页。

"三年无改于父之道"等和现代生活不相适用的思想也提出了批评。

在"五四斗士"们看来，父母与子女应该建立这样的关系：以爱为基点，以幼者为本位，以平等为基础。不要亲亲疏疏，而应该博爱。陈独秀就说，"我们不满意于旧道德，是因为孝悌的范围太狭了。说什么爱有等差，施及亲始，未免太猾头了。就是达到他们人人亲其亲长其长的理想世界，那时社会的纷争恐怕更加厉害；所以现代道德的理想，是要把家庭的孝悌扩充到全社会的友爱。"[1]在当时的社会条件下，他们主张国家本位。吴虞说："以家族的基础为国家的基础，人民无独立之自由，终不能脱离宗法社会，进而出于家族圈以外。"[2]"大政治时代的忠，绝对忠于国。"[3]当然，对于"父子同罪不同罚"，"子为父隐、父为子隐"的孝道思想也是有违法治精神的。

整体来看，五四时期的文人对传统孝的基本态度是批判，在这个潮流的影响下，批评多于建设，感性多于理性。特别是后人在没有完全弄清当事人的本意的前提下，肆加诠释，直接影响了国人对传统孝文化的判断，几千年的儒家文化在中国人的心目中几乎找不到可以栖息的方寸之地了。作为人之本情的孝观念不断被曲解、误会，从人们的生活中被剥离，这不能不说是个遗憾。

三、新儒家对孝道的拥护与理论重建[4]

面对五四时期对传统文化的激烈批判，20世纪20年代产生了一批服膺宋明理学，力图客观而同情地理解传统儒学，并以此为基础来吸纳融合西学，以谋求中国文化和中国社会的现代化出路的一个学术思想流派，那就是以传承儒学智慧、维系民族文化命脉为己任的现代新儒家。

现代新儒家想要构建的"新儒学"又是怎样的呢？贺麟指出，"儒学是合诗教、礼教、理学三者为一体的学养，也即艺术、宗教、哲学三者的谐合体。因此，新儒家思想的开展，大约将循艺术化、宗教化、哲学化的途径迈进。"[5]从贺麟的论述中，我们可以得出这样的结论，现代新儒学的目的是实现儒学的

---

① 陈独秀：《新文化运动是什么？》，《新青年》第7卷，第5号。
② 吴虞：《吴虞文录》，黄山书社2008年版，第10页。
③ 许纪霖、李琼：《天地之间——林同济文集》，复旦大学出版社2004年版，第71页。
④ 本部分主要参见刘永祥：《近代中国孝道文化研究》。刘保刚：《试论近代中国的非孝与拥孝》，《晋阳学刊》2009年第4期。
⑤ 贺麟：《儒家思想的新开展》，《文化与人生》，商务印书馆1988年版，第8页。

复兴，但是"新儒学"的含义中却不仅仅包含儒学思想，而是以儒家文化为本体，融合西学，对整个中国哲学进行重塑，是一种新时代下的"中体西用"式的思想体系。它是指，"五四前后，以会通中西，谋求儒家的思想现代化为宗旨的现代新儒家"，[1]"有一个中国文化的立场，适应着科学、民主和自由的时代大潮，……从孔子、孟子乃至老庄哲学中寻找、引申、汲取符合这一新潮流的精神资源。"[2]因此，从现代文化转型的角度来说，现代新儒家是自觉承担传统儒学转型的学者，他们"超科学而不反科学，寻根而不复旧"[3]。现代新儒家特别注重的就是文化的连续性，也就是传统文化如何与现代思想相连，而采取的方法则是从哲学本体的构建上入手，大量运用西方现代哲学家的思想为其理论构建提供方法与工具。对孝道辩护的代表人物主要属于第一代新儒家。[4]

（一）梁漱溟："中国文化是孝文化"

梁漱溟被学者称为"最后一个儒家"或者"新儒家第一人"，是现代新儒家思想的奠基人。他在《东西文化及其哲学》中说："孔子的伦理，实寓有所谓絜矩之道在内，父慈、子孝，兄友、弟恭，是使两方面调和而相济，并不是专压迫一方面的——若偏敬一方就与他从形而上学来的根本道德不合，却是结果必不能如孔子之意，全成了一方面的压迫。"又说："西洋人是先有我的观念，才要求本性权利，才得到个性伸展的。但从此各个人间的彼此界限要划得很清，开口就是权利义务、法律关系，谁同谁都是要算帐，甚至于父子夫妇之间也都如此，这样生活实在不合理，实在太苦。中国人态度恰好与此相反：西洋人是用理智的，中国人是要有直觉的——情感的；西洋人是有我的，中国人是不要我的。在母亲之于儿子，则其情若有儿子而无自己；在儿子之于母亲，则其情若有母亲而无自己；兄之与弟，弟之与兄，朋友之相与，都是为人可以不计自己的，屈己以从人的。他不分什么人我界限，不讲什么权利义务，所谓孝、悌、礼、让之训，处处尚情而无我。"[5]可见，梁漱溟认为孔子所谓孝道伦理，并非是专门压迫一方，而是调和双方的。同时，他在比对中西之后，认为西方过于功利化、理智化，而缺少了人与人之间本应有的基本情感，是非常不

① 郑家栋：《现代新儒学概论》，广西人民出版社1990年版"导论"，第4页。
② 李山、张重岗、王来宁：《现代新儒家传》，山东人民出版社2002年版，第2-3页。
③ 徐嘉：《现代新儒家与佛学》，宗教文化出版社2007年版，第4页。
④ 刘述先：《现代新儒家研究之省察》，《现代新儒学之省察论集》，中央研究院中国文哲研究所，第123-139页。
⑤ 梁漱溟：《梁漱溟全集》第一卷，山东人民出版社1989年版，第478-479页。

合理的。

后来，他在《中国文化要义》一书中，明确认同中国文化是孝文化的说法："说中国文化是孝的文化，自是没错。此不唯中国人的孝道世界闻名，色彩最显，抑且从下列各条看出它原为此一文化的根本所在：一、中国文化自家族生活衍来，而非衍自集团。亲子关系为家族生活核心，一孝字正为其文化所尚之扼要点出。它恰表明了其文化上之非宗教主义——因宗教总是反对这种家族感情的。它恰表明了其文化上之非国家主义——因国家都要排斥这种家族关系的。中国法家如商鞅韩非皆曾指斥孝友之违反国家利益。二、另一面说，中国文化又与西洋近代之个人本位自我中心者相反。伦理处处是一种尚情无我的精神，而此精神却自然必以孝弟为核心而辐射以出。三、中国社会秩序靠礼俗，不像西洋之靠法律。靠法律者，要在权利义务清清楚楚，互不相扰。靠礼俗者，却只要厚风俗。在民风淳厚之中，自然彼此好好相处。而人情厚薄，第一便与家人父子间验之。此其所以国家用人亦要举孝廉也。又道德为礼俗之本，而一切道德又莫不可从孝引申发挥，如《孝经》所说那样。"[①]他对孝道的尊崇可谓丝毫不亚于古代先贤们，只是其论证融贯中西，更具说服力而已。

（二）贺麟：伦理学上的孝道诠释

贺麟对孝道的阐释基本上在伦理学的范围之内。他认为，孝道的本质在于教人以等差之爱为本而善推之。"等差之爱不单有心理的基础，而且似乎也有恕道或絜矩之道作根据"，[②]因而是既合情又合理的最有人情味的行为。他认为，今天要发挥等差之爱说，就必须克服"偏重于亲属间的等差之爱，而忽略了以物之本身价值的高低为准的等差爱，以及以知识或以精神的契合为准的等差爱，从而使等差之爱说失之狭隘，并为宗法观念所束缚"这两方面的不足。

而对于五四时期被猛烈抨击的"三纲之说"，贺麟站在客观的文化思想史的立场上，认为三纲说其实是教人"以常德为准而皆尽单方面之爱或单方面的义务"。[③]以父子关系为例，贺麟认为，父为子纲之说是要补救父子关系的相对性和不安定性，父可以不父，子不可以不子，"以免（使家庭）陷入相对的

---

① 梁漱溟：《中国文化要义》，《梁漱溟全集》第三卷，山东人民出版社1989年版。
② 贺麟：《文化与人生》，商务印书馆1988年版，第55页。
③ 贺麟：《文化与人生》，商务印书馆1988年版，第62页。

循环报复，给价还价的不稳定的关系之中。"①贺麟对孝道的诠释可谓从旧的传统观念里、发现了最新的现代精神。

（三）冯友兰：对反孝观点的反驳

冯友兰有一篇《原忠孝》，其中写道：在传统社会中，"'孝为百行首'是'天之经，地之义'。这并不是某几个人专凭他们的空想，所随意定下的规律"。"在以社会为本位的社会中……人自然不以孝为百行先，这并不是说，在此等社会中，人可以'打爹骂娘'，这不过是说，在此等社会中，孝虽亦是一种道德，而只是一种道德，并不是一切道德的中心及根本"。②针对五四时期的孝道批判，冯友兰指出，这是中国社会转变在某一阶段内所应有的现象，但是极错误的。这种见解缺乏历史观点，"若讥笑孔子、朱子，问他们为什么讲他们的一套礼数，而不讲民初人所讲者，正如讥笑孔子、朱子为什么不知坐飞机"。应该说，冯友兰对民初以及五四时期孝道批判者的反驳，可谓是正中其薄弱点。

（四）新儒家"拥孝"的理论贡献

由上可知，现代新儒家的"拥孝"并非感情用事，并非认为中国的孝道就完美无缺。梁漱溟对传统孝道的形式化与片面性有过深刻的反思。他说："像中国礼俗中一个为子要孝，一个为妇要贞，在原初是亲切的自发的行为上说，实为极高的精神，谁也不能非议。但后来因其在社会上很合用，就为社会所奖励而保留发展，变做一种维持社会秩序的方法。此时原初的精神意义尽失，而落于手段化、形式化，枯无趣味；同时复极顽固强硬，在社会上几乎不许商量，不许怀疑，不许稍微触犯；否则，施以极严厉的压迫制裁。那末，遇到西洋新风气的启发，就非厌弃反抗不可了。厌弃就是因为领会不到他的意味；反抗就是因为不甘服这强性地压迫。"③他又说："中国本是伦理社会，既无西洋中古对于个人过分之干涉压迫，也无西洋近世个人自由之确立；然如人与人之间的隶属关系为封建社会之象征者，中国似未能免除——子女若为其亲所属有，妇人若为其夫所属有。"④这些观点与五四时期批判孝道的观点并无二致。

现代新儒家"拥孝"，认为孝是道德的基石，是维持社会的基础；孝是仁爱的起点，而非终点；孝道是道德义务，而非个人权利。既然父母子女之爱出

---

① 贺麟：《文化与人生》，商务印书馆1988年版，第59页。
② 冯友兰：《三松堂全集》（第4卷），河南人民出版社1986年版，第271页。
③《梁漱溟全集》第2卷，山东人民出版社2005年版，第202页。
④《梁漱溟全集》第2卷，山东人民出版社2005年版，第203页。

于天性，故也不必特别提倡孝之名，可以博爱代之。由此，他们重新诠释了孝道：孝道是提倡珍重生命；孝道提倡感恩精神；孝道是为了慰人情志——人们在伦理关系中得到情感的满足与超越；人们通过续嗣，得到生命不朽的满足。

综上，现代新儒家的孝道辩护和重建并非复古，而是运用西学对传统孝道加以重新诠释，发掘孝道的真实价值和新的当代价值，使之弥久常新。

四、"大义灭亲"与无产阶级的革命

近代中国，对于传统的孝文化，有破有立，但始终是"破"占了上风，尽管现代早期新儒家对传统孝道进行了思想上的重建，但是并未被当时的思想主流所采纳。而五四时期所奠定的对孝道的基本态度和批判，被中国的马克思主义者所接受。

（一）"决裂传统"：中国共产党人对孝道的批判[1]

像五四时期思想家一样，早期共产党人对于传统孝道是持批判态度的，陈独秀、李大钊批判孝道的言论，此前已经明述。毛泽东早年也曾批判传统孝道，他认为"家庭中父与子的关系，反映了社会中君与臣的关系"的提法不妥当，应该说是"社会中（说国家中似较妥当）君与臣的关系，反映了家庭中父与子的关系"。是"移孝作忠"，而非"移忠作孝"。[2]因此他主张对"观念论的混乱的思想家们"几千年来鼓吹的封建家庭关系所包含的忠孝伦理予以批判。[3]

应该说，在所有的批判孝道的思想中，中国共产党应当是五四以后对于传统孝道所包含封建性内容剔除最为彻底的，所有封建孝道糟粕被一扫而空，取而代之的则是新型的马克思主义伦理观。而且这种批判和冲击，不仅仅存在于理论层面，而且在于其实践方面。中国封建孝道遭受到毁灭性打击，正是终于此时。然而，中国共产党对孝道的批判，有其特殊的历史文化背景——封建孝道最坚固的堡垒，并不是其理论层面和统治者层面，而是在广大的农村。浓厚而坚固的封建孝道意识，盘根错节而严密的宗族制度以及等级森严而冷酷的家法族规等使农村的封建孝道并没有因为近代政治的变化而产生根本的动摇。因

① 本部分主要参见刘永祥:《近代中国孝道文化研究》。
②《毛泽东书信选集》，中国人民解放军出版社1984年版，第145页。
③《毛泽东书信选集》，中国人民解放军出版社1984年版，第148页。

此，当中国共产党从城市转向农村以后，将马克思主义理论和实践都带去了农村，所到之地，封建孝道糟粕无一不被扫荡殆尽。

但是，这其中也存在着误区，中共对于传统孝道并非一味批判反对，而是提出要"批判地继承"其中优秀的成分，并对其进行了升华和改造。艾思奇就曾指出："中国历史上许多宝贵的伦理思想，是可以在共产主义者身上获得发展的，无产阶级的新的道德，像前面说过的一样，并不是简单地对于旧道德的否定，而是对它的精华的提高和改造，是使旧道德中的积极内容获得进步，这是共产主义者和漠视一切道德标准的相对主义者不同的地方。"[1]中共并非反对孝敬父母，而是反对封建社会那种带有压迫性、束缚性的内容，对于基于爱的基础上的孝道，不仅不反对，而且吸收到新道德之中，并且中国共产党中不乏"孝子"，这一点我们在后面的章节还有所介绍。

抗战爆发以后，中共也将儒家忠孝道德作为动员、团结民众抗击日本帝国主义侵略的精神力量和思想武器。在《为开展国民精神总动员运动告全党同志书》中，中共指出："一个真正的孝子贤孙，是忠于大多数与孝于大多数，而不是仅仅忠于少数与孝于少数，违背了大多数人的利益，就不是真正的忠孝，而是忠孝的叛逆。""'对国家尽其至忠，对民族行其大孝'，这就是对于古代的封建道德给了改造和扩充。共产党员必须成为实行这些道德的模范，为国民之表率。"并且要求"共产党员在国民精神总动员中，必须号召全国同胞实行对国家尽其大忠，为保卫祖国而奋战到底；对民族尽其大孝，直至中华民族之彻底解放。"可见，中共所宣扬的孝道已经不是传统的封建孝道，而是经过过滤和升华的孝道了。

总而言之，中共对于传统孝道的态度，是承继五四批判精神而来，同时又加以批判性的吸收和继承。

（二）"大公无私"：新中国建立三十年来的孝道命运[2]

1949年，中华人民共和国成立，以马克思主义为指导的思想体系成果国家政治生活中的指导思想，儒学独尊的地位彻底失去。

1949—1955年，新中国刚刚建立，主要致力于对战争创伤的恢复，无暇顾及对传统文化的分析批判。1956年，经过几年的社会巨变，在家庭关系上发生了巨大变化，如所有制的改变，使过去的老年人的家长制、老养孝，在某些

[1]《艾思奇文集》（第1卷），人民出版社，第418-419页。
[2] 本部分主要参见肖群忠：《孝与中国文化》，人民出版社2001年版，第138-142页。

家庭里，成了年轻人养活老年人，年轻人当家做主，有些年轻人随之产生了赡养父母是负担和累赘，甚至认为父母不劳动，靠自己养活是"剥削自己"。在这种错误认识指导下，出现了有的青年虐待遗弃父母的行为，以至于许多父母亲和老人说"新社会样样都好，就是不分大小，不管爹娘"，针对这种情况，《中国青年》杂志从1956年第20期开始，先后发表了《你怎样对待父母》、《从"孝"谈到怎样对待父母》、《不许虐待、遗弃父母亲》、《爱养父母在社会主义社会也是必要的美德》、《尊敬和赡养父母是我国人民优良的道德传统》等文章。《光明日报》1956年7月27日也以"尊老爱幼"为题发表了社论，批评了虐待和遗弃老人、子女的额行为，呼吁"提倡尊老爱幼的家庭关系和社会风气"。《文汇报》1957年1月14日发表了《孝道》疑问，认为"为了家庭生活得美满愉快，父母的'慈'固然必要，子女的'孝'怕也是不可缺少的……，我们实不能简单地把'孝'看作'封建'"。《人民日报》1957年1月发表了《何必不敢言"孝"》一文，提出亲子关系不同于老幼关系，不应把孝这个道德范畴让给封建主义去独占，而提倡社会主义的孝。

总体来看，这一时期的讨论，其基本方向和观点都是正确的，主要区分了孝道的封建性、阶级性和人民性，有所批判，有所继承，提出了社会主义新孝道的基本立场，社会影响也很大，对我国人民的实践产生了深刻影响。

1962—1965年，学术界广泛开展了儒学研究和道德继承性的讨论，大致形成了两种对立的意见。一种认为传统道德文化遗产包括孝道可以批判继承，这种观点主要以吴晗先生为主要代表，他连续发表了《论道德》、《再论道德》等重要文章，提出了历史上统治阶级的道德（包括孝道）可以批判继承的问题。另一种意见片面扩大孝道等传统道德的阶级性、时代性，并将之与人民性、民族文化性尖锐对立起来，认为对传统忠孝道德必须"坚决摒弃"、"彻底决裂"、"彻底埋葬，绝不能继承"。这种认识上的简单化、教条化，加上把学术问题当作政治问题批判的做法导致了道德虚无主义，完全否定了孝道的合理性和继承性。

1966—1976年的十年动乱，儒学遭受了空前的厄运。从1966年开始，儒学的典籍被当作封建"四旧"（旧思想、旧文化、旧风俗、旧习惯）而焚烧，70年代又开展了"评法批儒"与"批林批孔"运动，儒学一再遭到批判，被全面否定。在这场民族灾难中，孔子和儒学成了某种现实斗争、政治需要的替罪羊。在这种社会环境中，"孝"似乎成了一个禁语，成为一个批判人的反义词。在"亲不亲，阶级分"的口号下，社会文化鼓励年轻人与父母划清界限，鼓励与传统观念决裂，鼓励年轻人造老子的反，上台揭发、打骂正被残酷批斗的父母；甚至父母因受尽迫害身死，儿女也得上台踢尸体几脚等，人伦丧尽。可以说，这十年是中华传统孝道在此受到社会主流文化严重冲击和破坏的时期。

1978年，中共十一届三中全会以后，儒学研究再度复兴，道德继承性问题又被学术界重提，传统孝道又重新被以批判继承的正确态度对待之。但是在1983年以前，仍是被作为整个道德遗产批判继承的例证加以讨论的，尚无专门讨论孝道的专文。进入到80年代以来，经过1983、1984年的学术探讨，"孝敬父母"终于"理直气壮"的重回人们的视野。到了90年代以后，建设社会主义的"新孝道"已经呼之欲出了。

纵观孝道在现代中国的历史命运，呈现出被批判和被弘扬、被践履和被抛弃的双重并存的矛盾情形。之所以有这样的命运，是由现代中国社会发展的现实状况所客观决定的。但是总体的历史方向在改革开放以后，还是越来越好的。

第二章　孝感天地间

　　孔子认为，孝是一切道德的基础，是至善的美德。一个能侍奉双亲的孝子平时要以最诚敬的心去周到地照顾父母；任劳任怨地服侍父母，精心照料；父母过世时，要以最哀痛的心来追思父母。世界艺术家协会主席吴国化说道，孝子要做到：孝敬父母、孝顺父母，回报父母的养育之恩！回报父母的教导之恩！让父母老有所养、老有所医、老有所乐、老有所为、老有所教、老有所学、老有所依、老有所终，都是天下孝子们应该做的事。在这一章中，我们将领略异常多彩的中华文化，检视中华孝子的孝德孝行，领略中华孝文化的历史资源遗存、解读中华孝文化的传世经典、从"孝"文化的视角来审视"中华文化圈"的异域文化，最终站在世界文化的高度发扬孝文化思想。

第一节　名垂青史，中华孝子孝德孝行检视

　　中华多孝子，孝子多孝行，孝友、孝义、孝感不断。检视自古至今的孝子孝行，学习领略其中的孝德精神，对于我们进一步了解孝文化，珍视孝传统，发扬孝精神有很大裨益。百行孝为先、万善孝为首，都是天下孝子们应该做的大善事、大好事！自古至今，中华大地就流传下许许多多导人向孝、感天动地、名垂青史的孝子、孝德、孝行。纵观古今孝子孝行，可以发现历史竟是如此的相似！中华五千年可以说就是孝文化继承发展的五千年，绵延千古，不绝不断！

一、《二十四孝》中的孝子孝事简评

　　自刘向《孝子传》开始，就出现了《孝子传》类的专书，此后，类似的书

层出不穷。唐代武则天时有《孝女传》二十卷；明成祖颁行的《孝顺事实》收录了 200 多人，此外还有陶潜著的《孝子传》、高邮编纂的《古孝子传》、刘青莲撰写的《古今孝友传》、李文耕撰写的《孝弟录》、李元青撰写的《诸史孝友传》等。这其中影响最大的还是《二十四孝》。因此在这一部分，我们就以《二十四孝》①作为专门的劝孝录的代表。

《二十四孝》是由元代孝子郭居敬所作，其内容在之前已经广为流传。该书中二十四个孝子的故事时代跨越先秦、汉、唐宋等，人物上至皇帝，下有普通百姓，在民间流传广泛，被视为中国孝道文化最具有代表性的作品。它们是：1.孝感动天，2.亲尝汤药，3.啮指心痛，4.单衣顺母，5.百里负米，6.鹿乳奉亲，7.戏彩娱亲，8.卖身葬父，9.埋儿奉母，10.涌泉跃鲤，11.拾葚异器，12.刻木事亲，13.怀橘遗亲，14.行佣供母，15.扇枕温衾，16.闻雷泣墓，17.恣蚊饱血，18.卧冰求鲤，19.扼虎救父，20.哭竹生笋，21.尝粪忧心，22.乳姑不怠，23.弃官寻母，24.涤亲溺器。

众所周知，《二十四孝》的故事是符合儒家孝道传统和《孝经》理论的，以一种更加生动和浅显的语言表达了出来，上面的故事大概可以分为四类：精神上尊亲敬亲；物质上供养双亲，反哺；对父母身心的担忧；丧之以礼，祭之以礼。这也是孝道文化中尊亲敬亲、物质上供养与反哺双亲、对父母身心的担忧、丧祭皆以礼的体现。《二十四孝》的故事，多数被后世传颂，也有一些被后人特别是近现代的人们所诟病。《埋儿奉母》就属于后者。

贫困的郭巨亲手埋葬了自己的儿子，以求得省下些粮食来赡养老母亲，在现代社会的人看来，这种行为是极端的令人不可思议，甚至是嗤之以鼻的。它明显的严重地违反了人性，违反了法律道德规范。鲁迅先生曾辛辣地讽刺了这则故事："至于玩着'摇咕咚'的郭巨的儿子，却实在值得同情。他被抱在他母亲的臂膊上，高高兴兴地笑着；他的父亲却正在掘窟窿，要将他埋掉了。……我已经不但自己不敢再想做孝子，并且怕我父亲去做孝子了。家境正在坏下去，常听到父母愁柴米；祖母又老了，倘使我的父亲竟学了郭巨，那么，该埋的不正是我么？"这种"愚孝愚行"的"孝道"实在是违背人伦。但是这则故事为什么被选入《二十四孝》并流传近千年而不被谴责呢？除却体现了封建意识形态而不容挑战的政治高压，其实它还潜藏着一条规则，就是在极端情况下如何选择父母和儿女的问题。古代和当今民间仍然流行着"父母只有

---

① 原文参见谭杰：《古今二十四孝》，中国社会出版社 2008 年版。

一对，儿女还可以再有"的说法，这在古代父母寿命不长、生命难再，儿女自然出生、多子多孙的情况下，被迫做出选择时，具有一定的实则出于情势压迫而乘势成就主流社会道德要求的悲壮抉择。

其实任何极端情况下的悲情作为，都不值得提倡，也不应过多指责。这样的痛苦情形在任何时代即使是在当今也一定程度地存在，如千古话题"妻子与母亲同时落水，丈夫先救谁"的问题、"灾难之中先救儿童还是先救老人"的问题等，我们在下篇中有专题论述，其实这些问题不可能上升到制定普遍规则的程度，而只能是具体问题具体分析、具体对待，今天我们要么按现代救灾理论科学处置，要么按个案来对待、处理和评价。

《二十四孝》的故事中有许多不合常理、违背人伦之处。如果只看这些故事本身，无疑有许多糟粕是需要剔除的。但是我们不能苛求具有天人感应思想和缺乏现代科学知识与科学精神的古人。相反，如果我们再站高一个层面，跳出故事本身，那么《二十四孝》中提倡的尊亲、反哺、担忧父母和祭祀等所体现的人伦精神，又有哪样不是今天的人们需要做和正在做的孝行呢？何况是一个已经传颂近千年的《二十四孝》，就是迎合时事所重新确立的"新二十四孝"也面临着褒贬不一的命运。

2012年8月13日，由全国妇联老龄工作协调办、全国老龄办、全国心系系列活动组委会共同发布新版"二十四孝"行动标准，具体如下：1. 经常带着爱人、子女回家；2. 节假日尽量与父母共度；3. 为父母举办生日宴会；4. 亲自给父母做饭；5. 每周给父母打个电话；6. 父母的零花钱不能少；7. 为父母建立"关爱卡"；8. 仔细聆听父母的往事；9. 教父母学会上网；10. 经常为父母拍照；11. 对父母的爱要说出口；12. 打开父母的心结；13. 支持父母的业余爱好；14. 支持单身父母再婚；15. 定期带父母做体检；16. 为父母购买合适的保险；17. 常跟父母做交心的沟通；18. 带父母一起出席重要的活动；19. 带父母参观你工作的地方；20. 带父母去旅行或故地重游；21. 和父母一起锻炼身体；22. 适当参与父母的活动；23. 陪父母拜访他们的老朋友；24. 陪父母看一场老电影。①

"新二十四孝"标准一公布，就引起了大家的热烈讨论，新浪微博上关于"新二十四孝"的搜索结果高达40万条。不少人的第一反应是"愧对父母"。有的认为，其内容细致入微，非常有时代意义和现实针对性，认为"教父母

①《"新二十四孝标准出炉 新二十四孝内容一览"》。

上网"与现代生活接轨，"支持单身父母再婚"是观念的突破，"聆听父母的往事"彰显心理关怀，"经常带着爱人、子女回家"是对"常回家看看"的重申。但是这一"新标准"也引来一些质疑的声音。有人说标准"不切实际"，按此标准，不能尽孝的人太多了，这些标准"很多不靠谱"、"根本无法执行"等。①

应该说，这一"官方"标准基本体现了当代人对"孝"文化的理解，既有传承又有创新，但确实有待实践来检验。据民政部、全国老龄办数据显示，我国城乡空巢家庭超过 50%，部分大中城市达到 70%，农村留守老人约 4000 万，占农村老年人口的 37%。现实中，很多为人子女的人认为给钱、买房子就是孝，还有人认为事事替父母包办就是孝，这些做法其实都忽略了老人内心真正的感受。每一位独自在家的老人，他们盼望的未必是挣来的钱，而是看到子女熟悉的身影，期待着一声亲切的问候。在此情境下，"新二十四孝"标准的发布具有较强的现实意义。②

我们认为，"孝"是不可能用简单的 24 条量化标准穷尽其文化内涵的，无论是古人流行的《二十四孝》还是"新二十四孝"的标准，其实都告诉了我们一个真理：孝敬父母，要从实际出发，从生活中的小事做起。尽孝要设身处地地为老人着想，尊重老人的意愿。"勿以善小而不为"，在现实生活中，孝敬父母，是否完全照搬这 24 条标准并不重要。只要有真心、用真情，每个人都能找到适合自己的行孝尽孝方法，这也许就是新旧"二十四孝"最大的意义所在。

二、正史"孝义传、孝友传"中的孝子孝事

"二十五史"中，自《晋书》开始，出现了专门记载诸位孝子事迹的传记，这些传记或被称为"孝友传"，或被称为"孝义传"，或被称为"孝行传"或被称为"孝感传"，其义略有不同。"孝行传"比较纯粹，关注的焦点在于孝子的孝行。"孝感传"中的"孝感"是说人行大孝，可以感动上天，降福于身；

---

① 以上参见《"新二十四孝"由心开始的新时代孝道》，《绿色中国》2012 年第 17 期，"卷首语"。
② 以上参见《"新二十四孝"由心开始的新时代孝道》，《绿色中国》2012 年第 17 期，"卷首语"。

不孝，则会受到鬼神的惩罚。而"孝义传"与"孝友传"则将"孝义"与"孝友"并称，反映了独特的文化特点。

（一）魏晋南北朝时期之"孝行传"、"孝义传"、"孝友传"、"孝感传"

魏晋南北朝时期是中国文化大繁荣大发展的时期，《二十四孝》中的多个故事都产生于那个时代。在这个时期的史书上，开始出现"孝义"、"孝友"、"孝感"、"孝行"等标目的类传，专门记述表彰以孝行名世的人物。南北朝时期的史书很多，记录的孝子孝行也很多，限于篇幅，我们按照二十五史的顺序，简要介绍这些传记。

《晋书》卷八十八列传五十八为"孝友传"，这也是正史中第一次出现以"孝"为名的传记，记载了李密等10余人的孝行，人数不多，但是却开了专门记载孝行的先河。

《宋书》卷九十一列传五十一为"孝义传"，这是第一次把孝与义合在一起。通过开篇所言的一段话："《周易》曰：'立人之道，曰仁与义。'夫仁义者，合君亲之至理，实忠孝之所资。虽义发因心，情非外感，然企及之旨，圣哲诒言。至于风漓化薄，礼违道丧，忠不树国，孝亦愆家，而一世之民，权利相引；仕以势招，荣非行立，乏翱翔之感，弃舍生之分；霜露未改，大痛已忘于心，名节不变，戎车遽为其首。斯并斩训之理未弘，汲引之途多阙。若夫情发于天，行成乎己，损躯舍命，济主安亲，虽乘理暗至，匪由劝赏，而宰世之人，曾微诱激。乃至事隐闾阎，无闻视听，故可以昭被图篆，百不一焉。今采缀湮落，以备阙文云尔。"[①]可知，此篇重义，而记载的孝行义事从数量上则平分秋色。

《南齐书》卷五十五列传三十六为"孝义传"，开篇即云："子曰：'父子之道，天性也，君臣之义也。'人之含孝禀义，天生所同，淳薄因心，非俟学至。迟遇为用，不谢始庶之法；骄慢之性，多惭水菽之享。夫色养尽力，行义致身，甘心坰亩，不求闻达，斯即孟氏三乐之辞，仲由负米之叹也。通乎神明，理缘感召。情浇世薄，方表孝慈。故非内德者所以寄心，怀仁者所以标物矣。埋名韫节，鲜或昭著，纪夫事行，以列于篇。"篇末亦赞云："孝为行首，义实因心。白华秉节，寒木齐心。"[②]

此外，《梁书》卷四十七列传四十一为"孝行传"，《陈书》卷三十二列传

① 参见沈约：《宋书》，中华书局1974年版。
② 参见萧子显：《南齐书》，中华书局1972年版。

二十六为"孝行传"，这两本书的记载比较简单，人物也较少。

《魏书》卷八十六列传七十四为"孝感传"，这也是唯一一个以"孝感"为名的传记。开篇云："《经》云'孝，德之本'，'孝悌之至，通于神明'。此盖生人之大者。淳风既远，世情虽薄，孔门有以责衣锦，诗人所以思素冠。且生尽色养之天，终极哀思之地，若乃诚达泉鱼，感通鸟兽，事匪常伦，期盖希矣。至如温床扇席，灌树负土，时或加人，咸为度俗，今书赵琰等以《孝感》为目焉。"①突出了孝道思想中的神秘色彩。由此，记载的孝子孝事中，感动神灵、出现异象的比较多。

《周书》卷四十六列传三十八为"孝义传"。其开篇云："夫塞天地而横四海者，其唯孝乎；奉大功而立显名者，其唯义乎。何则？孝始事亲，惟后资于致治；义在合宜，惟人赖以成德。上智禀自然之性，中庸有企及之美。其大也，则隆家光国，盛烈与河海争流；授命灭亲，峻节与竹（帛）（柏）俱茂。其小也，则温枕扇席，无替于晨昏；损己利物，有助于名教。是以尧舜汤武居帝王之位，垂至德以敦其风；孔墨荀孟禀圣贤之资，弘正道以励其俗。观其所由，在此而已矣。然而淳源既往，浇风愈扇。礼义不树，廉让莫修。若乃绾银黄，列钟鼎，立于朝廷之间，非一族也，其出忠入孝，轻生蹈节者，则盖寡焉。积龟贝，实仓廪，居于闾巷之内，非一家也，其悦礼敦诗，守死善道者，则又鲜焉。斯固仁人君子所以兴叹，哲后贤宰所宜属心。如令明教化以救其弊，优爵赏以劝其善，布恳诚以诱其进，积岁月以求其终，则今之所谓少者可以为多矣，古之所谓为难者可以为易矣。故博采异闻，网罗遗逸，录其可以垂范方来者，为孝义篇云。"②其移孝作忠的用心可见一斑。

《南史》卷七十三列传六十三、卷七十四列传六十四为"孝义传"。篇末张昭有论曰："自浇风一起，人伦毁薄，盖抑引之教，导俗所先，变里旌间，义存劝奖。是以汉世士务修身，故忠孝成俗，至于乘轩服冕，非此莫由。晋、宋以来，风衰义缺，刻身厉行，事薄膏腴。若使孝立闺庭，忠被史策，多发沟畎之中，非出衣簪之下。以此而言声教，不亦卿大夫之耻乎。"③可见孝行孝事在南朝时期并没有十分盛行。同样的情况也存在于《北史》。

《北史》卷八十四列传七十二为"孝行传"，记载的孝行并不多，但却有一

① 参见魏收：《魏书》，中华书局 1974 年版。
② 参见令狐德棻、岑文本、崔仁师：《周书》，中华书局 1971 年版。
③ 参见李延寿：《南史》，中华书局 1975 年版。

段较长的开篇语。首先说明孝道之重要，"孝之为德至矣，其为道远矣，其化人深矣"。所以"圣帝明王行之于四海，则与天地合其德，与日月齐其明；诸侯卿大夫行之于国家，则永保其宗社，长守其禄位；匹夫匹妇行之于闾阎，则播徽烈于当年，扬休名于千载。是以尧、舜、汤、武居帝王之位，垂至德以敦其风；孔、墨、荀、孟禀圣贤之资，弘正道以励其俗"。然而接下来就说"淳源既往，浇风愈扇，礼义不树，廉让莫修。若乃绾银黄，列钟鼎，立于朝廷之间，非一族也；积龟贝，实仓廪，居于闾巷之内，非一家也。其于爱敬之道，则有未能备焉。哀思之节，罕有得其中焉。斯乃诗人所以思素冠，孔门有以责衣锦也。"可见当时孝道风尚有所破坏，儒家礼制亟待修复。接下来又言古今之孝："且生尽色养之方，终极哀思之地，厥迹多绪，其心一焉。若乃诚达泉鱼，感通鸟兽，事匪常伦，斯盖希矣。至如温床、扇席，灌树、负土，苟或加人，咸疾俗。斯固仁人君子所以兴叹，哲后贤宰所宜属心。如令明教化以救其弊，优爵赏以劝其心，存恳诚以诱其进，积岁月以求其终，则今之所谓少者，可以为多矣；古之所谓难者，可以为易矣。长孙虑等阙稽古之学，无俊伟之才。或任其自然，情无矫饰；或笃于天性，勤其四体。并竭股肱之力，咸尽爱敬之心，自足膝下之欢，忘怀轩冕之贵。不言而化，人神通感。虽或位登台辅，爵列王侯，禄积万钟，马迹千驷，死之日曾不得与斯人之徒隶齿。孝之大也，不其然乎。"[①]

这段话也可以帮助我们了解南北朝时期的孝文化及其特点。

（二）唐宋时期之"孝义传""孝友传"

1.《隋书》之"孝义传"。

《隋书》卷七十二列传三十七为"孝义传"，开篇所言与《北史》完全相同。在此，记载了陆彦师等的孝行。篇末言："昔者弘爱敬之理，必籍王公大人，近古敦孝友之情，多茅屋之下。而彦师、道赜，或家传缨冕，或身誓山河，遂乃负土成坟，致毁灭性。虽乖先王之制，亦观过以知仁矣。郎贵昆弟，争死而身全，田翼夫妻，俱丧而名立，德饶仁怀群盗，德佁义感兴王，亦足称也。纽回、刘俊之伦，翟林、华秋之辈，或茂草嘉树荣枯于庭宇，或走兽翔禽驯狎于庐墓，非夫孝悌之至，通于神明者乎！"[②]概述了上面所言诸人的孝行。

2.《旧唐书》、《新唐书》之"孝友传"。

《旧唐书》卷一百九十五列传第一百三十八为"孝友传"。开篇言："善父

---

① 参见李延寿：《北史》，中华书局 2013 年版。
② 参见令狐德棻、长孙无忌、魏征等：《隋书》，中华书局 1973 年版。

母为孝，善兄弟为友。夫善于父母，必能隐身锡类，仁惠逮于胤嗣矣；善于兄弟，必能因心广济，德信被于宗族矣！推而言之，可以移于君，施于有政，承上而顺下，令终而善始，虽蛮貊犹行焉，虽窘迫犹亨焉！""今录衣冠盛德，众所知者，以为称首。至于州县荐饰者，必覆其殊尤，可以劝世者，亦载之。"①可见其中所载事迹，有些是真的，而有些真假难辨。《旧唐书》中记载了李知本等人的孝行。收录的孝子孝事是比较少的。

而后，欧阳修作《新唐书》，卷二百十八列传第一百二十为"孝友传"，文中说："孝者天下大本，法其末也。""至匹夫单人，行孝一概，而凶盗不敢凌，天子喟而旌之者，以其教孝而求忠也。故哀而著于篇。"②

以上两书中记载的大量孝子及其行孝方式不外乎悉心照顾至亲、数世同居等，对于这些孝子孝行，"天子皆旌表门闾，赐粟帛，州县存问，复赋税，有授以官者"。《新唐书》对《旧唐书》有很好的补充。

3.《宋史》之"孝义传"。

《宋史》卷四百五十六列传二百一十五为"孝义传"。开篇云"冠冕百行莫大于孝，范防百为莫大于义。先王兴孝以教民厚，民用不薄；兴义以教民睦，民用不争。率天下而由孝义，非履信思顺之世乎。太祖、太宗以来，子有复父仇而杀人者，壮而释之；刲股割肝，咸见褒赏；至于数世同居，辄复其家。一百余年，孝义所感，醴泉、甘露、芝草、异木之瑞，史不绝书，宋之教化有足观者矣。作《孝义传》。"③由此可见，宋代宣传的孝义还在于：为父报仇、刲股割肝、累世同居等孝行，而孝行者，也得到了上天的回报。

《宋史·孝义传》中记录了这样几类孝子，李璘等为父报仇；刘孝忠等刲股割肝；徐承珪等数世同居；刑神留、申世宁愿代父死；端拱初替父代罪；朱泰舍生救母；赵伯深、彭瑜千里寻亲；郭琮等侍奉双亲；颜诩等侍奉继母；母亲去世后王光济数年不忘；董道明等为双亲守墓；罗居通等因为双亲守墓而感天动地，得见异象。

以上"孝行"均得以"旌表"，直接由天子赐予政治荣誉，代表最高皇权对被旌表者行为的一种高度评价和特殊表彰。在宋代，正是一批批孝悌楷模的不断旌表，形成了宋代民间社会讲孝行孝的浓厚孝文化气氛。由上可知，宋代

① 参见刘昫：《旧唐书》，中华书局1975年版。
② 参见欧阳修等：《新唐书》，中华书局1975年版。
③ 参见脱脱等：《宋史》，中华书局1977年版。

所推崇的孝行，"为父报仇"属于义举，而无须处以死刑；"刲股割肝"也是至孝的表现，政府将这些行为加以奖励推广民间，也把中国古代孝道发展推向了明清时代愚孝愚忠的历史高峰。

4.《金史》之"孝友传"。

《金史》卷一百二十七列传六十五含有"孝友传"。开篇云"孝友者，人之至行也，而恒性存焉。有子者欲其孝，有弟者欲其友，岂非人之恒情乎？为子而孝，为弟而友，又岂非人之恒性乎？"讲述了孝悌的重要性，然而又说"然以唐、虞之世，'黎民阻饥'不免以命稷，'百姓不亲、五品不逊'不免以命契，以是知顺成之不可必，犹孝友之不易得也。是故'有年'、'大有年'以异书于圣人之经，孝友以至行传于历代之史，劝农兴孝之教不废于历代之政，孝弟力田自汉以来有其科。章宗尝曰：'孝义之人，素行已备，虽有希觊，犹不失为行善。'庶几帝王之善训矣。"①因此，载入《金史》史册者的孝友仅有六人。《金史》记载的六则孝行基本上都具有极端性，其中有三则是自伤身体来给父母治病，有一则是舍身救母，还有一则是伤害自己的孩子来给母亲下葬，其中只有一则是简单地事亲以孝。因此，《金史》的孝行总体来看比较野蛮，多被后世视为愚孝。

（三）元、明、清之"孝友传"、"孝义传"

1.《元史》之"孝友传"。

《元史》卷一百九十七列传八十四、卷一百九十八列传八十五为"孝友传"，其开篇介绍了元代遵守孝道的情况和特点："世言先王没，民无善俗。元有天下，其教化未必古若也，而民以孝义闻者，盖不乏焉。岂非天理民彝之存于人心者，终不可泯欤！上之人苟能因其所不泯者，复加劝奖而兴起之，则三代之治，亦可以渐复矣。"②可见，元代的统治者承汉制，以孝治国。

《元史·孝友传》将几百位孝子按其孝行划分为"其事亲笃孝者"、"其居丧庐墓者"、"其累世同居者"三类。这些孝子是宋濂"援《唐史》之例，具列姓名于篇端"。而下面具体写到的孝子则是"择其事迹尤彰著者，复别为之传云。"而后又记载了王闰等百余位孝子孝友的孝行，其类型没有超出开篇介绍的范围。

2.《明史》之"孝义传"。

《明史》卷二百九十六列传一百八十四为"孝义传"，其开篇介绍了明代遵

---

① 参见脱脱等：《金史》，中华书局 1975 年版。
② 参见宋濂等：《元史》，中华书局 1976 年版。

守孝道的情况和特点："孝弟之行，虽曰天性，岂不赖有教化哉。自圣贤之道明，谊壁英君莫不汲汲以厚人伦、敦行义为正风俗之首务。"因此，明王朝大力旌表孝义、倡导孝行，一度出现"其事亲尽孝，或万里寻亲，或三年庐墓，或闻丧殒命，或负骨还乡者，其同居敦睦者，其输财助官振济者"等多种孝子孝女的事迹，都被《明史·义传》记载。[1]

根据刘丹《明代孝义文化》一文，可知《明史·孝义传》中的孝子孝行分为以下几种类型[2]：（1）事亲至孝；（2）累代同居，其典型代表当属郑氏家族。"郑濂，字仲德，浦江人。其家累世同居，几三百年。七世祖绮载《宋史·孝义传》。六传至文嗣，旌为义门，载《元史·孝友传》。"[3]郑家对孝义有明确解释，其《家规》中有明确记载："所谓'孝'就是尊祖敬宗，孝顺父母。'义'主要是指平辈之间的情义和义气。"可见郑氏的孝义基本内容是和儒家的孝义相吻合的。另外郑氏对孝义的含义有一个延伸，其《家规》云："我家既以孝义表门，所习所行，无非积善之事。子孙皆当体此，不得妄肆威福，图胁人财，侵凌人产，以为祖宗植德之累，违者以不孝论。"郑氏家族的孝义行为为明朝廷提倡与鼓励的同时，亦受到政府的旌表和嘉奖。[4]从上面这个例子我们不难看出，在明朝时对"事亲至孝、累代同居"的行为是作为重要的"孝义"行为加以提倡和表扬的；（3）亲丧之礼；（4）万里寻亲、为父母殉难者；（5）禁止"愚孝"。如《明史·孝义传》记载："至二十七年九月，山东守臣言：'日照民江伯儿，母疾，割肋肉以疗，不愈。祷岱岳神，母疾瘳，愿杀子以祀。已果瘳，竟杀其三岁儿。'帝大怒曰：'父子天伦至重。《礼》父服长子三年。今小民无知，灭伦害理，亟宜治罪。'遂逮伯儿，杖之百，遣戍海南。因命议旌表例。后礼臣议曰：'人子事亲，居则致其敬，养则致其乐，有疾则医药吁祷，迫切之情，人子所得为也。至卧冰割股，上古未闻。倘父母止有一子，或割肝而丧生，或卧冰而致死，使父母无依，宗祀永绝，反为不孝之大。皆由愚昧之徒，尚诡异，骇愚俗，希旌表，规避里徭。割股不已，至于割肝，割肝不已，至于杀子。违道伤生，莫此为甚。自今父母有疾，疗治罔功，不得已而卧冰割股，亦听其所为，不在旌表例。'制曰：可。"由此看来，政府对孝义行为

① 参见张廷玉等：《明史》，中华书局1974年版。
② 参见刘丹：《明代孝义文化——以〈明史·孝义传〉为中心》。
③ 参见徐儒宗：《儒家治家的典型——论郑义门的孝义家风》，《宁波大学学报》1995年第1期。
④ 参见张廷玉等：《明史》，中华书局1974年版。

是有一定规定要求的，不是所有自认为"孝义"的行为都能被政府承认，只有那些被政府认为具有"教化"作用的"孝义"行为才被旌表。

综上而观，我们清晰地看出明代的孝行与前朝的记述相比更加全面的，基本概括了"孝义"的所有表现形式，明朝廷对这些行为都给予大力的表彰。另外还对部分"愚孝"行为进行了劝戒。通过《明史·孝义传》我们还可以看出明代孝义文化具有"孝义教化的通俗化"、"孝道义务的极端化"和"孝义实践的愚昧化"的特点。

3.《清史稿》之"孝义传"。

《清史稿》卷四百九十七列传二百八十四、卷四百九十八列传二百八十五、卷四百九十九列传二百八十六合为"孝义传"，其开篇即把清代遵守孝道的情况和特点介绍如下：

"清兴关外，俗纯朴，爱亲敬长，内恩而外严。既定鼎，礼教益备。定旌格，循明旧。亲存，奉侍竭其力；亲殁，善居丧，或庐於墓；亲远行，万里行求，或生还，或以丧归。友于兄弟，同居三五世以上，号义门，及诸义行，皆礼旌。亲病，刲股剖肝；亲丧，以身殉：皆以伤生有禁，有司以事闻，辄破格报可。所以教民者，若是其周其密也。国史承前例，撰次孝友传，亦颇及诸义行。合之方志甄录、文家传述，无虑千百人。采其尤者，用沈约宋书例，为孝义传。事亲存没能尽礼；或遭家庭之变，能不失其正；或遇寇难、值水火，能全其亲。若殉亲而死，或为亲复仇，友于兄弟，同居三五世以上，及凡有义行者，各以类聚。事同，以时次。孝为二卷，友与义合一卷。"[1]

据刘宇《论清代孝义文化的发展》一文，他将这些孝子孝友的孝行分为这样几个方面[2]：（1）事生养老；（2）扶疾疗伤与寻亲；（3）事死、归葬与祭祀。

总之，仅以《孝义一》为例，大致可以了解清朝社会上孝的内涵及具体表现。这些孝行与明朝相比，具有"记载特殊孝例较多"、"养亲敬亲记载增多"的特点。

以上正史的孝行录，反映了两种独特的中华文化——孝义文化与孝友文化。"孝义传"将"孝"与"义"并列，证明"义"与"孝"是紧密相连系的。"孝义"并称体现的是一种"孝义文化"，儒家的孝义思想主要有四点：第一，强调"孝"要建立在"敬"的基础上；第二，把行孝与守礼结合在一起；第

---

① 参见赵尔巽：《清史稿》，中华书局 1976 年版。
② 参见刘宇：《论清代孝义文化的发展》。

三，把"孝"与"悌"结合起来；第四，孝与政治活动联系在一起，其实是为"移孝作忠"提供了理论基础。因此，孝义文化其实涵盖着中国传统的孝和义，融孝、孝慈、孝让、孝道、孝亲、孝廉和仁义、正义、大义、善义、道义、礼仪、情义等为一体。而"孝义传"所记载的孝子孝行也就大大突破了"孝"的本义，而具有政治色彩。①

"孝友传"将"孝"和"友"并列，反映了一种独特的"孝友文化"，这一文化的特点是"孝友格天"。所谓"孝友格天"，顾名思义，就是以"孝敬父母"和"兄弟友谊"为家庭伦理道德准则，表现得感天动地，启示后人。这种孝友文化的典型就是琅琊王氏家族。其中包含了列入二十四孝中的王祥，其文化特色就是王祥之孝和他的同父异母兄弟王览之友联系密切。王祥、王览把孝敬父母与兄弟友谊结合起来。王祥在家训中如是说："扬名显亲，孝之至也；兄弟怡怡，宗族欣欣，悌之至也。"王祥、王览兄弟的孝友故事有王祥"卧冰求鲤"、"风雨守奈"、"黄雀入帷"等，反映了一种传统的孝亲美德和兄弟友谊。于是，与一般孝文化比较起来，就称之为"孝友文化"。②

三、近代仁人志士的孝行③

不可否认，孝道思想在近代遭受了最为严重的打击，出现了许多"非孝"、"反孝"之人，但是他们所批判的往往是孝道中封建礼制、寄孝于忠、愚忠愚孝的糟粕部分，作为人之常情本性的孝文化，无论如何，也不会消失于世。然而，近代中国是一个中西古今文化冲突交融的时期，因此，近现代的孝子孝行又与古时很不一样，增加了现代精神与时代色彩。近代的仁人志士也有许多孝行值得传扬，戊戌六君子之一的谭嗣同就是一位。

（一）谭嗣同临危救父

百日维新失败后，慈禧下令大肆搜捕维新志士，谭嗣同自然在劫难逃。此时的谭嗣同早已将个人安危置之度外，但他知道清政府一贯厉行"一人犯法，累及家族"的株连政策，想到自己被捕后一定会累及七十多岁的老父亲，他顿时心如刀割。父亲是他唯一的亲人，眼看父亲会因自己而受刑，作为父亲唯一

---

① 参见刘宇：《论清代孝义文化的发展》。
② 参见王晓家：《由二十四孝谈到孝友文化》。
③ 本部分的故事摘选自李宝库主编：《中华孝道故事》，世界知识出版社 2011 年版。

的儿子却束手无策，谭嗣同既心痛又着急。忽然，他心中一亮，转身走到书桌前，取出纸笔，模仿父亲的笔迹写下了这样一封家书：

复生：

你大逆不道，屡违父训，妄言维新，狂行变法，有悖国法家规，故而断绝父子情缘。倘若不信，以此信作为凭证，尔后逆子伏法量刑，皆与吾无关。

谭继洵　白

谭继洵就是谭嗣同的父亲，复生是他对儿子的称呼。果然到了第二天，一队清兵冲进浏阳会馆来抓谭嗣同，还四处搜寻书房里的"罪证"。看到书桌里那封伪造父亲笔迹的信笺被清兵搜到，谭嗣同心中的石头终于落地。谭嗣同的父亲因有"家书"，故免于治罪。谭嗣同拥有天才般的才情与视死如归的英雄气节，临危不乱，急中生智，临终之前，所想所念的是父亲，所为的也是一个孝字！

（二）鲁迅敬亲孝母

鲁迅是近代著名的"反孝"战士，他所写的《朝花夕拾》——《二十四孝图》是著名的反对孝道的文章。但是，鲁迅所反对的其实是"父母以为自己给予了子女生命，便因此以为是施了恩，把子女作为一个对自己的话只能听从的工具"的行为，他本人就对自己由母亲包办的婚姻极为不满。然而，从他个人来说，却是一个地地道道的大孝子，他的一生在实践上对母亲都极为恭顺、孝敬。

鲁迅的母亲是一个经历了许多苦难的女性。鲁迅曾对人说："阿娘是苦过来的！"鲁迅二十多岁时，母亲做主给他定了亲，并于1906年夏把他从日本召回来，逼他结婚。鲁迅对这桩包办婚姻虽极为不满，但最终还是屈从了，并说："当时正处在革命时代，以为自己死无定期，母亲愿意有个人陪伴，也就随她了。"鲁迅工作以后，首先在生活上给母亲以关心和照顾，尽量使母亲过得舒适、安乐一些。他在北京与母亲同住期间，虽然工作忙，时间紧，但为了不让母亲感到寂寞，每天晚饭后都要到房间与她聊天，还时常带回些母亲喜欢吃的小食品。鲁迅不但让母亲饮食可口，而且也尽量让母亲住得舒服。当时他在经济上并不宽裕，不得不向别人借钱，在西三条胡同买了一所住宅。他后来对妻子许广平说："至于西三条的房子，是买来安慰母亲的。"母亲有时身体不适，鲁迅总是亲自陪着到医院诊治，亲自挂号、取药。后来，他因工作需要离京南下，就每月按时给母亲寄百元生活费，从不短缺。除物质生活外，鲁迅在精神生活上对母亲也是体贴入微、关心备至的。《西厢记》、《镜花缘》等优秀绣像小说，多半是根据母亲的爱好买来的，用以满足老人对文化生活的需要。鲁迅的好朋友许寿裳曾经说过："鲁迅的伟大，不但在其创作上可以见到，就是对待其母亲起居饮食、琐屑言行之中，也可以见到他伟大的典范。"

（三）革命家的至孝情怀[①]

中国共产党自成立之日起，就是中华优秀传统文化的忠实传承者和弘扬者，也是中国先进文化的积极倡导者和发展者。孝文化是中国传统文化的核心精神，但是长期以来它与党的意识形态理论处于割裂甚至对立状态，然而这并不妨碍革命者们的现实孝行。事实上，中国共产党的领导者们为民革命的同时，也不忘行孝，将我国的孝文化传统以实践的方式传承下来。革命家们的孝行很多，在这里仅以毛泽东和朱德为例。

1. 毛泽东深情书写《祭母文》并给父母上坟。

1919 年 10 月，毛泽东的母亲文七妹去世后，毛泽东深深沉浸在悲痛之中。为了表达对母亲的深情，赞扬母亲的贤良美德，他怀着十分崇敬和沉痛的心情，写下了《祭母文》。文中写道："吾母高风，首推博爱。远近亲疏，一皆覆载。恺恻慈祥，感动庶汇。爱力所及，原本真诚。不作诳言，不存欺心。……病时揽手，酸心结肠。但呼儿辈，各务为良。"毛泽东投身革命，转战南北几十年，始终怀念已逝的母亲，就是在新中国成立多年以后，依然如此。

1959 年毛泽东回到湖南韶山，略微休息后即起身走向一座长满青松翠柏的小山。毛泽东走上小山后，随同的人都还不知他的意图是什么。大家又走了一会儿，发现一座小小的坟墓，一看碑文，才知道是毛泽东的父母之墓。当时毛泽东恭恭敬敬地站下，行了一个礼。随同的人也都行了一个礼。这时大家都很后悔没有问主席，不仅没准备一个花圈，连一个纸扎的白花都没有准备。幸而当时陪同去的一位青年马上折下一些松枝捆成一束，递给毛泽东。毛泽东满怀深情地将松枝放在墓前。回来后，毛泽东对随同人员说："我们共产党人，是彻底的唯物主义者，不迷信什么鬼神，但生我者父母，教我者党、同志、老师、朋友也，还得承认。我下次再回来，还要去看看他们二位。"

2. 朱德著文纪念母亲。

1944 年 4 月，当在延安的朱德得知远在四川仪陇老家的母亲病逝的消息后，写了一篇题为《回忆我的母亲》（1944 年 4 月 5 日《解放日报》刊载）的

---

① 本部分的故事摘选自李宝库主编：《中华孝道故事》，世界知识出版社 2011 年版。

祭文。文中写道：

> 母亲这样地整日劳碌着。我到四五岁时就很自然地在旁边帮她的忙，到八九岁时就不但能挑能背，还会种地了。记得那时我从私塾回家，常见母亲在灶上汗流满面地烧饭，我就悄悄把书一放，挑水或放牛去了。有的季节里，我上午读书，下午种地；一到农忙，便整日在地里跟着母亲劳动。……在民国八年（1919年）我曾经把父亲和母亲接出来。但是他俩劳动惯了，离开土地就不舒服，所以还是回了家。……抗战以后，我才能和家里通信。母亲知道我所做的事业，她期望着中国民族解放的成功。她知道我们党的困难，依然在家里过着勤劳的农妇生活。七年中间，我曾寄回几百元钱和几张自己的照片给母亲。母亲年老了，但她永远想念着我，如同我永远想念着她一样。……母亲现在离我而去了，我将永不能再见她一面了，这个哀痛是无法补救的。母亲是一个平凡的人，她只是中国千百万劳动人民中的一员，但是，正是这千百万人创造了和创造着中国的历史。我用什么方法来报答母亲的深恩呢？我将继续尽忠于我们的民族和人民，尽忠于我们的民族和人民的希望——中国共产党，使和母亲同样生活着的人能够过快乐的生活。这是我能做到的，一定能做到的。愿母亲在地下安息！

近代以来，孝道处于一个中西古今急剧冲和的时代，有反孝的，有崇孝的，既有如清代史料中记载的传统的孝子孝行，亦有如"反传统斗士"鲁迅般的孝行，当然，民间孝行依然很多，在当时报刊上屡有孝道事迹刊登。更有如老一辈无产阶级革命家们践行孝道。除了上述几位外，还有邓小平赡养善待继母、彭德怀替父亲分担养家的重担、刘伯承为母分忧、李先念用肉汤孝敬父母、聂荣臻为母亲画像、廖承志"事母至孝"、许世友五跪慈母、马本斋以忠尽孝等故事传诵于世，老一辈革命家孝敬父母的感人事迹实录如此，共产党人用实际行动践行了中华孝道的真含义。

第二节　国之瑰宝，中华孝文化历史资源遗存

中国是一个历史悠久的文明古国，中国的孝文化是一个意义广泛、影响深远的文化存在，孝道之思想博大精深，孝道文化更是流布于民间，以一种更加平易近人、喜闻乐见的民间文化的形式流行于世，教化于民。自古至今，

遗存下来了各种形式的孝文化历史资源遗存，其中包括以"孝"闻名的孝乡故里，蕴含孝道思想的绘画艺术、文学戏曲作品，还有包涵"孝"义的民间风俗，甚至寓"孝"于情的孝道吉祥物等，这些历史资源遗存，无论是物质文化遗产，还是非物质文化遗产，都用实实在在的事实说明了中华孝文化在华夏大地的广泛流传，体现了中华民族的悠久历史与光辉灿烂的文化，不愧为国之瑰宝。

一、著名的孝乡孝故里

中华文化具有浓厚的乡土特征，"孝子"的故乡，或者长期居住的地方，往往善出"孝子"，孝文化成为这些地区最具标志性的道德风尚，世世代代流传至今，从而有"孝乡故里"之称。在这些"孝乡"中，起初大部分都是因为《二十四孝》的一位或几位孝子生于此，长于此，行孝于此而得名，其后在历史上又出现过诸多孝子，使孝文化成为风尚，这些地区也就成为地地道道的孝文化之城。这些孝乡的孝道意识和孝行实践在历史上的文化传承一直没有中断，尽管在近代这种弘扬孝道的实践传统一度遭到否定和破坏，但是改革开放之后，随着中国传统文化的复兴和再度发掘，这些地区越来越重视孝道思想的历史文化资源的发掘开发。下面，我们就来为大家介绍几个以"孝"著称的孝乡故里和这里的孝子孝行。

（一）"中华孝文化名城"——孝感[①]

湖北有深厚的孝文化土壤。古代的《二十四孝》中有"五孝"出自湖北，除孝感一地就有三孝外，再加荆门地区的老莱子"戏彩娱亲"，襄阳地区的丁兰"刻木事亲"，加之武汉黄陂"代父从军"的大孝女花木兰的传说故事，湖北不愧是地地道道的孝文化大省。湖北众多的孝乡故里，首推孝感。

孝感因东汉孝子董永卖身葬父、行孝感天而得名，是全国唯一一个因孝命名又以孝传名的中等城市，这里有着得天独厚的孝文化资源。孝感建制有1500多年历史，历代孝道昌隆，孝风浓郁，孝子层出不穷。在著名的《二十四孝》中，孝感就有"卖身葬父"的董永、"扇枕温衾"的黄香、"哭竹生笋"的孟宗三大孝子。仅清朝光绪年间编撰的《孝感县志》记载的有名有姓有事迹的孝子就有493人，民间孝子更是不可胜数。

---

① 参见《孝感孝文化名城建设调查与思考》。

孝感也是当前推行孝文化做得最好的城市，孝感当代孝子誉满全国。在全国已举办的三次尊老爱老助老主题教育活动表彰会上，孝感推荐的全国孝亲敬老典型人数最多、影响最大，也是目前全国获得此项荣誉最多的地级市。第一届十大"中华孝亲敬老楷模"余汉江，"全国孝老爱亲模范"、"全国道德模范"黄来女，第二届十大"中华孝亲敬老楷模"刘芳艳，第三届"中华孝亲敬老楷模""全国道德模范"谭之平等，都是湖北当代孝子的代表。孝感还有众多的孝文化遗址，久负盛名的孝文化土特产，丰富的孝文化民间表演艺术。总之，孝文化是孝感市最具特色的地域文化也是孝感最闻名于世的文化名片，在这里，孝文化有着深厚的历史根基和广泛的群众基础。目前，孝感市正致力于孝文化的建设，突出孝文化特色，集中湖北孝文化资源，打造"中华孝文化名城"，努力使孝文化成为湖北文化百花园中的一支鲜艳奇葩。

（二）老莱子熏陶下的荆门孝文化[①]

历史上关于老莱子的传说很多，有研究认为老莱子就是道家始祖老子。尽管这一说法难辨真伪，但是老莱子行孝的故事却是家喻户晓，而老莱子的故乡——湖北省荆门市，也在老莱子的影响下具有浓厚的孝文化氛围。

作为古荆楚源地和楚文化的发祥地之一，荆门有老莱子山庄，其坐落在荆门城区象山东麓，是老莱子隐居的庄园。山庄附近有"孝子田"、"孝顺井"等遗址。清乾隆十四年（1749年），荆门知州舒成龙在山庄旁的顺泉畔筑"孝隐亭"，亲书"老莱子之位"，并刻碑立于亭内。后旧亭损毁，1981年在原址重建孝隐亭。1993年4月，老莱子山庄迁至象山半腰重建。老莱子作为"二十四孝"之一在荆门蒙山之阳留下了"隐"与"孝"的千年佳话，流传的孝迹为"老莱斑衣"和"戏彩娱亲"，他是人类有文字记载以来最早的孝子，作为榜样的力量，他的孝行应该说为孝道开了先河。正是因为有老莱子这样的孝亲榜样，荆门涌现出了一代又一代的孝子典型。汉朝一代大儒荆门人魏熙、北宋荆门知军彭乘也是至孝之人、清顺治年间荆门人王三荐、康熙年间荆门人胡作楫、乾隆年间的荆门知州舒成龙等等，都是发生在荆门的孝道故事。经查，自汉以来，荆门历史上出现了不下于50名在当地乃至全国都有名的孝子。自古至今，老莱子的孝亲故事不仅在荆门人中传送，老莱子山庄系列孝文化的园林景点，也令荆门人近距离地感受孝亲的芬芳。这些景点自北宋以来逐步丰富，并且得到了很好的保护。

[①] 参见周树清:《老莱子熏陶下的荆门孝文化》。

（三）"孝道文化之乡"——濮阳[①]

河南，古称中原，实乃"国之中央"，是中华文明的核心发祥地、华夏历史文化中心区，是中国古都数量最多的省份。中原文化、河洛文化、三商文化、武术文化、圣贤文化、宛商文化等源远流长；汉字文化、姓氏文化、圣贤文化、根亲文化、诗词文化、礼仪文化等博大精深。位于河南东北部的濮阳市则以"华夏龙都"、"中华帝都"著称。同时，濮阳还是一座著名的以孝著称的孝乡故里。古代的《二十四孝》中就有"四孝"出自濮阳，王永君的《新二十四孝》中，就有"七孝"出自濮阳，"虞舜、孔子、子路、闵损、吴猛、张公艺、张清丰、郑板桥"八大孝子皆出濮阳。至今，濮阳还或多或少地留有孝子们的遗迹或传说，在民间代代传颂，像子路坟、子路祠和张清丰庙宇塑像等。同时，濮阳还是戏曲之乡，七八个剧种大都上演过以孝感人的剧目，如《鞭打芦花》等。目前，濮阳市正注重发掘自身的孝文化资源，向湖北孝感学习，努力打造一座"中华孝文化名城"。

（四）"中华孝文化发源地"——青州（附鱼台、嘉祥）

长久以来，人们熟知董永在湖北孝感的孝行，而对董永的出生地山东博兴并不熟悉。不过，全面力证董永出生于博兴的山东孝文化研究者们对此不遗余力。据历史学家安作璋先生研究，董永的故事首先在山东流传，继而在黄河流域广泛流传，后来又逐渐流传到长江流域的广大地区。除其故里山东博兴外，还有山东的广饶、鱼台以及湖北的孝感、江苏的东台等许多地方，为了纪念董永，都立有孝子祠或乡贤祠。[②] 其实，据 1983 年孝感编写的《孝感地区概况》"著名人物"栏中写道："董永，东汉末，青州千乘人，今山东省博兴县，因黄巾起义，由山东流寓今湖北孝感"。如此看来，孝感是董永生活、行孝的第二故乡，而博兴是董永出生的第一故乡。

博兴隶属古青州，而古青州的孝文化传统渊源颇深，有研究将古青州称为"中华孝文化发源地"。名人范仲淹、欧阳修官居青州时的孝行表现影响整个宋朝，也可说影响中华大地。二十四孝故事人物中有十四位生在这片土地上或与这片土地有关，如董永为青州千乘人、王裒为青州昌乐人、王祥为青州沂水人、虞舜诞生在诸城、曾子是嘉祥人、郯子是现在的郯城人、老莱子在平邑蒙山、闵子是济南历城人、子路是泗水人、郭巨墓在济南长清、江革是临淄人、

---

① 参见王永君、亢耀勋：《打造濮阳孝道文化名城的思考》，《当代濮阳》2012 年第 1 期。
② 参见李建业、董金艳主编：《董永与孝文化》，"序"，齐鲁书社 2003 年版。

黄庭坚随父居青州多年等，奠定了青州是中华孝文化发源地泉眼。唐、宋、金、元以来，青州用孝义、孝悌、亲仁、孝妇做乡名自唐之清在中华大地是极少见的，充分说明了中华孝文化在青州发展传播的根源。①

如今，青州用大理石雕刻了二十四孝雕塑群和二十四孝浮雕、名人题刻、孝子录等内容组成了孝文化墙，以及正在制作和筹划中的《孝经》壁、"常回家看看"大型雕塑群，中华孝文化博物馆共同组成了全国首家孝文化教育园、孝文化教育基地。无论如何，青州与孝文化有难以割舍的关系。

在古青州，还有"孝友格天"的孝友村②。孝友村圣人辈出，人文荟萃。这里是汉晋以孝著称的"孝圣"王祥和"友圣"王览、"书圣"王羲之的故里，是临沂琅琊王氏和"孝悌文化"的发源地。传说明嘉靖皇帝南巡路过此地，听说王祥、王览"孝、悌"故事深受感动，遂赐御匾一块，上书"孝友格天"。如今的孝友村民风淳朴，村里人都特别孝顺，出了很多现代"王祥"。每到逢年过节，村民都会到祠堂去拜祭。清明前后，很多外姓人也来祭祀王祥，有的甚至带着孩子来接受教育。言者真诚，听者诚恳，厚重的孝道文化融会在风景之中，孝行、友爱影响着一代代人。

"孝贤故里"——鱼台③。山东鱼台以孝贤著称，源于"闵子孝文化"。闵子骞纯真至孝既为历代封建帝王所推崇，也深深影响到鱼台人的生产生活，渗透到经济、社会、民风、民俗的方方面面，从鱼台人的衣食住行、婚丧嫁娶到重大节日活动，无不包含着对老人的孝敬、年幼者的慈爱、他人的尊重，并通过这些生活细节使这一优秀的民族文化代代相传，绵延不断。2008年，鱼台成功举办了首届中国（鱼台）"孝贤文化节"，大力弘扬养老敬老的新风尚。

"曾子故里"——嘉祥④。曾子上承孔子、下开思孟，编著《孝经》，并以孝著称于世。曾子崇尚的"修身、齐家、治国、平天下"的政治观，"君子慎独，吾日三省吾身"的修养观，"以孝为本，重在养志"的孝道观对中华民族价值体系的形成和发展产生了深刻的影响。史载曾子故里在春秋鲁武城。从学术的角度来看，嘉祥说有点勉强。但是从孝文化传承的角度来看，嘉祥确实更加注重"曾子故里"的典故，并不断加大对孝文化的弘扬。2006年，嘉

① 参见曹元国：《孝文化与青州》。
② 参见王伟勋：《"孝友格天"孝友村》。
③ 参见杨力新：《孝文化对社会主义新农村建设的影响研究——以鱼台县为例》。
④ 参见谌强：《宗圣曾子故里嘉祥弘扬孝文化》，《光明日报》2012年11月17日。

祥县政府协助曾氏宗亲成立了曾氏宗亲联合总会，使海内外曾氏宗亲敦亲睦族，开展联络，兴办公益事业，传承曾子思想，使嘉祥曾子研究和社会发展迈上了一个更为广阔的平台。嘉祥先后制定出台了《关于实施孝德工程的意见》，对建立家庭养老责任制、健全社会养老保障制度和加强孝城基础设施建设、强化孝城建设责任等提出了明确的要求，成为首个"山东省孝文化教育基地"。

（五）朱寿昌的故乡——天长①

安徽天长孝文化始于宋代，源自朱寿昌弃官寻母故事。在朱寿昌孝亲思想的影响下，天长历朝历代孝星辈出。元代有孝女刘翠平、夏梅花、夏桃花、夏荷花；明代有孝子王枝，孝女杨兰花；清代有孝子戴兰芬（状元）；现代有"中华孝亲敬老之星"朱元良（朱寿昌后代）、"中华孝亲敬老楷模提名奖"获得者胡兰、"安徽省十大孝星"、"安徽省十大孝星提名奖"获得者及市级孝星近200人。

（六）"三子拜母"——望云乡

浙江兰溪市黄店镇一带在南宋淳熙以前称望云乡。乡西北有座山称为三峰尖，大峰之下三小山峰排列如三子拜母，老百姓称为"三子拜母山"。宋朝时，该乡出了有名的三孝子，即北宋时的陈天隐、董少舒和南宋时的金景文。宋宣和五年，望云乡改名为纯孝乡，其尊老、敬老、养老的纯孝之风流传至今。三子拜母山的来历和历史上的三孝子，如今已成为美丽的传说，人们一提起三峰山，三子拜母的故事就历历在目。

（七）"崇孝尚德"——平湖②。浙江平湖是"二十四孝""陆绩怀橘"故事主角的故乡。在平湖市区，陆绩铜像屹立在东湖之畔，受万人敬仰，引万人行孝。近年来，平湖出现了一种奇特现象：在全国、全省、全市孝与德的活动评比中，总少不了平湖人的身影。层出不穷的孝子孝媳使"平湖多孝子"的民间评判得到一次次的印证。

（八）"中国德孝城"——孝泉。四川孝泉是千古流传的"一门三孝"（"二十四孝"之一"姜诗涌泉跃鲤"故事的延伸和扩展）姜诗、庞三春、安安的故乡。中国历史上特有的"一门三孝"的经典名剧"安安送米"的故事原型

---

① 参见《〈天长孝文化〉传承与发展》。
② 参见余延青、莫云：《平湖致力打造"孝文化"道德高地》，《嘉兴日报》2012年11月13日。

于此。至今，"三孝园"是孝泉人祭祀姜诗、庞三春、安安"一门三孝"的场所，园内有始建于汉代的龙护舍利宝塔，古塔的脚下是一座明清遗留的木质结构的藏经楼。目前经楼内还存有一些名人大家的书法真迹，弥足珍贵。

除此之外，常州以我国唯一的千年的孝子寺——蓼莪禅寺为依托，打造了以祭祖文化和观音文化为特色，以儒、释、道三家文化为基础，集寻根祭祖、朝山礼佛、觉悟教育和旅游观光于一体的"中华孝道园"。河南省林州市姚村镇的"三孝村"和河北邢台的内丘县均称郭巨故里，扬郭巨孝文化大旗。同样的情况还发生在"代父从军"的大孝女花木兰的故里名实之争上，豫派证言木兰故里在河南省虞城，有木兰词为证；鄂派证词木兰为湖北黄陂人氏，木兰山下是其家；皖派证语木兰家在安徽亳州，史料可证遗迹尚存，三地均以弘扬木兰文化为主。另，慈城也在打造"中国慈孝文化之乡"，被称为"虞舜故里"的上虞也推崇孝德。

总之，如今的"孝乡"所代表的是一种历史文化的传承，也是当前孝文化弘扬的寄托，更是文化产业和文化品牌的标志。纷扰其间的"故里之争"让人看得眼花缭乱，但对孝文化的传播、发扬、形成新的道德风尚有推动作用，值得肯定。

二、著名涉孝文艺作品

民间文学艺术反映着民众文化观念和生活信仰。孝道观念在民间文学艺术中也有广泛影响和渗透。以孝道为主题的作品大量出现在我国诗歌、戏曲、小说和民间艺术作品中。

（一）涉孝美术作品

在民间美术史上，以孝道为主题的著名艺术作品有很多，比如与《二十四孝》相伴产生的《二十四孝图》，与《女孝经》相伴产生的《女孝经图》等，这些作品的流传也出现在丧葬文化中，一些石窟壁画作品里经常出现以《二十四孝图》为原型的艺术创作。例如重庆井口的宋墓发掘中就发现，该墓有绘画刻石的王延元、姜诗、陆绩、汴州李氏女、郭巨、仲由、闵损、丁兰乃至目莲等孝子故事。在四川汉墓石刻中也有类似发现。北魏宁懋墓内石室上刻有丁兰、董永、大舜等孝子故事画。容希白藏的北魏墓室石刻中，刻有闵子骞行孝等故事。此外，在这些墓室内还大量出现有关"二十四孝"的文物和孝子故事图。孝道观念以这种艺术的方式折射在民间艺术上，同时也反映了"孝子贤孙"通过这种孝道艺术品表达自己对逝者的思念之情。除了墓葬文化外，民间还有许多以孝道为主题的图画，例如《寿星图》、《松鹤延年画》等，其寓意长命百岁，延年益寿，在祝福中表达儿女之孝义。①

（二）小说故事里的孝道文化

流传最广的孝文化还属以孝道为中心题材的小说戏曲类作品。这其中，最多的自然是以真实人物和典型事迹为底本的文学创作，更加文学化的展现历史上的孝子孝行，这一点我们在上一节的孝子孝行中有所论述。还有一种艺术表现方式，则是通过虚构的手法所塑造的。

在中国古代小说中，虚构孝子的形象很多，但是专门以孝道为主题的作品却很少，但是这并不代表孝道思想不存在于古代文学作品中。相反，在这些作品的故事情节和人物形象的描写中，无不与孝道思想有着千丝万缕的牵连，孝文化在历史上许多著名的小说作品中得到了有意无意地弘传。

1.董永与《天仙配》。

在孝文化传说中，董永与《天仙配》的故事最为大家所熟知。"董永卖身葬父，遇玉帝七女下凡，天仙相配"，是一个流传悠久的民间故事，早在西汉就开始在民间流传。文学家刘向编绘的《孝子图》的辞云：

前汉董永，千乘人。少失母，独养父。父亡无以葬，乃从人贷钱一万，永谓钱主曰："后若无钱还君，当以身作奴。"主甚悯之。永得钱葬父毕，将往为奴，于路逢一妇人，求为永妻。永曰："今贫若是，身复为奴，何敢屈夫人之为妻？"妇人曰："愿为君妇，不耻贫贱。"永遂将妇人至。钱主曰："本言一人，今何有二？"永曰："言一得二，理何乖乎？"主问永妻曰："何能？"妻曰："能织耳！"主曰："为我织千疋绢，即放尔夫妻。"于是索丝，十日之内，千疋绢足。主惊，遂放夫妇二人同去。行至本相逢处，乃谓永曰："我，天之织女，感君至孝，天使我偿之，今君事了，不得久停。"语讫，云霞四垂，忽飞而去。②

这就是流传于世的《天仙配》故事的原型。

著名的诗人曹植也做《灵芝篇》热情地赞扬了神女帮助董永偿债的义举：

董永遭家贫，父老财无遗。举假以供养，佣作致甘肥。责家填门至，不知何用归。天灵感至德，神女为秉机。③

---

① 参见肖群忠：《孝与中国文化》，人民出版社1996年版，第205-209页。
② 李昉等撰：《太平御览》。
③ 丁福保编：《全汉三国晋南北朝诗》。

这也是流传最早的、最著名的、以董永为题的文人作品。

从这时起，董永、神女的文学形象便成为作家吟咏的题材了。而后在《搜神记》中，亦有董永卖身葬父的故事，情节稍有不同。可见，董永和天仙相配的故事，尽管时代不同，传播的年代和环境发生了变化，有着细微的差异，但是大体情节都是相同的，基本上保持了民间故事的风貌，成为后来这类文学作品的雏形。而后的文学戏曲作品中，七仙女的形象更加丰满，更加的人情化与生活化。根据这一故事改编的文学戏曲作品，影响较大的有《董永行孝变文》（变文）、《小董永卖身宝卷》（宝卷）、《张七姐下凡槐荫记》（挽歌）、《大孝记》（评讲）、《董永卖身张七姐下凡织锦槐荫记》（弹词）、《劈破玉》、《寄生草》、《岔曲》、《背工》（以上均为小曲）、《董永卖身天仙配》（安徽黄梅戏）、《百日缘》（楚剧）、《华容会》（湖南花鼓）等，将董永的孝行故事传遍了大江南北，古今中外。①

2.《岳飞全传》中的孝道思想。

岳飞"精忠报国"的事迹无人不知，所作《满江红》荡气回肠无人不晓，长久地震撼着中华民族的心灵。《岳飞全传》中在描写岳飞精忠报国的故事的同时，不乏对其孝行的描写。指出岳飞英勇抗金，几至天下无敌，其力量来源就在于昔日的"岳母刺字"，岳飞时刻不忘母亲的刺字，以此鼓励自己抗金报国，以此报答母亲的良苦用心。除此之外，文学作品中的岳飞还有以下孝行：

其一，接出母亲。岳飞在金国与伪齐的严格盘查之下，历经十八次的反复，将自己的母亲从被敌人占领的故乡接出来。岳飞对倍受战争惊吓的母亲常说：娘，孩儿不孝，惊扰娘了。岳飞曾经说过：若内不克尽事亲之道，外岂复有爱主之忠？可见，岳飞是将"忠、孝"二字紧密地联系在一起的。

其二，军中伺候。岳飞总是晨昏侍候母亲，母亲若病了必亲自煎药，无微不至。如果不出征，必早晚到母亲面前问安，甚至为了照顾母亲的休息和调养，连走路和咳嗽都不敢出声；如果出征，必然要把母亲的事情安排妥当才放心。岳飞在克复襄汉六郡后，就因母亲姚氏病重，"别无兼侍，以奉汤药"，上奏恳请暂解军务。在军营时，处理好军务回家，每天晚上都要去母亲房内看望，并关照家人要勤换被褥，使老人感到舒适、温暖，始终坚持如一。

其三，送葬守灵。岳母去世之后，岳飞连续三天汤水都不喝一口，哭得

---

① 以上参见汪国璠：《〈天仙配〉故事的起源、演变及其影响》，《民间文学论坛》1983 年第 1 期。

双目红肿，旧病复发，和长子岳云跳脚徒步，扶着姚氏的灵柩，从鄂州（武汉市）直到江州（今九江）的庐山。葬母之后，在九江东林寺为母守孝，后在"三诏不起"的情况下，被皇帝所逼，带病重返鄂州，同时将母亲"刻木为像，行温清定省之礼如生时"，履行自己的孝道。当时故乡汤阴还在沦陷中，岳飞母亲魂归故里已是不能，朝廷赐葬江州庐山，岳飞在"丁忧"期间于墓侧建屋守孝——孝庐，庐门对联"母真巾帼完人今古宜哉第一；子誓河山还我忠孝允矣无双"。为追思母恩，建亭于母墓后曰"叠翠亭"。不久，战事再起，岳飞移孝作忠，奔赴抗金战场。夫人李氏携族人在这里居住守墓。[①]

自古忠孝两难全，一般文学作品中，忠孝之间总有取舍，但是在忠义之将岳飞这里，却始终试图一个忠孝两全的形象，这也是封建时期"移孝作忠"思想的体现。

3.《水浒传》中的孝子形象。

《水浒传》是一部叙说忠义的作品，但是"忠孝"始终是一对相伴相生的概念，作者同时也在作品中塑造了数位梁山孝子的形象，他们虽然在江湖上、战场上打杀一生，可并未忘记孝心和孝行。在施耐庵的笔下，梁山孝子共有三种类型。

第一种是"尊亲之孝"，即孝子爱戴和崇敬父母，立身行道，以扬名显亲。这在宋江身上体现得最明显。宋江投奔梁山泊途中自骂道："不孝逆子，做下非为，老父身亡，不能尽人子之道，畜生何异！"接着，他又把头去壁上磕撞，大哭起来，哭得昏迷，半晌才苏醒。金圣叹此处批道："只有这四个字，是纯孝之言。"其后，发生一系列变故，他又有"家上有老父在堂，宋江不曾孝敬得一日，如何敢违了他的教训，负累了他？"的慨叹之语。《水浒传》中的宋江，是一个"言行一致"的孝子，从文中他遵从父亲教诲迟迟不肯上梁山的描述，可见宋江之孝，主要就是尊亲之孝，顺从父母的意志，这正是传统孝观念首先强调的内容。

第二种是"弗辱之孝"，就是说孝子不使自己和父母的身体、名声受到侮辱，能为父母报仇。这种孝在雷横身上体现得最为充分。面对宋江劝留上山入伙，雷横推辞说："老母年高，不能相从。待小弟送母终年之后，却来相投。"金圣叹此处批道："徒以有老母在，正写雷横大孝。"之后雷横因打死白秀英而夜奔梁山泊。对于雷横不堪侮辱到为母报仇的孝举，李贽有一番妙评："雷横

---

① 以上参见孙君恒、穆旭甲：《岳飞忠孝故事和遗迹在湖北》。

枷打秀英，真是不忍辱其亲者。此为大孝，何愧圣贤。"说的就是这种"弗辱之孝"。

第三种是"能养之孝"，即是孝子赡养父母，包括养口体，侍疾病，顺其意，乐其心。这种孝道在公孙胜、李逵身上表现得最突出。当时，宋江父子团聚，勾起了公孙胜对母亲的思念。于是，公孙胜对众头领提出要回乡看视老母的要求。之后，他下山回乡，一直未归，原因就是"老母年老无人侍奉"。后来，他重返梁山，东征西讨，战后又提出回家侍养老母。宋江无奈，只得让他回去。而在众多梁山好汉中，李逵的孝道也为人津津乐道，"李逵探母"的故事非常有名。李逵对于母亲"养尽其劳，葬尽其诚，哭尽其哀"，可以说是真孝子，虽然是个粗鲁汉子，其孝心孝行却也最为诚恳。

施耐庵秉承了我国古代孝文化的观念，在小说中塑造了这数位梁山孝子，其目的显然是通过写孝来写"忠"，让梁山好汉成为国家的忠义之臣。写孝仅仅是铺垫，最终还是为写"忠"服务的，试图塑造出"忠孝双全"的人物。《水浒传》昭示了我国传统孝文化的精神内核，对孝道思想在民间的传播起到了一定的影响。①

4.《红楼梦》中的孝道思想②。

作为我国古代长篇现实主义小说创作巅峰的代表作，《红楼梦》的许多情节中都隐含了孝道思想。

首先，曹雪芹塑造了主人公贾宝玉的"孝子"形象。在家中，宝玉每天早晚都要向长辈请安，"晨昏定省"，有好东西先要想到长辈，这些行为都体现了宝玉对长辈的敬重，既有孝心也有孝道礼仪。第三十六回中，宝玉挨打后，不仅一句埋怨的话不说，而且后来还承认自己见识浅薄。文中的贾宝玉虽然被作者称为"古今不孝无双"，但其实那只是针对他希望突破封建束缚，爱而不讳言的特点说的，并不妨碍贾宝玉的孝道表现。

其次，《红楼梦》中"省亲"文化也反映了孝道思想。对于"元妃省亲"的原因，主要体现在第十六回中贾琏对赵嬷嬷讲的一番话。贾琏讲的这段话通过解释元妃省亲的原因而体现出孝道的三层含义：一是孝的地位："世上至大莫如'孝'字"；二是孝的平等性：孝"不是贵贱上分别的"；三是统治者以

---

① 以上参见周博：《梁山孝子论》，《哈尔滨学院学报》2007年第2期。
② 参见：《论〈牡丹亭〉、〈红楼梦〉之孝亲意识与中国古代孝文化》，《孝感学院学报》2006年第4期。

孝治国："至孝纯仁，体天格物"。[①]

在《红楼梦》第一百十六回中，对于怎样送老太太的灵柩回南方祖籍安葬，贾政与贾琏商议，虽然家道衰败，但是人子之孝不可丢，老太太的灵柩无论如何也该送回老家安葬，以全儿孙孝道。但是苦于没有盘缠，两人最后决定变卖仅有的房产，以此将老太太送回故里安葬。由此可见，尽管曹雪芹笔下的"孝"往往有乖谬、暗讽的效果，似是闲笔写出，顺带提及，却表现了他对封建正统文化的质疑。但是，孝道思想依然在作者骨子里，是其笔下的贾府主子们的精神支柱之一，这种精神力量支撑着他们去努力实行自我道德的完善。

由上，虽然中国古代长篇小说中没有以孝为主题的专门作品，也几乎没有一个完整的孝子形象的塑造，但是，孝道思想已经融入了传统文化的方方面面，存在于许多著名的小说故事中，甚至成为故事发展的链接和催化剂，也成为评判人物善恶忠奸的一把标尺。

（三）戏曲文学中的孝道思想

相比小说，中国古代戏曲中的孝子形象更为丰富，著名的作品有很多。

1.《窦娥冤》与《琵琶记》。

中国孝戏首推元杂剧《窦娥冤》和南戏《琵琶记》。两剧分别塑造了孝妇窦娥和赵五娘的形象。《窦娥冤》中，窦娥为了替夫尽孝，甘愿含冤招认，不惜屈死在梼杌的屠刀之下。《琵琶记》中，赵五娘在丈夫蔡伯喈赴京应试，功名及第重婚牛府后，精心在家侍奉年迈多病的公公婆婆，并竭尽全力做到了"生则致其养，没则奉其祀"，以自己的实际行为践行了伦理道德中的"三孝"。明代亦有《十孝记》，虽然仅存曲文，但还是可以知道这十出戏分别是：《黄香枕扇》、《兄弟争死》、《提（缇）萦救父》、《伯俞泣杖》、《郭巨卖儿》、《衣芦御车》、《王详卧冰》、《张氏免死》、《薛包被逐》和《徐庶见母》，分别讲述了黄香、赵孝、赵礼、缇萦、韩伯俞、郭巨、闵损、王详、薛包、徐庶孝亲的事迹。

2.《牡丹亭》中的孝道思想。

汤显祖的《牡丹亭》描写了杜丽娘和柳梦梅的爱情故事，其中的杜丽娘，也是一个孝女的形象。杜丽娘一出场，就为父母敬酒，并将孟郊的"谁言寸草心，报得三春晖"的诗句组织进杜丽娘的唱词里，来凸显杜丽娘对双亲的尊重。而后，杜丽娘因梦见柳梦梅而一病不起，病中一心想到的还是父母。在临

[①] 参见贾平：《论〈红楼梦〉"省亲"等事件中的孝文化意蕴》，《孝感学院学报》2011年第4期。

别人世之际，杜丽娘不顾身体虚弱，拜别母亲，她的孝顺令人痛煞。后来在阴间，她除了对自己伤春而亡原因的关心外，首先想到的也是父母。起死回生之后的杜丽娘，拒绝柳梦梅的成亲要求，理由是成亲要父母在场，"鬼可虚情，人须实礼"，"结盏的要高堂人在"。最后终于见到父亲，父亲不认她使她昏了过去，终于使之感动，叫出"俺的丽娘儿"来。《牡丹亭》里的杜丽娘孝顺父母的性格，前后一贯，同样反映了汤显祖所推崇的"至情"。[①]

3.《沉香劈山救母》——《宝莲灯》。

在众多的戏曲故事中，包含孝道内容的神话故事《沉香劈山救母》非常有名。相传三圣母与刘彦昌成婚，生下沉香。圣母之兄二郎神竟盗走三圣母的宝物"宝莲灯"而将三圣母压在华山之下。十五年后，沉香学得武艺劈山救母，宝莲灯重放光明。早在元代戏曲中就有《刘锡沉香太子》的南戏，元杂剧中也有顾仲清作的《沉香太子劈华山》。后世又相继出现了根据此题材所改编的多个版本的曲艺戏曲作品，如清代的《沉香宝卷》，近代的戏曲《宝莲灯》等。时至今日，各种文艺形式的《宝莲灯》作品仍老少咸宜。

4."目连戏"中的孝文化。

"目连戏"是中国戏曲史上现存最具代表性、影响最为深远的宗教剧。它源自佛经中的"目连冥间救母"。经漫长的历史演变，逐渐由印度佛经译本转为中国化世俗故事，随着"神性"弱化，"人性"彰显的伦理化进程，最终衍变为历史文化、民俗文化、伦理文化的结合体。

西晋竺法护的《佛说盂兰盆经》是当今公认最早介绍目连救母故事的文献。东晋《佛说报恩奉盆经》、南朝梁《目连为母造盆》及至中晚唐敦煌《目连缘起》、《大目乾连冥间救母变文》、《目连变文》、《盂兰盆经讲文》等变文以"婆罗门女救母出离苦海地狱"为原型，结合中国人伦理哲学和文化道德归旨，衍化成一个完整的"目连救母"故事。"目连救母"讲述了这样一个故事：

目连的母亲青提夫人，家中甚富，然而吝啬贪婪，儿子却极有道心且孝顺。其母趁儿子外出时，天天宰杀牲畜，大肆烹嚼，无念子心，更从不修善。母死后被打入阴曹地府，受尽苦刑的惩处。目连为了救母亲而出家修行，得了神通，到地狱中见到了受苦的母亲。目连心中不忍，但以他母亲生前的罪孽，

---

① 参见贾平：《论〈红楼梦〉"省亲"等事件中的孝文化意蕴》，《孝感学院学报》2011 年第 4 期。

终不能走出饿鬼道，给她吃的东西没到她口中，便化成火炭。目连无计可施，十分悲哀，又祈求于佛。佛陀教目连于七月十五日建盂兰盆会，借十方僧众之力让母吃饱。目连乃依佛嘱，于是有了七月十五设盂兰供养十方僧众以超度亡人的佛教典故。目连母亲得以吃饱转入人世，生变为狗。目连又念了七天七夜的经，使他母亲脱离狗身，进入天堂。

这样一个佛教故事从魏晋开始口口相传，北宋时以杂剧形式搬上舞台。此后一直在民间盛演不衰。金院本、元明杂剧都载有"目连戏剧目"。明朝万历年间，郑之珍为代表的南方目连戏《新编目连救母劝善戏文》问世，这是目前所见最早的目连戏演出本。目连文化作为外来佛教文化和本土伦理文化的结合体，在经过千年的碰撞、磨合后，落地生根，开放出以佛教"因果轮回"为形式、儒家"孝文化"为内涵的别样花枝。而这样一个生成于佛、道、儒、巫傩文化背景下的佛教故事能从西晋流传到现在，包裹着宗教文化的外衣，在民间流传千年而不绝，关键在于故事劝人向善、劝子行孝，更有"天下无不是者父母"的隐喻。①

除此之外，孝道文化在诗歌、铭赋、祭文、对联等古代文学作品中大量存在。早在《诗经》里，就出现了最早表达孝道的《蓼莪》，三国诗人曹植所做《灵芝篇》也表达了孝子之心。祭文中，唐代诗人张九龄的《祭二先文》、李商隐的《重祭外舅司徒公文》、宋代大儒朱熹的《祭告元祖墓文》等都是专门为行孝而做，情真意切。②

三、著名的孝文化风俗

孝文化观念不仅对中国传统的政治、教化等有深刻影响，而且对中国人的生活方式、民俗、民间艺术等都发生了巨大的影响。孝道思想渗透在中国人的衣食住行、社交礼仪和风俗的方方面面。

（一）孝道与衣食住行

在古代，孝道礼仪对子孙服饰的规定很严格。对子孙小辈的服饰，根据不

---

① 以上参见郭跃进、戴谨忆：《孝行古今说目连——浅析"孝文化"在目连戏发展中的传承与演变》，《中国戏曲学院学报》2012年第1期。

② 详细可见宁业高、宁业泉、宁业龙：《中国孝文化漫谈》，中央民族大学出版社1995年版。

同阶段有不同的规定和要求。一般来说，父母和祖父母在世时，子女穿衣戴帽不可纯素，即"为人子者，父母存，冠衣不纯素"。因为衣冠纯素是丧服，"为有其丧象也"，不吉祥，父母看了容易联想而伤感不高兴。早晚请安时，要服饰整齐，梳洗完毕，否则为不孝不敬。

在服丧期间，要求就更严格而具体了。旧时的丧服制度，以亲疏为差等，有斩衰、齐衰、大功、小功、缌麻五种名称，统称为"五服"。"斩衰"是五服中最重的丧服。用最粗的生麻布制作，断处外露不缉边，丧服上衣叫"衰"，亦称"斩衰"。表示毫不修饰以尽哀痛，服期三年。凡子及未嫁女为父丧，承重孙为祖父丧，都必须服斩衰。五服制度是中国传统丧葬中重孝道、重伦理、重血缘关系特点最明显的表现，古人常以丧服来表示亲戚关系的亲疏远近。一方面体现着对故去之人的祭祀追念之孝心，一方面又体现着宗族、家族关系中亲疏有别的宗法关系。这些丧服，必须依照要求按服期服满方可脱去，否则违礼，有悖孝义，服丧期间有嫁娶等情况的另有规定。服丧期间，尤其是斩衰、齐衰，在小祥之前，男子一般不理发刮胡须，女子不佩戴彩色首饰，儿子儿媳以荆钗木簪挽发。

尽管如今已经移风易俗，不必像古代五服制度一样繁文缛节，但是有三点仍需遵循：一是亲人尚在，应穿着以喜、吉色彩为主，不宜纯素，以免亲人长辈观感不快；二是上亲丧葬期间，注意穿着素淡沉着，以适哀伤环境气氛；三是祭祀时要求服饰整洁，佩饰庄重以和肃穆境况。

古人在饮食上很讲究孝义，上亲在，珍美食品先供上亲，上亲尝后赐食，子孙才可食用。上亲喜爱之食品，子孙不可随意食用。子女入厨烹饪，当先询上亲食欲，择其喜食者、能食者做之。古代进餐用饭，子女不与父母同桌，父母用饭，子女一旁侍候。父母叫同桌，方可同桌。同桌用饭，父母上座，子孙下座或边座。父母端碗用筷，子女才能动作，子女不可先行于父母用食，也不可先于父母下桌，儿媳遵守此礼，并给婆婆帮厨，婆婆委任或因病，媳妇则义不容辞主厨办事。孔子说："乡人饮酒，杖者出，斯出矣。"（长者先走后，其他人再散去）就是长者为尊的敬老习俗在饮食聚会上的表现。

此外，祭祀上亲的时候，古人常用羊、牛、猪、鸡、米、稷、果、蔬和酒奉献以供亲灵享用。而为人子女，在父母亲人去世期间的饮食也做了严格限定，以此表达子女哀痛、悼念祖宗父母之孝心。如父母去世后的前三日不饮食，其后至第七日只吃粥，七日后方可食蔬菜水果，十四日后才能食肉，居丧三年期间都不应饮酒等。

除了衣食，中国传统的居住房屋也能体现出孝文化中的宗族群居、长幼有序、尊祖敬宗的特点。宗族群居实际上是原始村落组织群居的延续。至今许多地名如"赵家庄"、"李家屯"、"马家坡"、"王家沟"等以姓氏命名的村落就是这种宗族群居的体现。这些村落中，以宗族祠堂为中心，祠堂是祭祖和族内公共活动的场所。我国传统的房屋里，一般在中堂的中央供奉祖先、神佛，这里也是家庭中处理公共事务（祭祖、议事、待客、举行各种仪式等）的场所。此外，在房屋的安排上也颇有讲究。整体来说，古代的皇宫其实就是这种房屋构造的扩大版。①

（二）孝道礼仪

孝文化对中国人的习俗文化、礼节仪式等方面同样有着深刻的影响，突出表现在对人的出生、结婚、做寿、丧葬、祭祀五个方面的礼节习俗。

1. 出生。

中国孝道最有名的一句话就是"不孝有三，无后为大"，因此，生子本身就是孝文化的表现，所以，出生之礼也显得颇为隆重。民间俗称怀孕为"有喜"，预示着一个人即将诞生，从未孕时的求子祈嗣，直到临产期的种种习俗，都是为诞生礼做准备。古代往往把诞生礼放到诞生后三日，俗称"三朝"。流行用礼物"接生"的仪式，多有外祖母家送红鸡蛋、十全果祝诞生的；后来，又产生了"洗三"仪式。接着，又要过满月、百日、周岁，这期间还要行剃发礼、认舅礼、命名礼、抓周礼等等。百日，北方多称"百岁"，是祝长寿的仪式，多有赠"长命百岁"锁的。

2. 结婚。

结婚意味着传宗接代，《礼记·昏义》开篇即言："昏礼者，将合两姓之好，上以事宗宙，而下以继后世也，故君子重之。"《孝经》中也有"父母生之，续莫大焉。"古代的婚礼之所以受到重视，就是因为它是延续家族香火的途径，而并非重视男女之感情。婚礼要经过"六礼"的不同阶段的不同仪式，即纳采、问名、纳吉、纳征、请期、亲迎，不可不隆重。

3. 祝寿。

孝亲敬老，聚会祝寿，是中国人中国传统文化中的一个固有内容，上至帝王将相，下至平民百姓，都会在老人60、70、80、90大寿时聚会祝寿，儿女

① 以上参见宁业高、宁业泉、宁业龙：《中国孝文化漫谈》，中央民族大学出版社1995年版；肖群忠：《孝与传统文化》，人民出版社2001年版。

晚辈、亲朋好友济济一堂，其乐融融，尽享天伦。祝寿无一定的仪式，古时在寿诞前夕，就开始宴请至亲好友，称为"暖寿"；中午为面席，取其"长寿"口彩；晚间为大宴。次日，尚有宴席，以谢执事。寿礼时，通常晚辈宾客，仅向寿堂行三鞠躬礼，寿星可定时出堂受贺；其余时间则由子侄辈在礼堂答礼。寿庆宴席，有两项内容似乎是必不可免的：一是要由寿翁（寿婆）吹生日蛋糕上的蜡烛，然后分吃蛋糕；二是要吃面条，以讨长寿的口彩。贺寿来客携带的寿礼，包括寿桃、寿面、寿糕、寿屏、寿画、寿彩等，而寿联则为祝寿活动涂上一层高雅的色彩。所谓"福如东海长流水，寿比南山不老松"。祝寿活动是传统中国典型体现孝文化精神的礼仪活动。

4. 丧葬。

"生离死别"是人生中最痛苦的事。老人病笃处于弥留之际，大都是情依依、意连连，思念儿女，牵挂亲人。丧葬习俗是孝道文化中最为难舍、不忍、伤心的过程。《礼记·祭统》言："祭者，所以追养继孝也。"又云："是故孝子之事亲也，有三道焉：生则养，没则丧，丧毕则祭。尽此三道者，孝子之行也。"丧葬习俗是人们寄托哀思最为普遍和直接的方式。每个国家都有自己的丧葬文化，但是没有一个民族像我国这样重视它。所谓"丧葬礼"，是人结束了一生后，由亲属、邻里、好友等进行哀悼、纪念、评价的仪式，同时也是殓殡祭奠的仪式，一般要经过以下程序：（1）停尸小殓（穿"寿衣"）；（2）招魂；（3）吊丧；（4）殡仪（又称"入殓"、"大殓"）；（5）送葬；（6）守丧祭祀。当长亲亡故之时，儿女要"送终"。即使身处异乡都要日夜兼程，回家奔丧。治丧要严格按各种礼制规定进行，哭丧以表哀痛，为父母居丧三年，其间不能有娱乐活动，不能娶妻纳妾，应在父母墓旁搭棚而居，并遵守饮食、言谈等有关行为规定。三年期满，在举行一次十分隆重的祭祀后，守墓者才能"起灵除孝"。

5. 祭祀。

祭祀是华夏礼典的一部分，更是儒教礼仪中最重要的部分，礼有五经，莫重于祭，是以事神致福。在中华孝文化中，祭祀的对象主要是父祖，是"一种寄托感情的方式或民族习惯"。祭祀父祖的仪式主要有两个：一是守制，一是扫墓。守制是丧礼之一，是父、母死后，在戴孝期间须遵守儒家的礼制，谓之"守制"，俗说"守孝"，亦称"读礼"。其时，家门门框的"堂号"上贴一蓝纸（或白纸，或米色纸）条子，上书"守制"字样。守制期间，孝子须遵礼做到如下几点：（1）科举时代，不得参加考试。（2）不缔结婚姻（不娶不聘），夫妻分居不合房。（3）不举行庆典。（4）新年不给亲友、同僚贺年，并在门口贴上"恕不回拜"的字条。祭扫坟墓也是为了对死者表示悼念。清明祭扫仪式本应亲自到茔地去举行，但由于每家经济条件和其他条件不一样，所以祭扫的方式也就有所区别。"烧包袱（烧袋装冥钱）"是祭奠祖先的主要形式。此外，每逢节日、祭日均要祭祀父母祖先，追念先祖恩情，表达哀思与孝心。[①]

（三）孝道节日

古语云："每逢佳节倍思亲"，节日与孝道的关系甚为密切，或因孝而成节，或缘节而行孝。在我国，与孝道关系较为密切的传统节日，主要有重阳节、除夕、中秋节、清明节、中元节和冬至等。

1. 重阳节。

重阳节，为农历九月初九日。《易经》中把"九"定为阳数，九月初九，两九相重，故而叫重阳，也叫重九。重阳节早在战国时期就已经形成，到了唐代，重阳被正式定为民间的节日，此后历朝历代沿袭。由于九月初九"九九"谐音是"久久"，有长久之意，所以常在此日祭祖与推行敬老活动。重阳节与除夕、清明、盂兰盆会都是中国传统祭祖的四大节日。而后，人们对老人的越来越推重，故此节日又被称为老人节。

2. 除夕。

在中国，农历新年是举国团聚的日子。只要父母健在，子女不论是在外干什么，都要在新年来临之前赶回家中，看望父母，这本身就是孝心的体现。子女新年要给父母带回或送上贺年礼物，年前期间子女与晚辈对父母长辈要行叩头礼拜年。到了年三十，全家团聚。而对于死者，则从下午到黄昏，山野坟地上，各家各户的子孙们纷纷去父母祖先坟上燃放爆竹，焚化纸钱，供上香火和食品，而且还要手持香火引先人回家。家中，清扫安顿完毕，人们就要恭恭敬敬请出父母祖先牌位，供上香火、食品。

3. 中秋节。

中秋节，是中国传统节日之一，为每年农历八月十五，传说是为了纪念嫦娥奔月。因为在这一天，月亮满圆，象征团圆，又称为团圆节。月饼就象征着圆月从空中来到人间，以喻示亲人的团圆。这一天，人们只要有可能，都要回家与父母家人团聚，一是意味着对父母的孝敬，二是意味着家庭的团结和睦，因而中秋节也是孝文化观念的体现。

---

① 以上参见肖群忠：《孝与传统文化》，人民出版社2001年版。

4. 清明节。

清明节是一个祭祀祖先的节日，传统活动为扫墓。清明节流行扫墓，起源于清明节前一天的寒食节。所谓"寒食上墓"，因寒食与清明相接，后来就逐渐传成清明扫墓了。清明期间，子女们要去父母、祖父母坟上供上丰盛的食品，烧化纸钱，并整修坟墓。这种节日民俗至今仍长盛不衰，这足见孝之"慎终追远"影响之深远。清明节这一天的习俗是丰富有趣的，除了讲究禁火、扫墓，还有踏青、荡秋千、踢蹴鞠、打马球、插柳等一系列风俗体育活动。这个节日中既有祭扫新坟生离死别的悲酸泪，又有踏青游玩的欢笑声，是一个富有特色的节日，充分表达了对逝者的哀思和对生命的向往。

5. 中元节。

中元节，也叫"鬼节"或"盂兰盆会"，是一个和人鬼有密切关系的节庆。根据《五杂俎》的记载："道经以正月十五日为上元，七月十五日为中元，十月十五日为下元。"修行记说："七月中元日，地官降下，定人间善恶，道士於是夜诵经，饿节囚徒亦得解脱。"佛教也在这一天，举行超度法会，称为"屋兰玛纳"（印度语ULLAMBANA）也就是"盂兰会"。盂兰盆的意义是倒悬，人生的痛苦有如倒挂在树头上的蝙蝠，悬挂着、苦不堪言。为了使众生免于倒悬之苦，便需要诵经，布绝食物给孤魂野鬼。此举正好和中国的鬼月祭拜不谋而合，因而中元节和盂兰会便同时流传下来。这个节日源于佛教流传的"目连解救母厄"的故事，是佛教徒追荐祖先而举行，是佛教之孝亲观念与儒家之孝道相结合的产物。佛教在这一天都会举行"盂兰胜会"，诵经礼忏，超度过世的父母；如果父母还在的话，就为现生的父母增福延寿。如今，中元节的祭祀一方面阐扬了怀念祖先的孝道，另一方面也发扬了推己及人，乐善好施的义举。

6. 冬至。

冬至是二十四节气之一，亦称冬节、交冬。它是中国的一个传统节日，曾有"冬至大如年"的说法，宫廷和民间历来十分重视，从周代起就有祭祀活动。《周礼春官·神仕》记载："以冬日至，致天神人鬼。"目的在于祈求与消除国中的疫疾，减少荒年与人民的饥饿与死亡。唐宋时，以冬至和岁首并重。南宋孟元老《东京梦华录》："十一月冬至。京师最重此节，虽至贫者，一年之间，积累假借，至此日更易新衣，备办饮食，享祀先祖。官放关扑，庆祝往来，一如年节。"明、清两代皇帝均有祭天大典，谓之"冬至郊天"。在民间，冬至这天，一般要为父母祖先之灵送寒衣，上坟祭祀。在我国台湾地区，至今还流传"冬至唔返有祖宗"之说，这天家家蒸九层糕拜祖先。祭拜时，全家跪在祖先神主木牌前，由家长述说"根在何处"，这一习俗代代相传，意在不忘祖宗。①

四、著名的寓孝吉祥物

在儒家的仁孝观念中，孝道是人与动物的根本区别。很多劝善书中，也将孝视为人畜之间的区别，如果不孝，就与禽兽无异。但是俗话又说"虎毒不食子"，从古至今，人们列举编撰出许多动物反哺、施行孝道的例子，通过拟人化的寓言故事，令这些施行孝道的动物成为著名的寓孝物，成为人间孝道的楷模，用动物的"孝行"来对世人进行规劝或反讽。《劝孝歌》中有"乌鸦尚反哺，羔羊犹跪足，人为万物灵，何反不如物？"其中提到的就是两个著名的寓孝动物——乌鸦与羔羊。

（一）"羊跪乳，鸦反哺"②

在中国，有一种鸟被称为"孝鸟"，那就是"乌"，也就是常见的"乌鸦"。在普通人的印象中，乌鸦是一种通体溪黑、面貌丑陋的小鸟，因为人们觉得它不吉利而遭到人类普遍厌恶，然而，正是这种遭人嫌恶登不了大雅之堂入不了水墨丹青的小鸟，却拥有一种真正的值得我们人类普遍称道的美德——养老、爱老。《本草纲目·禽部》载："慈乌：此鸟初生，母哺六十日，长则反哺六十日。"晋朝成公绥《乌赋》亦有"雏既壮而能飞兮，乃衔食而反哺。"这是说，乌鸦在母亲的哺育下长大后，当母亲年老体衰，不能觅食或者双目失明飞不动的时候，它的子女就四处去寻找可口的食物，衔回来嘴对嘴地喂到母亲的口中，回报母亲的养育之恩，并且从不感到厌烦，一直到老乌鸦临终，再也吃不下东西为止，这就是历史上著名的"乌鸦反哺"的故事。从此，乌鸦也就被誉为"孝鸟"，乌鸦反哺的寓言故事也就用来劝告子女成年后，理当供养和照料含辛茹苦将自己拉扯大的双亲，报答父母的养育之恩。

子女对父母除了要有孝敬反哺之心，还要对父母的养育满怀感恩之心。中国文化有一个著名的典故——"羔羊跪乳"。这则古训语出《增广贤文》，原文是"羊有跪乳之恩，鸦有反哺之义"，意在用羔羊对"父母"的感恩、孝敬

---

① 以上参见"百度百科"；肖群忠：《孝与传统文化》，人民出版社 2001 年版。
② 参见阡阡雪：《"羊羔跪乳，乌鸦反哺"》。

为例，来催生人类的孝心。

在动物界，这种"反哺"、"感恩"反应往往是本性使然，而没有人世间严格的道德要求。动物界中不仅有"孝鸟"，也有像"鹗"一样的，虽然长相美丽，却在小时候任其母鸟哺育，长大后"啄食其母"的"不孝鸟"。其实孝与不孝，对动物来说，都是本能。先辈们却乐于拿着动物们的孝道不单是为了编童话，而是为了做教材，教导我们继承和发扬中华民族行孝事亲的传统美德。所以，以上的动物之孝故事要反映出的依然是一种"寓孝于物，教化于人"的目的。

（二）吉祥寓孝物

中国孝道讲"不孝有三，无后为大"，因此，除了上面这些动物孝道之外，还有一些在民间广为流传，成为风俗习惯的吉祥寓孝物，比如麒麟、莲花、石榴，这些寓孝物大都有利于"生子"、"多子"，因此，生子本身也就是传统孝道中"多子多福"的寓意。

麒麟，亦作"骐麟"，简称"麟"，是中国古籍中记载的一种动物，与凤、龟、龙共称为"四灵"，是神的坐骑，古人把麒麟当作仁兽、瑞兽。"麒麟文化"是中国的传统民俗文化，"麒麟送子"就是中国古代的生育民俗。《麒麟送子图》在民间的流传非常广泛，"天上麒麟儿，地上状元郎"也被视为佳兆。民间普遍认为，求拜麒麟可以生育得子。

除此之外，民间有"莲生贵子"、"枣生贵子"的说法，将莲花、花生、桂圆、红枣、桂花等一切能够和"连生贵子"、"早生贵子"的寓意相联系的物品视为吉祥物。而石榴成熟后，果实裂开，露出种子。人们便借此比喻多生子，于是就有了"榴开百子"的俗语，表达人们希望多子多福的愿望。

总之，这一类的寓孝物，没有更多的典故，更多地是为了寓孝，博得一个吉祥的意义而以民间风俗的形式存在的。这些风俗习惯和俗语的存在也证明了孝道思想在中华民族是多么的深入人心。

第三节　民族宝典，中华孝文化传世经典解读

中华民族历来重孝，在中国的经典文献上，孝作为核心精神之一，遍布其中。冯天瑜就从中华"元典"系统中，分析出与人文传统密切相连的是"敬

祖"意识，以及由此推演出来的"重史"传统。[①]所谓"万物本乎天，人本乎祖"。[②]"天地者，生之本也；先祖者，类之本也。……无天地，恶生？无先祖，恶出？"[③]正是由于中国人重视孝道和历史文献的记载传承，"文以载道"就成为中国孝文化流传深远，影响至大的重要原因之一。

发掘出土的殷墟卜辞中，关于祭祀祖先的记载多达一万五千多条。《尚书》、《诗经》、《国语》中多有论"孝"之处，而且往往与神灵及祖先崇拜、祭祀相联系，如"言孝必及神"[④]，"率见昭考，以孝以享"[⑤]，"父兮生我，母兮鞠我，拊我畜我，长我育我，顾我复我，出入腹我，欲报之德，昊天罔极"[⑥]，要"追孝于先人"[⑦]，"永言孝思，孝思维则"[⑧]，"孝子不匮，永锡尔类。"[⑨]总之，自中华文字有记载之日起，经典著述中就无不含有孝道思想。[⑩]

孝道思想是儒家文化的核心思想之一，关于孝道的论述在儒家经典中比比皆是。反映儒家文化创始人孔子思想的《论语》首当其冲。《论语·为政》篇里有子游问孝，子曰："今之孝者，是谓能养。至于犬马，皆能有养；不敬，何以别乎？"《论语·为政》篇里，子曰："生，事之以礼；死，葬之以礼，祭之以礼。"《论语·学而》篇里有"弟子入则孝，出则悌。""其为人也孝悌，而好犯上者，鲜矣。不好犯上而好作乱者，未之有也"，"孝悌也者，其为仁之本与。"

孔门之下，以曾子最能传孝道，曾子的思想就是以孝著称，开创了儒家的孝治派。《大戴礼记·曾子大孝》即云"夫孝，置之而塞于天地，衡之而衡于四海。推而放诸东海而准，推而放诸西海而准，推而放诸南海而准，推而放诸北海而准"。曾子有个学生叫子思，而孟子就是子思的门人，他曾向梁惠王反复"申之以孝悌之义"[⑪]，《孟子·离娄上》篇有"事孰为大，事亲为大"，《孟子·万章上》篇有"孝子之至，莫大乎尊亲"，《孟子·离娄上》篇有"不

---

① 冯天瑜：《中华元典精神》，武汉大学出版社2006年版，第217页。
②《礼记·郊特牲》。
③《荀子·礼论》。
④《国语·周语》。
⑤《诗·周颂·载见》。
⑥《诗·小雅·蓼莪》。
⑦《书·文侯之命》。
⑧《诗·大雅·下武》。
⑨《诗·大雅·既醉》。
⑩ 以上参见冯天瑜：《中华元典精神》，武汉大学出版社2006年版，第220页。
⑪《孟子·梁惠王上》。

孝有三，无后为大"，从中可以看出孟子对孝道的重视程度。

总之，儒家学派对孝道思想的论述推广不遗余力，留下了若干专门论述孝的经典文献。其中包括直接反映上述曾子及其门人孝道思想，把孝的地位与作用推到极致的《孝经》，针对妇女教化的《女孝经》，流传甚广的《二十四孝》等，本节对这些经典作简要评述。

一、《孝经》释义及其版本考

《孝经》是"儒家十三经"中部头最小的，全书不足两千字。它是儒家关于孝道的专论，是对孔、曾、孟孝道思想的全面继承发展，标志着儒家孝道理论创造的完成。

（一）《孝经》的成书与作者

《孝经》一书最早著录于班固《汉书·艺文志》"六艺"类："《孝经》一篇，十八章。"至唐文宗时在国子学立石刻"十二经"，《孝经》正式被列入。至清乾隆时编经部大丛书"十三经"刻于石，《孝经》便成为"十三经"的一种而流传。

关于《孝经》的作者，前人有如下四种论断[①]：第一是曾子说。《史记·仲尼弟子列传》云："孔子以（曾参）为能通孝道，故授之业。作《孝经》。"[②]这是最早提及《孝经》作者为曾子的文献。西汉的孔安国也认为《孝经》乃曾子所作，其《古文孝经序》云："故夫子告其（曾参）谊，于是曾子喟然知孝之为大也。遂集而录之，名曰《孝经》，与五经并行于世。"[③]郑玄也说"惟有弟子曾参有亦认为《孝经》是曾子所作至孝之性，故因闲居之中，为说孝之大理。弟子录之，名曰《孝经》。"[④]第二是孔子说。班固在《汉书·艺文志》孝经类小序与《白虎通义·五经》中都力主孔子作《孝经》。刘炫的《孝经述议序》云："夫子（孔子）乃假称教授，制作《孝经》，论治世之大方，述先王之要训。"[⑤]魏征作《隋书·经籍志》孝经类小序亦云："孔子既承叙六经，题目不同，指意差别，恐斯道离散，故作《孝经》，以总会之。明其枝流虽分，未萌于孝者

---

① 以下论述参见渠延梅：《"孝经"研究》。
② 司马迁：《史记》，中华书局 2007 年版，第 141 页。
③ 孔安国：《古文孝经孔氏传原序》。
④ 郑玄：《敦煌本孝经序》。
⑤ 刘炫：《孝经述议序》。

也。"①第三是子思说。宋代王应麟《困学纪闻》卷七言："冯氏（冯椅）曰'子思作《中庸》，追述其祖之语，乃称字。是书当成于子思之手。'"②持此观点的还有清人汪受宽所做的《孝经译注》。第四是曾子门人说。南宋晁公武从《孝经》内容与称谓上认定《孝经》的作者为曾子门人。其《郡斋读书志》言："今其首章云'仲尼居，曾子侍'，责非孔子所著明矣。详其文书，当是曾子弟子所为书。"③

此外，还有论述认为《孝经》乃孔子七十子之徒所作之说；《孝经》是汉儒伪作之说；《孝经》出于孟子门人之说；等等，其中聚讼纷纭，莫衷一是。至此，关于《孝经》的作者千百年来，难有定论，如今已成为一个仁者见仁、智者见智的问题。本文比较认同的一个观点是，《孝经》是在曾子去世后，由他的门人弟子借孔子与曾子的对话，结合孔子与曾子的思想并联系当时的社会环境而有所发挥，综合而成这部儒家经典④。

（二）《孝经》的版本与差别

《孝经》虽是十三经中字数最少的一部，但在汉代也有所谓今、古文之别。《今文孝经》为颜芝所藏的由其子颜贞所献的用隶书写就的十八章《孝经》本，亦即《汉书·艺文志》中所著录的"《孝经》一篇十八章"的本子。《古文孝经》传为鲁恭王坏孔子宅而得的用先秦籀文写成的二十二章《孝经》本，即《汉书·艺文志》所著录的《孝经古孔氏》一篇二十二章的本子。今、古文两个本子在文字、章节上互有异同。西汉末，刘向典校群书，以今文本为据，参校古文本加以整理，定为十八章。东汉末，郑玄加以注释，称郑注本，实即今文本。这也就是如今流行的《十三经注疏》中《孝经》的来源。

可以说，自发现两个版本的《孝经》开始，今古文《孝经》为争正统的争论就从未休止，这其中实乃掺杂了太多的政治因由。但是，单就两个版本的内容和思想来看，并非差别深远。本文认为，《古文孝经》与《今文孝经》应为一本书的两个版本，其思想内容并无实质区别。

（三）《孝经》的思想内容

我们以《今文孝经》为例，将其内容分为孝的精神、孝的价值和孝的实践

---

① 《隋书·经籍志一》卷三十二。
② 王应麟：《困学纪闻·卷七》。
③ 晁公武：《郡斋读书志·卷三》。
④ 参见渠延梅：《"孝经"研究》。

三个层面，试加以阐述。

1. 孝的精神。

《孝经》第一章《开宗明义章》就把"孝"讲作是"至德要道"，指出孝道乃是其他一切道德的源头，一切教化都源于孝道。第七章《三才章》从孝与天、地、人的关系入手指出孝的重要作用，"夫孝，天之经也，地之义也，民之行也"。第九章《圣治章》指出，"天地之性，人为贵，人之行，莫大于孝。""父子之道，天性也。""夫圣人之德，又何以加于孝乎？故亲生之膝下，以养父母日严。圣人因严以教敬，因亲以教爱。"由此，《孝经》把"孝"说成是人人生而具有的当然之理，是天经地义的永恒真理。孝经的理论精神，是为了确立孝道源于天地之理，更是人类共同信守的道德规范，百姓应自觉遵守的思维理路。在此基础上，提倡以德化育万民，平治天下，归根结底还是为了政治统治的目的。

2. 孝的价值。

儒家的道德观与政治观紧密联系在一起。《孝经》中把"孝"推崇为治理天下的根本手段，把孝亲与忠君直接相连，以孝劝忠，而这正是《孝经》的基本宗旨，"孝治天下"的思想也就是孝道的核心价值所在。《孝经》对不同的等级有不同的道德规范，上至天子下至庶人都有相应的孝道要求。以孝教化民众，将孝引入到政治领域，来规范指导政治行为，成为最高原则。《孝经》的政治用意就是通过小孝来实现大孝，即移孝作忠。

第二章《天子章》指出，天子要"爱亲者，不敢恶于人；敬亲者，不敢慢于人"，从而"德教加于百姓，刑于四海。"第三章《诸侯章》指出，诸侯要"再上不骄"，"制节谨度"。第四章《卿大夫章》指出，卿大夫要"非法不言"、"非道不行"。第五章《士章》指出，士子要"忠顺不失，以事其上"。第六章《庶民章》指出，庶民要"谨身节用，以养父母"。这五等之孝的规定，力证孝道之有益于治道，就在于它可以使不同阶层的人，恪尽职守，谨慎为人，各安其位，这显然完全是从有利于维护封建秩序出发的。倘若统治者能够以"孝治天下"，就将会出现第八章《孝治章》中的一番盛世美景："是以天下和平，灾害不生，祸乱不作，故明王之以孝治天下也如此。"表达了儒家文化的一种理想主义。这种核心价值的确立，将君权与父权相融合，君权借父权以立，以孝尽忠，体现了忠与孝的统一。这其实是孝道向孝治的转化，是儒家文化用宗法制度下的一套伦理纲常来约束人们的行为，是伦理的政治化。

3.孝的实践。

《孝经》中直接提出了一系列实践孝道的具体内容。首先，要"行五事"。在孝顺父母方面，第十章《纪孝行章》提出五点："孝子之事亲也，居则致其敬，养则致其乐，病则致其忧，丧则致其哀，祭则致其严。五者备矣，然后能事亲。"第十八章《丧亲章》规定了父母亡故后，"孝子之丧亲也，哭不偯，礼无容，言不文，服美不安，闻乐不乐，食旨不甘，此哀戚之情也。"其次，要做到"三不"。第十章《纪孝行章》云："事亲者，居上不骄，为下不乱，在丑不争。"第十一章《五刑章》接着这"三不"从三个反面论说行孝的要求，认为胁迫君主、诽谤圣人、非议别人的三种行为是极为不孝的，"此大乱之道也"，应当处以五刑。第三，要敢于"谏诤"。第十五章《谏诤》指出，"父子有争，则身不陷于不义。故当不义，则子不可以不争于父；臣不可以不争于君。故当不义则争之，从父之令，又焉得为孝乎？"[①]

总之，正如肖群忠所言，《孝经》思想的最大特点就是孝的泛化、政治化，甚至神秘化。作为儒家专论孝道的一部经典，《孝经》以其孝道理论的全面性、浓厚的政治化色彩，使儒家的孝道理论创造达到了顶峰，它将传统孝道的浓厚亲情湮没于统治天下的纲常法规之中。

（四）《孝经》的研究述评

孝道思想通过《孝经》立为经典而成为传统中国的指导思想之一，成为封建统治的重要组成部分，对《孝经》的研究与注疏经历了比较复杂的变迁。

众所周知，两汉是经学昌明的极盛时代，对《孝经》的研究主要集中于《古文孝经》与《今文孝经》的争执和对两者的分别注释。论其成果，就是关于今古文孝经的两部注：相传的《今文孝经》郑玄注与《古文孝经》孔安国注，值得一提的是，这两部注本身在日后也成了论争的焦点。而从学术思想而言，《孝经》学并无太多建树，学界对此很淡漠。此外，汉代有所谓谶纬之学，《孝经》亦受影响，而有所谓《孝经纬》。

魏晋南北朝时期对《孝经》的研究主要呈现以下特点。一方面，皇帝亲自讲《孝经》，亲自作注，《孝经》研究呈现政治化趋势。据统计，魏晋南北朝时期为《孝经》作过注的帝王、皇太子有六人之多。统治者通过自己的理解对经文大义加以阐发，使《孝经》研究趋于政治化。另一方面，研究方法

---

① 以上参见黄筠：《〈孝经〉述略》，《中国典籍与文化》1996 年第 1 期；葛晓莉：《〈孝经〉思想述略》，《洛阳工业高等专科学校学报》2006 年第 3 期。

转变，"两汉板重的注解体变为通俗地讲疏体"①。据记载，魏晋南北朝时期是研究《孝经》非常活跃的时期，出现了大量关于《孝经》的注述，但是观点很杂，是有《孝经》研究以来成果最多的一个时期，但是亡轶率也是最高的，达到百分之百。第三个方面，这一时期的《孝经》研究具有了宗教化的特点。《孝经》成为人们顶礼膜拜的"宗教经典"，具有了某种神秘作用，这是此时期所独有的。

到了隋唐时期，《孝经》得到了极度推广。开元十年（722年）六月唐玄宗"训注《孝经》，颁于天下"，②天宝三年（744年），"诏天下民间家藏《孝经》一本。"③将对《孝经》的推广发展到极致。同时，科举考试中《孝经》为必考科目。关于《孝经》的研究方面，这一时期发生了关于今古文孝经最为激烈的一次争论。争论起因自隋时，刘炫得《古文孝经》一册，为其作校对，并作《孝经述议》。隋文帝下令将刘炫校定的《古文孝经》与郑氏注的《今文孝经》都著于官籍，颁行天下。但是，这一部《古文孝经》却引起了其他学者的猜疑。于是，围绕着这一部《古文孝经》到底是不是刘炫伪造的这一论题，进行了激烈的争论。除此之外，唐玄宗所做《御注孝经》及由此而产生的《石台孝经》也对后世产生了深远的影响。特别是前者，此注一出之后，他本《孝经》几乎均被束之高阁，并于后世大部亡佚，仅此注流传，并远及域外。而后者留存石碑，至今仍然完存于世，是著名的国家级文物。

宋朝的统治者亦认为《孝经》是最好的教化书籍而极力宣讲、推广。南宋时，《孝经》被奉为儒家经典，列入《十三经》中。学术研究方面，突破了原先单纯从训诂上研究《孝经》的传统，在尊重原经文的基础上秉着"说经以理断，理有可据，则六经亦可改"的精神说经、改经。司马光作《古文孝经指解》，认定孔壁发现的《孝经》是最初的原本。司马光、朱熹的成就最大。朱熹以《古文孝经》为底本，把流传的本子分列经传，认定经部分为曾氏门人所记。这些研究为后来学者的研究开辟了新的道路。由于上述研究都是以《古文孝经》为底本的，因此，宋明时期也掀起了一股《古文孝经》的复苏浪潮。然而有一点值得注意的是，王安石变法时将《孝经》排除在科举考试贡举之外，而增加《孟子》，这一措施的延续直至清初。但是宋明时期的学校教育中《孝

---

① 朱明勋：《论魏晋六朝时期的〈孝经〉研究》。
②《旧唐书》卷八《玄宗纪上》。
③《旧唐书》卷九《玄宗纪下》。

经》依然是必读基础书目。

到了元朝，学者们对《孝经》的研究继承了宋朝，但由于元代不甚重孝，因此，关于《孝经》研究并没有特色。

应该说，明朝对《孝经》的研究是很兴盛的，但是收录到《四库全书》的注疏并不多，其研究也称不上有何特色。有所存目的仅明末孝经学大家吕维祺，著有《孝经本义》二卷、《孝经大全》二十八卷、《孝经或问》三卷，尚属较大部头。

关于清朝对《孝经》的研究情况，从总体上看主要表现在：第一，帝王研究《孝经》，顺治皇帝等标榜孝治天下，亲注《孝经》、敕纂《孝经衍义》等书籍。第二，是对《孝经》的校勘、考辨和辑佚等。此外，朱彝尊的《经义考》作为对历朝历代《孝经》研究情况的总说明，为以后《孝经》的研究提供了一个很好的线索。

总之，作为儒家的经典著作之一，《孝经》以其独特的教人以孝的经文大义得到了世人的推崇，在中国传统文化体系中占有重要位置。学者们将其世代作为孩童启蒙教育的主要教材，统治者将其作为统治手段之一，甚至亲自为其作注，传于百姓。尽管《孝经》经义中确实有一些男尊女卑等的糟粕思想存在，但是其积极的孝道理念也是不容忽视的。上述关于《孝经》的研究，不仅对了解当时的社会情况、政治形势有重要的文献史料价值，而且其宣扬的"百善孝为先"的思想观念也深深地影响着中华儿女，以致形成了中华民族优良的孝文化传统，具有巨大的社会价值。[①]

二、《女孝经》述评

在古代中国社会，孝道是各种阶层与职业的为人子孙者都应该具有之德行，自然也是女子的道德义务。由于男女之间的性别不同、社会分工和家庭地位不同，针对女子的孝道就具有独特的特点。其代表作品有西汉末年刘向所撰之《列女传》、东汉时期班昭所著之《女诫》，以及唐代宋若昭作的《女论语》和郑氏所作的《女孝经》。其中，《女孝经》是专门的女孝教材。

（一）《女孝经》的创作背景与作者意图

《女孝经》出现在唐代天宝年间。当时的唐朝由于经历了开元初年的几次

---

① 参见渠延梅：《"孝经"研究》；刘永祥：《近代中国孝道文化研究》。

宫廷政局动荡而使玄宗决议整肃妇礼，将限制妇女干政作为稳定社会秩序的事宜提到日程上来。但同时，这也是个世业昌平、国泰民安太平盛世，国家对于妇女婚姻、社交等社会生活方面则顺应女子的自然天性，未施以苛刻的约束限制。而且唐朝对于孝道的弘化特别注重，《孝经》当时就是唐代大多数女子接受教育时必用的教科书。《女孝经》就是在这样的时代背景下创作出来的。

《女孝经》的作者是唐朝散郎侯莫陈邈之妻郑氏，据《进女孝经表》云：

天地之性，贵刚柔焉；夫妇之道，重礼义焉。仁义礼智信者，是谓五常，五常之教，其来远矣。总而为主，实在孝乎！夫孝者，感鬼神，动天地，精神至贯，无所不达，盖以夫妇之道，人伦之始，考其得失，非细务也。《易》著乾坤，则阴阳之制有别；《礼》标羔雁，则伉俪之事实陈。妾每览先圣垂言，观前贤行事，未尝不抚躬三复叹息，久之欲缅想余芳遗踪可蜀。妾侄女特蒙天恩，策为永王妃，以少长闺闱，未闲诗礼，至于经诰，触事面墙，夙夜忧惶，战惧交集，今戒以为妇之道，申以执巾之礼，并述经史正义，无复载于浮词，总一十八章，各为篇目，名曰《女孝经》。上至皇后，下及庶人，不行孝而成名者，未之闻也。妾不敢自专，因以曹大家为主，虽不足藏诸岩石，亦可以少补闺庭。辄不揆量，敢兹闻达。①

从这一段话，我们可以得知郑氏的侄女嫁给了唐玄宗的第十六子永王磷为妃，她便效仿东汉班昭《女诫》而作《女孝经》，希望诫其为妇之道。《女孝经》全书依《孝经》而作，亦分十八章，其主旨就是劝妇女行孝道，后世教女多以该书为必读之书。

（二）《女孝经》的篇章结构与主要内容

从篇章结构不难看出，《女孝经》的十八章顺序与《孝经》十八章基本相同或对应，两者的《开宗明义章》、《庶人章》、《三才章》、《孝治章》、《五刑章》、《广要道章》、《广扬名章》、《净谏章》等八章题目基本相同。其他章节中，《女孝经》中的《后妃章》、《夫人章》、《贤明章》、《纪德行章》分别对应《孝经》中的《天子章》、《诸侯章》、《圣治章》、《纪孝行章》四章。其余《邦君章》、《广守信章》、《事舅姑章》、《胎教章》、《母仪章》、《举恶章》六章则是《女孝经》中特有的篇目，两者之间既有联系又不尽相同。其基本内容为：

《开宗明义章第一》以曹大家之名义，因虞舜二妃之孝行，说明"孝者，广天地，厚人伦，动鬼神，感禽兽"及"无施其劳，不伐其善，和柔贞顺，仁

---

① 郑氏：《女孝经》，李嘉绩辑：《怀豳园丛刊》，本文所引经文均出自于此。

明孝慈"的妇道；

《后妃章第二》说明"后妃之德，忧在进贤，不淫其色"，并辅助天子，以"德教加于百姓，刑于四海"；

《夫人章第三》说明夫人"居尊能约，守位无私"及"静专动直，不失其仪，然后能和其子孙，保其宗庙"；

《邦君章第四》专为卿大夫之妻所做，此章说明"非礼教之法服不敢服，非诗书之法言不敢道，非信义之德行不敢行"；

《庶人章第五》说明庶人妻之孝应"分义之利，先人后己，以事舅姑，纺织裳衣，社赋蒸献"；

《事舅姑章第六》讲明妇人事公婆"敬与父同，爱与母同"，遵循"鸡初鸣，咸盟漱，衣服以朝焉；冬温夏清，昏定晨省"的规矩；

《三才章第七》说明事夫之义，所谓"防闲执礼，可以成家，然后先之以泛爱，君子不忘其孝慈；陈之以德义，君子兴行；先之以敬让，君子不争；导之以礼乐，君子和睦；示之以好恶，君子知禁"；

《孝治章第八》说明女子事九族之态度，应该"不敢遗卑幼之妾而况于娣侄乎，故得六亲之欢心以事舅姑"，"不敢侮于鸡犬"，"不敢失于左右"，"生则亲安之，祭则鬼享之"；

《贤明章第九》说明女子有德，智必不可少，须有能规谏劝告丈夫的聪明贤哲的资质；

《纪德行章第十》说明夫妻之礼犹如君臣、父子、兄弟、朋友之道，"缅笄而朝，则有君臣之严；沃盥馈食，则有父子之敬；报反而行，则有兄弟之道；受期必诚，则有朋友之信；言行无玷，则有理家之度"，五者备矣，然后"能事夫"。又曰"居上不骄，为下不乱，在丑不争"，"居上而骄则殆，为下而乱则辱，在丑而争则乖。三者不除，虽和如琴瑟，犹为不妇也"；

《五刑章第十一》说明妇人七出之罪，妒为之首。女子应"贞顺正直"及"幽闺不通于外，目不徇色，耳不留声"；

《广要道章第十二》重申总结前面所说女子事舅姑、礼奉娣姒、抚爱诸孤、辅佐丈夫、应对宾客等态度；

《广守信章第十三》强调妇人守节重信的思想；

《广扬名章第十四》说明女子可移事父母之孝、姊妹之义于舅姑、娣姒，故而"行成于内，而名立于后世矣"；

《谏净章第十五》重申《贤明章第九》的女子谏夫之义，强调"夫有诤妻，则不入于非"的道理；

《胎教章第十六》说明妇人妊子之时应持的坐姿走态以及生活习惯、作息规律等；

《母仪章第十六》说明为人母教训子女的义务；

《举恶章第十八》例举历史上失德之妇的反面事例，来告诫妇女以之为鉴戒。

（三）《女孝经》的写作特点与影响

综上所述，《女孝经》不仅从章名对《孝经》亦步亦趋，而且其写法乃至文句也或多或少直接抄用或化用。除此之外，郑氏还大量引用《周易》、《白虎通》、《汉书》、《诗》及大小序、《礼记》、《中庸》、《仪礼》、《论语》、《左传》、《司马迁报任安书》、《尚书》、《后汉书》、《枚乘上书》、《国语》、《公羊传》、《道德经》、《商君传》、《大戴礼记》、《周礼》、《管子》、《荀子》、《贾谊新书》、《晋书》等古代典籍对其每一章节的结论进行论证，其中，《女诫》和《列女传》对《女孝经》的影响最大。①

《女孝经》所阐述的思想随着《孝经》、"女四书"的推广而深入人心，由此反映出的传统女子的孝道中必须遵守的义务与规范，其重在睦亲和家的特点更加深入人心。同时，以《女孝经》为底本，而于五代末期出现并在两宋期间流行的《女孝经图》，用绘画的方式对女性的孝道思想进行了系统而全面的艺术表达，而成为在绘画史上一个很值得关注的现象，更形象地反映了中国传统的女子孝悌思想。

三、历史上的"孝行传"概述

肖群忠指出，"中国孝文化不仅体现为一种观念文化，也体现为一种实践文化。……中国孝文化的研究，不仅要研究儒家的经典文化、观念文化，而且要研究历史上的孝道实践及孝行状况……"②孝行录即孝行传，是对历史上孝子事迹的记述赞颂，从创作的目的来看，是对儒家经典理论的宣教与通俗化，是应统治者"孝治天下"的社会政治需求而产生的。

（一）"孝行传"、"孝友传"、"孝子传"

"孝行传"主要有两种表现形式：一是历代史书中设专类专章进行记述的。

---

① 以上参见赵红：《唐代女教书研究》。
② 肖群忠：《孝与中国文化》，人民出版社 2001 年版，第 287—288 页。

《后汉书》中，有《刘赵淳于江刘周赵列传》一篇，专记各位孝子的事迹，自此，历代正史的人物传记部分都有专章介绍孝子贤孙的事迹，亦即后世正史中的《孝友传》。首次标举"孝友"之名，在列传中专设一类的正史是《晋书》，其收录了李密等十四位孝子的传记。其后的各朝正史中，分别列有《孝义传》、《孝感传》或《孝友传》，26部正史中，有17部正史列有孝子传。后来的《新元史》和《清史稿》中也有《孝义传》。专门的"孝子传"，最早可能是汉代刘向的《孝子传》；唐代武则天时有《孝女传》；明成祖时有《孝顺事实》收录200多人；晋人陶潜也有《孝子传》；清代这方面的著述就更多了，有汇集前代孝子事迹的《古孝子传》，此外还有《古今孝友传》、《孝弟传》、《诸史孝友传》等等。①

　　在这些作品中，除了我们下面要介绍的《二十四孝》之外，还有几部影响较大，编著较好的孝行录，分别是《前后孝行录》、《百孝图说》和《二百四十孝》。清道光年间，高月波作《二十四孝别录》，吕默庵合刻题为《前后孝行录》，这是孝行录与劝孝文的合集，录有"二十四孝原本"、"二十四孝别录"、"文昌帝君孝经"、"劝孝格言"等。清代咸丰年间黄小坪编《百孝图》，20世纪40年代，陈寿青、郭莲青依据《百孝图》编《百孝图说》。1993年出版的韩克定点校《百孝图说》。光绪年间胡文炳编著《二百四十孝》，所选人物全部取自正史，类为六门：养生、侍疾、奉终、报仇、救患、寻访。该书的白话版本就是1994年出版的《白话二百四十孝故事》。②

　　（二）《二十四孝》述评

　　在所有的孝行传类编著中，历史上影响最大的还属《二十四孝》。前面的章节中我们已经检视了《二十四孝》中的孝子孝行，这里，我们主要针对《二十四孝》的成书、流传和影响做一述评。

　　1.《二十四孝》、《二十四孝图》的成书与流传③。

　　关于成书时间。《二十四孝》始成于元代，但是其编辑的内容，早在汉代就有记述。刘向《孝子传》中所写的虞舜、郭巨、董永的孝行，皆被《二十四孝》所收录。晋萧广济和师觉授分别撰有《孝子传》，其中曾参、闵损、王祥、老莱子为《二十四孝》所收录。晋徐广《孝子传》中的吴猛亦被《二十四孝》

---

① 参见肖群忠：《孝与中国文化》，人民出版社2001年版，第288—289页。
② 参见肖群忠：《孝与中国文化》，人民出版社2001年版，第290—291页。
③ 该部分参见高飞：《"二十四孝"教化研究》。

所收录。正是在前人编撰《孝传》、《孝子传》的基础上，至元代再经选辑和增补，才形成《二十四孝》。

关于撰者。关于《二十四孝》的撰者，目前有多种说法，但学术界较常认为是元代学者兼孝子的郭居敬。从文献记载看来，《二十四孝》一书出现于元代是没有疑问的。

关于版本。元代社会上流传的《二十四孝》书籍有多种版本，所选辑的孝子及其排列顺序也不尽相同。流行最广的是郭居敬所撰《二十四孝》，所选孝子及排列顺序为：虞舜、汉文帝、曾参、闵损、仲由、董永、郯子、江革、陆绩、唐夫人、吴猛、王祥、郭巨、杨香、朱寿昌、庾黔娄、老莱子、蔡顺、黄香、姜诗、王哀、丁兰、孟宗、黄庭坚。伴随《二十四孝》产生的还有《二十四孝图》的出现。

关于《二十四孝图》。《二十四孝图》的真正成型虽然也是在元代，但是追溯前缘，这种绘制孝子故事图的做法同样最早出现在汉代。当时，孝子故事在民众耳熟能详之后，常常被作为绘画的题材。东汉到北朝期间，孝子故事一直出现在人们的日常生活中，在考古发掘中，就发现了许多孝子人物故事图。如东汉晚期的山东嘉祥武梁祠石室画像中，在墓室南壁画像有六则：金日磾见阏氏像、李善抚孤、朱明和章孝母、董永卖身葬父、邢渠哺父、柏榆伤亲年老的故事。前石室东壁下石画像分别是：赵盾舍食于灵辄、刑渠哺父、闵子骞御车失棰、鲁义姑姊的孝义故事。

关于《二十四孝》的演变与定型。《二十四孝》及《二十四孝图》自汉代以来，经过长时期的演变与流传，其人物选择和组合发生了数次变动，一直到元代才基本定型。而后，又有人刊行《二十四孝图诗》、《二十四孝图说》，坊间还有不知作者的《后二十四孝》、《女二十四孝》出现。清代有《二十四孝别录》、《新辑二十四孝》，以及改编的说唱材料《二十四孝鼓词》等相继出现。总之，《二十四孝》流行于世间，几乎家喻户晓，妇孺皆知。

2.《二十四孝》的内容与特点。

《二十四孝》所宣传的孝道有如下几个特点[1]：

首先是孝子形象几乎都为男性，女孝子只有两人，而且其中杨香"打虎救父"还被赋予了男孝子该有的勇敢与刚毅，而另外一位唐夫人还是依其与男子的关系而跻身于孝子之列。这种现象的出现充分反映了中国封建社会以男

---

[1] 以下参见叶涛：《二十四孝初探》，《山东大学学报（哲学社会科学版）》1996年第1期。

子为中心，女子只能"三从四德"。事实上，主要的家庭责任主要是由女子承担，遵行孝道也是女子的必修之课，孝行是起码的妇德，但是，在这种社会条件下，女子纵有孝行，也似乎"难登大雅之堂"；加之古代施行孝道，不仅是一种义务，还意味着法定继承的权利。由男子养老送终的观念深入人心，而女子在这种情况下，连独立人格都难以保证，其存在对于娘家而言，有何孝的意义？这也是女孝子极难得到社会承认和赞扬的主要原因。

其次，是孝顺的对象。有趣的是，与孝子多为男性的现象相反，施行孝道的对象中，女性却占了绝大多数。其中单独提到母亲的有十一例，后母的有二例，婆母的有一例，提及父母双亲的六例。单独提到父亲的只有四例，其中"扇枕温席"一例还是因为母亲早逝，因为思念母亲而更加孝顺父亲。乍看起来，似乎与前面的论断有所矛盾，不易理解，但是细想起来，这恰是对前面论述的注脚。尽管古代中国是一个重男轻女的社会，家族责任多由男性支撑，但家庭责任却由女性担负的更多。历史上"孟母三迁"、"岳母刺字"的故事都强调母教的伟大。母亲在家庭中承担着感情重心和维系稳定的重要作用，所谓"严父慈母"。父亲主要管教子女，而母亲主要是关心抚育子女，父子之间难免感情上有所间隙，而母子之间亲密无间，"亲母而疏父"倾向就此产生。《二十四孝》似乎就告诉我们了这样一个道理。

再次，是孝子的年龄。二十四个孝子中从孩童到老年都有，当然大部分的还是中年人。这也符合中国传统孝道精神，孝文化是要求从童蒙做起，而中年人是赡养老人最集中的主力，七十岁老莱子的故事又告诉我们，孝道是要从始而终的，哪怕年龄已经年长，也一直要做到撒手入土。

第四，是孝子的身份。《二十四孝》中的孝子各种身份兼具，上至帝王显贵，下至平民百姓，从谈诗论道的文人贤哲，到砍柴耕地的樵夫山农，无不囊括。这种职业身份的广泛性，也说明传统的孝道是各阶层的人都要遵守的，它无所不在、无所不包。孝与不孝是一个关乎是非的大问题，容不得半点马虎。

第五，是孝子的孝行。由上表可以看出，在一般孝行中，一般是通过孝子的自我牺牲，比如苛待自己的身体（卧冰、尝粪、恣蚊、温被），放下尊严（老莱子彩衣娱亲），舍弃既得地位（弃官寻母），压抑意志（芦衣顺母），卖身为奴（卖身葬父），甘冒生命危险（扼虎救亲）等来完成对双亲的孝顺。还有的孝子是通过牺牲家中其他成员的生命和利益来完成孝顺，比如"为母埋儿"和"刻木事亲"。由此我们可以看出，古代的亲子关系中，往往具有单向性，当子女利益与父母利益发生冲突时，往往首选牺牲子女利益，这与是非曲直无关。此外，还有一类比例极高的孝行，就是孝子要"反哺"双亲、供奉父母，这也是传统中国必须奉行的孝行。孔子就说过："今之孝者，是谓能养。"这种"养儿防老"的思想反映了中国人在亲子关系上最基本的价值观念和心理倾向。

第六，孝行中的神秘色彩。《二十四孝》的故事中渲染了一种超自然的神秘色彩，母子之间有所感应，神明对孝子有所眷顾。此外，像掘地见金、涌泉得鲤、哭竹生笋、木像泣泪等情节，都企图说明孝子的孝行最终会精诚所至，感天动地。孝道的力量被赋予了神灵的眷顾，也可算是传统天人合一思想的体现。

3.《二十四孝》的影响与评价。

葛兆光曾指出，"似乎在精英和经典的思想与普通的社会和生活之间，还有一个'一般知识、思想与信仰的世界'"。[1] "和依赖著述而传播的经典思想不同，这些'一般知识、思想与信仰'的传播并不在精英之间的互相阅读、书信往来、共同讨论，而是通过各种最普遍的途径"。[2] 显然，在中国孝道思想的传播发展中，《二十四孝》就成为蒙学读物、宗教科仪书、戏曲、版画等各种"最普遍的途径"。

《二十四孝》在传播孝道思想的过程中，主要起到了如下作用：第一，规范了家庭伦理关系。"二十四孝"人物故事发生的主要场所就是家庭，涉及与父亲、母亲、继母、妻子、兄弟的关系。中国古代最基本的生产单位就是家庭，家庭生活就是社会生活的核心和缩影。"二十四孝"教化规范家庭伦理秩序有重大政治意义。第二，规范了社会关系。"二十四孝"教化强调"亲亲"、"敬长"等道德规范。如果一个人在家里能够做到这些，那么在整个社会中，就会成为儒家所追求的具有"温、良、恭、俭、让"特质的顺民。从这一角度看，"二十四孝"对于维护社会稳定、维护封建社会国家的安定团结功不可没。第三，巩固了国家政权。"二十四孝"通过人物故事的教化形式，运用文字、戏剧、故事、蒙养教材等有形或无形的形式，把孝行、孝义渗透到社会生活的各个方面。通过教化建立良好的社会风尚，这是巩固国家政权的有效手段。倘若所有的民众都是孝子，都可以按照"二十四孝"所宣扬的孝道伦理行事，对于统治者来讲，就有了许许多多的忠臣。这对于巩固封建君主专制的政权是非常有利的。

---

① 葛兆光：《中国思想史导论》，复旦大学出版社2007年版，第13页。
② 葛兆光：《中国思想史导论》，复旦大学出版社2007年版，第14-15页。

然而，必须看到的是，"二十四孝"中有许多消极、落后的封建成分。其中鼓吹的愚忠、残忍的孝行，把孝道极端化、愚昧化；其中充斥的回报思想，使故事中的孝子不少都从物质、官职甚至神的眷顾上得到了宗教式的补偿，这其实是封建统治者"移孝为忠"、"忠臣出自孝子门"的政治宣传；其中夸大的故事情节，也确实具有极端性、神秘性、愚昧性。这些都是今天应该扬弃的糟粕。

总之，从整体来看，"二十四孝"以多样、灵活的形式彰显了尊亲、养亲、奉养、关心父母的孝行精神，图文并茂，使民众可以在直观画面中感受道德楷模的精神力量，反映了各个阶层的孝德典范，体现了中华民族的尊老敬老传统。即使在今天，也对我们保持家庭和谐、维护社会稳定、塑造中华民族文化心理结构有很大的参考价值。《二十四孝》可以帮助我们陶冶性情，提高自身修养；促进家庭和睦相处；这对于我们当前传播优秀文化，促进和谐社会建设大有裨益。[①]

（三）孝行录的特点与作用

通过上述对《二十四孝》的分析，可以从中总结出孝行录的一般特点与社会作用。[②]

首先，就编写目的而言，孝行录都是真实性与教化性的统一。一般来说，这些孝子传、孝行录大都有一定的事实根据。取材多来自正史，其故事的人物事迹，大都有其历史背景与根据。但由于孝行录一类著作编著的目的是教化孝道，因此，这类书既具有一定的历史真实性，又有为了教化目的而进行的文学性的夸张、想象、移植、重组。在文学性的编著中，编故事是其中一个重要的环节。既然是编，其中就有虚假的内容，但是编出来又要让人信，所以从大的方面看，故事必须有真实的背景人物可供参考，受劝的凡夫俗子才会相信人间真有如此的人事，值得去效仿、继承。从小的方面看，故事要能抓住人心，就必须添油加醋，乃至无中生有，凭空编造。尽管这些故事将褒扬之人的孝行推至极端，但实际上是想告诉读者故事背后的隐喻。在这个过程中，孝行录的教化目的就达到了。

第二，就编著内容和范围来说，孝行录具有实践性与广泛性的特点。孝行录不同于儒家经典孝道理论，在于它是对历史上孝道实践的人事的记录赞颂。

---

① 以上参见高飞：《"二十四孝"教化研究》。
② 本部分观点参见肖群忠：《孝与中国文化》，人民出版社 2001 年版，第 292—300 页。

它是在儒家孝道观念的指导下产生的，孝行本身又进一步强化和印证了孝道观念。这种实践把儒家的孝道观念具体化了，以一个具体生动的孝子孝行榜样可供人效仿实行，更有利于实践。

第三，就其反映的文化特质而言，儒家典籍更多地反映了一种士大夫的精英文化，而孝行录记录的则是更为广泛的民众文化。其范围更广，且民众之孝多出自爱的真情本性，而非礼敬的义理，以此体现出孝道中包含的人民性的精华。

第四，就其本质而言，孝行录中记述的封建孝道，是统治者出于维护其专制统治的需要而大力推行的愚忠愚孝的教化，基于血亲关系的孝道被封建统治者所利用，而一味的要求子、臣牺牲自我利益甚至生命以成顺民，维持封建统治的长治久安。因此，其中必然包含了等级制的、专制的封建色彩。

第五，就是前面提到过的神秘性和愚昧性的色彩。这里需要说明的是，儒家典籍文化，自古就有神秘化、宗教化的倾向，这种倾向在汉代董仲舒之后更被强化了，而孝行录中就通过这种形式使孝道理论更加具有神圣性和神秘性的色彩，强化了孝道的教化效果。

四、历史上的"劝孝诗文"概述

"劝孝"，就是劝人为孝，以劝导的方式宣扬善事父母的伦理道德思想，因此，以劝孝为目的的文献，就以诗歌、俗文故事、绘画、家训、官府诏令等形式出现在世人面前。这类读物的影响力极其强大，能迅速推广到民间乡里。从广义上讲，前面说的孝行录也属于劝孝文献的一种。但在这里，我们主要概述流传于世的劝孝诗、劝孝文与劝孝歌。

（一）劝孝诗文的类型

历史上的劝孝诗文非常丰富，大致可分为两种类型：

一种是存在于蒙学书等综合文献中的劝孝语，比如《三字经》、《千字文》、《名贤集》、《弟子规》、《增广贤文》和一些族规家训、名人家书等。这些并不属于劝孝的专文，但是由于孝文化在传统中国深入人心，已经渗入到封建教化的每个细节，所以，在这些文献中不难看到关于劝孝的内容。

另外一种是民间劝孝的专文。比如各种版本的《劝孝歌》、《劝报亲恩篇》、《文昌帝君元旦劝孝文》、《劝孝文》、《劝家庭行孝文》、《八字觉》等。此外，还有一种流传于民间的，以宗教文献的形式出现的劝孝文。孝道本非佛教、道教之义，但出于文化融合与宗教生存的需要，佛教和道教中都出现了专门的劝孝诗文，并以经典的形式进行教化。比如佛教的《父母恩重难报经》，道教的《道藏·太上老君说报父母恩重经》等。

（二）劝孝诗文举例

本文中主要以民间劝孝的专文为研究对象，在这里将各种类型的劝孝文分录一首如下：

1.《劝孝歌》（清 王中书）。

> 孝为百行首，诗书不胜录。富贵与贫贱，俱可追芳躅。
> 若不尽孝道，何以分人畜？我今述俚言，为汝效忠告。
> 百骸未成人，十月怀母腹。渴饮母之血，饥食母之肉。
> 儿身将欲生，母身如在狱。惟恐生产时，身为鬼眷属。
> 一旦见儿面，母喜命再续。一种诚求心，日夜勤抚鞠。
> 母卧湿簟席，儿眠干褥褯。儿睡正安稳，母不敢伸缩。
> 儿秽不嫌臭，儿病甘身赎。横簪与倒冠，不暇思沐浴。
> 儿若能步履，举步虑颠覆。儿若能饮食，省口恣所欲。
> 乳哺经三年，汗血耗千斛。劬劳辛苦尽，儿至十五六。
> 性气渐刚强，行止难拘束。衣食父经营，礼义父教育。
> 专望子成人，延师课诵读。慧敏恐疲劳，愚怠忧碌碌。
> 有善先表暴，有过常掩护。子出未归来，倚门继以烛。
> 儿行十里程，亲心千里逐。儿长欲成婚，为访闺门淑。
> 媒妁费金钱，钗钏捐布粟。一旦媳入门，孝思遂衰薄。
> 父母面如土，妻子颜如玉。亲责反睁眸，妻詈不为辱。
> 人不孝其亲，不如禽与畜。慈乌尚反哺，羔羊犹跪足。
> 人不孝其亲，不如草与木。孝竹体寒暑，慈枝顾本末。
> 劝尔为人子，孝经须勤读。王祥卧寒冰，孟宗哭枯竹。
> 蔡顺拾桑椹，贼为奉母粟。杨香拯父危，虎不敢肆毒。
> 如何今世人，不效古风俗？何不思此身，形体谁养育？
> 何不思此身，德行谁式谷？何不思此身，家业谁给足？
> 父母即天地，罔极难报复。天地虽广大，难容忤逆族。
> 及早悔前非，莫待天诛戮。万善孝为先，信奉添福禄。

2.《文昌帝君元旦劝孝文》（道教）。

帝君垂训曰：

今日是元旦，为人间第一日，吾当说人间第一事。何谓第一事？孝者百行之原，精而极之，可以参赞化育，故谓之第一事。赤子离了母胎，在孩抱时便知得，故谓之第一事。舍此一事，并无功业。舍此而立言，则为无本之言。舍此而能功盖天下，到底不从性分中流出，必作伪以欺国，负本以灭身。天地是孝德结成，日月是孝光发亮。孝之道，言不可得而尽也。

为人子者，事富贵之父母易，事贫贱之父母难；事康健之父母易，事衰老的父母难；事具庆之父母易，事寡独之父母难。

夫富贵之父母，出入有人扶持，居止有人陪从；其愿常恰，其心常欢；故易事也。若贫贱之父母，舍却白发夫妻，谁为言笑？离了青年子媳，孰与追随？人子一日在外，父母一日孤凄。为人子者，善体其情，能顷刻离左右也乎？

健康之父母，行动可以自如，取携可以自便；朝作暮息，可以任意；访亲问旧，可以娱情；故易事也。若衰老之父母，儿子便是手足，不在面前，手足欲举而不能；媳妇便是腹心，不在膝下，腹心有求而不遂。时而忿忿于内，时而戚戚于怀。为人子者，善体其情，能顷刻离左右也乎？

具庆之父母，日则有以作伴，夜则有以相温；昼无所事，相与论短谈长；夜不成眠，互为知寒道冷；故易事也。若寡独之父母，儿女虽有团圆之乐，夫妻已成离别之悲；家庭之内，独行踽踽凉凉；形影之间，惟有凄凄楚楚；为人子者，善体其情，能顷刻离左右也乎？

呜呼！试问身从何来？亲为生我之本。孝为何事？人所自有之心。见我此章，而不动心者，非人也。见我此章，而不堕泪者，非人也。逆子忤媳，见我此章，而不化为孝子顺妇者，与禽兽何异？人人得而诛之者也。

3.《父母恩重难报经》（节选）（佛教）。

第一，怀胎守护恩。颂曰：

累劫因缘重，今来托母胎，月逾生五脏，七七六精开。

体重如山岳，动止劫风灾，罗衣都不挂，装镜惹尘埃。

第二，临产受苦恩。颂曰：

怀经十个月，难产将欲临，朝朝如重病，日日似昏沉。

难将惶怖述，愁泪满胸襟，含悲告亲族，惟惧死来侵。

第三，生子忘忧恩。颂曰：

慈母生儿日，五脏总张开，身心俱闷绝，血流似屠羊。

生已闻儿健，欢喜倍加常，喜定悲还至，痛苦彻心肠。

第四，咽苦吐甘恩。颂曰：

父母恩深重，顾怜没失时，吐甘无稍息，咽苦不颦眉。

爱重情难忍，恩深复倍悲，但令孩儿饱，慈母不辞饥。

第五，回干就湿恩。颂曰：

母愿身投湿，将儿移就干，两乳充饥渴，罗袖掩风寒。

恩连恒废枕，宠弄才能欢，但令孩儿稳，慈母不求安。

第六，哺乳养育恩。颂曰：

慈母像大地，严父配于天，覆载恩同等，父娘恩亦然。

不憎无怒目，不嫌手足挛，诞腹亲生子，终日惜兼怜。

第七，洗涤不净恩。颂曰：

本是芙蓉质，精神健且丰，眉分新柳碧，脸色夺莲红。

恩深摧玉貌，洗濯损盘龙，只为怜男女，慈母改颜容。

第八，远行忆念恩。颂曰：

死别诚难忍，生离实亦伤，子出关山外，母忆在他乡。

日夜心相随，流泪数千行，如猿泣爱子，寸寸断肝肠。

第九，深加体恤恩。颂曰：

父母恩情重，恩深报实难，子苦愿代受，儿劳母不安。

闻道远行去，怜儿夜卧寒，男女暂辛苦，长使母心酸。

第十，究竟怜愍恩。颂曰：

父母恩深重，恩怜无歇时，起坐心相逐，近遥意与随。

母年一百岁，长忧八十儿，欲知恩爱断，命尽始分离。

（三）劝孝诗文的特点与作用

综合以上各种类型的劝孝诗文，其最大的特点就在于运用文、诗、歌、词等各种生动通俗的文字宣教孝道观念，促进孝道在民间的实践。其特点主要有[①]：

第一，人畜之别，以明其理。劝孝诗文的用意并不在于理论阐释，而是用一种通俗、鲜活的方式反复讲着同样的道理，讲明白孝是人的本性使然，为百行之首，百善之先。而且用人畜比较的方法加深这一观点，如"见我此章而不化为孝子顺媳者，与禽兽何异？""人不孝其亲，不如禽兽"。如此动之以情，晓之以理，自然加强了劝孝诗文的感染力。

第二，讲恩言难，以动其情。劝孝诗文最主要的特色就是动之以情，那

---

① 本部分观点参见肖群忠：《孝与中国文化》，人民出版社2001年版，第300—310页。

么这个感情是通过怎样的内容来表达的呢？一是讲父母养育子女的养育之恩，令子女感念父母恩情。关于前者，大都从父母十月怀胎，一朝分娩，三年怀抱，六岁入学，直至娶妻生子这一时间逻辑为序，讲述父母在子女从小到大成长的道路上所付出的艰辛与培养培育的恩情。佛教的《父母恩重难报经》就将父母从怀胎、临产、生子、产后受苦、哺乳、洗涤等人生阶段的父母恩情详述于此，几乎每一位子女都经历过这样的历程，都能感受到父母对子女无微不至的照顾与关心，读来无不动容，从而激发起孝子爱亲、反哺、报恩之情。再一个就是讲父母老来之难，感同身受、设身处地的令子女感念父母的不易，以及如上面《老来歌》中描述的那种自己老了以后也会出现的情景，从而使子女不嫌弃老人、对老人多一份理解与宽容，这对于孝道的实践、敬老悦亲有很大的帮助。

第三，孝感果报，以强其意。中国传统有一种"果报"的思想，也就是佛教讲的"因果报应"，传统的儒家文化中，就有"积善之家，必有余庆；积不善之家，必有余殃"，这种"善有善报，恶有恶报"的思想，中国人对此深信不疑。糅合了儒、佛、道三家文化在其中，具有一定宗教神秘色彩的劝孝诗文，就充分运用了这种果报的思想感化和强化孝道的传播与孝行的实践，比如"孝顺能生孝顺子，孝顺子弟必明贤"，"孝顺还生孝顺儿，种什枣子结什枣"。同样，如果不奉行孝道，也必然会收到果报，比如"不孝之子，天地咸疾"，"阳报你纵逃过去，阴报你向何处跑"。这种诱之以利，惩之以害，感之于神，吓之以鬼，现世之报偿，来世之报应的劝孝方式，从心理上影响人们的行为，促进了孝道的实践。

第四，教孝辨孝，以导其行。教孝就是教化民众，将孝道观念与规范用通俗化的手法传播给民众，从而劝人孝行。而这里有特色的是辨孝的行为。所谓辨孝，就是教人辨别各种似是而非，似真似假的孝行，这是劝孝诗文的特色所在，也是对传统孝文化的补充。教孝的部分我们在前面已经说过很多，这里主要介绍辨孝。《劝孝格言》中，就"通过辨析似孝而非孝者以明顺亲与谏亲之理；通过辨析自谓孝而实非孝者以明养敬之理；通过辨析人见为孝而神见非孝者以明葬祭之哀敬之礼；通过辨析一时之孝与千古之孝者以明立身行道，显扬父祖之意。"辨孝的时候，大都对妻子对儿子行孝的作用，各种不同人际关系中涉及的孝道行为，根据不同的背景情况分别施孝，根据不同的情况进行孝行，以及不孝的成因等进行了分析。更加具有针对性和实践性，与老百姓遇到的情况更加贴近，因此也更加具有针对性，广受百姓喜爱。

　　显然，劝孝诗文补充和发展了儒家典籍文化中的孝道思想，并结合实践中出现的实际问题进行了分析和解决的尝试。这种劝孝方式较之其他方式更加通俗、普及，为民众所喜闻乐见。事实上，广大民众对孝道思想的接受与实践，大多是通过这些民间的劝孝诗文实现的，从这个意义上讲，它大大地推动了中国孝道的实践化。当然，与劝行录一样，对于劝孝诗文的评价也要一分为二，其中自然有封建性的糟粕，但是更有人民性的精华。对此我们要以一种批判继承的态度更加理性的对待。

第三章　孝行海内外

孝不独行于中国，也存在于世界各地，只是兴盛的程度不一样，有没有形成孝道而已。

第一节　它山之石，从"孝"视角审视"中华文明圈"

泱泱中华，五千年历史，灿烂文明传承已久。以华夏族为主体的中华文明自形成之日起，历经夏、商、周之发展与春秋战国时期之文化融合，至秦汉之际便形成了大一统的格局，伴随而来的是一个强大而稳固的文明中心的确立，并且不断地向外辐射，形成了以中华文明为核心的中华文明圈。中华文化，特别是传统儒家文化对文明圈地区的文明发展影响至深至远。在华人主导的地区，其社会文化通常受到中华传统文化所影响，其中除了中国（中国大陆、香港、澳门，台湾）之外，东南亚地区（如马来西亚、新加坡），乃至澳洲、欧洲、北美等的华人聚集地，其文化同样或多或少地带有中华文化的成分。

如今，现代文明向传统文化再次招手，传统文化的现代价值被珍惜与挖掘。"孝文化"作为中国传统文化中占有特殊重要之地位，而区别于其他文明形态的重要文化现象之一，被中华文明圈作为共同信仰和尊奉的道德文化所珍视。

尽管时转境迁，曾经的中华文明圈同种同族、同根同脉、同语同文、同习同俗，但是依然拥有自己的孝文化传统，在重塑孝文化的当代价值方面也有着自己的实践尝试。"它山之石，可以攻玉"，从孝的视角审视曾经的中华文明，不啻可为传统文化的现代转型汲取经验。

一、台港澳地区孝传统的历史与现状

（一）台湾地区的孝传统与现状

　　大陆与台湾之间的人员交往由来已久，然而真正形成传统的孝道观却是从秦汉之后开始的。一方面，大陆汉族移民的到来，在为台湾带来了先进的生产方式的同时，也将中华文化传播至此。尽管对比经济生活的快速发展，文化传播的过程是缓慢的，效果也是渐进的，但效果却长期持久。在其言传身教和日常生活的实践中"不自觉"地传播了孝文化；另一方面，伴随着教育制度的建立，作为维系政治统治、传承政治文化、整合社会的重要手段，通过教育传播思想文化已经成为一个很好的媒介，如此主动、专门地传播了孝道。于是，在民间自发的、不自觉的传播和官方主动的、自觉的传播的双重作用下，传统孝道从大陆徙迁到了台湾地区。

　　综合来看，孝道在台湾的传播有其自身的特点。首先，台湾的文化根脉在大陆，作为一种"移民文化"，多有一种漂浮感，总是强烈希望与家乡故土的血缘根脉保持紧密联系。大陆人移居台湾后，虽然在台湾建家立业，成为所谓的"台湾人"，但是他们根在大陆，对祖国故土怀着深深的眷恋，年龄愈长，情思愈甚，正所谓"叶落归根"，"倦鸟归巢"。这样代代相传，逐渐沉淀为强烈的"寻根意识"、"祭祖意识"，这种意识在台湾同胞日常生活的许多方面都有所体现。就民间来看，由于迁居台湾的早期移民多为受教育程度较低的体力劳动者，他们对于中国传统文化的认知大多停留在感性层面。由于多种原因，他们被迫改籍离乡，远赴台湾，在这种艰苦、孤单的生活条件下，结伴而行的家庭、亲友就成为异乡中最为熟识的血缘亲朋。因此，这种言传身教、以身作则的生活方式和文化传播，就是对传统孝道的践行，以此口耳相传，感同身受地影响了其他人，在不自觉中增加了中华文明的凝聚力。就官方来看，中国传统孝文化始终是作为一种深层的心理文化积淀而支撑着中国传统伦理思想这座大厦的。因此，孝道的弘扬不仅具有对于个人、家庭有利的伦理意义，更具有巩固统治、凝聚人心的政治意义。在这个前提下，以社会政治手段在台湾地区传播推广传统孝道，营造忠孝合一的政治伦理观念与和乐和谐的社会风气就成为官方统治的题中之义了。

　　历史唯物主义告诉我们，经济基础决定上层建筑。正是由于独特的移民文化，台湾地区的孝文化与大陆地区有所出入，"大同而小异"。例如台湾的敬祖节，就有其地区特色。按照大陆的习俗，清明节扫墓是思亲念祖、缅怀先辈的大事。而当年郑成功则认为"清明"二字，清在上，明在下，有违其"反清复明"的志向，于是规定农历三月初三为扫墓日。郑成功死后，改三月初三为"敬祖节"，以缅怀郑成功军队抗御外侮、捍卫海疆的恩情。尽管日期和名称有所出入，但是"万变不离其宗"，同样反映出台湾同胞强烈的追念亲祖的孝道意识。然而，孝道思想作为儒家思想的代表，在台湾民间始终具有很高的地位，影响很大，传播的途径也多种多样。在台湾地区的家庭教育中，特别突出忠、孝、仁和礼、义、廉、耻等内容，儒家的伦理道德教育已成为台湾家庭教育的核心。

在台湾，官方对于孝道始终持一种积极弘扬的态度。即使是在 1949 年国民党兵败大陆，退踞台湾之后，也仍旧企图利用孝文化掩饰和美化其统治，打着"拯救"、"弘扬"中华传统文化的旗号，以巩固其在台湾地区的统治，但是其蕴含的强烈的政治目的和"反攻大陆"的痴心妄想却是"司马昭之心路人皆知"。但同时并不能否认，曾经为了对抗大陆的"文化大革命"而于 1966 年底发起的"中华文化复兴运动"，并成立"中华文化复兴运动推行委员会"（简称"文复会"）在弘扬孝道方面确实做出过一定的历史贡献。"文复会"秘书长谷凤翔就曾说过："要健全社会，必须以孝悌仁爱的精神维护家庭伦常关系，以'老吾老以及人之老，幼吾幼以及人之幼'的博爱精神，建设互助尽己的大同社会"[1]。还将蒋介石去世的四月定为"教孝月"，通过评选孝行楷模、编印《孝行传真》、鼓励三代同堂制度、建宗祠、修族谱、举办"孝行奖"颁奖典礼等措施，表扬孝行楷模，宣传孝子事迹，以期达到所谓"促进家庭的和睦，社会的和谐，民族的团结"之目的。尽管政治意味浓厚，却在民间掀起了一股弘扬孝道文化的社会风气。

同时不得不提的是，尽管蒋介石本人的政治生涯不甚光彩，但蒋氏父子先后作为台湾当局的最高领导人，其家风却以"重孝"著称，并且亲自参与、倡导，对于传统孝文化在台湾地区影响力的进一步扩大，起着不可小视的作用。蒋介石本人非常重视"中华文化复兴运动"，并亲自出任"文复会"会长。他说："中华文化之基础，一为伦理，故曰：'孝悌也者，其为仁之本欤。'其始也，固在'人人亲其亲，长其长'，且使'老有所终，壮有所用，幼有所长，

---

① 《中华文化复兴论（第一集）》（台湾）。

鳏寡孤独废弃者皆有所养'……"①而蒋经国也继承了父亲的重孝传统，时刻不忘其"父亲的教诲"："父亲尝以为孝莫大于尊敬，其次曰不辱……"②蒋氏父子以其特殊的政治身份，身体力行的宣扬"孝悌"伦理，必然在台湾政界及社会上起到了一定的带动作用。

目前，和大陆相比，台湾地区孝道的传播，自有其相对优越的经济条件。其社会保险事业覆盖率比较高、养老制度也比较完善，为家庭和社会养老工作创造了较好的物质基础；相对应地，由于其不曾中断的深入人心的孝文化的民间传播，台湾同胞的孝道思想也深入骨髓，民间的孝文化氛围也非常浓厚。同样地，由于大陆和台湾割不断的血脉亲缘，自1987年"解禁"以来，就掀起了一股"探亲热潮"，如今，这股浪潮以2005年连战、宋楚瑜等领袖性人物先后访问大陆为契机，演变为一个"寻根祭祖"的热潮。究其原因，还是那一根剪不断的血脉，还是那一个"孝"字。③

当然，随着时代的变迁，台湾的孝文化也出现了不同于往日的新特点。例如，就往日相比，年轻的台湾一代显然对"延续香火"、"传宗接代"、"养儿防老"、"不孝有三，无后为大"等传统孝道观念已经相当淡漠。与此同时，代际平等意识较强烈，对待父母长辈方面，会在给予关爱的情况下，更讲究双方的平等相处，更加强调自律性的道德原则，而不是传统社会的他律性的。④

综上，2008年，胡锦涛同志在纪念《告台湾同胞书》发表30周年座谈会上曾指出："中华文化在台湾根深叶茂，台湾文化丰富了中华文化内涵。"翌年，马英九也提出要建设"有台湾特色的中华文化"。台北"国家文化总会"秘书长杨渡阐述说："历史上的移民从中国大陆带来了传统中国文化，已经深入生活，成为台湾文化最重要的根基。"⑤显然，两岸领导人对中华文化的传承发展都有相同的关心与期待，作为重要文化纽带之一的孝文化在台湾社会中的体现，足以说明这一点。⑥

---

① 《中华文化复兴论（第一集）》（台湾）。
② 李松林：《晚年蒋经国》，安徽人民出版社2001年版。
③ 以上参见张之健：《传统孝观在台湾》2007年5月。
④ 林顺华：《当代台湾青年孝道观研究》，《青年研究》1997年第4期。
⑤ 《深厚的中华文化底蕴是台湾最大的文化优势》访问稿，《中国评论月刊》2010年第1期。
⑥ 参见陈宏志：《儒家孝道观在台湾的体现与发展》，《理论前沿》2011年第10期。

（二）港澳地区的孝传统与现状

与其他国家或地区相比较，港澳地区因其历史的特殊性，文化也呈现出多样性的特点。一方面，港澳地区在近现代受殖民统治逾百年，经过长期的灌输与强化，西方文化已经渗透到社会生活的各个层面；另一方面，中国传统文化的影响同样根深蒂固，尤其体现在生活方式和价值观念方面。因此，港澳地区的文化发展就不是建立在单一基础之上，而是建立在双元或多元基础之上的。

从文化来源的角度分析，港澳文化本属岭南文化的一部分。尽管古代由于交通不便，致使岭南在与中原半交流的状态下自我发展，逐渐形成具有鲜明岭南地方特色的岭南文化。但归根到底，岭南文化起源于中华文化，始终是中华文化分支下的一个子文化系统。香港、澳门位于珠江三角洲出海口的东西两端，犹如龙口上的两颗明珠，港澳两地居民以广府人为主，其次是客家人和潮汕人，因此，港澳两地积聚着浓厚的岭南民俗与文化，中华民俗文化的内涵与特征深深烙印在港澳两地人民的生活中，使港澳两地与广东及至中国内地一直保持着"血浓于水"的骨肉之情。①

由此，在港澳同胞的思想观念中，便出现了中西文化并处，传统文化与现代文化共存的情况。在工作时间中，其行为模式较近似现代西方样式，而在业余时间及家庭生活中，其行为模式较近似中国传统方式。在20世纪，当大陆地区对孝文化采取否定和疑虑态度的时候，却正是孝文化在海外得到较好保存和传承的阶段，其中，港、澳、台地区对孝文化的认识和实践位居前列。在思想意识和价值观念方面，港澳同胞非常推崇孝道、勤劳与自我牺牲。②以香港为例，孝文化的继承与发展，就体现在以下三个方面：

第一，孝文化在政治领域的运用。香港地区政府领导人在香港地区核心价值的制定中，加入了"孝道"，认为只有这样才会社会和谐。港人的政治术语里面，也开始大量使用"阿公"、"阿爷"等用语。"孝道"有进入政治领域被运用的可能。孝文化作为核心价值进入香港地区的政治领域，从一个层面反映了中华传统文化对香港地区思想领域的极深影响。③

---

① 参见饶品良：《中华民俗凝聚力与港澳同胞的祖国认同》，《重庆社会主义学院学报》2010年第5期。

② 参见黎熙元：《香港：多种文化并存的社会》，《中山大学学报（社会科学版）》1997年第3期。

③ 叶荫聪：《香港的孝道政治》。

第二，孝文化在民间的传播发展。从文化传播的层面来看，传统中国文化在台湾、香港和澳门地区民间的传播长期以来从未间断，并一直被津津乐道。特别是在香港地区，其民间传播主要体现在宗教、慈善领域。一方面，香港的宗教团体经常举行以"孝道"为主题的宗教活动，如佛光道场就有"孝道月"，希望借此拜忏的方式，为过往的祖先父母超荐，并祈求阖家平安，消灾免难；另一方面，在西方文化、宗教文化的影响下，香港地区的慈善事业非常发达，以爱的名义，弘扬中华孝道传统的慈善活动有很多，比如节假日会定期有义工前往养老院探望老人。

第三，孝文化在学术教育的发展。可以说，孝文化是海内外中国人鲜有的不受争议的核心价值之一，绝大部分中国人都能接受。以香港为例，随着1997年国家主权的回归，也带来了中华孝文化的大回归，所以孝文化在香港开始成为中小学一个重要的课题。香港公民教育委员会成立以后，对香港的公民教育中，"孝"是第一条，当时拍摄的是几个录像片中，关于"孝"均排在第一位。《弟子规》是香港中小学的教材。[①]同时，在学术文化界，两岸三地的学者也纷纷呼吁"慈孝文化"的回归。来自香港的学者指出，"现代社会孝文化面临困境，令人痛心，这个时候……呼唤慈孝传承极有意义。"

如今，尽管随着社会节奏的加快，"孝"的标准在不断改变，传统"四世同堂、子承父业"的孝道形式出现了不少变化，港澳地区的青少年对于孝的理解也已经不同于往日，但一些体现中国传统文化内涵的仪式依然受到高度重视，孝文化在当代得到了重新诠释。比如，不少港澳年轻人采用西式婚礼或基督教葬礼，但是在过程中，婚礼上新人向双方父母及长辈敬茶，体现中国家庭的融合与孝道，却始终被坚持了下来。再如，今天的子女们会为老人寻找一个环境优良的养老院，供他们在那里安享晚年，已逐渐成为新时代的体现。[②]总之，"孝"的涵义在今天依然被延续和承传下来。

二、东南亚国家孝的传统与现状

作为中华文明圈的组成部分，东南亚国家继承和发扬了中华传统文化的精

---

① 参见张本楠：《中西方孝道差异》。
② 参见饶品良：《中华民俗凝聚力与港澳同胞的祖国认同》，《重庆社会主义学院学报》2010年第5期。

神，在这些地区，孝文化的影响同样深远而且突出。众所周知，维系中华孝道的根基，就是影响中华五千年的"家庭观念"和"家族主义"，这种基本精神，是普通中国人的价值取向，对海外华人的影响尤为重大。有学者在研究了大洋彼岸的美国华人的情况后指出："华人家庭经受了一浪接一浪的新思想的冲击，经受了与美国生活方式同化的过程，并经受了学习新语言以及各人所处的不同地位的冲击。但尽管有以上的种种冲击，华人家庭还是顶住了风暴，稳固地生存了下来。""实质上就是中国两千多年来几乎没有什么变化的家族关系。它的影响渗透到中国人生活中的每一个方面。"①家族企业、同乡会、宗亲会等在东南亚国家中十分常见。对于血缘、地域、宗亲的重视，不难想见孝道思想在这些东南亚国家中的分量。

（一）孝道思想在越南的传播与影响

历史上中越两国关系密切，文化交流频繁。孝道思想进入越南是随着儒家文化的传播而传入的。早在秦汉时期，中国封建王朝基本按照中央政权的统一规定来治理越南，即当时的安南，为儒家文化在越南的传播创造了条件，孝道思想也随之输入。到宋代，儒家思想取得越南统治集团的正式认同。而中国历史上第一个提出要在安南传播孝道思想的封建统治者则是明太祖。永乐年间，我国有关孝文化的书籍开始源源不断地传入越南。到15世纪，"儒教"成为越南的国教，中国的孝文化在越南得到了广泛的传播，渗入其政治、经济、教育、社会生活等各个方面。

孝道思想在越南的传播与发展，一方面与中华文明圈的核心——强大的中国，通过政治层面的积极推广是分不开的。明朝甚至因为安南地区的一场政变——"黎季犛弑君篡位"而出兵安南，其原因正是这场政变是违反人伦的谋逆行为，违背了孝道思想原则，应该出兵讨伐。孝道思想初传安南之时，其官民接受者不多，而且难以守制。而后经过封建君主的大力提倡，从官职、礼仪等各个方面制定了一系列政治措施，促进了孝道思想在越南的扎根。另一方面，与华侨华人的努力也是分不开的。据中越史籍记载，越南历代封建王朝的建立者多为华人，还有大批华人在越南宫廷任职，以自己的言行实践了中华孝道思想。

儒家的纲常伦理学说深深地渗透到越南的社会家庭生活和风俗习惯之中，支配着人们的思维方式和日常行为，同时也具有鲜明的越南特色。其中的孝道

---

① 宋李瑞芳：《美国华人的历史和现状》，商务印书馆1984年版，第178-179页。

思想对越南社会产生了深刻的影响。越南人特别重视孝悌，他们将儒家文化的忠孝思想解读为："尽忠为国，尽孝为民"。他们认为在孝行中，儿子要对父母尽孝道，否则会受到舆论的谴责，孝道在越南不是表现为父权，而是表示孩子们对父母的道德原则。当然，越南的孝道思想同样具有两层含义，除孝敬父母之外，还有对国家孝的意义，前者称为小孝，后者则称为大孝，小孝必须服从大孝。越南民间的许多节日都带有浓厚的孝道思想色彩，例如祭祀祖先的落幡节。越南人对祭祀祖先非常重视，处处要求遵守礼仪，尤其重视丧礼和葬礼。祭祀祖宗是越南人祖先崇拜最重要的礼仪。

以上这些孝道思想，使越南社会养成了尊老爱幼的淳风美俗，人们相处谦恭有礼，对社会稳定和经济发展起到了积极的作用。但是，过于看重孝道思想，也对越南起到了一些消极的影响，例如，曾经在一些人看来"罪恶无过不孝"，无论是犯下什么过节，只要是为尽孝的话，都可以得到社会的同情和谅解。孝道思想还派生出束缚人性的封建礼教。时至今日，越南许多青年人在长辈面前俯首帖耳，不敢越雷池一步等。[①]在传承与发展的问题上，越南的孝文化还有很长的路要走。

（二）孝道思想在新加坡的传播与影响

新加坡是个年轻的国家，却是世界上人口老龄化最快的国家。由于新加坡多种族、多元文化和多元宗教的特点，加上工业化过程的迅速发展和西方化的威胁，新加坡不仅需要弘扬传统道德，更需要建立一种国家意识，更要妥善处理影响国家和谐发展的老龄化问题。20世纪80年代初，新加坡第一任总理李光耀和其他新加坡领导人以及一些学者根据本国的具体国情，将中国传统儒家文化中的"八德"即"忠、孝、仁、爱、礼、义、廉、耻"进行国家化改造，赋予现代化和新加坡化的阐释，使之成为新加坡国家思想道德教育的基本内容。[②]新加坡将东方价值观作为"治国之纲"，采取了一系列有益的措施，成功地将东方价值观，特别是孝道思想，灌输到国民道德价值观之中，为我国当前的核心价值观和价值体系的培养提供了非常有益的经验。

首先，新加坡政府和国家领导人非常重视国民孝道推广，并对孝道教育实

---

① 以上参见李未醉：《略论孝道思想在越南的传播及其影响》，《上饶师范学院学报》2010年第4期。

② 于丹、周先进：《新加坡东方价值观教育的制度性支撑及其启示》，《高等农业教育》2012年第10期。

行统一指导，全面干预。新加坡领导人把家庭视为"社会的砖块"，李光耀就曾指出："家庭是绝对重要的社会单位。从家庭，到大家庭，到整个家族，再到国家。"① 家庭的稳定团结，使华人经历了五千年而不衰，尽管经历过多少战乱和天灾人祸，但家庭始终支撑着文明的延续。如果孝道不被重视，生存体系就会变得薄弱，而文明的生活方式也会变得粗野。如果年轻人追求个人享乐，不尽孝道，漠视家庭的神圣性，政府不能坐视不管，必须积极采取措施进行引导和干预。如此，便把"孝道"上升为国家意识，由政府出面领导和组织了一系列孝道实践活动。在社会舆论上，大张旗鼓宣扬，开展"礼貌月"、"孝敬周"等活动，大力宣传"爱老、敬老、助老"的新风尚；在住房政策上，对三代同堂的家庭给予价格优惠并优先安排，针对不同的孝敬老人情况，分别给以免征个人所得税和免征遗产税等政策，以此鼓励人们对老人敬孝；在教育上，要求学校大力加强孝道教育，特别是加强青少年孝道教育。

其次，新加坡将社会孝道建设的大量内容纳入了法治的轨道，这是一件"敢为天下先"的首创之举。政府通过立法保证子女照顾和供养年迈的父母，在住房及税收政策方面对与老人共居的家庭实行优惠，使传统道德和风俗法律化、制度化。对不与父母同住的家庭实行相应的经济惩罚，通过媒体等舆论工具曝光、谴责遗弃父母的不道德行为，通过各种新闻媒体、学校、会议、典型事例以及各种礼貌运动和敬老养老活动，使家庭这个社会细胞的稳定成为社会稳定和文明的基石。政府推行的以强制储蓄为原则的中央公积金制度为老年人的生活提供了一定的经济保障。新加坡于 1994 年制定了"赡养父母法案"，成为世界上少数几个将"赡养父母"立法的国家。为了提醒子女孝敬父母，新加坡还确定了"父亲节"。新加坡完备的立法和严格的执法不仅为孝道的建设和发展提供了有力的法治保障，而且还以详尽而颇具操作性的法律法规对人们的行为进行引导和规范，为新加坡家庭美满和社会的稳定和谐做出了巨大贡献。

再次，新加坡将孝道教育在学校、家庭、社会三个层面进行综合立体的实施。在学校层面，发挥学校教育的主渠道作用，强调理论上的说教和灌输，在中小学实施《好公民》教育，按个人—家庭—学校—社会—国家的层次逻辑递进，进行道德要求，涵盖"孝顺"的具体要求，把东方注重系统道德规范教学和西方注重培养道德思维判断的能力有机结合在一起。在社会层面，加强社会实践，开展社区服务活动，这也就是中国传统文化中的"知行合一"。在家

---

① 《中国加快经济发展时不应抛弃传统价值观》，《联合早报》1993 年 11 月 28 日。

庭层面，一是非常重视家庭教育，家庭是孩子的第一课堂，父母是孩子的第一老师，李光耀指出，没有一个政府、教师和托儿所能代替孩子的父母亲或祖父母；二是通过家庭传授价值观；三是为了避免由于家庭对孩子疏于管教，而可能造成的灾难；四是通过家庭教育，恢复家庭、家族成员之间的相应角色，加强家庭凝聚力。

应当说，新加坡对中华传统思想，特别是孝道思想的积极推广为我国提供了许多可资借鉴的经验启示。第一是政府在整个核心价值体系确立中发挥的重要作用。由于孝道思想毕竟是中华民族最古老的道德规范之一，在某些方面毕竟不适用于现代化生活，这就需要政府在制定国家政策时，既要重视孝道在维护家庭和谐和社会稳定中的积极作用，又要注意传统孝道的现代价值转换。第二是注重法制建设，提高孝道教育的有效性。新加坡借助法律来规范、引导人们的行为，把自律与他律相结合、相补充，有效提高了公民的孝道素质，对于提高孝道成效起到的作用是举世公认的。第三是构建了全民参与的体系，从环境建设、学校教育、家庭教育三个层面共同努力，形成全民参与孝道建设的氛围，提高孝道教育的实效性和长效性。[①]

三、日本韩国孝传统及当代表现

在中华孝文化圈中，还有三个重要的国家，那便是与中国一衣带水的邻国日本、朝鲜和韩国，这三个国家也很注重孝道，他们的孝道观念也是从中国引进的。由于朝鲜的封闭和学术交流的匮乏，这里我们暂不论及，但是实际上从民族意义上，论及韩国也可以兼及朝鲜。从风靡全球的日韩影视作品中，反映出来的家庭文化、家长文化、孝文化都比之中国有过之而无不及，正是由于日韩两国独特的民族文化与中国的孝文化相结合，才产生出其独特的孝道传统。

（一）中日比较视角下的日本孝文化

日本是我国的邻邦，是一个古老而独特的国家。在公元六世纪，日本还只是一个零散的半自治国家，被大和家族统治着。直至政治家正德亲王派使者到中国学习文化，此后一直到九世纪，日本人为自我完善而不停地从中国引进艺术、技术、学术成就和社会政治制度等，儒家文化也在这期间直接进入日本，

---

① 以上参见江侠：《新加坡孝道教育特点及启示》，《湖北广播电视大学学报》2008年第4期。

影响了日本的文化、生活。由此中国的孔孟思想渗透到日本社会的各个方面：对亲戚应当宽厚，亲人相处和谐、谦逊；对邻居友好，和睦相待，避免争执；尊师重教，重人才，斥邪道等。其中，日本人最推崇的还是孝道。公元八世纪时孝谦女皇就下令每个家庭必备《孝经》，全国的学生都必须熟记在心，除了武士以效忠主人为最高美德外，孝顺成为日本人最基本、最崇高的道德标准。[①]

日本人认为，孝道与家庭融洽同国家安定息息相关。日本人强调家庭成员的和睦相处，要设身处地，以心比心，彻底自我否定，以求家庭关系的融洽、和谐。从根本上讲，中日孝道的内涵是相同的，包括赡养父母、对父母恭敬、立身扬名、光宗耀祖等方面。但是，由于两国文化传统的不同，中日孝道在对待个人和国家的方面又有所不同，从这种对比中，我们可以对日本孝道的特点有所把握。

个人方面。《孝经》有云："身体发肤，受之父母，不敢毁也，孝之始也。"不亏其体，不辱其身。所谓"天之所生，地之所养，无人为大。父母全而生之，子全而归之，可谓孝矣。"保护自己的身体不受伤害，既是对父母的报答，也是对天地的感恩，是孝道的先决条件。如果一个人连自己的身体都照顾不好，又拿什么来孝敬、侍奉父母呢？而在这一方面，日本人却有着截然不同的想法，这就是他们所推崇的、被视为具有日本典型特征的文化传统——武士道。武士道的核心内容之一是重名轻死，杀身成仁。它认为国家是先于个人而存在的，个人在国家中出生并且是国家的一部分。他必须要为国家而生和死，或者为国家的合法权威履行义务。在必要的情况下只有通过切腹这种方式才能获得至高无上的光荣，不使家族蒙羞，在某种程度上来说也算是尽到对父母的孝道了。

同时，日本人认为当家的男人是家中至高无上的权威，家庭成员要对其尽顺尽孝。日本人所谓的"孝"，有时只是漠然的对父母的尊重，甚至得委曲求全。女性结婚后，必须孝敬公婆，主持家务要尊重婆母的意见，服从婆母的意志，这便是孝。旧时的日本妇女，婚后被丈夫遗弃，休回娘家，那是极大的耻辱。为此，婚后的女性必须具备自我否定的涵养和修炼。儿媳须承担家里的所有事务，要任劳任怨。公爹是家中的"太上皇"，丈夫是"皇太子"，他们从不理家政，饭来张口，衣来伸手，女性是他们颐指气使的对象，儿媳则是具有代表性的家庭牺牲品。

国家方面。从上一方面来看，日本人并不重视孝道与个体身体的关系，认

---

① 参见张雅娟：《日本孝道与孔子儒学之管见》，《黄石教育学院学报》1999 年第 1 期。

为"杀身成仁"，伤害自己的身体有时反而是向家族尽孝的必要条件。究其原因，就是因为在日本人的道德体系中，在孝道之上还存在着对天皇的至高无上的忠道。中国人也善论忠孝之间的关系。《孝经》开宗明义，便谈："夫孝，始于事亲，中于事君，终于立身。"就指出了孝是"孝亲"和"忠君"的结合体。中国人通常以孝劝忠，以孝治天下。孝与忠的关系是相辅相成，缺一不可的。甚至可以说，中国的"忠"只能是依托于孝的忠，实际上忠的观念已经被大大冲淡了，所以有"忠孝难两全"的慨叹。而在日本，日本人在接受了中国儒家的孝道与"移孝于忠"的观念以后，不仅表现出忠重于孝，而且明确提出了"忠孝一致"、"忠孝一本"的口号，并以此作为国民道德的根本。在他们眼中，忠道的地位远远高于孝道，即使在孝道与忠道之间产生矛盾的时候，他们也会毫不犹豫地选择后者。《菊与刀》中如此写道："孝道在日本就成了必须履行的义务……只有在对天皇的义务冲突时可以废除孝道"。在日本人的心目中，天皇是天照大神的后裔，"天皇是最高的神，从开天辟地起就是日本的主人"。日本人民都是天皇的"臣民"，作为"臣民"，应该绝对"忠于天皇陛下"。在日本的国民教育中，也有"神之天皇陛下时刻关心我等九千万国民"的表述。政府通过这种方式来培养国民对天皇的绝对忠诚。

"忠"在日本人眼里，可以说是最高的法律，日本人把对天皇尽忠看作是最高的道德，甚至超越了孝道。之所以出现这种情况，是由于日本特殊的家族结构和社会结构所决定的。从家族结构来看，日本家族制度的中心思想在于延续了"家"这一经济共同体，甚至可以根据家业的需要调整血缘的系谱传承关系。没有血缘关系的人不仅能当儿子，也能当孝子。日本人孝敬的"亲"除指血缘父母之外，还包括出于各种需要的非血缘的社会性父母。所以，这里的"孝"已经存有"忠"的涵义。再者，由于国是家的扩大，国是大家，家是小国，所以忠是孝的延伸。主君的权威是家长权的扩大，事主以忠就是孝子尊亲的结果。如此，家族中的亲子关系便直接影响到政治上的主从关系与君臣关系，达到孝与忠的一致。在忠孝矛盾之时就表现出忠重于孝，即以家的利益服从国家的利益。

当代日本，经济发达，国民生活富庶，人的行为准则也发生了很大变化。孝道的表现与过去也有所不同。个性在家庭中逐渐清晰起来。儿女不再唯父母之命是从。经济独立的儿媳妇也摆脱了家庭佣人的形象。尤其是在现代文明高速发展的今天，日本女性上班族队伍扩大，日本女子不再扮演为一家之主的男性端洗脚水的角色。但是，儒学精神影响下的民族行为仍然存在，日本人依旧遵循着"忠孝合一"的习俗。[1]

总之，孝道思想虽然是日本从中国引进的，但日本人并不是全面而完整地引进儒家孝道思想的体系，而是根据本民族的特点，有选择地进行吸收、加工，使之成为具有鲜明特点的自己民族的思想，它深深植根于本民族个性化的土壤。[2]"克忠克孝"的思想后来成为日本军国主义和法西斯主义发动侵略战争的思想武器，其反动作用自不可否认。同时，这一思想在二战后，引导日本人全民总动员，使日本一跃成为发达国家的奇迹，也同样值得我们注意。[3]

（二）韩国的孝传统与当代表现及影响

曾有学者指出，如果评比亚洲哪个国家对老人最孝顺，他会投韩国一票。作为我国的近邻，应该说，韩国绝对是受儒家孝道学说影响最深的亚洲国家之一。在韩国，90%的国民认为，行孝是家和万事兴的基础，也是做人的美德。只有在家庭中尽孝，在工作上才能敬业，对国家才能尽忠。"孝道"在韩国社会精神文化生活中占有主导地位，浸透在社会物质生活和精神生活的各个角落。在韩国，不尽孝就被人瞧不起，就无法在社会上立足。[4]

韩国人崇尚孝道已由来已久，早在中国儒学传入以前就已相当盛行，且多与祖先崇拜相联系。孔子就曾说过："少连大连善居丧，三日不怠，三月不解，期悲哀，三年忧，东夷之子也。"[5]这里说的就是韩国人。而后，随着儒家文化的传入和发展，韩国人的孝道观念更加强固并深受其影响。并逐渐成为上至统治阶层，下至平民百姓尽人皆知的行为准则。

晚于儒家文化传入的是佛教。此后，韩国竞相加强佛教和儒学相结合的国家政权，"事君以忠，事亲以孝，交友以信，临战无退，杀生有择。"[6]这种思想风行一时，佛教之孝也成为这一时期的时代主流，而儒家之孝则退居为支流地位。当然，由于佛教追求虚幻的来世幸福而轻视现实生活，加上国家每年要为寺院承担巨大开支，曾经发生在我国的"儒佛之争"同样在韩国上演。佛家之孝不断受到儒学者的抨击，最终导致"斥佛扬儒"。

---

[1] 参见张雅娟：《日本孝道与孔子儒学之管见》，《黄石教育学院学报》1999 年第1期。
[2] 以上参见桑凤平、李响：《中日孝道之比较》，《重庆科技学院学报（社会科学版）》2008 年第 2 期。
[3] 参见李乐：《由"弃老山"谈日本人的孝道》，《湖北广播电视大学学报》2008 年第 4 期。
[4] 参见李元卿：《说说韩国人的孝道文化》，《社区》2005 年第 20 期。
[5]《礼记·杂记下》。
[6]（韩）金镒洙：《韩国的孝思想》。

　　进入 18 世纪后半叶，西方文化开始传入朝鲜半岛，传统儒学受到挑战，但是孝道观念却没有因此而被西洋伦理价值观念所取代，相反它却以形式上约定俗成，思想上根深蒂固的特点而成为西洋化学校进行道德教育的重要内容。例如，1906 年的《伦理学教科书》中就明确写道："事父母之道，一言以蔽之，就是孝。""孝之义，大概有承顺、亲爱、尊敬和报恩四条。所谓承顺，就是以恭谨之心遵从父母的教训和命令，它是孝的重要内容。""亲爱与尊敬是孝道的经纬。只有爱没有敬无异于禽兽。""报答父母，须尽二道，其一为养体，其二为养志。""养志为本，养体为末"等等。1910 年日韩合并，日本殖民统治者为了维护其殖民统治地位，继续把孝道作为当时各级学校道德教育的重要内容。

　　二战后的韩国，情况发生了巨大变化。当韩国人再次面临美国军政府的统治，西方价值观念大量涌入的时候，开始了对东西方文化的反思、审视和选择："西方小家庭制度与男女平等思想的发达，是值得我们很好学习的。但西方小家庭主义过于以夫妻和子女为主，而忽视老人奉养问题，则是一种极端的个人主义故不可取。传统观念强调子女的孝道，结果导致压抑子女个性和自由的弊端；对子嗣的强调，导致重男轻女和多妻制的弊端。因此，我们急需建立一个适合我们这个时代、这个地域的道德基准。这个基准，必须继承固有传统，同时必须符合时代要求。"①

　　在这种思想的指导下，韩国人致力于调和之道，使传统与现代化并行或融合一体，成为一个既是传统又是现代的孝道观念，这种更新的孝道观以一种折射的形式对韩国经济和社会发生积极作用。②

　　年俗是韩国人祭祖尽孝的最直接体现。每年春节期间，韩国也会出现"千万人以上的大移动"——"春节潮"。家中外出的人不管离家多远，都要在正月初一之前赶回供奉祖先的长兄（或长子、长孙）家，参加祭祖的"茶礼仪式"。韩国人的拜年礼也与中国不同，可谓相当讲究，不仅十分讲排场，而且长幼有序，等级非常严格：长者盘膝而坐，晚辈在长者面前下跪叩头。此外，韩国家庭还要祭祀死去的亲人，以尽其孝。

　　韩国人从小就进行孝道的教育熏陶。在韩国，不仅中小学的教育重视孝道文化，每到寒暑假，社区里也会举办"忠孝教育"讲座，向孩子们宣传"忠、

---

① （韩）崔在锡：《韩国家族研究》，一志社 1990 年版。
② 以上参见朴钟锦：《韩国人孝道观念的历史变迁及其特点》，《北京第二外国语学院学报》1996 年第 3 期。

孝、礼"等传统伦理道德。所以，韩国人从小就认为孝敬老人、赡养父母是一种天经地义的神圣义务，一种必备的美德。

在赡养父母方面，韩国自古就有由长子负责赡养的规矩，约定俗成，流传至今。如果长子先于老人去世，则老人由次子赡养，以此类推。而在此方面的表现直接可以影响一个人的社会评价。如果一个韩国人，身为家中的长子，娶了媳妇而没有赡养父母，会受到邻居背后的指责，同时也会受到工作中的打击。同样，如果这件事放到一个国家公务员当中，不孝敬父母，不管你的能力有多大，业绩有多显著，也很难得到提拔重用。因此，人们都把给父母行孝与为国家尽忠紧密地联系在一起，并形成了舆论的压力。

此外，韩国经济生活中出现花样繁多的"孝道"产品，也是韩国孝道的一大特色。每逢重大节日，韩国厂商都争先推出孝敬老人和父母的产品。韩国还设立了"孝子"企业奖。[①]总之，孝道文化在韩国无处不在，90%的韩国国民认为，孝是人类一种生生不息的亲情之爱，是家和万事兴的基础。只有在家庭中尽孝，在工作上才能敬业，对国家才能尽忠。这也就是孝道在韩国得到严格恪守的最主要的原因。

第二节　孝行海外，世界文化视角中的孝与孝道思想

除中华文明之外的，以宗教文化占主导的社会区域中存在孝道吗？纵观世界历史文化发展，以宗教为主导的地区，无论是佛教国家，伊斯兰教主导的西亚国家和基督教主导的西方国家，在国际交往、民族交流、世界经济政治一体化的趋势下，都存在一定的孝的思想与行为，"孝文化"是世界各个文明取得共识、增进感情的重要方面。

一、伊斯兰教中的"孝道"

伊斯兰教是公元七世纪由麦加人穆罕默德在阿拉伯半岛上首先兴起的，原意为"顺从"、"和平"，指顺从和信仰创造宇宙的独一无二的主宰安拉及其意

---

① 参见李元卿：《说说韩国人的孝道文化》，《社区》2005年第20期。

志，以求得两世的和平与安宁。信奉伊斯兰教的人统称为"穆斯林"。起初，伊斯兰作为一个民族的宗教，接着作为一个封建帝国的精神源泉，然后又作为一种宗教、文化和政治的力量，一种人们生活的方式，在世界范围内不断地发展着，是世界的三大宗教之一。伊斯兰教世界的国家遍布亚、非两个大洲，总体算来大约有五十个国家，在各大洲很多国家里都有信仰伊斯兰教的人（穆斯林），其中包括我国的维吾尔、哈萨克、回族等少数民族。伊斯兰教基本信条为"万物非主，唯有真主，穆罕默德是安拉的使者"。

同佛教类似，孝文化在伊斯兰文明区域中同样存在，只不过其宗教色彩较浓，凡必称出处而已。伊斯兰教信奉真主安拉，一切按真主的命令行事，真主的命令是通过《古兰经》下达的。《古兰经》云："你的主曾下令说：你们应当只崇拜他，应当孝敬父母。如果他们中的一个人或两个人，在你的堂上达到老迈，那么，你不要对他俩说：'呸！'不要喝斥他俩，你当对他俩说有礼貌的话，你当毕恭毕敬地服侍他俩，你应当说：我的主啊！求你怜悯他俩，就象我年幼时他俩养育我那样。"（17∶23）可见，在伊斯兰文化中，孝敬父母是主命，是履行人道最基本的功修。

伊斯兰教的孝道，并没有重点节日的规定，要求每时每刻都应对父母关怀和侍奉，没有时间局限或特别纪念日。对父母孝道的位置仅次于敬畏真主，是伊斯兰信仰的精神核心，万善孝为先。《古兰经》说："我曾命人孝敬父母；他的母亲，辛苦地怀他，辛苦地生他，他受胎和断乳的时候，共计三十个月。"（46∶15）对父母的孝敬，报答他们的恩德，是穆斯林儿女一辈子的责任。子女孝敬父母，老有所养，老有所归，轮到自己年迈，也有子女照应和侍奉。伊斯兰以孝文化为基础，构成了穆斯林所追求的仁爱、温馨的社会。与其他孝文化不同，伊斯兰文化中，母亲具有更为高贵的地位，这是伊斯兰重视妇女地位的表现。有一位弟子曾向先知穆圣询问："世界上谁与我最亲近？"先知穆圣回答说："你的母亲，你的母亲，还是你的母亲，然后才是你的父亲，然后是你的亲戚，然后是其他人。"①

在伊斯兰教中，有三种行为被定为大罪：一是以物配主；二是忤逆父母；三是说谎言和作伪证。有三种人不能进乐园，其中第一种人就是忤逆父母者。对父母的孝敬，是伊斯兰教民必须遵从的大事。伊斯兰教不仅要求子女从衣、食、住、行上关心、侍奉父母，而且在精神上也要给父母尽可能的慰藉，子女

---

① 阿里译：《母亲节与伊斯兰孝道》。

所做的一切，要尽可能地博得父母的喜悦。要求建立父母与子女间的和谐家庭关系，让父母尽享天伦之乐，安度晚年。而且这种孝敬要持之以恒。不但在他们有生之年，即使归主（亡故）以后也不能终止。先知穆圣曾说："当为父母祈祷，为父母祈求饶恕，实行父母的遗嘱，周济父母的近亲，礼待父母的朋友。"总之，父母生前应在各方面受到子女礼待，父母死后子女要继承他们的遗志，有弟妹的要承担起对弟妹的扶养责任，有祖父母或外祖父母的，要代父母去尽孝。伊斯兰文化中，孝敬父母是无条件的。不分贫富、不分种族、不分信仰，孝敬父母均一视同仁。即使父母是非穆斯林或虔诚的异教徒，同样要孝顺他们，当然这是在保持自己信仰不受影响的前提之下。这在其他宗教是少有的。

当然，伊斯兰文化中的孝敬父母，也是有原则和前提的，并非盲从。《古兰经》第 31 章指出："如果他俩勒令你以你所不知道的东西配我，那么，你不要服从他俩，在今世你应当依礼义而奉事他俩，你应当遵守归依我者的道路，唯我是你们的归宿……。"也就是说，对于父母的私欲和邪恶的意愿，儿女也没有绝对服从的义务，父母和子女在安拉的法律面前一律平等，人们各自对自己的行为负责。[1] 而后，真主的启示变成具体的行为，伊斯兰教善待父母的言行规则，形成了伊斯兰社会的法规和制度。

由此可见，伊斯兰教文化中"孝"是实实在在地存在并且具有严格教规规定的。中国也同样存在信仰伊斯兰教的广大地区，"孝"是人类道德中最基础的东西，是中华民族传统美德中的精华，同样也是伊斯兰教的主命善行。孝文化无论是从国家的角度还是从宗教的角度，都是具有十分重要的现实意义的。

二、基督教与西方的"孝道"

基督教是一种信仰神和天国的宗教，发源于中东地区。在人类发展史中，基督教扮演非常重要的角色，是当今三大世界性宗教中信仰人数最多、影响最大的宗教。据统计，2008 年基督宗教[2]的信徒占世界人口的 32.9%，约 20 亿 7000 万人，大部分的西方国家都信仰基督宗教。因此，基督宗教文化与西方文明总是联系在一起的。然而两者又不能全然等同，前者属于宗教文化的范畴，

---

① 以上参见马仲兰：《伊斯兰孝道与中华民族的传统美德》，《中国穆斯林》1996 年第 5 期。
② 这里说的基督宗教是泛称，实际包括天主教（又称公教会）、东正教（又称正教会）、基督新教（华人俗称基督教）三大派别。

而后者蕴含着浓厚的地缘政治的意义。

西方文化发源于爱琴海地区。这里的初民由于生存环境的限制，很早就致力于发展手工业和商业，人们聚集在一些城邦中生活，经常流动和迁移。再加上社会政治的原因，使得西方社会脱离氏族社会的影响比较彻底，没有形成中国那样的宗法制，思想上也没有染上家族主义的色彩。相比中国，西方的家庭要松散得多，家庭对个人没有多大的约束力，他们的伦理与文化观念是以个人为本位的。西方文化的发端，可以追溯到犹太教和基督教的宗教文化中。在基督教中有"上帝面前人人平等"的思想，在近代西方，个人本位的思想是西方文化的首要原则。这种原则倡导人的自由与平等，这种自由平等在各种人际关系中得到全面体现，如男女、老幼、上下、同辈同事等等，在父母子女之间也不能例外，而西方人亲子之间以友爱的伦理相待，正是这种自由平等的精神的体现。

那么，在这种以基督文化为主导的西方社会中，是否同样存在孝的观念呢？答案当然是肯定的。且说我们现在所熟悉的"父亲节"与"母亲节"，出产地就不在中国，而是西方文化的舶来品。如此看来，西方社会的孝文化亦非常发达，应该说，这种似是而非的观点代表了很多中国人的想法。因此，有必要对母亲节与父亲节的来历进行简要的追溯。

事实上，"母亲节"正式被庆祝的历史只有八十多年，但是，专门找一天来表达对妈妈崇高敬意的观念，却可以追溯到很久以前。古代的希腊人和罗马人都会举行"春季节日"，以表达他们对"母亲神"（泛指女性神）的崇敬。中古世纪的英国，为纪念耶稣而在荒郊禁食的"四旬斋"的第四个星期日，也叫"母亲日"。那一天，长大的孩子，必须带着礼物回家，送给自己的妈妈。在美国，由于内战的爆发，许多母亲尝到战争的恐怖及失去爱子的痛苦，著名的女作家朱莉亚就极力号召订定一个节日以提倡和平，希望把那些曾在内战当中为南北双方作战的家庭结合起来。当贾薇丝太太去世之后，她的女儿安娜为了表达对母亲永恒的敬意，便开始延续母亲制定"母亲节"的构想。她发动了大规模的写信运动，写信给数以百计的教堂、商业领袖、报纸编辑、政治家等，要求他们加入制定母亲节为国定假日的活动。终于，在1914年的5月8日，美国国会通过一项联合决议，要求美国人在那一年五月的第二个星期日悬挂国旗，以表达对全体美国母亲无比的尊敬和爱意。如今，每年的母亲节，美国总统都会重新宣告这个节日的重要性，以纪念这位几乎是独自创立这个国际性节日的伟大女性——安娜。而其他各国，也在当天纷纷举办各种节目活动，庆祝母亲节。①

和"母亲节"一样，"父亲节"也起源于美国，过程并没有母亲节那么的曲折。1909年，一位名叫多伍德的女士在华盛顿传播"母亲节"。在此期间，她想到了父亲。在她很小的时候，母亲离开了人世，父亲不得不艰难地独自担负起抚养孩子的家庭重担。过去的情景，又一幕幕地在她的脑海里浮现。多伍德女士深深地感到设立父亲节的必要。她向社会呼吁，引起了人们的积极响应，六月的第三个星期日被选为"父亲节"。

由上可以看出，西方文化自古就有孝敬父母的传统，而母亲节和父亲节的确立，也是为了表达对母亲、父亲的尊敬和爱意。从这一点来看，中西的孝文化确有相同之处。然而，由于独特的宗教文化和地理环境，中西文化中的孝道思想又确有不同。应该说，在西方，亲子之间缺乏骨肉亲情，以血缘为基础的家庭和家族观念淡漠，养老从来就不是家庭的必然责任。在家庭中，父母与子女的关系是自由和平等的。他们认为，友爱责任乃是由友爱的双方交互作用而引起的，这种友爱的交互往来愈持久，则友爱的责任愈深厚。也就是说，包括以上对母亲和父亲的感恩与尊敬，是建立在更广泛的"爱"的前提下的。②

在西方，孝主要并不体现在子女对父母的行为之中，而是更多地体现在宗教文化中。西方的孝文化并没有多少社会意义，就其家庭意义来说，仅表现为对父母的尊敬，这种尊敬并不等同于对父母的服从。一位香港国际学校的校长，是一位西方人，他对"孝"的英文解释是"尊重他人，要尊重文化的继承"，这就跟我们所说的"孝"的概念是完全不搭边。③

在传统孝文化中，家庭观念、亲子关系、养老问题、财产继承是最主要的问题。而中西文化则在这些方面具有巨大反差。在中国，赡养的义务如同自然界中的"反哺"，主要由子女完成。而在西方，子女并没有突出的赡养老人的义务。赡养的义务则如同"接力棒"，由子女或父母本人将自己转交给社会，靠国家通过社会保障制度来完成。中国人家庭观念非常强，父母在子女身上的付出也是最大的，这一点令西方人无法想象。西方人一旦已经成年，都会努力自食其力，不需父母过多的付出。中国人有"父母在，不远游"的古语，而西方人为了事业不会考虑父母，西方人并没有所谓的"故土情结"，相反他们喜

---

① 《"母亲节的历史来源"》。
② 汪寿松：《孝道文化浅析》，《天津老年时报》2007年11月7日。
③ 张本楠：《中西方孝道差异》。

欢不停地变换居住地。在中国，父母的财产毫无疑问是由子女继承的，这不需要任何书面的证明，子女也认为这是理所当然的。而西方人则通过遗嘱决定财产的归属，他们可以根据自己的想法把自己的财产给任何人或机构，甚至给自己的宠物，而他们的子女也不会觉得不可接受。

综上，中西方孝文化是截然不同的。然而，中西方的孝文化正在彼此影响，互相吸收。在中国，随着社会保障制度的发展，"养儿防老"和"家庭养老"的观念正在逐步发生改变。在西方，当越来越多任感情泛滥的"少女母亲"已经成为全社会舆论焦点的时候，人们开始探讨中国极少有这种现象的原因，中国孝文化中子女对父母"不违"的观念受到了许多社会学家的关注。[①]

三、佛教、佛经中的"孝道"

作为一种异域文化，佛教在与中华文化的吸收与融合过程中，不可避免地与中国传统的儒家伦理道德发生了冲突。儒家猛烈批评佛，其中之一便是指责它违反人伦、不循孝道。如儒家讲"身体发肤，受之父母，不敢毁伤，孝之始也。"佛教却要削发弃世；儒家认为"不孝有三，无后为大"，而佛教徒却要出家，不结婚生子。从中我们可以看到，一个出世型的宗教要与一个注重人间伦常的文化传统直接融洽并非易事，削发为僧、谢世高隐、离家背亲与立身行道、忠君孝亲、齐家治国的伦理法则很难相互融通。因而，佛法要在中国生长流布，在"孝"的问题上遇到的困难是极为棘手的。

那么佛教究竟讲不讲"孝"呢？方广锠先生在《佛教典籍百问》中说，印度佛教没有"孝"这个词汇，只有"报恩"的说法，而且不以某个特定的众生为报恩对象。[②]耿敬在《佛教忠孝观的儒家化演变》中也说"原始印度佛教在忠孝观上与中国儒家忠孝有着很大的差异。在印度，佛教并不特别注重孝顺思想的宣扬，只是从佛教的报恩思想出发，才在一些后世佛经中引出孝顺亲者的主张"。[③]从他们的话来看，似乎佛教最初是没有"孝道"这一词汇的，只是后世传至中土时，为了原有的报恩思想引申出"孝"这种理论。在此，笔者认为，

---

① 参见胡元江、陈海涛：《中西方孝文化探析》，《南京林业大学学报（人文社会科学版）》2007 年第 1 期。
② 王月清：《论宋代以降的佛教孝亲观及其特征》，《南京社会科学》1999 年第 4 期。
③ 康宇：《论儒家孝道观的演变》，《兰州学刊》2006 年第 2 期。

佛教中虽然没有"孝道"这一词汇，更没有完整的成体系的关于"孝"的理论，但是佛教中含有"孝"的思想，并且在佛教中国化的进程中，形成了一套完整的符合中国国情的佛教孝道的理论体系。作为异域文化成功中国化的典型，佛教在此做出了很大的理论贡献——完成了一个由出世型宗教逐渐人间化的过程。

1. 佛经中的"孝"思想。

要探析佛教原本有无"孝"的思想，我们就要追溯佛经中是否有关于"孝"的思想表述。巴利语佛教的《大吉祥经》说，"侍奉父母"是"最高的吉祥"。《如法经》认为，"依法侍奉父母"的人将来便可以成为"叫'白光'的天神"。最早传入中国的《四十二章经说》中有"人事天地鬼神，不如孝其亲矣，二亲最神也！"《佛说梵网经》翻译中，更明确出现了"孝道"这一词语，"若杀父母兄弟六亲，不得加报，若国主为他人杀者亦不得加报。杀生报生，不顺孝道。"早期汉译佛经因包含了对家庭伦理关系特别提到侍奉父母等人伦道德的论说而受到中土的重视，而且在翻译过程中，译者又以中国伦常观念对经中内容作了取舍调整。如三国时的康僧会在编译《六度集经》时，有意突出"孝"的地位，说布施诸圣贤"不如孝事其亲"。

另外，历史上的释迦牟尼佛本人也是践行孝道的典型。《分别经》云："父母世世放舍，使我学道，累劫精进，今成得佛，皆是父母之恩。人欲学道，不可不精进孝顺。"《佛说睒子经》中也有："佛告阿难：吾前世为子仁孝，为君慈育，为民奉敬，自致成为三界尊。"

而对于不孝顺的人，佛经中也表现的深恶痛绝。《佛说孝经》中说"明者有四不用：邪伪之友、佞谄之臣、妖嬖之妻、不孝之子。"巴利语经典《无种姓者经》认为"生活富裕，但不赡养青春已逝的年迈父母"的人是"无种姓者"，即低级种姓或被逐出种姓的人，也就是最卑贱的人。佛教戒律更是针对这种不孝之人制定了专门的戒条。《五分律·卷二十》说："从今听诸比丘，尽心尽寿，供养父母。若不供养，得重罪。"《佛说梵网经》规定了几种关于不孝的"轻垢罪"：佛的弟子，应常发"孝顺父母师僧"之愿，若"一切菩萨不发是愿者，犯轻垢罪"；"不向父母礼拜，六亲不敬"，也犯轻垢罪……

此外，佛经还用大量的故事来演绎孝道，如《佛说盂兰盆经》讲述的是佛陀大弟子目连救母的故事，《地藏菩萨本愿经》讲述的是地藏菩萨的本生誓愿及如何利济救渡众生的故事，《佛说睒子经》讲述的是睒子尽心侍奉双目失明父母的至孝行为的故事，《佛升忉利天为母说法经》讲述的是佛陀为其母摩诃摩耶夫人说法的故事。

2. 中国佛教孝理论的形成及其主要内容。

由上可知，印度佛教虽然也讲孝，但是并没有系统的论述和特别地重视，传入中国以后，为了与中国社会的文化环境相适应，中国佛教学者对印度佛教典籍中的有关孝的论述进行了系统的总结，同时在此基础上也吸收了中国传统伦理思想和道德规范中的一些有关孝的思想和观念。为了缓和出世佛教与入世的中国传统文化之间的矛盾。佛教学者寻求了三种解决途径：第一，从经典中引述和阐扬孝思想。如上所述的诸多经典即属此类；第二，从理论上辩护和宣传佛教的孝道。这一点最为关键。佛教学者的这些自身辩护，不但为佛法正了名，同时也丰富了佛教的孝理论，如著名的《牟子理惑论》、孙绰的《喻道论》，契嵩的《孝论》等。第三，从内容上与传统孝道相契合。佛教学者们在翻译和整理佛教典籍的过程中，一方面突出与中土孝伦理相通的内容，另一方面对与中土伦理观念不符的内容做了调整，如《六方礼经》的汉译本与巴利语译本相比，汉译本中删略了主人敬奴仆、奴仆爱主人的主从关系的内容，增加了许多孝的内容。①

通过这三种途径，佛教尽量弥合与中土伦理在孝思想上的差异，以融入道中土文化中，在长期的发展过程中构筑起具有中国特色的佛教孝道思想理论体系。

然而，佛教毕竟是一个出世间的宗教，佛教孝道所讲的"孝"，与一般"孝"的内容与很大不同，它更多的是讲"出世间之孝"，而将一般之"孝"称为"世间之孝"。

（1）世间之孝。《大般涅槃经》要求在家弟子修习"四种法"，其中之一便是"恭敬父母，尽心孝养"，认为只要"恒行此四法"，必然"现世为人之所爱敬，将来所生，常在善处。"由此可知，佛教是注重世间之孝的。世间之孝，佛教称其为"小孝"，基本上同于儒家所说的孝，主要讲如何孝敬父母。如《善生经》说："夫为人子，当以五事敬顺父母……一者供奉能使无乏，二者凡有所为先白父母，三者父母所为恭顺不逆，四者父母正令不敢违背，五者不断父母所为正业。"《佛说长阿含经·卷第十一》对孝亲也提出五方面要求："给施"、"善言"、"利益"、"同利"、"不欺"。

（2）出世间之孝。而佛教自身是持缘起与轮回思想的，认为世间万物都是因缘和合而生，缘聚则起，缘散则灭，因此，父母子女之间的关系亦是如此。

---

① 王月清：《论宋代以降的佛教孝亲观及其特征》，《南京社会科学》1999 年第 4 期。

众生都有可能是我们的三世父母，所以佛教更加注重"出世间之孝"，也就是普度众生的菩萨行，也称为"大孝"。

例如佛教在解释"为什么要孝敬父母"的时候，这样认为："父母生养教，悲流恒无尽，随子生忧喜，慈爱过己身"，也就是说：父母生我养我，把我身看得比自己的身体还重要，养育之恩无有穷尽！"纵使两肩负，何能报万一"，就算我们两肩分负父母，也报答不了父母深恩的万分之一。佛教还认为"众生皆是父母"。法藏的《梵网经菩萨戒本疏第一》中说："于谁孝顺？……父母生育恩……然父母有二位，一、现生父母，二、过去父母，谓一切众生悉皆曾为所生父母"。父母当然应孝顺，然而父母却有过去与现在，甚而至于将来之父母，我们对他们应该都平等地尽孝道。《梵网经》也说"一切男子是我父，一切女人是我母，我生生无不从之受生，故六道众生皆是我父母"。在佛教的六道中轮回中，今日你扮我父母，明日或许你是我子女，焉知今日之仇人不会成为来世我之父母。因此，佛教徒要"孝敬父母"。然而，佛教又认为单纯的"世间之孝"至多只能解决现世对父母的孝敬。如果要真正地对三世父母都平等地尽孝，只有出家修习菩萨行以求成佛，从而度三世父母尽出轮回苦海，永生极乐。①

3. 佛教文明区中的孝文化。

而在其他以佛教为主的社会区域，特别是东南亚的国家中，孝文化是非常发达的，其表现也与中国有所不同。

例如，东南亚的泰国就是个佛教国家，宗教色彩渗入人们生活的各个方面。泰国人除了需要经常性地前往寺庙布施为父母祈福外，男子在成年之前还必须为报答父母养育之恩，而削发为僧一段时间（少则一周，多则一年），在此期间，修身养性，学习为人父母之道。与中国传统不同的是，泰国男子在成家后通常必须负起照顾女方父母的责任。

在泰国，孝已成为风俗文化，渗透蕴涵在各种节日活动中，例如春节。在除夕夜，泰国人一般都会在家摆设祖先台，并在大年初一给长辈拜年。有收入的成年人还得给父母红包。又如清明节，人们同样请假前往祖先的墓园去怀念和拜祭。再如泰国传统新年宋干节，孩子们必须给父母施"点福水礼"，也就是用一枝蘸着特殊香水的荷花点在父母的头上，寓意祈祷父母来年身体健康，诸事顺利。此外，每年的父亲节和母亲节更是儿女们宴请父母的日子。异地的

---

① 以上参见刘兴恩：《论佛教孝道观》，《研究生教育》2007 年第 3 期。

子女则会购买礼物赠送长辈。

祭祀文化中，如果父母亡故，泰国人通常必须等到子女齐聚榻前后才能将父母的遗体火化。泰国人认为，这是对父母尽孝的最后一件要事，可以让父母在升天前没有牵挂。①

纵观佛教的孝思想，它提倡一种"出世间之孝"，这种思想包含"戒杀"、"普度众生"、"万物平等"等思想，对每一个生命个体都表达了尊重和关怀，这种思想包含着强烈的感恩与报恩，对于维护人际关系、加强社会稳定是具有实际的积极意义的。

四、孝文化具有"普世性"

当我们环视全球，探讨了包括中华文化圈、西方文化、基督教文化、伊斯兰教文化、佛教文化在内的域外孝文化和宗教文明影响下的孝文化后，不禁还是要老生常谈地提出一个关于孝道是否具有"普世性"的问题。在这里，我们对"普世价值"一词进行纯粹伦理学意义的解读。所谓"普世价值"，指的是人类对自身价值的最基本的评判标准，包括人类最基本的社会道德、价值观等等，这是一种价值观的理念形态。在此基础上，联合国教科文组织倡导并实施了"普世伦理计划"。以家庭、家族背景滋生出的中国传统文化，孝是其核心内容。建立在父母与子女代际关系基础上的孝道毫无疑问是人类文明发展中创造的精神和制度财富。

反观西方文化，即使在标榜自由国度的美国，养老也仍然是个社会问题。尽管美国人对养老问题并没有强制性的措施，但是美国却一直存在对传统家庭的向往。美国人认为，没有孩子的家庭是不完整的，"两个或更多的孩子才是正常家庭的标志"。如今，许多美国人越来越乐于承认，孙儿孙女们在合适的时候来家看看，然后又适时离去是一件很快乐的事。美国人所向往的"幸福的大家庭"被描绘为："趟过小溪，穿过树林，我们来到奶奶的家……餐厅桌上摆着一只肥肥的火鸡，人人面露笑容"。②美国人日益关心老年人在家庭生活中的地位。正是由于尊敬老年人在美国并不是普遍的价值准则，因此"虐待老人"是全国性的严重问题。这不能不引起美国人的担忧和反思。而如今的美国

---

① 以上参见何德功、李保东、凌朔：《亚洲三国孝道一览》，《农民文摘》2008年第1期。
② （美）R.T.诺兰等著，姚新中译：《伦理学与现实生活》，华夏出版社1988年版。

人也并非如同过去"脸谱化"的描述：亲子关系很冷淡，父母与子女之间不谈亲情。一项调查就显示，1975 年，美国 65 岁以上的老年人中有 20% 与一个成年孩子住在一起，有 75% 住在离孩子家驱车仅需半小时可到达的地方。约有50% 的老年人在调查的当天曾见过自己的一个孩子。子女经常定期探访老年父母，或通过书信、电话经常问候他们。子女还在老年父母的生日、结婚纪念日和圣诞节、感恩节等重要节日前去祝贺或慰问他们。①实际上，不止是在美国，在世界上的其他国家也一直是向往亲情和温情的。西方社会越来越表现出在养老问题上向原始状况的复归。②

由此可见，中国传统的孝文化确实可以对当今世界的社会和道德建设提供许多可以借鉴的伦理资源。孝道文化制度是中国特有的文化现象，但就其实质和内容——"孝"来说，不是只有中国才有。任继愈说："忠孝是圣人提出来的，却不是圣人想出来的"③，即是说孝是有它的客观社会基础的，不是一两个"圣人"主观编造的。父母与子女，子女与父母的血缘亲情关系是自然的，父母与子女之间相亲相爱是天经地义的。中华民族把父母对子女的爱叫作"慈"，把子女对父母的爱叫作"孝"，其核心价值是"爱"。西方基督教文化的核心也是"爱"，这种爱当然包括对父母的爱。孝不只是中华文化的内容，而应该是全球性的文化。从这个角度来看，"孝"是没有时间和空间的局限的，是具有一定普世价值的普世伦理。④当然，我们并不认为世界上有普世永恒通用的"普世价值"和一成不变的"普世伦理"，但是，中华文化中的"孝文化"和中华文明中的"孝道"所发源的"孝"思想及其价值，应该是值得在有家庭生活的亲子关系间提倡和实践的。在这个意义上，我们说，"孝"在人类家庭生活阶段具有"普适性"。

① 岳庆平：《孝与现代化》，乔健、潘乃谷主编：《中国人的观念与行为》，天津人民出版社1995 年版。
② 以上参见吴锋：《孝道精神与普世伦理》，《哲学研究》2005 年第 2 期。
③ 任继愈：《中华孝道文化序二》，巴蜀书社 2001 年版。
④ 陈德述：《中华孝道的内涵及其普适价值》。

第四章　兴孝成孝道

孝文化是中国传统文化的核心与精华。从某种意义上说，孝文化尤其是孝道成为中国一切文化的母体和核心。通过追溯孝文化，特别是孝道形成的历史，再来审视孝道在当今社会的境地，反思孝文化的当代价值，有重大的理论与实践意义。

第一节　中国传统孝与孝道的历史发展及其性质、作用

有学者认为，根据对历史的研究，所谓善事父母，是指物质奉养和精神奉养两方面，因此孝最初仅限于人伦的范畴。孝只是一种客观的个人或家庭行为，并无文化之涵义。[①]事实上，孝的行为（现象）一旦融入民族的观念系统，即以一种文化范式出现于中国传统文化的内容之中，就演化为一种特定的文化，即孝文化，它包括了孝的观念、孝的内涵、孝的准则、孝与社会系统的关系等。《文化词源》指出："关于孝的文化，是指中国古代文化的一种范式"。孝文化是关于孝的观念、规范以及孝的行为方式的总称。在传统意义上，孝文化即指"孝道"，它所涉及的是子女对父母、晚辈对长辈的人伦关系处理问题，这既有理念上的，又有实践上如何具体操作的方式。[②]孝作为一种社会观念形态经过历代圣贤与统治者的大力提倡，已深深扎根于中国传统文化的土壤中，

[①] 本部分主要参见潘剑峰、张玉芬：《弘扬孝文化是农村养老的现实选择》，《改革与战略》2005 年第 1 期。

[②] 潘剑峰、谢永顺：《中国传统孝文化的合理内核及其在农村养老中的价值》，《桂海论丛》2005 年第 2 期。

成为中华民族的文化心理的积淀，不仅影响着人们的思想行为，而且也成为支配人们行为的准则和德行评价的标准。如果说孝文化是基于农业社会生产方式，人们自觉或被迫处理家庭生活和家庭亲情、亲子关系、代际关系等而衍生的包括道德观念、生活原则的文化现象，那么当它成为社会生活和国家政治相联系的一整套伦理规范、文教制度和信仰理念时，它就上升到"道"的高度，成为规范和约束人们乃至国家行为的一整套制度体系，这就是孝道。在这个意义上，我们说，孝道是中国或者中华文化圈特有的文化现象，其他文明区域有"孝"现象甚或有"孝文化"，而没有"孝道"，即没有在国家和社会层面的自觉的体系化建构与实践。

一、中国传统孝道产生定型的社会历史条件

一定意义上，孝道是一种道德现象及其维护机制，它以家庭组织之中的血缘亲子为基础，又超出于一般感情意义上的亲子关系，成为一种社会道德现象。正是在这个意义上，我们说西方家庭里有亲子之情而无强化父母与子女之间互养权利义务的孝道，而只有中国才有这样强调双向权利义务的"孝道"（孝的文化及其制度）。孝道是众多文化因素共同作用的结果。孝道的产生和存在需要特殊的"土壤"与"配方"：当一个社会将某些因素按照特定方式加以培植时，孝道就会产生。

首先，父系制家庭组织是孝道产生的第一个条件。父系制家庭以父亲的血缘作为世系、财产、权力传承的纽带，家庭成员的基本关系也是在父系家庭内部建立起来的。在这种条件下，只有家庭组织稳固、秩序良好，个体成员的利益才能得到保障。父母（尤其是父亲）相对于子女而言具有年龄上的优势，因此是维护家庭秩序的"最佳选择"，孝道就是这种基于生理关系的亲子感情被社会极力强调的结果。孝道的本质就在于它是一种以父权为凭借，以维护家庭组织稳定为目的的文化要求。[①]

其次，只有家庭力量的强大符合整个社会的整体利益时，社会才会鼓励甚至帮助家庭通过孝道维护自身利益。由于历史上中国社会"家国同构"的原因，家庭在中国古代政治和社会生活中地位高、影响大。家庭组织的兴衰不仅影响着政权的安危兴替，同时也关系到社会的有序运行。孝道是社会用以保障

---

① 参见《"百度百科""孝道"词条》。

切身利益的重要手段。

第三，家庭组织的规模和结构影响着孝道的产生与发展。庞大的规模和结构为孝道的产生提出了要求，而当家庭组织的社会功能弱化、地位降低时，它的结构和规模自然而然就势必受到制约，孝道也会随之衰落。

第四，道德虽然可能对家庭发生有效的组织作用，但并非所有家庭秩序的维护都要靠道德力量实现。文明类型不同，社会组织力量的发展状况也往往随之有别，除道德之外，法律、宗教都是促使加强家庭凝聚力的有效力量。中国古代法制、宗教二者不够发达，而以礼俗为载体的道德力量则得到优先发展，众多社会组织的维系都通过道德得以实现。孝道，就是作为社会组织力的道德在家庭领域的一种表现。①

二、从家庭行孝视角看中国传统孝道的内涵

孝道是一个复合概念，涉及面广，既有文化理念，又有礼仪规范，还有制度保障。孝道内容丰富，单从家庭中子女行孝的角度看，包含以下几个方面的主要内容，可以用十二字来概括，即：敬亲、奉养、侍疾、立身、谏净、善终。

一是敬亲。中国传统孝道的精髓在于提倡对父母首先要"敬"和"爱"，没有敬和爱，就谈不上孝。孔子曰："今之孝者，是谓能养。至于犬马，皆能有养，不敬，何以别乎？"也就是说，对待父母不仅仅提供物质供养，关键在于要"敬"父母，而这种"敬"又是基于"爱"——亲爱——出自血缘亲情之爱，而这种"亲爱"又是基于发自内心真挚的人性之爱，但又有所超越，即更富有社会性。②同时，孔子认为，子女履行孝道最困难的就是时刻保持这种"爱"，即心情愉悦地对待父母。所谓"敬亲"则是对"亲爱"更有所超越，也就是要求，随着子辈年岁的增长，受到社会教育（即使是来自家庭的）的影响，要逐渐增强角色意识，也就是在平等互动的亲爱之中要增加下辈对长辈的敬畏意识。当然，孔子所讲的"敬"与"色养"，主要强调的还是子女对父母

---

① 参见《"百度百科""孝道"词条》。
② 关于"爱"，毛泽东同志曾有名言"世界上没有无缘无故的爱"，我们认为这是对的，只不过这一判断要限定在社会意义上。事实上，爱也可以是一种动物性本能——受荷尔蒙激素驱使的对同类异性的相互吸引与爱慕。在这个意义上，世间还真有无缘无故的爱，包括人类的性爱甚至爱情。但是我们所说的亲子之爱，虽然有生理性基础，但主要还是社会性的，是基于自亲子关系建立之初便互动依恋而产生的情感。

长辈的"爱"与"敬"的统一。

二是奉养。中国传统孝道的物质基础就是要从物质生活上供养父母，即赡养父母，"生则养"，这本是对子女孝敬父母的最低要求。儒家提倡在物质生活上要首先保障父母的基本生存，即提供物质生存资料来源，更进一步地则要求，如果有肉（"肉"的普遍意义相当于"好的、高级的、珍贵的、稀有的"等食物），也要首先让父母等家中老年人先吃。这一点在传统社会非常重要，孝道强调老年父母在物质生活上的优先，这不仅是与传统时代长者强权的要求与实际相一致，其实也体现了普遍的道德精神——将优先权更多地给予时日有限、消费有限的弱者。

三是侍疾。老年人年老体弱，容易得病，因此，中国传统孝道把"侍疾"作为重要内容。侍疾就是如果老年父母生病，要及时诊治、精心照料，多给父母生活和精神上的关怀，这在医学不发达、还没有专门社会性医疗条件与设施体系与制度的古代社会尤为重要。即使是在今天，老年人病倒依然是件必须重视对待的大事，患病老人本身体弱、自理能力差，加上更多的精神负担，一方面更需要亲人的贴心护理，另一方面也更需要来自亲人的耐心陪伴和精神安慰。

四是立身。《孝经》云："安身行道，扬名于世，孝之终也"。这就是说，做子女的要"立身"并成就一番事业。儿女事业上有了成就，父母就会感到高兴、光荣和自豪。因此，终日无所事事，一生庸庸碌碌，这也是对父母的不孝。常言道"水往下流"，作为父母之志的传承与寄托者，子女的社会作为当然为父母所关心，都希望子女能有更大的作为，以支撑门户、告慰长辈、荣耀家族、贡献社会、扬名后世。而这一切的希望，只能由子女在社会实践中去争取和实现，所以，渐渐年迈体衰的父母长辈当然要强调正不断成长的子女要"立身"或"修身"——基于自身正确地努力，而要在社会上立身就需要"走正道"——主流社会倡导和容许的人生进步之道，这也是古人强调的——长辈的人生体验与主流社会的要求在这一点上总是统一的。

五是谏诤。《孝经》"谏诤章"指出："父有争子，则身不陷于不义。故当不义，则子不可以不争于父"。也就是说，在父母有不义的时候，不仅不能顺从，而应谏诤父母，使其改正不义，这样可以防止陷父母于不义。关于这一点，古人虽然明言于"经"，但是历来理解与执行起来却很复杂。本来孔孟之孝有"父慈子孝"的前置意义，但是被政治化了的"孝"或者说"孝道"的要求却更倾向于"父可不慈，子却不能不孝"的单向度义务，再加上即使可"谏诤"于父却又要考虑不损害父辈尊严以委婉方式和间接方法去尝试的设计安排，又限于如何理解"义"才是正确的（何况在古代农耕社会老年人的理解和经验更权威），所以，古代能按要求"争于父"的情况是很少的，要么是不被允许，要么是自觉不自觉地放弃"争"的权力，所以"谏净"事实上成了一个"正确而不被用"的无效原则和空头设计。然而，在我们要具体清算传统孝道的缺陷时，我们又不得不面对这个"正确"而又"已有"的原则与设计。这就是我们常说的"经是好的，只是被和尚念歪了"，更何况这一歪就是几千年，惟其如此，我们认为这一"谏净"原则与设计就更为可贵，值得我们挖掘、弘扬与创新应用。特别是在年轻人接受新知识更多更快的今天，要在充分尊重父母长辈的基础上，大胆地"谏净"，坚持真理，真诚建议，使其修正错误，不陷父母长辈于"不义"之地。

六是善终。《孝经》指出："孝子之事亲也，居则致其敬，养则致其乐，病则致其忧，丧则致其哀，祭则致其严，五者备矣，然后能事亲"。儒家的孝道把送老人之葬看得很重，在举行丧礼时要尽各种礼仪。应该说"善终"是一种正当而负责任的要求。人走完一生当然希望"善终"——有一个好的"谢幕"仪式和长眠场所，希望自己的人生意义价值能得到子女后人乃至社会的好的评价，希望能得到后人的挂念并给予他们正面的影响。这一切当然需要有一套仪式设计和制度安排，这也是人类文明的体现之一。当然，繁文缛节的仪式和消耗财富的厚葬是不可取的。但是通过一定的仪式表达"尊重生命"、"慎终追远"的缅怀与自省还是有意义的。特别是在快节奏生活的今天，当一个生命完结，人们举办和参加与自己密切相关的逝者的葬礼，表达一种对生命的敬畏和尊重，也提示自己舒缓一下生活节奏、思考人生的价值与意义，都是有好处的。古语云"生命天大"、"人死为大"是有深刻意义的，而这种意义的光大，通过葬礼更能以警醒的方式激发出来。试想，漠不关心同类消逝，更何况是与己密切相关的人死亡，与禽兽有何区别，甚至还不如，兔死狐还悲哀呢！

总之，孝作为中华民族的道德传统经过几千年的历史演变，形成了相对完整的理论体系和制度规范——孝道，成为广泛的社会共识和人们身体力行的普遍义务——孝文化。上至帝王将相、达官贵人，下至平民百姓，信奉孝道，行孝尽孝，使孝文化根植人心、化为社会礼俗。

三、孝道的建构与践行提升了孝的社会作用

由于受儒家伦理观念和统治者影响，我国古代民间关于孝道与崇老的文化

和习俗更为丰富。在我国整个宗法封建社会，孝道作为一个基本的社会问题，完全纳入了社会规范和法律规范的范畴，做到了家喻户晓、深入人心，已经发展为一种根深蒂固的传统文化。中国人之重家庭、讲孝道，几乎成了区别于世界其他民族的最大特点。在现代公民社会里，家庭仍然发挥着"抚幼养老"的社会职能。因而，儒家的孝道观复归其本来意义，仍然是一种宝贵的文化资源。[①]在全社会笃行孝道的氛围中，"孝"与"孝文化"的社会意义也就更为明确，内涵上更为深刻，外延也更为明了，大致包括：

1. 孝是立身之本。

中国人自古认为：人生于世，首先是修养心性，立德正身，强调"入则孝、出则悌"。孔子认为："夫孝，德之本也。"自古贤士不患无富贵、无职权，而忧虑德无厚积、孝不圆满、声名无以立。中国古代，有责之士都很注重加强自身修养，"老吾老以及人之老，幼吾幼以及人之幼"，以身作则，传承孝文化，促进家庭和社会的和谐。孙中山讲："只要能够修身，便可讲齐家、治国"。同时他指出："我们现在要齐家治国，不受外国的压迫，根本上要从修身做起，把中国固有的知识，一贯的道理，先恢复起来，然后我们民族的精神和民族的地位，才都可以恢复"。人从家庭迈向社会，修身尽孝于家，这是最早也是最好的修身，而要立身于家必孝于父母、尊长爱幼，要有家庭角色意识和责任担当，所以说，学孝、行孝、尽孝是修身之始、为子之责、立身之本。

2. 孝是齐家之宝。

齐家主要是整治家业和管理家庭事务。古人把"齐家"视为评价人之德才的重要依据，也是出世"治国平天下"的前提和基本功，所谓"欲治其国者，先齐其家"，"齐家而后治国"（《礼记·大学》）讲的就是这个道理。做人修身讲求一个孝字，齐家立业也讲求一个孝字。不孝则不能立身，更谈不上齐家。孝是家庭幸福和谐之源。在家国同构的宗法封建社会，孝德淳厚，家庭则和睦安乐，社会才能和谐，国运才能昌盛。

3. 孝是治国之道。

孔子主张："以孝治天下"。孝道与治国，古人多有思考，多有分析，主要有三点：一是孝可以使国家的管理者修立品德，行为庄重，务实为民。二是孝可以影响民众，让百姓言有所出，行有所规，形成良好的社会风尚。三是孝可以扬正

---

① 参见张践：《儒家孝道观的形成与演变》，《中国哲学史》，《中国人民大学报刊复印中心》2000 年第 3 期。

气，除邪气，凝聚民众之力，增进社会和谐。更重要的是，在家国同构的时代，孝是忠的来源，忠是孝的集中与升华，国有忠臣孝子，皇帝当然就安心、省心和放心了，客观上国家和社会有序平安正常运转也是利于百姓居家过日子的。

4.家庭孝德是社会道德的基础。

孝既是治国之道，也是百善之先。《左传》说："孝、敬、忠、信为吉德"。孝是美德，这是中华文明对于世界的突出贡献。在历代中国社会，孝的传统美德被内化为全民的思想自觉，被外化为全社会的共同行为。孝文化特别是其孝道在中国几千年的历史建构进程中，成为传统中国社会各个历史时期的道德理论和伦理实践的基础，逐步成为传统中华文化的灵魂和核心。

作为中国传统文化的核心，孝道文化制度在中国历史发展过程中的作用是多方面的。就其积极的方面看：一是敦促个人完善修身养性。从个体来讲，行孝是修身养性的基础。通过践行孝道，每个人的道德可以在切身的居家实践中逐步完善。因此，儒家历来强调以修身为基础。二是有助于融合、融洽家庭关系。从家庭来说，实行孝道可以长幼有序，规范人伦秩序，促进家庭和睦。家庭是社会的细胞，家庭和谐是社会和谐的基础，因此，儒家非常重视家庭这一社会细胞的作用，突出强调用孝道来规范家庭，以此引导社会关系。三是激励人们敬业报国。孝道推崇忠君思想，倡导报国敬业。封建时代，家国同构，朕即国家。据此，儒家倡行孝道，主张在家敬父母，在外事公卿，达于至高无上的国君。虽然其对国君有愚忠的糟粕，但蕴藏其中的报效国家和爱国敬业的思想则是积极进步的。四是凝聚社会向心力。儒家思想产生于乱世。孝道文化制度可以建立礼仪，规范社会的行为，调节人际关系，从而凝聚社会，达到天下一统，由乱达治。孝道思想为封建社会维持其社会稳定提供了意识形态，为中国的文化大一统起到了积极的作用。五是塑造民族特色文化。中华文化历代都有损益变化，但孝道的思想和传统始终统领着几千年中华民族文化的发展方向。中华民族文化之所以能够同化无数外来文化而经久不衰，成为古代文明延续至今的唯一民族国家，其根本原因也在于孝道文化制度。

同时，我们也要客观地认识和对待中国传统孝道的消极作用。孝文化及其孝道文教制度作为历史上形成的道德观念和伦理规范体系，经过历代统治阶级及其文官系统的诠释修改完善，已经成为一个极为复杂的思想理论和文化制度体系，其消极的一面也是突出的：一是愚民性。中国历史上的孝文化及其孝道制度强调"三纲五常"等愚弄人民的思想，其目的是为了实行愚民政策。孔子也说："民可使由之，不可使知之"。历代统治者也正是在这样的思想掩盖下实行封建愚民政策，利用孝观念和孝道文化制度的外衣为其封建统治服务。二是不平等性。儒家孝道思想中"君臣、父子"的关系以及"礼制"中的等级观念渗透着人与人之间的不平等，连爱也有等差。这种不平等关系表现为下对上、卑对尊的单向性服从，虽然也有尊老爱幼的思想，但长者永远在上，幼者永远在下。无论是家庭生活、政治生活还是社会生活，都充斥着扼杀平等的信条和规矩。三是封建专制欺骗压迫性。忠孝是儒家思想的核心，而儒家思想在本质上是为宗法封建统治服务的，并成为几千年来中国历代封建王朝的主流意识形态。孝被异化成为麻醉人们斗志的工具，孝道则成了禁锢人们言行的铁桶。四是保守性。儒家思想作为中华民族文化的核心，从政治上来说，在封建社会后期演变成为统治阶级的思想武器，扼杀创新力量，强调对圣贤的思想理念的守成；在文化上就是文化守成主义，不思进取，给中华民族文化蒙上落后的色彩。

那么，今天我们应该如何看待中国近代以来孝观念淡漠和孝道中断呢？应该说，一个时期以来，特别是近代国门被迫打开和新中国建立全新社会秩序，中国传统孝道文化制度出现了断层，全社会特别是主流群体孝观念淡漠。其原因是多方面的：一是中国传统孝文化经过历代封建统治者及御用文人的"改造"，已经成为封建统治的意识形态，消极作用极为突出，集中表现在愚民性、不平等性、封建性和保守性等方面。二是"五四运动"以来，在反帝反封建过程中，对中国传统孝文化的内核进行科学的、理性的研究和探讨不够，出现良莠不分、矫枉过正的问题。三是长期以来，受"左"的思想意识形态的长期影响，人们的思想受到禁锢。尤其是十年"文革"浩劫，对传统孝文化和孝道进行了全面批判和全盘否定，使人们难以正确对待孝文化和孝道的合理内核。尽管中国传统孝文化和孝道制度出现了一段时期的断层，但这种现象主要发生在主流意识形态领域。在人民群众的日常生活中，中国传统孝文化中的优秀成分仍然发挥着重要的作用。由此可见，中国传统的孝文化具有很强的生命力。

第二节　社会主义市场经济下构建新孝道的机遇与挑战

市场经济体制有利于资源的优化配置。社会主义市场经济体制的建立和发展是一场深刻和复杂的社会革命。目前，中国正处于现代化转型的攻坚阶段，社会主义市场经济体制的确立与完善，正在极大地改变着社会生活的面貌，开放代替封闭，流动代替静止，思想观念更替频频。实践证明，市场经济有利于进一步解放和发展生产力，有利于激发人的积极性和创造性。毋庸置疑，在社会主义公有制为主体的市场经济体制中，多种性质的经济成分的存在，利益的多元化，激发了广大劳动者的生产积极性和创造性，创造了大量的物质财富，使生产力水平获得了前所未有的提高。但是，在市场经济利益规则支配下，损人利己、以怨报德、金钱至上、好逸恶劳、见死不救、制假贩假、偷税漏税、以权谋私、权钱交易、贪赃枉法、信用危机等社会的丑恶现象层出不穷，它削弱了社会主义制度的优越性，严重地败坏了社会风气，不利于社会主义建设和谐稳定的发展。因此，在这一大背景下，社会主义市场经济对传统孝文化的继承与扬弃来说，就是一把"双刃剑"。

一、市场化与"向钱看"取向对传统孝道的涤荡

从计划经济到市场经济的转型，给中国社会生活带来了翻天覆地的变化，它调动了劳动者的生产积极性，提高了社会生产力，创造了大量的物质财富，从而前所未有地满足了广大社会成员物质生活的需要。但是，物质财富的涌流并没有自发地带来精神境界的提升，物质的富有和道德的贫困构成鲜明两极对照。道德滑坡、信仰危机、价值观迷失等不道德现象，干扰着人们的精神追求，腐蚀着社会立意要建立的公正正义的社会秩序，败坏了党风国法，消解着人们积极向上的价值观念。于是，市场经济与道德之间的对立与矛盾，成为引人关注的难题。

社会生活领域，目前面临的道德困境主要有：传统的良好的道德秩序与规范断层、失效，适应市场经济的新的道德观念尚未成为主流，社会主义市场经济道德体系远未建立；经济活动的利益法则影响了社会生活的各个领域；在政治领域，有些行政官员贪污腐败、以权谋私、生活糜烂、权钱交易等腐败堕落；在市场交易中，假冒伪劣产品盛行、职业道德缺乏。在危难时刻或紧急情形下，很多人以一种"明哲保身"的自私自利观念，"只扫自家门前雪，哪管他人瓦上霜"。见死不救、冷漠、无情、自私的现象经常发生，像"范跑跑"事件、对晕倒老人置之不理的现象、"小悦悦"事件等等。金钱成为崇拜的偶像，大多数人不再有理想感、崇高感、使命感和敬畏感；在价值趋向多

元化的现代社会，各种错误的世界观、价值观、人生观毫无遮拦地大行其道，貌似思想自由，实质上是无所适从、任凭摆布、迷失了我们曾经共有的精神家园。

在这种情况下，市场化与"向钱看"对传统孝道也进行了涤荡。近年来，父与子的财产纠纷，母与女之间的啬啬情况逐渐多起来。我们不难看到，不少父母节衣缩食、含辛茹苦地将子女培养成人，而其子女却将父母的养育之恩置诸脑后。有的人对宠物关怀备至却不愿供养父母；有的人与朋友交谈欢颜悦色，而对父母却动辄训斥；有的人有时间四处旅游却不愿多回家看望父母；还有的人宁可将钱存在银行供子女出国留学，也不肯出钱为父母治病略尽人子之孝。更多的年轻人在父母身上"揩油"，成了地道的"啃老族"。"孝"的内涵已经没有太多的人去理解了，"孝"已经没有"道"可言了。在一个以孝文化著称的国度里，竟存在着诸如此类的现象，不能不使人感到痛心和焦虑。

由于道德与市场经济之间关系的悖谬性，不仅使行为的动机、性质和结果处于深度矛盾之中，还使主体的身份发生裂变。人自身的分裂和行为过程各个环节的对抗，是市场经济条件下人的现实生存状态的真实写照。传统的"孝文化"正是在上述原因和背景下遭受冷落，也同时在上述原因和背景下"千呼万唤始出来"，"新孝道"的构建迫在眉睫。

二、社会主义市场经济为孝养提供了基础条件①

市场经济是产生道德困境、信仰缺失和孝文化边缘化的温床。但同时市场经济与道德，与孝文化作为一对矛盾体，却有着历史的统一性。或者说，在历史的条件下，要实现孝养，重塑新孝道，离不开社会主义市场经济提供的基础条件。

（一）市场经济为实现孝养提供了坚实的物质基础

道德进化作为人全面发展的主要内容，是通过人的全部劳动实现的。在社会生活中，离开了孝文化发展所处的具体的社会历史条件，无限夸大孝文化的社会功能，把道德原则绝对化、普遍化，让无私奉献的伦理原则取代经济利益原则，市场经济便失去生命力。尽管解决道德困境实现的是人道的目的，但

---

① 本部分参见张立国：《市场经济条件下道德的困境及其解决》。

是，走出道德困境不能单纯诉诸伦理的说教。而市场经济的充分发展提供了走出道德困境的现实条件，它是社会生活发展的必经阶段，带来了社会的富裕、人民生活水平的提高、医疗条件的进步、养老制度的完善，这一切都是切实的，同时，孝意识又是人们与生俱来的，因此从历史和现实物质基础的条件来看，新孝道有在市场经济条件下重塑的土壤。

（二）市场经济为实现孝养提供了人文条件

自律是衡量道德的最高准绳，孝文化的弘扬与孝道的实现是自律性的一种表现。而自律是一种自我意识、自我选择、自我决断、自我担当能力，这种主体意识和素养的培养，离不开市场经济的丰厚土壤。

在市场经济条件下，人是市场经济活动的主体，市场经济赋予主体自由、平等、契约的法权地位，体现了丰富的人性内涵与道德诉求，从而解构了封建时代指导的君权至上、特权意识、等级差别的道德体系；市场竞争法则培植了主体的独立人格和自我意识，有利于提高道德主体的精神素质；市场经济的诚实信用，互惠互利，爱岗敬业，追求效率，独立自决等商业精神，虽然与人们追求的长期利益有关，与道德无缘，但是，这些所谓的"商业道德"长期的、历史的积淀，有助于道德主体的形成。"商业道德"作为一种人文精神，提供了提高道德主体自律性的土壤，影响着人们的行为和精神风貌，对道德主体独立人格的形成、自由精神境界的提升以及道德选择能力的培育，有着非常重要的作用，它由外入内，逐渐形成一种社会心理习惯，对善念的孕生有着润物细无声的作用，从而为道德困境的解决提供了人文精神前提。

不仅如此，从另一种意义上说，锐意进取、互惠互利、诚实信用、兢兢业业属于"商业精神"或"商业道德"，不属于道德的范畴，其目的在于社会成员的整体利益。但是，它抑制了偷奸耍滑、好逸恶劳、欺诈胁迫、乘人之危等不道德行为和习惯，划定了人的行为的最低线，对道德困境的解决具有积极的意义。

从实现孝养的具体问题来看，市场经济互惠互利、爱岗敬业、诚实信用等"商业精神"，无疑提高了人们的反哺意识，强调家庭成员之间的坦诚相待和团结协作，同时，市场经济带来的人格独立的精神特质，也让新孝道的重塑有了新的时代特点和人文特征。

（三）社会主义制度对实现孝养提供了制度保证

道德困境解决的制度条件在于道德与制度的相互制衡。市场经济就是法治经济，制度对市场经济的正常运行是至关重要的，对此，卡尔·波普尔写道：

"我们需要的与其说是好人，还不如说是好的制度"。[①]制度与道德存在着相互牵制的作用，这种双向作用无论是对道德困境的解决，还是对完善而合理的制度安排，都是非常重要的。

一是完善的、合理的制度安排有利于走出道德困境。尽管道德是自律，制度是他律，但是，公平正义的制度安排，能够"引导人们达到更高目标"，因为"制度中蕴含着文化基因，是人们的道德价值观念及其评价尺度的现实凝结物，它能够将文明的历时态积淀共时态的投射到现实发展中，不仅在宏观上引导着社会的善，而且在微观上引导着个体的善"[②]，制度中所包含的道德精神有利于推动人们走出道德困境。"路见不平，拔刀相助"是一种道德境界，表现了人们道德上的义愤感，但是，它不能超越法律制度的规定，见义勇为、舍生忘死的大义行为极有可能造成的伤害后果，涉及一系列法律问题。国家应该从立法、司法等方面保护、鼓励道德行为，反之，如果法律对见义勇为、助人为乐的善行漠然视之，邪气就会上升，正气得不到伸张。总之，好的制度安排应该有利于道德的进步。

二是道德为制度的合理与否提供形而上的支撑。市场经济受竞争法则的支配，经济人从自身的利益出发，平等的、自由地发挥自己的才能，力求获得最大化的利益，但是，单个经济人所处的社会环境、家庭背景各不相同，个人能力和素质也不尽相同，不仅如此，市场经济还具有非理性、信息不全、盲目性、自发性以及风险性等特征，必然导致一部分人在市场竞争中成功，另一部分人失败的结果。好的制度安排应该以道德原则为尺度，充分考虑到人的生存和发展，离开了道德尺度，把经济指标绝对化，使之成为度量一切的尺度，包括制度的尺度，将给社会生活带来严重的恶果。"现代社会的制度发展逐渐确立起了两个基本理念：一是要以追求每个人的全面充分的发展、实现人的彻底解放为目的，把人当作历史和社会的主体；二是要以解放和发展生产力为目的、实现高度的物质文明为依托，为社会发展提供丰富的物质条件。"[③]

而以上提到的制度要求，恰好是社会主义制度的优势所在。在社会主义国家，道德文化是传统，是制度的"防洪堤"，社会制度的制定和安排为道德提供了支持。道德的长期的、持续的教化作用，有助于把他律作转化为自律。从

---

① 卡尔·波普尔：《猜想与反驳——科学知识的增长》，上海人民出版社 1996 年版，第 495 页。
② 鲁鹏：《制度与发展关系研究》，人民出版社 2002 年版，第 192 页。
③ 辛鸣：《制度论——关于制度哲学的理论建构》，中国人民大学出版社 2005 年版，第 257 页。

实现孝养的具体问题来看，社会主义制度为孝养的实现提供了制度保障，符合社会主义精神文明建设的要求，符合和谐社会的精神实质，有利于体现社会主义制度的优越性，是中华传统美德与社会主义制度的有益结合。

三、复活"孝"必须适应市场化与权利义务规则[①]

今天，要想从国家社会的层面复活孝，构建"新孝道"，必须倡导"孝"是建立在长幼平等基础上的一种道德要求，是一种双向度的调节代际关系的规范，它兼顾老年人与年轻人的需求差别，既不一味地强调与片面扩大老年人对孝德的需求，同时还重视年轻人对孝德的需求与特点，提倡通过双向性的互动，使他们在家庭这一共同体中，通过亲情之爱、天伦之乐，在父母与子女之间建立起良好的互动关系，无论是父代、子代还是孙代，每一个人都可以从中得到自己所需要的精神安慰和幸福快乐。从而，通过孝，促进家庭的稳定、和睦和幸福。

在传统的伦理道德中，"孝"有许多规则："父母在，不远游"；"不孝有三，无后为大"；父母死后，守制三年。这是大的规则。小的如日常生活中，早晚请安问候，年节下跪叩首，等等。总之，长幼有序，父尊子卑是传统孝道的特点。孝道为中国社会编织了许多的"三世同堂"、"四世同堂"的"合家欢"，使中国的家庭保持了千百年的稳定，可说是功莫大焉。

但是，父慈子孝的传统美德，在市场经济和现代竞争中，出现了种种不适应症。翻开每日的大报小报，望子成龙、望女成凤的父母用高标准、严要求逼走甚至逼死自己的孩子，或者不孝子把年迈的父母赶出家门，不孝媳逼着不能做家务的婆婆交假条的消息不时出现。

不管是子受制于父，还是父受制于子，"受制"都是因为过于依赖对方。我们似乎是成年特别晚，老得又特别早的民族。这不能不归之于发展完备的孝道。"孝"是我们在年轻的时候，唯父母之命是从，所以我们总也长不大；孝也是我们在身体还健康的时候，因为有子孙做依靠，过早地放弃奋斗。

过度的相互依赖，显然不利于国民素质的提高。市场经济和现代竞争，要

[①] 本部分参见周红英：《市场经济条件下弘扬孝德的主要思路》，《湘潭师范学院学报（社会科学版）》2005年第6期。屠茂芹：《孝的适应性与不适应性》，《走向世界》1996年第2期。

求年轻人具备独立自主的人格，进取向上的精神，百折不挠的意志。而这往往是按父母意志行事的"孝子"们所缺乏的。察言观色，缩手缩脚。会"做人"，不会做事。会处关系，不会解决问题。从这种人身上，我们不难看到老年人统治的大家庭的影子。陈独秀在《敬告青年》一文中，把"忠孝节义"称为"奴隶的道德"，虽有过激之嫌，却也道出了这一传统道德的实质。

当然，孝是在血缘亲情之上建立起来的一种伦理道德，它是符合基本人性的。要解决它在现代社会的种种不适应，首先要清楚它的"平级"因素，清除掉那些"父为子纲"的封建糟粕。父子情深，在自然亲情之上，应提倡一种独立平等的关系，在社会之中，应提倡一种平等、独立、竞争的品格。

因此，当前要复活孝文化，必须适应市场化的权利义务规则，但同时，根据时代的发展和市场经济的精神特征，子女和父母从生命个体上是独立平等自由的个体，相互之间也有权利。子女对父母有赡养义务，但是并非无条件，无原则的服从于父母，作为子女，要尽力满足父母在物质上的需求，尽力给予父母以精神慰藉，并在精神上引导父母。作为本身，也要自立自强、有所作为，让父母放心、欣慰。

与子女义务相对应，我们也强调根据时代特征和市场经济的特点，形成"代际公平"，决不能让"死的拖住活的"。一方面，父母有为未成年子女提供良好的生活条件的义务。生养子女的主动权在父母，而子女出生后享受一定的生活条件也是子女的权力要求。二者，父母有为子女提供良好的教育条件的义务，营造民主、宽松、和谐的家庭精神氛围。三者，父母有完善自我，做子女楷模的义务。四者，父母有尽力减轻子女经济赡养负担的义务。面对如今多见的"四二一"哺育方式，独生子女赡养长辈显然超负荷。因此，父母应保持身体健康，积极参与社会劳动，推迟退休的年龄，年轻时开始购买养老保险等，这种"主动养老"也是新型父母伦理的要求。最后，父母有减轻子女精神赡养的义务，自觉地扩大人际交往，这样既可以化解难免孤寂的心境、颐养天年，又可以减轻子女的牵挂和精神赡养负担。

总之，市场经济条件下的"新孝道"具有双向性特点，它体现了"代际公平"，对于建立平等、互爱、和谐的代际关系有着积极的作用。

第三节　中国传统孝文化的当代价值及新孝道建构原则

一、中国传统孝文化的当代价值

如今，很多人都知道历史上"百善孝为先"的道理，明白对父母、对老人要给予温暖和爱护。中国古代是孝道被传承的最辉煌的时代，孝道的历史沿袭了几千年。可是，"五四"以来，虽然也有人主张对孝道要兼收并蓄、全盘继承，但在反封建的大潮流的冲击下，孝道被看作是一种封建遗毒而遭到了猛烈的批判，特别是在"左"的思潮泛滥的时期，孝道更是被全盘否定。在那个时期，讲孝道就会被视为是封建主义思想而遭到批判，而批判所导致的结果之一就是孝文化教育的断层，使得如今一些人孝的观念淡薄，不尊重老年人、不赡养老年人、甚至虐待老年人的行为时有发生，家庭关系受到了破坏。强烈的对比之下，我们不禁要问，"孝文化"难道过时了吗？对我们今天而言，难道不需要孝文化了吗？倘若推广孝文化，真的能救时弊而聚人心吗？我们现在又需要建设怎样的孝文化呢？一言以蔽之，当今探讨孝文化及其孝道是传承民族特色文化，寻求解决当代问题的需要。

（一）辩证看待传统孝文化

传统孝文化在漫长的历史发展，经过历代统治者和思想家的改造，已经变成了一种内涵极其丰富的伦理规范，孝道成为与政治紧密联系的政治概念。如何正确对待传统孝文化，罗国杰先生这样说道："中国传统道德具有鲜明的矛盾性和两重性。它既有民主性的精华，又有封建性的糟粕……对于中国传统道德，我们既不能全盘否定，也不能全盘继承。全盘否定势必导致历史虚无主义；全盘继承必然导致复古主义。这两种倾向都是错误的。正确的态度是以历史唯物主义为指导，坚持批判继承、弃糟取精，综合创新和古为今用的方针。"[①]

1. 传统孝文化的积极价值。

传统孝文化中蕴涵了超越时空的普遍伦理精神，永远有其存在的价值，如养亲、事亲、敬亲、敬长等基本内涵，需要大力提倡和弘扬。具体来说有以下

---

① 罗国杰主编：《中国传统道德》，中国人民大学出版社1997年版，第4页。

几点：

首先，传统孝观念中的"养亲"、"敬亲"具有实用价值。特别是"敬亲"的思想，对现代有格外重要的意义。真正的孝，仅仅赡养还不够，更重要的是在赡养的过程中体现出"敬"，对待父母亲要有爱戴、尊敬之情。传统孝道中所讲的"养亲敬亲"实际上就是将物质赡养和精神赡养作为"孝"的基础含义，这种思想在任何人类社会家庭生活中都具有普遍适用性。

其次，"亲亲"、"敬长"观念有利于调整封建社会中的人际关系，维护社会稳定。在古人看来，一切人际关系均是基于"孝"而发生的。因此，孝是中国文化向人际与社会历史横向延伸的根据与出发点，是贯穿天、地、人、己、子、孙的纵向链条。①

再次，传统孝观念中的"立身扬名"之孝造就了许多忠君爱国的杰出英才。"夫孝，始于事亲，中于事君，终于立身"。②孝已经不再局限于家庭内侍候父母的范围，而是一种社会的事业。儒家始终追求"古之欲明明德于天下者，先治其国；欲治其国者，先齐其家；欲齐其家者，先修其身；欲修其身者，先正其心；欲正其心者，先诚其意；欲诚其意者，先致其知；致知在格物。物格而后知至，知至而后意诚，意诚而后心正，心正而后身修，身修而后家齐，家齐而后国治，国治而后天下平。"③在此意义上，立身之孝就会导致先天下之忧而忧的国事关怀。

最后，传统孝文化对中国国民性产生了积极影响。传统孝道蕴含了中华传统伦理的基本精神即仁、义、礼和体现的整体主义、利他主义和追求协调和睦的价值取向。孝文化的基本精神影响和培育了中国人的优秀人格特质：仁爱敦厚、忠恕利群、守礼温顺、爱好和平。儒家把孝看作是"仁之本"，孝是"行仁"的根本和起点。仁爱之心必先产生于亲情之中，然后将此心逐步外推，依次施及同胞兄弟、家人、亲属，以至于更广的范围。有了这样的仁爱之心，必然会心地宽广，厚德载物，使中国人形成豁达乐观的性格。

在孝文化的影响下，在人际关系中，要行合宜之事，尽应尽之义务，而这种他人意识、责任意识在儒家看来是来源于"仁"的忠恕之道，"己欲立而立人，己欲达而达人"，"己所不欲，勿施于人"。人一生下来，首先生活在亲子

---

① 参见《"百度百科""孝道"》。
②《孝经·开宗明义章》。
③《大学》。

关系中，感受了父母对子女的爱，从而激发和培养了子辈对父母的爱。由爱生敬，由爱生忠。顺则是以行动来证明自己对父母的敬，如此自然地养成了国人的忠恕品质、他人意识、责任意识和利群品质。

礼与孝，实际是行与情、外与内的关系。礼的精神实质为敬，而敬也是孝道的内在精神。因此，孝不仅是"亲亲"，而且内在的包含着"尊尊"、"长长"的精神。久而久之，就形成国民的守礼温顺之性格。"非礼勿视、非礼勿听、非礼勿言、非礼勿动。"①这哺育了中国人"和平主义"的国民性格。

2.传统孝观念及孝道的消极影响。

现在很多人漠视孝文化，就在于他们认为孝是封建社会的产物，它与现代社会难以相容。把孝和封建主义完全等同起来，他们认为现代社会不应该再来提倡孝道。他们认为，孝道宣扬不孝有三，无后为大，不利于计划生育的推行；"厚葬劳民伤财"，传统孝道对"事死"很重视，主张父母去世后要"厚葬久丧"，坟墓要修得豪华，葬礼要气派，守丧的时间要长，这样才叫作孝。但这样做，不但会占用大量土地，还会浪费大量钱财，耽误太多的时间。现在正在推行殡葬改革，人们担心提倡孝道会助长厚葬之风，不利于移风易俗，所以不主张提倡，等等。从以上不主张提倡孝道者所选择的理由可以看出，他们主要是抓住了孝的负面的东西，担心它会给现代社会带来不利影响，所以不主张提倡。②

综合以上不足与局限，主要表现在以下几个方面：

首先，封建统治阶级宣扬"忠孝合一，移孝作忠"的思想，使得传统孝道成为维护封建专制统治的基本道德力量。这一点，前文多有论述。

其次，传统孝道提倡对父母的绝对服从，这剥夺了子女的独立人格，妨碍了个性的发展和创造性的发挥，在一定程度上阻碍或延缓了社会的进步。缺乏自信、自立、自强精神的依附型人格，是古代孝子孝女的一个特点。传统孝道不仅剥夺了子女的独立人格，妨碍了个性的发展，而且对社会的发展也产生了一些消极的影响。那就是它的崇老思想实质上导向了老人本位主义，使得整个社会的重心倾向于过去，而不是倾向于未来，这无疑是大大增加了社会发展中的滞后力量。

第三，传统孝观念内涵的泛化和异化，导致其政治伦理内涵多于家庭伦理

---

① 《论语·颜渊》。
② 参见《关于四川城乡居民孝道观念的调查与分析》。

内涵以及"愚孝"的产生，如"君要臣死，不得不死；父叫子亡，不敢不亡"、"郭巨埋儿"、"王祥卧冰"、"割股疗亲"等丧失人性的愚孝，已走向了孝本质的反面，是不符合现代科学精神的，应加以剔除。

综上可见，我们今天所提倡的孝道在继承传统精华的基础上，一定要、也一定会推陈出新、赋予孝道以新的内涵和特征。这是因为和传统社会相比：经济基础已经发生改变，社会主义市场经济的开放性不同于以往的农业经济的封闭性，传统孝文化中的保守性必然被人们所摒弃；如今的国家政治制度和法律背景也不同，人民当家做主的国家政治制度保证了人与人之间是一种法律上的平等关系，家长制作风难以存续；再者，文化环境不同，当今社会是一个开放社会，东西文明相互影响渗透，不同价值观相互碰撞交融，独立、自由、平等人权等观念深入人心，新时期的孝道必然具备新的时代特色。这三点也决定了今天的孝道必须、也必然要返回到孔孟的"仁"与"和"的主旨之下，父慈子孝，家庭和谐，使传统孝道为社会主义精神文明建设、为社会主义和谐社会建设发挥重要作用。①

（二）对孝文化当代困境的反思

立足于当代来看，传统孝观念既有糟粕，又有精华，这在前面已有论述。改革开放以来，对传统孝道批判继承问题的讨论一直为人注目，社会主义道德建设总的来说在不断发展。但是"孝"这一传统道德的合理成分还没有为全社会所普遍接受，许多人甚至不愿讲"孝"这个字。前面论述中提到，在当今市场经济条件下，随着追逐个人利益的发展，西方的个人主义、拜金主义、享乐主义的思潮不断蔓延，等价交换原则正渗透到人与人关系的各个方面，甚至在家庭关系中也笼罩着个人利益至上、金钱至上的阴影。这种价值观念上的变化对现代亲子关系也是一个冲击。在家庭中，有的儿女对父母不关心、不孝敬、不赡养，甚至辱骂殴打、残酷虐待、逐出家门；在社会上，有的青年人对老人不尊重、不照顾、不扶助，甚至嘲弄讥讽、蛮横无礼、欺辱老人。这说明当代很多人的孝观念越来越淡薄，孝行为越来越弱化。造成上述后果，一方面是由于近代以来历次思想的批判、政治的影响导致的传统孝观念的断裂；另一方面则是当代社会对传统孝文化的冲击。除了前面提到的经济基础的变化——市场经济对传统孝观念的冲击；上层建筑方面，当代社会制度的变化对传统孝文

---

① 王怀乐：《孝的历史演化与现代意义》，《晋中学院学报》2011 年第 2 期。

化也有所冲击。[1]

二、创新构建新孝道的基本要求

（一）传承、弘扬孝文化是构建新孝道，促进社会和谐的迫切需要[2]

进入二十一世纪的中国，孝文化仍应具有现实的指导意义，建设适应当前社会发展的"新孝道"，是构建和谐社会的迫切需要。

1. 弘扬孝文化有助于协调家庭关系，促进家庭和睦。

家庭是以婚姻和血缘关系为基础而建立起来的一种特殊的社会组织形式，是社会的细胞。"家"与"国"关系密切，只有家庭和睦，社会和谐才具有坚实的基础，国家才能兴旺发达。而孝，正是调节家庭关系的一剂良药。

目前，在我国城镇最普遍是"421"的家庭结构，6个大人爱着一个"小皇帝"，"爱幼"的问题不大，甚至有的爱过了头，成了溺爱。而养育过程往往忽视对孝文化的灌输，在这种环境下成长起来的青少年很容易形成以自我为中心、淡化亲情回报、缺少社会责任感和对人冷漠的性格，孝敬意识相对较差。特别是有些不肖子孙，不但不尽孝养义务，反而虐待打骂老人，抢夺老人财产，干涉老人婚姻，侵犯老人合法权益。而在乡村，虽然父母不止一个子女，但按照乡村的习惯，女大出嫁，男大分家，父母无经济来源，养老仍然是个问题，多子女更出现了"踢皮球"现象，有的虽然做到了生活上的赡养，但没有注意精神慰藉。

"受恩勿忘"、"知恩当报"，是先贤留下的古训，在家庭中，如果子女能够孝顺父母，父母将会更加关爱子女；推而广之，兄弟之间，也会"兄友弟恭"，邻里之间，也会和睦相处，从而使家庭成员之间、社会人与人之间关系融洽，彼此关爱。反之，如果子女不孝顺父母，各种矛盾，必然会接踵而来，并由此而外化为社会的不安定因素，从而影响社会的和谐稳定。因而，"孝"作为一种社会伦理，应该成为社会主义精神文明建设和构建和谐社会的内容，加以充实和发扬光大。

2. 弘扬孝文化有助于维护家庭关系的稳固，进而促进社会的文明和谐。

我国是一个特重亲情的国家，子女孝顺，家庭和睦；两代或三代人相互间经

---

[1] 本部分参见张玉峰：《传统孝观念的困境与超越》。
[2] 以下参见张俊杰：《孝文化与和谐社会的构建》，《社会科学家》2010年第10期；《当代青少年孝道文化的缺失与重建》。

常交往，互相关照；儿孙辈在工作、学习上能够取得成绩，实现老辈人未能实现的理想；子女亲人能够为老年人解决一些生活上难以解决的难题，能够及时为老人寻医治病；等等，都是老人的精神需求。所以必须大力弘扬孝文化，让子女能正确认识自己对父母应尽的责任并身体力行，努力为老人们创造一个安定祥和的养老环境，实现代际关系的和谐，大力推进社会主义和谐社会建设的进程。

3. 弘扬孝文化有助于在最日常的亲情互动、代际互助中提高人们的修养。

以"孝"作为人道的原始，作为人性的本根，作为家庭和社会秩序、道德法令的基础，具有强烈的情感归依和充分的说服力。当"孝"成为一种强有力的文化心理和行为习惯之后，也就具有完善人的品德的功能。而一个孝敬父母、品德高尚的人，必是遵守社会公德和职业道德，效忠国家的人。古往今来，无数事实已经证明，国之忠臣多是孝子。因此，构建和谐社会，实现中华民族的伟大复兴，就要弘扬中华民族尊老、敬老的传统美德，就要创新构建新孝道。

（二）如何"批判地继承"中国孝文化，创新构建新孝道

本课题最为重要的创新点，就在于提出"五维"构建新孝道，从十个方面着手的观点。在这里，我们暂时用一种更加伦理学和简明的叙述方式，谈谈笔者对"批判地继承"中国孝文化的几点体会。既然孝文化有值得继承的积极作用，那么接下来要面临的就是，传统孝文化中有哪些优秀的精神特质，是值得我们"批判地继承"下来的。

1. "批判地继承"孝文化，要实现传统孝观念的现代转换[①]。

要处理好现代家庭中的亲子关系，单纯依靠经济的发展很难有效，必须从传统孝文化中吸取一些有益的资源，并加以改造、创新。具体来说，应该做到以下几点：

首先，要淡化政治意识，让"孝"回归家庭伦理本位。中国的孝道从周代开始就已同政治统治结合在一起，提倡孝道都是为了巩固封建王朝的统治。近代思想家吴虞曾指出儒家提倡的孝道是为了把中国弄成一个"制造顺民的大工厂"，可以说是一语道破了封建孝道的政治实质。因此，孝道要获得新生，必须脱离原来的影响，淡化政治意识，从传统社会中那种无限推广转化为回归其应该占据的位置，恢复其作为家庭伦理的地位。

其次，要追求平等的伦理精神。传统孝道是以父子关系为主轴逐渐向外扩展的，而现代家庭结构以夫妻关系为基础，所以"新孝道"应以夫妻关系为本位，

---

① 本部分参见张玉峰：《传统孝观念的困境与超越》。

孝的主体应是自主、独立、平等的，没有尊卑贵贱之分，凸现孝"亲亲"、"敬亲"的合理价值和父慈子孝的双向情感交流。平等性应是"新孝道"的根本特征。

再次，传统孝的转换应以促进家庭和睦、稳定社会秩序为目标。如果一个人在家庭不孝敬父母，没有体验到为父母做好事的快乐，相应地在社会上不可能尊重他人、帮助他人。爱父母、敬老人是道德修养的起点，它既能展现出一个人的道德品质，又能反映出一个社会的道德风貌。如果我们在道德教育工作中，以"孝"为先，提倡孝文化，社会风气就会大大改观，社会主义的精神文明和市场经济就必然能得到进一步的繁荣发展。

2. 构建新孝道必须贯彻"四条原则"、"五大理念"、"八个要点"。

中国传统的孝文化是一个复杂的理论体系，既有精华也有糟粕，既有合理的内核也有过时的内容。在当前中国社会老龄化的条件下，如何构建符合时代要求的孝文化及其新孝道，必须坚持四个原则：一是要坚持继承和批判相结合；二是要坚持继承和创新相结合；三是要坚持道德建设和法制建设相结合；四是要坚持体现老龄社会的要求。

根据这四个原则，构建新孝道的新理念应当包括五个基本内容：一是孝敬；二是平等；三是保障；四是共享；五是和谐。这五个方面相辅相成，相互联系，不可分割，共同构成孝道和孝文化的新理念。

"批判地继承"传统孝文化，给今天做子女如何在家庭中行孝的启示，就是要牢记"八要"：一要"敬爱"；二要"奉养"；三要"侍疾"；四要"承志"；五要"立身"；六要"谏诤"；七要"送葬"；八要"祭祀"。这八个方面，就是我们今天"批判地继承"孝文化所应该提倡的。无论如何，"孝"在道德伦理层面上，它首先是一种义务，一种责任，是良心的需要，是一种自觉，一种心悦诚服地、出自内心的爱。这本身就是合符人类社会文明发展的。[①]

总之，当前我们构建和谐社会，离不开家庭和谐与代际和谐，要做到这两个和谐，就需要弘扬中华民族孝老敬老传统美德。今天，对于孝道的理解和诠释正面临着新形势和新机遇。传统孝道只有经过创造性转化，创新性发展，才能变成适应当今时代需要的新孝道。新孝道的构建关系到家庭的和睦与幸福，关系到社会的长治久安与民族的兴衰，关系到中华民族伟大复兴中国梦的实现，对我们的国家、民族、人民有重要的现实意义。

---

① 参见丁幺明：《儒家"孝"文化的现代诠释》，《当代学者论孝》，湖北人民出版社 2008年版。

中篇

时代要求，立足当下构建新孝道

第五章　正视社会变革

　　孝道是我国传统文化的基础和核心，是人伦道德的基石、中华民族的传统美德。孝文化从产生到兴衰的历史嬗变，都与社会存在的变迁，人的生存、生活方式以及社会需要的变化密切相关。中国以家庭为核心的农耕生产方式及生活方式是传统孝文化产生的基础，人的社会属性及社会需求是传统孝文化的生命之源、存在之根。社会变革及社会存在的变化、儒家孝文化发展中存在的问题、文化变革中的行为失当，是儒家孝文化失落和断裂的主要原因。在全球化时代背景下，在中国由农业社会向工业社会转型，由计划经济向市场经济转轨的历史时期，在利益博弈渗透到每个角落、多元价值、多元文化冲突的当代中国，守望孝道，弘扬儒家孝文化，使孝文化在化解社会矛盾、构建社会主义和谐社会中发挥应有作用已经成为迫切需要。而实现孝文化的复兴，重构适应时代发展要求的新孝道，提升孝文化的影响力，妥善化解老龄化社会出现的新矛盾、促进家庭和谐，进而促进社会和谐、推进社会的健康有序发展，必须使孝理念和孝道与时代对接、与社会现实对接、与社会主义核心价值体系对接，针对当前面临的新情况新问题，探讨孝文化的失落之因、孝道断裂之缘，寻找孝文化的复兴之据、再生之路。

第一节　中国走向现代化，传统孝的基石在软化

　　在构建社会主义和谐社会的新时期，面对时代变迁、社会转型和家庭的新变化，当今的人们尽孝的能力、行动相比以往有所欠缺，孝道基石软化而有崩溃之虞，面临消逝的危机。这种危机不仅表现在伦理价值层面——社会不太认可传统的孝与孝道，而且体现在行为层面——人们缺乏"尽孝"的践行。社会

转型期出现的孝观念偏差与孝道文化制度缺失的现状，使传承弘扬孝文化、创新构建新孝道在今天面临许多问题。

一、代际地位关系变化，亲子间代沟问题加剧

一个时期以来，特别是在当前，随着我国城镇化进程加快、农村青年劳动力向城镇转移加剧，而产生年老一代和年轻一代城乡分居的现实，社会和家庭的养老和照料压力越来越大。在城乡二元经济和社会结构相差甚远的现实情况下，社会处于价值观念多元化的状态，加剧了不同时代出生的人在生活方式、价值观念方面的差异，产生了代际之间相互理解、互动的困难。随着我国由农业社会向工业社会的转变，作为农业社会经验和智慧化身的老年人的优势丧失，地位旁落；另一方面，现代社会青年人的自我意识也在逐渐增强，要求独立和自由的愿望非常强烈也促使了他们与父母之间的冲突。老年人逐渐处于弱势地位，成为弱势群体。另外，受文化传统的影响，中国的父母一般把所有的爱更多地倾注在子女的身上，他们对孩子的帮助和支持，一直延续到自身没有能力为止，把孩子当成自己的一部分，付出了牺牲和慈爱，而当他们年老体衰，无力自养时，他们从子女身上得到更多的是疏远、冷淡和歧视，甚至是虐待。他们本来完全可以理直气壮的争取这一方面的权利，而在事实上，他们在争取这方面权利的时候显示出来更多的是底气不足。[①]

随着家庭结构的小型化趋势和家庭在现代社会中职能的简约化，家庭养老和照料老年人的功能日益弱化；随着生育观念的改变，特别是计划生育户养老保险的制度化，以传宗接代和养儿防老的观念发生了深刻变化。目前，老年人和青年人的家庭和社会代际关系出现许多问题，其中最突出的就是虐待老人的现象时有发生，损害老年人的风气抬头，个别地方甚至出现触目惊心的虐老案件。[②]代际冲突一定程度上影响了孝的传承。

近些年，西方社会的各种思潮及风俗已渗透到我国包括农村家庭在内的社会各个角落，西方的自由、人权、个体本位等观念成了社会的普遍观念。青

---

① 徐文福：《传统孝文化在当前和谐家庭建设中的现实意义》，《福建省社会主义学院学报》2007 年第 11 期。

② 徐文福：《传统孝文化在当前和谐家庭建设中的现实意义》，《福建省社会主义学院学报》2007 年第 11 期。

少年在价值取向上更注重自己的发展和完善，并有着与诸多父母不一样的婚姻观、生育观，要求独立和自由的强烈愿望也加剧了父母与子女之间的冲突。代际冲突的加剧，影响了子女与父母之间正常的沟通，也影响了孝的实现。《中国青年报》社会调查中心对 3120 人进行的一项调查显示，69.6% 的人坦言与父母有矛盾，其中 59.7% 的人和父母"存在代沟"，8.9% 的人经常和父母发生冲突，1.0% 的人和父母"无法沟通，水火不容"。仅 28.2% 的人和父母关系"很融洽"。受访者中，"80 后"占 58.1%，"70 后"占 23.2%，"90 后"占 10.9%。[①]

我们正在建构全覆盖的包括基本养老保障在内的"社会保障体系"，但这毕竟是一个庞大而系统的需要假以时日方能完成的浩大工程。在现阶段，我们必须同时突出家庭养老的作用，从传统孝文化中去寻求解决问题的途径。如果说加强"社会保障"是硬件建设，那么我们还需要加强"孝文化和孝道"这一软件建设，以共同推进和谐社会建设。

二、市场化改革冲击，代际关系呈现疏离趋势

由于市场化改革和外来文化的影响，当代社会子女与父母的关系呈现出疏离趋势。父母与子女分居已成为普遍现象，分居的子女感情上与父母比较疏远，成年子女一年里看望不了父母几回，不愿与父母进行心灵的沟通。科技的飞速进步使传统生产方式中的"老把式"失去了权威地位，父母很难再成为年轻人崇拜的偶像，老年人信奉的那一套被年轻人所鄙弃，代沟在拉大、加深。[②]中国传统家庭观念发生变化，传统的孝道面临着强烈的冲击。特别是农村老年人在传统大家庭中支配财富的权威地位已不复存在。经济上由主动变被动，导致老人供养状况受子女孝敬程度的影响加大，不稳定因素增多。孝文化所依赖的社会结构和经济基础不复存在，社会转型让传统孝文化与孝道成为历史，原来由家庭、家族承担的经济互助互保功能必须由金融证券与保险市场来取代。

1. 孝观念淡化、孝道式微，敬养老年人的行为逐渐弱化。

新中国成立以来特别是改革开放以来，传统孝文化没有为主流社会所接受，一些人不能自觉履行对父母、对老人的道德义务。对老人蛮横无礼，或者是对父

---

① 《调查显示：近七成人坦言与父母有矛盾》，《羊城晚报》2010 年 7 月 22 日。
② 黄南永：《对当代大学生进行孝文化教育的思考》，《绍兴文理学院学报》2009 年第 5 期。

母辱骂虐待的现象时有发生，许多老人生活处于困难境地。不容忽视的是，有些子女虽然具有赡养老人的经济实力和物质基础，但是赡养老人观念淡薄，只顾自我享受，不顾父母处境好坏；或者是嫌弃老人，故意寻找种种借口、人为设置障碍；或者是有条件也不愿回家，逃避敬养老人的责任，老人不得不独守空巢。一些年轻人不懂得如何尊重父母，在父母身上一味索取，缺乏对父母的关爱，不主动去了解父母的生活状况，更谈不上在精神上满足父母的需要。调查发现，有些年轻人只有在需要父母帮助的情况下才会想起父母，也不和父母谈自己的生活状况，对于一直关注自己子女的父母来说是缺少精神上的慰藉的；有的年轻人更是把父母当成自己的"出气筒"，不孝敬自己父母也就罢了，还把自己不顺心的事往父母身上撒，从不理解父母的烦恼和内心需要；有些年轻人则因自己的虚荣心无法得到满足而埋怨父母在经济上无能，没能让自己过上好日子；更有甚者根本不把父母放在眼里，从未主动照料过自己父母的饮食起居。①

2. 社会竞争加剧、社会流动性增强、生活节奏加快，也影响了人们的孝意识和孝行为。

本来中年人传承的孝意识和履行孝道的义务比较多，但中年也是实现人生价值和目标的黄金阶段，多数人是工作岗位上的中坚力量，但他们上有老，下有小，面对家庭和事业的两副重担，他们也愈来愈感到"奉陪不起"。当代年轻人"孝"观念更是大大改变，感恩的意识逐渐淡化。相比于传统的孝道而言，很多人认为能够提供给父母足够好的生活就是尽孝了，他们并不知道真正的孝该是怎么样的。我国于1978年开始实行独生子女政策，这就使得当代年轻人很多为独生子女。他们在家里备受父母的宠爱，在很多问题上往往是以自我为中心，较少去考虑别人的感受，不懂得去照顾别人、关心他人。尽管父母给予了他们生命，并把他们养大，但是他们认为这是理所当然的事情，对于报答父母、孝顺父母却更多的是不理解，往往做出让父母伤心的事情。②

3. 代际关系和价值观念变迁，传统的家庭观、尽孝观日渐淡化。

一方面是传统的家庭观念在淡化。受经济制度变迁以及外来思想的影响，传统的道德观念日薄西山，影响力日渐衰微，特别是作为处理家庭关系的孝观念和孝道制度，在年轻人身上出现了不同程度的缺失。在人们对传统孝观念如家长的绝对权威、传宗接代的绝对义务等抛弃的同时，一并忽略了尊老爱老的

---

①《关于孝道在当今社会中的思考》。
②《关于孝道在当今社会中的思考》。

重要意义，更有甚者，连养老的责任也一并舍弃。在现代社会，家庭背景对个人成功不再是决定性因素，个人在社会中的地位更多地取决于他的努力和进取心，因此人们的家庭观念日趋淡薄，人们对养老的责任感更加不予以重视。尽管现实生活中家庭代际关系仍然是传统的亲子两代的角色身份，但是子代对亲代的赡养更多的是由于父母的角色身份而尽的义务，而不同于传统社会的出于"尚齿"、"尊老"的尽孝观和以家族生命为本的伦理价值观。敬老、养老观念的淡漠使子女在经济上不愿赡养、生活上不愿照料、更不愿从精神上慰藉老年人。养老问题存在巨大危机，处理不好还会影响社会的发展和稳定。[1] 现在的代际关系正在发生与传统双向平衡的代际关系不同的变化，向平等互惠的契约化方向发展。子代在社会地位和经济收入方面不必完全依靠父辈和家庭的传承和支持，而可以依靠个人的努力和社会关系网络的支持取得成功；独立谋生的核心家庭增加，父辈控制子辈的经济手段大大减弱，代际关系松散疏远，孝与孝道等传统伦理道德观念维系的代际关系的力量在减弱，代际矛盾冲突加剧。

另一方面是年轻人的"自我现实生活需求满足感"和"自我价值实现"意识日益增强。一部分年轻人认为，现代意义上的尽孝是属于社会意义上的概念。目前社会资源已经向老年人倾斜，如果在家庭中还要赡养老人，那么老龄社会的发展是以牺牲中青年利益为代价的。因为中青年要在激烈的社会竞争中求生存求发展，就必须投入更多的时间和精力，他们作为纳税人，向社会尽了义务，就不要在家庭中尽义务。他们为赡养和照顾老年人而付出的时间和精力，势必影响其学业和事业，甚至导致下岗，并影响其子女的教育成长。这种人生观和价值观必然影响到子女对父母的赡养意愿与行为。[2]

三、新群体出现、角色复杂化、孝教育边缘化

1. "啃老族、草莓族"出现，导致家庭供养关系错位。

由于中国社会转型带来的传统道德体系的瓦解，孝文化和孝道渐渐弱化，"啃老、虐老、遗老"现象层出不穷，传统孝文化和孝道面临着巨大的挑战。在今天的中国，"啃老族"有扩大的趋势。有些年轻人放弃就业机会，他们有谋生的能力，却待在家里让父母供养，不"断奶"。有社会学家认为，"啃老

---

① 《转型时期中国家庭的代际倾斜与代际交换》。
② 《转型时期中国家庭的代际倾斜与代际交换》。

族"是患有"社会退缩"的心理疾病患者。这类人从小受到父母、家人的宠爱和过度保护，社会适应能力差，抗挫折能力低下。由于有这种心理特征，他们在社会上一遇到挫折就重新退缩到家人保护的羽翼之下。事实上，现在很多"啃老族"是受过高等教育的，因为高学历的心态，心理感觉不平衡，他们不愿意从事薪资较低的工作。另一方面也是因为现在部分被称为"草莓族"的青年吃不了苦，不愿意从事辛劳的工作，反而要求工作轻松、薪资高，呈现待业空等状态，没工作也不读书。[①]

中国的"啃老族"队伍正日益壮大，并且在农村也有加快蔓延之势，出现了"农家养贵子"的现象。"啃老"很可能成为影响我国未来家庭生活和社会发展的"第一杀手"。据中国老龄科研中心公布的一组调查数据显示，我国65%以上的家庭存在"老养小"现象，有30%左右的成年人被老年人养活，且"啃老"现象在农村也越来越多。[②]

2. 多重角色冲突难协调，导致行孝方式产生偏差。

随着人口老龄化的发展，家庭"四二一"结构的发展，未来家庭承担养老和照料老年人的空间越来越小，独生子女家庭中一对年轻夫妇供养四位老人和一个孩子的情况较为普遍。调查显示，三分之二以上的人表示要承担多位老人的养老负担。这类家庭中，老人更需要儿女物质上的赡养、精神上的敬养，子女则需要投入更多的时间、精力和经济上的付出。面对日益激烈的社会竞争，不少成年子女陷入角色冲突即事业角色与子女角色的冲突之中，新时代的年轻人面临着老一代人所没经历过的压力和麻烦，面对社会竞争，他们需要时间自我"充电"，为得到社会认可他们要用大量精力去应付日益复杂的人际关系，为寻求机遇，他们既然背负着事业的负担又要以笑脸展示于四位老人面前，如此种种身心疲惫使他们往往忽视尽孝而全力以赴干事业奔前程。[③]现代社会充满竞争，年轻人把精力更多地投入到工作中以免被淘汰，从而减少了同老人在一起的时间，忽视了老人的感受，他们更多的是满足老人的物质需求，而忽视了老人真正需要的陪伴与感情交流。

更严重的问题还在于，一部分人已有足够的经济实力为父母"尽孝"，但

---

① 《关于孝道在当今社会中的思考》。

② 参见《青岛新闻网》，2005年7月22日。

③ 徐文福：《传统孝文化在当前和谐家庭建设中的现实意义》，《福建省社会主义学院学报》2007年第11期。

是他们对"孝"的内涵领会不深、认识不足，对孝的理解趋于表面化、机械化，缺乏理智、缺少分辨能力，甚至反感，导致他们即使是在自觉或不自觉地行孝和尽孝时，行孝方式出现偏差，甚至走向极端。更何况，由于实行计划生育政策，现代家庭子女数急剧减少，独生子女在家庭中的地位上升，很多独生子女成为家中的"小皇帝"，家庭孝教育严重缺位。^①于是一代一代的青少年习惯于饭来张口、衣来伸手，缺乏感恩之心和回报意识，又加之社会和家庭都缺乏传统文化知识教育，"小皇帝"们更不知"孝"为何物。独生子女家庭越来越多，孩子成为家庭关注的中心，老人相应的就被忽略了，特别是在农村，老人成了穿得最破、吃得最差、住得最简陋的人。

3. 孝文化教育被边缘化，导致孝道实践更趋弱化。

在当代社会，家庭仍然存在并仍然是社会的细胞，亲子关系仍然是最为重要的家庭成员关系，且是一种人类无法选择也不能人为解除的关系，所以孝意识赖以存在的基本客观条件在当代社会仍然是存在的。而且，由于我国具有几千年的孝文化传统，这种传统已经积淀为一种社会心理，成为国民的一种文化心理结构和"集体无意识"。因而人们的孝意识和孝认同并没有泯灭；也由于当前中国处于转型期，老人的生存状况充满了不稳定性，需要孝道伦理予以调适、润滑，提倡尊老爱幼的孝道和养老仍然十分必要，更何况孝道作为一种家庭代际和社会人际关系和谐的调适机制也为社会和谐建设所需要。人们在应对社会存在的新问题时不得不把目光投向传统，从传统孝文化中去寻求答案，产生了对传统孝文化的深深留念。

但是，伴随着近代以来我国的社会深刻转型，传统的家庭无论从在功能上还是结构上都经历了前所未有的改变，传统孝文化与当代和谐家庭建设产生碰撞。面对崭新的现代生活方式，人们感受到了传统家庭伦理中存在的某种不合时宜，自觉或不自觉地进行了观念上的更新。与此同时，当代家庭道德建设中不断涌现出各种社会问题和道德困境，传统孝道受到前所未有的荡涤，大大地被弱化了。^②

正是由于很长一段时间内我们对孝的历史价值缺乏公允客观的认识，孝文化被排除于主流意识形态和主流文化之外，甚至长期被作为批判、打压的

① 黄南永：《对当代大学生进行孝文化教育的思考》，《绍兴文理学院学报》2009年第5期。
② 徐文福：《传统孝文化在当前和谐家庭建设中的现实意义》，《福建省社会主义学院学报》2007年第11期。

对象。一个时期以来，社会不重视孝文化的正面宣传，学校也忽视孝文化教育，人们"孝"的观念不但没有随着社会的进步而增进，反而在逐渐淡化。虽然 2004 年国家修订的《中小学生守则》增加了"孝敬父母"的要求，但无论是"思想品德"教材，还是承载较多德育功能的历史、语文等学科，都很少有关于"孝"和孝敬父母的内容。国家对孝文化教育不够重视，家庭也忽视孝教育。如我们在一些学校进行关于"孝"的问卷调查时，很多同学还真以为是或调侃我们是在作"笑"文化调查。

第二节　社会加速老龄化，国家养老负担责任增大

人口老龄化是人类社会发展到一定阶段的产物，反映了社会的进步，同时也是一个重大的社会问题。人口老龄化是世界人口发展的总趋势，据联合国统计，1950 年世界 65 岁以上的老龄人口为 1.32 亿人，1980 年为 2.56 亿人，预计到 2025 年将达到 7.73 亿人，为 1950 年的 5.66 倍。中国人口老龄化速度与世界平均水平相比则更为迅猛。其进程是，人口结构发展概况从 1949 年到 20 世纪 60 年代中期前，我国人口年龄结构基本上是年轻化。20 世纪 60 年代中期开始，年龄结构逐渐向成年型转变；20 世纪 70 年代随着计划生育政策的实施，进一步促进了这种转变。1982 年以来，我国老年人比例上升，青少年比例下降，老龄化开始加快。1987 年，我国 65 岁以上老人占全国总人口的 5.5%。到 1990 年末，我国 65 岁以上的人口为 6418 万，占总人口的 5.6%。1997 年，我国 60 岁以上的老人超过 1 亿。1999 年中国已经进入了老年型社会，2000 年底全国 65 岁以上老人比例达到 7.1%，老年人口的平均增长速度远远快于总人口，我国人口年龄结构正在加速老龄化。据第六次全国人口普查数据显示，全国总人口为 1339724852人，其中 60 岁及以上人口为 177648705 人，占 13.26%，其中 65 岁及以上人口为 118831709 人，占 8.87%。同 2000 年第五次全国人口普查相比，60 岁及以上人口的比重上升 2.93 个百分点，65 岁及以上人口的比重上升 1.91 个百分点。[1]

①《国际资料：全球人口老龄化状况》。

一、"未富先老"是我国现阶段基本国情重要特征

我国是世界上唯一一个老年人口超过 2 亿的国家，并且 60 岁以上的老年人口正在以每年超过 3%的速度递增。根据国家统计局提供的数据，预计到 2025 年我国 60 岁以上的老人将达到 2.8 亿，约占人口总数的 20%[①]。据人口学家推测，2030 年前后有可能成为中国人口发展的拐点，届时，中国人口数量将达到峰值，老龄化问题加剧。据全国老龄工作委员会《中国人口老龄化发展趋势预测研究报告》预测，到 2040 年我国 60 岁以上的人口预计在 2.5 亿以上，占总人口的 23.79%。到 2050 年，60 岁以上的老年人口数量将达到 4.68 亿，占总人口的比例提高到 27.71%。几乎每五个人中就有一位老年人，我国是农业大国，农村人口占全国总人口的 71%，农村的老人占全国老人的比例达到 75%，我国在养老金、医疗保障、长期照料等方面的准备和供给还不充分，还没有能力应对如此迅速的老龄化进程。[②]

从世界发达国家人口老龄化进程来看，欧美等发达国家生育率的下降是伴随着工业化、城镇化和现代化而自然下降，人口老龄化发展速度缓慢，大约经历了 150 多年，属于"先富后老"。我国人口生育率的下降，是长期实行计划生育，严格控制人口出生的结果。因此，人口老龄化的进程不可避免的超前于经济发展水平，即出现了"未富先老"、"先老后富"、甚至是"老却未富"。我国在尚未实现现代化的条件下出现老龄化问题，"未富先老"是我国人口老龄化的一个总特点。具体说：一是老年人口规模大，人数多，中国是世界人口数量第一大国，也是老年人口数量最多的国家。二是老龄化进程在加快，超速化，生育率低、人口结构老化、社保制度滞后已成未来发展的重大隐患。现在我国老龄人口总量世界第一，老龄化发展速度世界第一，应对老龄化的特殊性也是独一无二的。这三个一，决定了中国式养老问题的艰巨和复杂。[③]三是农村老龄化速度快于城镇，绝对数量也远远高于城市，有将近 75%的老年人口生活在农村。随着农村 1.3 亿青壮年流入城市，农村老龄化的问题实际比数字所呈现出的情况肯定还要严重得多。四是老龄化伴随高龄化、女性化特征，中国人口组

① 王文娟、马国栋：《孝道在农村养老保障中的功能变迁》，《天府新论》2010 年第 6 期。
② 百度文库 专业资料 经管营销：《中国当下人口老龄化对社会保障体系的挑战与对策分析》。
③ 杜鹏：《中国式养老的艰巨和复杂："跑步"进入老龄化》，《人民日报海外版》2012 年 9 月 6 日。

成由"婴儿潮"逐步迈向"银发潮",性别间的死亡差异使得女性老人成为老年人口的主体。老龄问题在一定程度上是老年妇女的寡居问题。五是地区之间、城乡间地区差异大,城市地区人口年龄结构老化快于农村地区,汉族地区快于少数民族地区,东部地区快于中部和西部地区。六是人口老龄化与严格控制人口增长同步进行,生育率和死亡率的共同下降促使人口老龄化持续而加剧。七是没有养老金积累,历史欠账比较多。八是人口老龄化是在家庭功能弱化、社会保障制度还不完善的条件下到来的,需要社会提供照料和保障的绝对数量大,预计到 2040 年这个数字将会超过 1000 万。

二、人口老龄化对家庭养老方式产生动摇性影响

传统的家庭养老是绝大部分老人与子女认可的方式,子女对老人的赡养义不容辞。然而,家庭养老制度不仅受家庭成员经济水平的影响,还要受他们的道德水准、供养意愿等因素的影响,缺乏可靠性。尤其是在当今,家庭养老的基本依托是中国传统的敬老爱老文化,已受到人口老龄化的加剧,人口流动、家庭结构变迁等因素,在强化了家庭养老需求的同时,也增加了子女物质和精神上的压力,对年轻人的工作、学习、生活也带来了一定的困难。随着我国人口老龄化的不断加深,家庭养老功能呈现出弱化趋势。

一是客观上家庭小型化,子女数量急剧减少,人口流动加快。在农村,大量青壮年涌向城市和发达地区打工,家里只留下妇女、小孩、老人,被称为"三留守(留守老人、留守儿童、留守妇女)",农村成为"386199"的留守部队驻地,还有一些家庭青壮年夫妇全部外出,只留下老人照看孙辈孩子。同时,社会竞争加剧也使不少子女陷入"事业角色"与"子女角色"的冲突之中。年轻人面临就业、岗位上的竞争因素,忙于工作的巨大压力,无暇照顾父母,也在客观上影响到家庭养老功能。[①]一些青年夫妇比较重视子女的教育和成长问题,将有限的时间、精力和财力都向孩子倾斜,产生了"重幼轻老"现象。特别是目前城市老人生活照料问题比较突出。

二是人们生育观念的变化、赡养意识的淡泊、居住方式的改变已对传统家庭养老的基础产生了极大的冲击。当前,由于社会化大生产方式、市场化竞争观念、现代化生产模式等影响逐渐加大,养儿防老、天伦之乐等传统观念正在

---

① 《和谐农村需要新孝道》,喜乐乐网。

逐渐淡化，传统的生活方式、生活习俗开始发生变化，基本由家庭养老的局面开始打破，社会化养老已逐渐发展、比例开始上升。然而我国养老服务机构容量严重不足，所能容纳的人数不足老年人口的 1%；而且实行大众收费标准的养老院，硬件、软件水平滞后，不能满足老人的要求；少数条件优越的养老机构收费，远非一般家庭能够承受。更为突出的是：养老结构不平衡，老年人生活由家庭供养的约占四分之三，由社会供养的约占四分之一；城乡差别大，城市老年人经济来源由家庭提供的占 37.9%，由社会提供的占 62.1%，而乡村老年人经济来源由家庭提供的占 92.9%，由社会提供的占 7.1%，两者存在着明显的差距。[①]

当代的老年人和子女之间在生活习惯、思维想法等方面存在很大差异。大多数老人喜欢单独居住，图个自我清净。也有一些老人看到子女赚钱不容易，努力实现自我"养老"，以减轻子女的负担。另外，老年人的生活习惯也与青年人存在着一定的差异。如老年人愿意早睡早起，子女喜欢晚睡晚起；老年人爱看古装片，子女却喜欢看武打片、喜剧片；老年人注重节约，舍不得乱花钱，子女却要赶时髦，讲排场，两代人的共同语言越来越少。[②]虽然老人很希望天天多看看自己的儿女，但现实中越来越多的老人愿意接受分开居住的现实，单独居住。

三是人口老龄化使家庭消费负担加重，家庭人均生活水平降低。人口老龄化会导致家庭中老年人口增加，年轻人口减少，或者家庭中只有老年人而没有年轻人。老年人身体状况不佳，部分老年人无退休金，使家庭在老年人生活及医疗等方面的支出大大增加，必然导致家庭消费负担加重，家庭人均生活水平降低。

三、人口老龄化对社会养老的影响巨大而深刻

1. 老龄人口的增长改变人口抚养比，被抚养人口的增加加重劳动人口的负担。

随着人口老龄化，老年人口数量迅速增加，国民收入中用于消费的需求不断增长，从而使积累基金的比重减少。老龄化下 20 世纪 70 年代末和 20 世纪 80 年代初出生的第一代独生子女已经长大成人，正以每年百万计的规模进入生

---

① 融燕、任振魁：《老龄化社会背景下独生子女养老问题研究》，《北京电子科技学院学报》2008 年第 3 期。
② 肖结红：《空巢老人问题探析》，《巢湖学院学报》2006 年第 9 期。

儿育女的周期。根据人口专家预测，未来 10 年 "421" 家庭的老人在中国至少会高达上千万个。令人忧虑的是，"421" 家庭未来面临的最大问题是这些 "独生父母" 的赡养问题。随着经济和科技的发展，不久的将来甚至还可能出现 "8421" 家庭。根据联合国有关机构预测，今后半个世纪，中国老年人口的负担系数将不断上扬，目前每 100 个劳动适龄人口负担约 10 个左右的 65 岁以上的老年人口，而到 2050 年，这一比例将上升到 100∶30。[①]可以想见，社会养老的职责在今后将会愈发沉重。

2. 人口老龄化使用于老年社会保障的费用大量增加，对医疗资源、公共服务的需求加大，养老基金缺口加大，给政府带来沉重的负担。

养老金缺口通常包括两个层次，一个是当期缺口，即当期养老金支出与养老金收入的差额；一个是全口径缺口，是预计到若干年后制度转轨完成，这期间累计养老金缺口总额。2002 年以来，中国养老金当期缺口每年一直徘徊在 500 亿 ~ 600 亿元人民币。全国基本养老金收入的 15% ~ 20% 要依靠国家财政补贴。2004 年，根据劳动和社会保障部透露出的数字，目前我国养老金缺口达 2.5 万亿元，相当于我国年国民经济总收入的近 1/4。[②]

3. 现阶段我国老年社会福利机构的设施不完善，公办的挤不进、民办的付不起，即使对于领取养老金的老人来讲也不可能把他们都安置在养老机构中。

虽然在农村乡镇存在的福利院为老人养老带来方便，但是福利院基本只接纳农村 "五保人员"，不能够解决大多数农村 "空巢老人" 的养老问题。另一方面受传统观念影响，许多农村老人也不愿意到敬老院养老。而且，目前有的养老机构还不能满足多数老年人的需求，一些地方养老设施不足，服务整体素质不高，老人入住率较低。从我国的实际情况看，由于住房和家务等原因，老人们多数与子女共同居住在家里安度晚年。

4. 我国社会养老模式还存在明显的缺陷和问题。

一是社区托老所存在资金保障不足和服务人员流动性大等问题；二是农村养老保险等多种退养、生活补贴制度缺陷明显，如保富不保贫、保障水平低、制度不稳定，一些地区已出现了养老保险基金贬值的现象；三是以房养老方式对传统养老观念带来冲击。"以房养老" 在改变 "养儿防老" 的模式的同时，

① 融燕、任振魁：《老龄化社会背景下独生子女养老问题研究》，《北京电子科技学院学报》 2008 年第 3 期。
② 中国养老金网：2005 年 9 月 23 日。

也在冲击着家庭功能的变化。中国老人通常的做法是将房产传给子女，这种做法缘于一种家庭功能的观念，几千年流传下来的观念不可能轻易被一种新型的养老模式而颠覆，"以房养老"难免会引发各种社会问题。[①]

第三节　农村的"空巢、留守、失独"老人谁来孝

伴随着改革开放和市场经济体制的建立，社会经济状况发生了巨大的变化。城乡分割的二元体系松动之后，我国形成规模空前的民工潮、打工潮，由此也形成了大量非典型的"空巢家庭"并成扩大之势，同时，失独家庭也正渐渐走进人们的视野。中国计划生育的政策已经持续三十余年，它为中国的前行减少了人口爆炸的风险，但是为一些家庭特别是"失独家庭"增大了生活的风险。这些就引出和加剧了农村老人谁来"孝"的问题。

一、"打工经济"、"民工潮"兴起，农村空巢家庭增多

随着中国工业化、城市化进程日益加快和人口出生率的下降和人口平均寿命的增加，农村的"老龄化"进展迅速，按照 65 岁及以上人口占总人口的比例衡量，农村的老龄化率 2000 年已经超过城镇，当年的人口普查资料显示为 7.35%，而城镇为 6.30%。农村出现越来越多的留守老人，他们生活上缺乏照料，成为"空巢老人"（一般指因子女常年外出而独自生活的中老年夫妇）。在未来较长的时期内，农村老人的绝对数量会继续增加。"空巢"现象日益凸现。"空巢家庭"将是今后一段时间农村地区老年人家庭的主要模式，空巢老人们的生活和精神状态亟待社会关注。相对于城市里的空巢家庭，农村空巢家庭的老人可利用的养老资源更少，养老保障问题更为严重。

1. 农村家庭养老功能弱化，空巢老人生活艰难。

在农村养儿防老依然是比较传统而普遍的观念。中国人自古讲孝道，强调亲子人伦，提倡孝敬老人、赡养老人，而老人们也都希望子女能赡养他

---

① 融燕、任振魁：《老龄化社会背景下独生子女养老问题研究》，《北京电子科技学院学报》 2008 年第 3 期。

们，希望从家庭和谐、温暖中获得物质和心理上的满足。然而，在当下经济决定一切的社会环境里，尤其是不富裕的农民更迫切地希望获取财富，改善生存条件，走出家庭，外出打工、竞争打拼，不得不摈弃传统的伦理，背离亲情，不能直接孝敬和照料老人，甚至由于自身生存的压力而不能很好地赡养老人。

农村"空巢老人"的经济收入主要来自自身劳动收入，但因子女外出，劳动能力减弱，老年人的负担更加沉重，且随着化肥、农药、种子等农业生产资料价格不断上涨，老人的实际收入更是微薄，这使得空巢老人的经济拮据、体力负担较沉重。对于子女来说，向仍然在农村的老年父母提供生活照料，也是一个很大的负担和难题。对"空巢"无子女老人来说，他们能较顺利享受到社会福利，也无养育下一代的劳苦，却也有无人陪伴打发寂寞、临终关怀和送终安葬等料理后事的忧虑；而有子女"空巢老人"的生活也主要靠自己，处于自养状态，生活条件很差，同时还要承担照料下一代和从事农活等体力劳动，他们自我经济收入预期下降，其额外经济收入很少。不少"空巢老人"是自己养活自己，活到老干到老，一旦丧失劳动能力，因无固定收入，生活风险和困难程度均高于城市老人，生活处境非常艰难。[1]

2. 农村家庭里媳妇相夫教子、操持家务、照料老人的作用也在弱化。

农村女性特别是家庭媳妇大量地持续地外出务工，严重弱化了其操持家务的担当和对农村老人的生活照料。传统上妇女是农村老人的主要照料者。然而调查发现，如今外出农民工中妇女的数量也不在少数，性别差异正在缩小。[2]由于职场的压力等，迫使很多女性放弃了相夫教子的责任。调研中有很多村干部介绍：因为打工得现钱，钱也来得快，原来很多留守妇女在家，现在很多趁年轻也跑到外面打工去了。近年来，妇女的就业机会迅速增加了，农村妇女外流成为打工潮的重要组成部分。由于妇女在传统上是老年人的照料者，在那些青年和中年妇女大量外流的村里，必然导致家庭养老中传统照料者结构的再安排。总之，农村家庭的供养资源正在减少，供养能力下降，传统的家庭养老受到前所未有的挑战，空巢家庭也将成为乡村社会面临的突出问题。[3]

---

① 陈文山：《刍议农村"空巢老人"生存现状及养老对策》，《经济师》2011年第9期。
②《新农村建设中的留守人口与社会政策》。
③ 王大学：《治理理论视角下我国农村空巢老人养老服务研究》，《西南财经大学硕士论文》2008年12月1日。

3. 现在留守在农村的更多是祖孙相伴，隔代教育容易扭曲，导致老人身心负担和压力过重。

中国社会的流动人口逐年递增，一些外出打工的夫妻把子女送到老人家中抚养和生活，造成"隔代家庭"增多。除了农业生产劳动压力大之外，家务劳动和照料孙辈的责任自然地落到了留守老人的肩上。现在很多女性结婚生子后随丈夫外出工作，把孩子留给家中老人照料。老人对待孩子时的心态、体力、学识、对时代的认同等多方面因素的迟慢，加之怕照顾不好孙辈而遭到子女责怪，就使隔代教育中溺爱大于教育，有的不敢严格要求，不利于孩子的成长。现在农村有众多问题少年，究其原因，也有扭曲的隔代教育溺爱、纵容的因素。

随着我国社会的快速发展，越来越多的青壮年农民走向城市，他们当中有很大一部分外出打工的目的正是为了给孩子筹集学费，让孩子今后能上大学，接受到良好的教育，摆脱贫困的处境。然而让人心酸的是，他们的远离让自己的孩子失去了父母的关心和监管，很多孩子正在走向他们期望值的另一端，正在成为问题少年甚至已经开始走上违法乱纪的道路。近年来未成年犯罪率呈上升趋势，这也从一定层面反映了当前留守儿童家庭教育的缺失。值得指出的是，照看孩子往往包括对孩子的经济资助、生活照顾、教育等繁杂的内容。在帮助外出子女照看孩子的老人中，有的老人虽然认为自己的身体和能力不能胜任照看孩子的任务，只能勉强照看孩子，但为了自己的子女能够多打工挣钱，也毅然担起教育孙子辈的责任，然而由于农村老人的文化程度相对较低，又不懂得教育方法，加上爷爷奶奶辈普遍比较娇惯孙子辈，以及教育孩子的尺度难以掌握，于是形成了留守老人和留守儿童并存、恶性发展的双重困难。

4. 城乡流动儿童、农村留守儿童成长困难、性格行为变孤僻。

一是农民工常年外出务工，农村"留守综合症"现象严重。据全国妇联2013 年 5 月 9 日发布的《我国农村留守儿童、城乡流动儿童状况研究报告》显示，2010 年我国 0 至 17 岁农村"留守儿童"和城乡"流动儿童"已达 9683 万。[①]我国农村留守儿童数量超过 6000 万，总体规模扩大，其中近 205.7 万留守儿童处于独居状态。因与父母长期分离，亲情缺失，家庭教育弱化，留守儿童的生活质量、生理和心理健康状况、成长环境均劣于受父母监护的儿童。目

---

① 中国经济网。

前每 10 个未成年人中，就有一个留守儿童；每 5 个城镇儿童中，就有一个流动儿童（流动儿童是指随务工父母到户籍所在地以外生活学习半年以上的儿童）。湖北省妇联提供的调查报告显示，根据 17 个市州的摸底统计，全省有农村留守儿童 138.5 万人，约占全省 1460 万未成年人总数的 9.49%。这意味着，湖北每 10 个未成年人中，就有一个农村留守儿童。湖北省城镇中流动儿童比例为 19.67%，即每 5 个城镇儿童中，就有一个是流动儿童。据不完全统计，湖北省留守、流动儿童已近两百万人。[①]

二是"留守儿童"的成长、生活状况堪忧，情感饥渴，犯罪倾向增强。留守儿童一般由隔代监护人照顾，隔代监护人即祖父母或外祖父母，他们文化程度不高，对孩子溺爱，不懂如何教育孩子，有的只管孩子吃没吃饱，穿没穿暖，而忽略了孩子内心需要、心理问题，使留守儿童的成长得不到充分关注。而由其他亲属（如叔叔、姑姑、舅舅、阿姨）监护的孩子，由于不是自己亲生的，怕管教太严使孩子的家长埋怨自己，孩子本人也会产生逆反情绪，所以对孩子管教较少，造成孩子的管教缺失。那些双亲外出的少年儿童，通常有 80% 左右被托付给祖父母或外祖父母，组成"隔代家庭"，少部分寄养在其他亲友家中，也有的是独自生活，成为父母健在的"孤儿"。由于受托人的能力和意愿等因素，托付给祖辈或其他亲友的留守孩子所受到的关爱和监护一般会逊色于其父母。在缺少父母关爱和监护的情况下，他们更多地暴露在逐渐恶化的社会环境中，使得原本薄弱的学校教育因为家庭教育的缺失而大打折扣，从而造成社会化过程的严重扭曲。"流动儿童"和"留守儿童"成为"问题少年"的可能性增大，犯罪倾向增强。来自法院系统和公安系统的调查显示了两个"大多数"：全国未成年人受侵害及自身犯罪的案例大多数在农村，其中大多数又是留守儿童。[②]

二、农村"空巢老人"的生存、安全和精神生活堪忧

1. 农村"空巢老人"年老多病而又得不到较好的医疗，身心健康大打折扣。

当前农村进行的新型农村合作医疗制度改革，虽然从一定程度上解决了老百姓"看病难、看病贵"的问题，但是并没有从根本上解决问题，并且产生

[①]《湖北留守流动儿童近 200 万 每 10 个未成年人中有 1 个》,《楚天都市报》2013 年 5 月 15 日。
[②]《"离土"时代的农村家庭 —— "民工潮"如何解构乡土中国》, 网络。

了许多新的问题。一是新型农村合作医疗（新农合）要求参保人员每人每年缴纳10元保障金，因为部分村民意识落后，不愿意交纳，政策没有得到很好的落实。二是医疗费用问题。农村"空巢老人"常年患病的比率高达70%以上，许多人是多病缠身，每年医疗药费支出是一笔庞大的开支，往往遇上重大或长期疾病就无能为力了。在广大农村地区缺医少药，医药费报销比例也不高，远远达不到治病的实际需要。老年人有病却看不起的呼声十分强烈。往往是"保了饭碗，保不了药丸，保了药丸，保不了饭碗"，在经济开支方面处于两难境地。虽然多数农村老人参加了"新农合"，但由于自费部分难以承担，"空巢老人"仍普遍存在"小病拖、大病熬"的现象，农村老年人身体状况普遍较差，又特别担心病痛折磨，即所谓的"带病生存"。

2. 农村"空巢老人"存在着令人揪心的现实生活甚至生命安全问题。

农村"空巢老人"在晚年的生命安全威胁担忧越来越现实，心理压力增大。"空巢家庭"的中老年父母大都年事已高，容易受多种疾病的困扰，尤其当独居老人突然发病时，他们的生命安全常常会受到威胁。在市场化条件下，农村青壮劳力大多外出务工，农村剩下了大量空巢老人，其家庭安全和人身安全也越来越成为不得不考虑的因素。再加上，老人们出于不给家庭和子女添负担的想法，自己生活不好或者生小病就硬撑着，不诉说也不治疗，即使患有大病不想花，也不敢花更多的钱。更何况空巢老年人外出就医，也多无人陪伴，家里户外两头牵挂，特别一些农村老人担心死在城镇医院而得不到回乡"土葬"，难以入土为安。

3. 由于子女不在身边，农村"空巢老人"的生活照料问题更为突出。

农村"空巢老人"中生活能自理的占65%，半自理的达到25%，完全不能自理的高达10%。因为子女不在身边，老人的日常起居成为困扰他们晚年生活的最大难题。农村留守老人健康状况较差，劳动负担重。在留守老人的照料中，无人照料或者无配偶照料占相当比重。空巢家庭老人一旦患病，则既没有儿女在身边照顾生活起居，也没有足够的经济能力请人照料日常生活。与此同时，他们中的大多数都不能获得相对稳定的经济支持以化解疾病风险和恢复身体健康。"空巢老人"最怕的是生病卧床，若卧床在家，只能由老伴照顾，毫无外援；独身"空巢老人"生病后，则几乎无人照料，更是艰难。老年人发病常常很突然，当家中无人或抢救不及时，老人的生命就会受到威胁。近年各地多有报道，有的老年人病死在家中，多日后才被邻居发现。总之，子女外迁对老人的生活照料造成很大的负面影响，导致潜在供养照料人数减少和家庭养老质量降低，并最终造成农村老人福利和健康状况恶化。①

4. 农村"空巢老人"的精神文化生活匮乏、空虚无助。

一是农村"空巢老人"精神上的"空巢感"普遍而突出。"空巢感"也就是孤独感，但这种孤独感里又增添了思念、自怜和无助等复杂的情感体验。有"空巢感"的老人，大都心情抑郁，惆怅孤寂，行为退缩。对于农村老年人来说，子女是他们精神上的最大慰藉，而子女外出在精神上对老人的影响很大，特别是很多外出务工者与家中老人的联系不够，或者交谈简单，这很容易引起老人的孤独感。农村"空巢老人"中的许多人深居简出，很少与社会交往。这很容易使他们产生孤独感。在农村地区和农村老年人中，向来就有"养儿防老"的传统思想，他们对子女的情感依赖性较强，当需要子女照料时，儿女却不在身边，因此容易产生强烈的失落感。当代老年人仍然比较传统，年轻的时候为子女付出了许多精力、金钱，事业也受到一定影响，有些还为孩子的孩子做出贡献。他们曾经为子女承担了一切困难，当他们年老体弱，不再具备保护子女的能力时，就非常希望得到子女的回报，期望他们"常回家看看"、常陪伴身旁。②

二是娱乐生活枯燥、单一是目前农村地区文化生活的写照。在我国广大的农村地区，特别是欠发达地区农村，农民文化生活除了看电视就是玩牌打麻将，政府的送文化不仅稀少，而且都是即期消费，不知下一次又是什么时候再来，况且很多文化节目和内容也不对农民和老年人的胃口。其实，农村老人也有旺盛的健身和看戏听曲子的需求，特别喜欢热闹，希望有一些文化设施载体能吸引老年人相聚，然而农村普遍缺乏娱乐场所和娱乐设施，也没有热心而负责任的牵头人。农村没有退休制度，农村老年人从事农业生产劳动什么时候是尽头，也没有参照规定，没有理直气壮的闲暇时间用来进行文化消费和人生休息。为了减轻家庭和晚辈们的经济负担，大部分"空巢"老人都会或者是不得不常年劳作，身体的劳累加上家庭空寂又添加思念、自怜和无助等复杂的感情因素，大部分老年人心情郁闷、惆怅孤寂。成年子女一代与老年父母一代在空间上的分离，导致两代人观念上的差异加大，淡化了照料中精神慰藉的内容。

三是农村留守老人的精神、心理需求得不到满足。子女的情感慰藉和支持，对老年人的生活质量至关重要。子女外出扩大了他们与老年人的代沟，留

---

① 黄佳豪：《我国农村空巢老人（家庭）问题研究进展》，《中国老年学杂志》2010 年第 9 期。
② 肖结红：《空巢老人问题探析》，《巢湖学院学报》2006 年第 9 期。

守老人更容易感受到精神上的孤独。农村留守老人的另一个突出问题是精神、心理需求的满足问题。老人社会地位下降、缺乏情感上的沟通和交流，导致许多老人被边缘化。另一个值得关注的问题是老人的"黄昏恋"问题。由于受到传统观念影响，再婚的老人经常遭到社会舆论的批判，特别是子女的反对，从而让老人生活陷入困苦境地。不可否认传统观念的束缚及子女的反对，仍然是老人"黄昏恋"的主要障碍。如何捍卫老年人的合法权益也将成为空巢老年人生活的重要话题。

总之，农村"空巢老人"，这个身心健康正走向衰弱的群体，将面临怎样的困难？如何养老？谁来尽"孝"？这是我国应对人口老龄化挑战，构建和谐社会的一项重要内容，也是我们必须面对的现实任务。

三、计划生育政策下"失独家庭"已成严重社会问题

所谓"失独家庭"，指的是独生子女发生意外伤残、死亡，其父母不再生育和收养子女的家庭。据卫生部发布的《2010 中国卫生统计年鉴》显示，以年龄段人口疾病死亡率来推算，15 岁至 30 岁年龄段的死亡率至少为 40 人/10 万人，由此估计，目前中国每年 15 岁至 30 岁独生子女死亡人数至少为 7.6 万人，这也意味着每年约有 7.6 万个失独家庭出现。人生变故，疾病只是其中之一，还有交通事故等诸多意外。[①]据统计，目前，这种失独群体日益庞大，最保守的估计在 250 万个以上，这还没算间接的彻底"失独"，就是独生子女本人没有在父母去世前夭折，但是他（她）因育龄期未婚、生理不育或丁克生活方式而没有自己的子女。

《大国空巢》作者易富贤根据人口普查数据推断：中国从 1975 年到 2010 年共产生了 2.18 亿个独生子女家庭。而 2000 年人口普查数据显示，每出生 1 万人，就有 360 人在 10 岁之前夭折，有 463 人在 25 岁之前死亡。结合上述两组数字估算，现有的 2.18 亿独生子女中会有 1009 万人在或将在 25 岁之前离世。按照医学上 49 岁生育极限年龄来看，这些失去孩子的母亲很少能再生育自己的第二个孩子。这意味着不用太久之后的中国，将有 1000 万家庭成为失独家庭。[②]这意味着至少有 200 万名父亲和母亲，在中老年时期失去唯一的子

①《中国失去独生子女家庭超百万 悲恸摧毁夫妻身心》，抚州新闻网。
② 彭思赟：《中国现有 2 亿独生子女超千万可能 25 岁前离世》。

嗣，成为孤立无助的失独老人。俗话说，老年丧子是人生大不幸之一。从本质上看，独生子女家庭是风险家庭，他们中的一部分终将陷入失独家庭的危险。

1. 失独老人除了老年丧子带来的心灵上的伤痛，更多的"失独"老人还很现实地面临着"老无所依、老无所养"的尴尬而残酷局面。

传统孝道认为：大孝尊亲，其次弗辱，其下能养，这是赡养的三个境界。而"老有所养"是最基础和核心的部分，如果连生存的问题都无法解决，依附其上的人格与尊严便是奢谈。失去独生的儿女，也在失去生命的继承、精神的寄托，甚至还有可依靠可期许的老年生活。许多"失独"父母们已开始面临年龄较大而"老无所依"的困境，最担心的是今后如何养老。有的打听养老院，但每月的退休金只千多元，住不起太好的养老院，有的想选择居家养老，生病住院手术连个签字的人都没有，遇到这种情况不好办。失独家庭生活艰难、内心凄苦，处境艰难，更害怕"老无所依"的明天，焦虑，时不时在失独父母心中弥漫。

令人担心的是，这些失独家庭的生活和精神支柱被撼动，很可能在未建立起有效社会养老机制时，就将面临养老问题。传统的中国家庭养老模式，在新的历史转折时期已经趋于瓦解，社会化养老机制特别是在农村却仍然未见成熟，"养儿防老"仍然是很多即将步入暮年的老人不得不依靠的方式。经济上给予老人以保障，也许还能为今天的独生子女所承担，但精神上的照顾却越来越难以顾及。如此状况下，失独意味着家庭"破产"，失独老人将面临经济和精神的双重压力。而这种标本效应还会传递给全社会，给每一个独生子女家庭带来隐形的不确定感、不安全感。"失独"之痛难拭，养老之忧又袭。他们该如何养老，谁为他们"尽孝"？这是一个不容回避，必须正视和重视的社会问题。

2. 失独，对很多老年人意味着失去了继续生活和精神寄托的意义。

绝大多数中国人不信神，是靠代际传承来找到安身立命之所的，孩子身上寄托着他们生命的全部意义，孩子不仅是血脉的延续，也是精神的寄托。有失独者说，中国的老百姓活的就是孩子，没有孩子，就什么都没有了。当他们年老体衰，需要孩子照顾时，不仅孤立无援，甚至连养老院都进不去。他们的后半生，将于何处安放？如何让失独父母重归社会，他们的精神困境与养老问题如何解决，成为我们共同思考的话题。失独者认为，他们才是真正的"空巢老人"。他们认为，即使是子女不在身边的空巢老人——不管子女怎么忙，总归有个盼头——逢年过节总还可以共享天伦，病危时抓药扶持总还有可以依靠的人。"残疾人、留守儿童和空巢老人有政策照顾，就是不照顾我们。其实我们才是真正的空巢老人啊。"没有儿女的空巢老人的这一层感受确实是我们难以体会的。

3. 就现实性而言，失独家庭首当其冲的是面临经济上养老的窘迫。

全国政协委员袁伟霞曾连续 3 年在两会上提交有关失独群体的提案。据她统计，失独父母中约 90% 的人年龄在 50 岁上下。其中，50% 的人患有高血压、心脏病等慢性疾病；患癌症、瘫痪等重大疾病的有 15%；他们中 60% 以上的人还患有不同程度的抑郁症，其中一半以上曾有过自杀倾向……因为家庭发生重大变故，50% 的失独家庭经济困难，月收入在 1200 元以下，20% 的失独家庭靠低保生活。有关资料显示：在全国"失独"家庭中，农村家庭约占 40%。生活在农村的"失独"父母们没有固定工作，在丧失劳动力后，养老问题更加突出。[①]

目前我国并没有专门的完善的针对"失独"家庭和失独老人的养护资助政策，少数地方正在进行的相关试点工作也只是针对其中的伤残死亡方面，失独困难家庭及其当事人只能从最低生活保障、特困家庭及群体社会救助以及社会慈善组织等途径寻求社会帮助。失独家庭是实施计划生育国策应当考虑的重要方面，也就是说，实施计生国策时就要考虑政策风险，建立救助机制予以补偿和救助。但是，现实生活中，失独老人就医并没有得到特殊的帮助；在选择养老机构时，也没有特殊的照顾，一般养老院"一床难求"的问题仍旧严峻，而且，入住养老院高昂的费用也让普通的失独父母难以承受；在失独老人的生活费用和生活照顾方面，也没有体现照顾的措施和机制。

第四节 "市场之手"加缺法，孝德难立家事更难断

孝道作为封建社会伦理道德的核心，其经济基础是自给自足的农耕经济。在今天社会主义市场经济条件下，由于受西方文化及价值观的影响和"市场经济之手"的推波助澜，一些个人主义、拜金主义和享乐主义思想得以滋生和膨胀，随之出现了"一切向钱看"的现象，腐蚀着人们的灵魂，败坏了人们的道德品质，污染了社会风气，导致一些年轻人孝意识淡漠，孝德精神正面临严峻的考验。

---

① 《老无所依？走近中国失独家庭》，中国网，2012 年 7 月 30 日。

一、市场化改革冲击下，代际关系呈现疏离趋势

1.受市场经济追求利益的影响，重利轻义、缺乏诚信呈蔓延之势。

我国正处在实行和完善社会主义市场经济时期，市场经济需要诚信法则。诚信和孝道其实是相通的。孝是"德之本"、"仁之本"，本质核心是"诚实"和"信义"，而"诚实"和"信义"要求在市场交换中货真价实，童叟无欺；孝道是对父母养育之恩的真诚回报。一个真正孝敬父母的人，在市场经济中一般是不会作假的。因而，在国民中进行孝道的宣传教育，对于形成诚信的社会氛围，从而促进市场经济的健康发展，是有好处的。然而，由于西方文化中"利益"和"金钱"至上的价值观浸蚀泛滥，我国经济体制改革中"市场经济之手"的推波助澜，随着市场经济的发展和外来因素的影响，我国社会主义现代化建设进程不断推进的同时也出现了个人主义、拜金主义、享乐主义，一切向钱看。特别是一些人活在金钱第一的梦里不能自拔，对物质利益的无尽追求，造成了在物质文明得到发展的时候，却出现了精神和道德的严重危机。加上受市场经济利益导向原则的影响，许多人的伦理道德意识丧失，出现了"一切向钱看"的现象，在行动上就表现为自私自利，不很顾及老年人甚至自己的父母的利益和感受。

当下一部分年轻人"重金钱远甚于亲情和家庭"。正如江苏卫视《非诚勿扰》栏目中的马诺所说："宁愿坐在宝马车里哭，也不坐在自行车上笑。"或许这样的人是极少数，但是市场经济就其实质来说，是一种趋利经济、效益经济。它不顾及市场中的弱者，只要是有效益、有利润，特别是有巨大效益和利润时，它可以调动市场主体加倍的努力，甚至拼着命去冒风险。这就促使一些利禄熏心的人唯利是图、见利忘义，不惜损害和违背社会公德和法律法纪。在"一切向钱看"的时代，劳动能力明显退化的老人愈发被排挤到社会的边缘。在一些家庭，老人收入高时，被全家看作宝贝，一时无事退休在家时，马上被认作包袱。由于少数子女的价值观转向功利主义，一切向钱看令传统家庭观念遭遗弃，导致老龄人口在老有所养问题上存在困难，一些做儿女的，往往只顾自己的利益，只知道享受权利而不愿意尽自己应尽的义务，他们不赡养自己的父母，甚至听任父母处于生活困难之中而不闻不问，更有甚者，虐待父母和遗弃父母的现象也时有发生。[1]父母们对子女倾其所有，包括所有的金钱、精力

---

① 韩文根：《中国传统孝文化在青少年德育中的作用——由青少年孝道缺失引发的思考》，《中国青年研究》2011年6月5日。

和希望。父母希望在老了之后得到回报，但社会的迅速变化改变了这种"寄予—得到"的社会契约。不少老人被放在老年公寓或者空荡荡的房子里，备尝孤单与寂寞，有的子女甚至不愿尽赡养义务。人们受生存和利益的驱动，人与人之间过于强调"平等"，相互来往少了，相互关心和帮助的少了，"孝道"也就不见了，更谈不上"尽孝"。

2. 市场经济强化了父母对子女的依赖，老人还要看媳妇的脸色。

改革开放三十多年来，随着市场经济的发展和市场机制的建立，老年人无论在生产领域还是在市场领域，都处于劣势。加上市场经济的必然趋势是消灭小农，因此，农村中老人的养老——无论是家庭养老还是社会养老，就成为突出的社会问题。传统社会农业中，老人与儿女的双向依赖是很明显的，今天这种依赖思想仍然还影响着许多人，特别是农村老年人。市场经济弱化了儿女对父母的依赖，却强化了父母对子女的依赖。现代家庭关系的另一个根本变化是妇女地位的改变。妇女在经济和政治上已经取得了与男子同等的地位。这带来一个问题：即妇女在孝道上的责任和能力问题。在现代以夫妻为核心、以人人平等为基本价值的新型家庭关系中，由于经济能力的限制，老人在家庭中处于劣势。由于我国悠久的男主外女主内的习俗，妇女往往掌握了家庭经济大权。因此在孝敬父母的问题上，家庭里的媳妇天然地偏爱自己的孩子、自己的父母，而对公婆的孝敬之心则大打折扣，目前这种状况在农村尤其突出。[①]

在这样的家庭伦理失范的社会，人们的思绪行为也随着摇摆，人伦道德急速下滑，所以各种丑恶的现象时有发生。如子女不孝养，农村老人的晚景就更为凄凉。农村的孝道面临丧失的地步，其实城市的孝道也不尽人意。在城市，做父母的觉得一辈子欠儿女的，有的儿女觉得父母给自己的太少。不少老人感慨道：这年头，有了儿子咱就成了儿子，有了孙子咱就成了孙子，小人是老人，老人是佣人。有些儿女私心膨胀，一切向钱看，逐渐淡泊了对父母尽孝的观念，把自己的心思全部都用在了对独生子女的呵护上，父母能动弹时，看成了干活的"机器"；父母不能动弹了，就当成了累赘。另外，在社会舆论上，很长一个时期，对那些讲孝道、有孝道的好人好事很少宣传很少提倡；对那些不懂孝道，不懂得孝敬父母和老人的言行，听之任之；而对那些虐待生身父母的逆子不诛不讨，孝道之风也就日益低下了。

---

① 简述"孝"的现代困境，网络。

3. 扭曲的家庭义务观念、失当的家庭教育行为和社会上错误的享乐观念也在一定意义上也弱化了人们的感恩意识。

感恩是良心的体现，是奉行孝道的基础。可是，当代不少年轻人缺乏感恩意识和敬长意识，不知道回报父母的养育之恩，甚至认为父母对自己的养育是应该的，毋需回报，子女成了家庭的主导，老年人在家庭的地位低下，生活质量差。有些子女只顾自己享乐，把繁重的家务扔给父母，父母成了家庭保姆和抚育孙子的奶妈。在城市家庭，一些年轻人"啃老"现象较为严重，平时吃住在父母家里，想清净、图快乐才临时回自己小家里；花父母的钱大手大脚，却从不给父母一分钱；自己不知道勤俭节约，也不考虑父母勤俭节约惯了的心理，经常为水电的浪费与父母发生争执，给父母造成烦恼和不快。不少青少年以自我为中心，漠视父母的艰辛和心灵的感受。这之中多是一些初高中生和大学生。他们常常以自我为中心，不知道父母的艰辛，只知道索取；不知道体谅父母，经常是衣来伸手、饭来张口；从不干家务，不洗自己的衣服，臭鞋臭袜子满地扔，给父母增加繁重的家务劳动；有些青少年虚荣攀比，甚至埋怨父母没本事，没给自己带来更多的优越感和生活上的满足；有些不顾家长的感受，学习上不求进取，不能满足家长的成就期待，迷恋网络游戏，经常与父母产生对立情绪，甚至离家出走，给父母带来心灵上的伤痛。[①]

还有些年轻人不考虑自己的经济条件，结婚、买房、买车都指望父母拿钱甚至逼父母去借债，把父母的养老金和平生积蓄全部掏空，在父母患病住院急需用钱时却又不肯花钱，致使父母晚年生活艰难、健康没有保障。更有甚者，不承担对父母的赡养义务，甚至虐待、遗弃父母。如果说前三类是不孝，后一种则是违法行为。有的子女缺乏敬长意识，不尊重父母，对父母态度生硬、语言不敬，动不动就对父母大发脾气，不把父母放在眼里；有些年轻人认为，自己给父母提供了吃穿住的条件，就算是尽孝了，父母就必须听自己的，因此对父母的态度粗暴，稍不顺心就大叫大嚷，给父母造成心理上的恐惧，常常让父母不知所措。他们不愿与父母进行感情沟通，对父母的关心体贴等精神慰藉方面严重缺失。有些年轻人只顾自己，不顾父母的感情生活，特别是在父母一方去世后，担心财产被分割，干涉父母再婚，把长辈的

---

① 韩文根：中国传统孝文化在青少年德育中的作用——由青少年孝道缺失引发的思考，《中国青年研究》2011 年 6 月 5 日。

晚年幸福置之度外。[①]

二、青少年感恩意识淡漠，压抑孝意识自然生长[②]

因为整个社会孝德缺失而导致青少年感恩意识淡漠的原因是多方面的。其中感恩教育的缺位主要表现在三个方面：

1. 学校教育缺位。

学校教育之所以实际效果与所付出的劳动不相称，既有教育手段和内容的问题，也有评价体系方面的问题。一是在教育手段方面，受应试教育的影响，学校只顾追求升学率，看重学习成绩，而忽视了对学生的思想品德教育，没有真正发挥学校德育的主渠道作用。[③]在应试教育主导下的农村中小学几乎把文化课当成了"传道、授业、解惑"的唯一指标。为了提高整体教学质量，学校只注重学生成绩的优与劣而忽视对学生人格、人性的教育与熏陶。二是在教育内容方面，中小学教材中关于对长辈知恩、感恩、报恩的内容则是少之又少，即使有也只是"我们要尊老爱幼"之类空泛而苍白的口号。对于感恩教育的例子往往都是以一些"高、大、全"的人物来给孩子做榜样并没有具体内容和事例。虚无的"感恩"概念使学生对身边的生活和小事缺乏感受，体验不到"感恩"的情感。三是德育方法上欠缺，重说教和惩罚，轻感化和引导，尤其对那些差生和有问题的学生，没有投入更多的关注。学生缺乏良好的品德教育，就很难养成良好的德行品质，孝心也就无从谈起。在评价体系方面，仍没有离开"考试"这根指挥棒，很多老师"唯分数是从"，把分数的高低作为衡量学生素质的唯一标准。在这样的教育环境下长大的孩子，没有机会学会为他人着想、关心他人，也就不具备感恩之心。[④]

2. 家庭教育错位。

一般家庭家长文化程度大多不高，特别是许多农民家长的教育观念和方

① 韩文根：中国传统孝文化在青少年德育中的作用——由青少年孝道缺失引发的思考，《中国青年研究》2011 年 6 月 5 日。
② 本部分参考郭锐：《农村孝道观念缺失的原因及对策》，《山西农业大学学报（社会科学版）》第 8 卷第 4 期。
③ 郭锐、蔡普民：《农村孝道观念缺失的原因及对策》，《山西农业大学学报（社会科学版）》2009 年 8 月 15 日。
④ 郭锐：《新农村建设视域中的传统孝道及其重建》，《河南科技大学硕士论文》2011 年 5 月 1 日。

式存在不同程度的偏差，认为教育仅仅是学校的事情，只注重孩子的智力投资，而忽视孩子的道德教育和人格培养。这些孩子从小生活条件相对优越，被父辈呵护娇惯溺爱，长此以往就形成了"唯我独尊"的自私心理倾向。在他们的人生字典里，"我"永远是第一位的，于是便心安理得的享受着父母给予的财富、关爱，不懂知恩、感恩、报恩。根本没有感恩意识和体验的孩子只知道一味索取而淡泊孝心。同时一些父母在人格魅力和行为上没有起到言传身教的作用。父母不仅是孩子的教育培养人，而且是子女最好的榜样，孩子的行为往往都是模仿家长的。由于农村的许多家庭是父母长期在外打工而暂住外地，一部分"留守儿童"根本得不到父母的教育。由于经济和纪律约束，父母平时很少回家，回去也是很匆忙留下赡养费或生活费给家里就算是已尽"孝心"。这样的"典范"在孩子看来，"孝"是要以金钱计算的，报答父母的唯一方式也就是金钱。这样就导致了感恩教育与孝道教育的偏差。①

　　3.法律约束及其执行缺位。

　　长久以来子女是否尽孝被认为是"家务事"，容易被立法者所忽视。目前我国涉及"孝"方面的立法很少且不具体。新中国建立以来在《宪法》以及相关的涉老法律中都没有出现"孝"字。对于如何尽"孝"，我国仅有婚姻法略有涉及。2001年9月颁布的《公民道德实施纲要》提出了基本道德规范，把尊老爱幼作为每一个公民的基本道德。2012年12月28日颁布的《中华人民共和国老年人权益保障法》规定了公民应该怎样做，但对违法者没有约束力。总之，现有法律法规在道德层面要求较多，而对不孝则无刚性的处罚、量刑条文。法律颁布后由于执行不力，致使全社会的孝道行为仍无普遍改观。相当多的人根本不知道有关于孝道的法律。父母不知道自己的合法权益受到了损害，子女不知道自己的不孝行为是在违法。个别家庭中的不孝现象得不到村庄舆论的制约，一些村民对不孝行为见怪不怪，并不谴责。没有外在的约束，一些"不孝"子女也就毫无顾忌。基层组织不仅监管不力，而且在树立和宣扬尊老敬老的典型方面力度也不够，专门为尊老敬老而组织的文化活动或其他形式更是鲜见。一些基层干部往往以"清官难断家务事"为由，对老年人的申诉推诿不作为，导致不孝恶行肆意膨胀。行政束缚的失效，"小气

---

① 郭锐、蔡普民：《农村孝道观念缺失的原因及对策》，《山西农业大学学报(社会科学版)》2009年8月15日。

候"的放任，以致不肖子孙在不孝的路上越走越远。

三、亲权法、亲属法未立，清官仍然难断涉孝事

所谓亲权，是父母基于其身份对未成年子女的人身、财产进行教养保护的权利和义务。亲权建立在父母子女血缘关系的基础上，依法律的直接规定而发生，专属于父母，被认为是父母对人类社会的一种天职。亲权作为父母享有的一种重要民事权利，亲权人可以自主决定、实施有关保护教养子女的事项或范围，并以之对抗他人的恣意干涉。因此，父母既不得抛弃亲权，也不得滥用亲权。[①]亲权制度具有以下法律特征：一是亲权是父母基于其身份所拥有的权利义务，亲权人即行使亲权的权利义务主体为父母；二是亲权的对象为未成年人，不仅未成年人应服从亲权，成年人也应服从亲权。国外有些国家（主要是大陆法系国家）以及我国的台湾、澳门地区有直接体现亲权精神的立法。

1. 我国暂无有关亲权方面的直接立法，但诸多法律零星体现了这一精神。

在有着重视家庭和亲情以及人际关系传统的我国，现行法律至今没有采用"亲权"概念，没有为亲权、家庭成员关系以及亲属关系等方面的立法，更没有建立亲权保护制度。但现行法律有父母对未成年子女有抚养教育或管教保护和成年子女有赡养扶助父母的义务的规定，实际上属于亲权的内容。如：《婚姻法》第 16 至 21 条，第 29、30 条，《未成年人保护法》、《收养法》的有关条文以及《最高人民法院关于审理离婚案件处理子女抚养问题的若干具体意见》等若干个司法解释均为关于父母未成年子女间权利义务的规定。[②]我国现行《宪法》第 49 条规定："成年子女有赡养扶助父母的义务。禁止虐待老人。"《婚姻法》第 21 条规定："子女对父母有赡养扶助的义务。子女不履行赡养义务时，无劳动能力的或生活困难的父母，有要求子女付给赡养费的权利"。第 28 条规定；"有负担能力的孙子女、外孙子女，对于子女已经死亡或子女无力赡养的祖父母、外祖父母，有赡养的义务。"第 30 条规定："子女应当尊重父母的婚姻权利，不得干涉父母再婚以及婚后的生活。"《刑法》第 183 条也明确规定："对于年老的人，负有扶养义务而拒绝扶养，情节恶劣的，处五年以下有

---

① 《亲权制度研究及其立法建构》，网络。
② 《亲权制度研究及其立法建构》，网络。

期徒刑、拘役或者管制。"第 260 条规定了虐待罪："虐待家庭成员，情节恶劣的，处二年以下有期徒刑、拘役或者管制。犯前款罪，致使被害人重伤、死亡的，处二年以上七年以下有期徒刑。"第 261 条规定了遗弃罪："对于年老、年幼、患病或者其他没有独立生活能力的人，负有扶养义务而拒绝扶养，情节恶劣的，处五年以下有期徒刑、拘役或者管制。"

这些法律条文，规定了子女对父母的最基本义务——赡养。法律上的赡养是为赡养对象提供基本生活来源，注重的是物质经济上的养老，只要子女为父母提供了必要的物质上的生活保障，就尽到了法律上所要求的赡养义务。除了经济上的养老外，法律对于孝的其他精神方面的要求未作出底线性规定。"孝"字始终不见于我国现行法律文本。可喜而引起共鸣和争议的是，2007 年 6 月 1日起施行的《行政机关公务员处分条例》第 29 条规定：有拒不承担赡养义务的和虐待、遗弃家庭成员的行为，给予警告、记过或者记大过处分；情节较重的，给予降级或者撤职处分；情节严重的，给予开除处分。这是新中国成立以来第一部对行政机关公务员个人涉及"孝道德"作出了具体规定的行政法规。不过，不承担赡养义务或虐待、遗弃行为已经是违法行为或犯罪行为了，作为一个执法的国家行政机关公务员，知法犯法，实际上已丧失了作为履行法律职责的资格，给予任何行政处分都不为过。

虽然有的法律文件规定了子女有赡养父母的义务，但是界限和度如何来界定和把握，还未有明确规定。由此，导致孝道沦落至今，法律仍然不及，"清官难断家务事"的状况得不到扭转。一些机关、单位或组织认为，子女虐待、遗弃老人都是家庭纠纷，不好管也不愿管。近年来，老年人合法权益受侵犯的现象，不管在城市还是农村，都时有发生；一些地方子女不赡养老人，虐待、遗弃老年人现象逐渐增多，挤占或侵占老人住房和其他财产，干涉老人婚姻等事件时常出现。特别是赡养纠纷案，从涉案老人层次上看，知识老人、健康老人、低龄老人、退休金较高的老人，一般不存在赡养纠纷。因赡养问题打官司最多的是患病老人、退休金较低的老人，特别是高龄无经济来源的农村老人。对于越来越多的赡养纠纷，法律的力量在老人赡养问题上是有限的，如赡养的执行往往很困难，法院执行的往往只是看得见的物质方面的，无法解决亲情抚慰的孝敬问题，毕竟老年人赡养问题并非一笔一次性交易。①

---

① 赵晓秋：《孝道不能承受之重》，《法律与生活》2004 年 1 月 15 日。

2. 当代中国发展和人民生活要求确立亲权、建立亲权保护制度。

改革开放的深入，市场经济的发展，不仅促使我国社会经济生活发生了深刻的变化，而且对整个社会的伦理道德、生活模式乃至家庭关系造成了强烈震撼与巨大冲击。赡养老人是我国人民的美德；保护老人的权益是社会主义家庭的重要任务。老年人为国家、社会和家庭做出了应有的贡献，他们的晚年理应受到国家、社会以及家庭的尊重、关心。父母为了子女的健康成长，长期付出辛勤的劳动，尽了自己的职责。当他们年老多病，丧失劳动能力或生活发生困难的时候，子女就要承担起赡养的义务。通过立法，弘扬中华民族敬老、养老的传统美德，保障老年人的合法权益，使他们老有所养、老有所医、老有所为、老有所学、老有所乐，安度晚年，这是社会主义制度优越性的具体体现。国家的经济帮助和制度保障，不能取代家庭成员对老人的赡养、照料、慰抚责任。作为子女要自觉履行赡养义务，尊老养老，使老人安度晚年。对于这些问题，我国婚姻法尚无明文规定。因此，一方面，亲子关系复杂多变的现实状况提出了诸多亟需解决的课题，另一方面，我国现行调整亲子关系的法律规范具有概括性、非全面性等明显弊端，因此完善现有规范，构建完备的亲权制度，以保护未成年子女的合法权益以及父母在亲子关系中的合法权益、保护老年人合法权益已迫在眉睫。

3. 我国《老年人权益保障法》仍不能落实处理家庭、亲情等关系。

如新修订通过的《老年人权益保障法》在"精神慰藉"一章中规定，"家庭成员不得在精神上忽视、孤立老年人"，特别强调"与老年人分开居住的赡养人，要经常看望或者问候老人"。以此，子女"常回家看看"是一项法定义务，从道德层面上升为法律层面。父母可以子女不常回家为由诉至人民法院，人民法院应依法予以受理。但问题是"常回家看看"多长时间为"经常"，没有具体界定；老年人如果诉诸法律，父母与子女各执一词，老年人难以举证，也就难以获得法律支持；再说，父母与子女就此对簿公堂，即使老年人胜诉了，却赢了官司淡薄了亲情；受传统儒家思想束缚，大多数老年人对子女不常回家只能"望子兴叹"，事实上，父母真正控告子女不"常回家看看"的也很少，而少量案例则更多的是知识分子父母尝试运用这一法律达到一种警示教育的作用。由此可见，"常回家看看"的法律条文事实上只是一纸空文。

由于没有确立亲权理念、没有形成亲权保护制度，各级"组织"在维护老年人合法权益工作方面既没有法律依据，又缺乏具体措施和抓手，许多涉及亲权的"家务事"问题也不可能得到真正解决。即使在社会层面，由于政府和社会的老年服务体系不够健全，致使老年人在继续受教育、生活服务、文化娱乐、体育活动、疾病护理与康复等方面应当享受和得到保护的社会性权利都没有完全落到实处，更难以期望获得政府和社会从外部督促落实来自家庭内部的精神性满足。

第六章　直面家庭变化

第一节　家庭结构核心化，立业爱亲孝老现偏差

中国家庭的结构转型始于 20 世纪五十年代，但是真正发生巨变还是发生在改革开放以后。从传统的家庭向现代的家庭过渡中，当代中国的家庭制度、家庭结构、家庭关系等方面都发生了深刻变革。当代中国在"计划生育"和"改革开放"国策的双重推进下，经济社会迅猛发展，同时家庭结构和功能也发生了巨大而深刻的变化。家庭的结构类型也日益从联合家庭、主干家庭向核心家庭转化。21 世纪的前 10 年里，第二代独生子女在城市家庭中普遍出现。中国家庭将出现人类历史上少有的"421"结构，即四个老人（祖父母、外祖父母）加两个中年人（父母）和一个青少年（独生子女）。

一、当代中国家庭结构变迁对家庭养老产生重大影响

当代中国家庭结构变迁呈现出鲜明的特点：一是家庭小型化、核心化，家庭人口数量持续缩小，核心家庭成为主流的家庭模式。2010 年全国第六次人口普查资料显示，我国的家庭户人口平均数为 3.10 人，比 2000 年第五次全国人口普查的 3.44 人减少 0.34 人，4 人户及以下家庭占到全国家庭户数的 80.86%。空巢家庭、隔代家庭呈现增加趋势，单亲家庭日益增加，家庭生育功能降低，消费功能大大增强，养老功能削弱。二是家庭结构趋向单一化，代际层次减少，人际关系趋向简化。社会生产力发展水平越高，家庭的功能和关系就越来越社会化，家庭结构变迁频率加快，家庭的代际层次越少，代际关系逐步简化。家庭规模与结构的变化将直接影响家庭中人际关系的变化。家庭成员的相对减少，使家庭人际关系由复杂走向单纯，传统大家庭中那种复杂的人际关

系（如连襟、妯娌）逐渐消失。三是家庭成员减少而凝聚力增强，角色扮演趋向专一化而成员间互动增强。随着家庭成员数量相对减少，家庭成员所扮演的一些社会角色（如兄弟姐妹）逐渐消失。"421"结构的现代家庭中，夫妻、祖孙、父母、子女等社会角色将成为家庭角色集中的主要社会角色，家庭成员对于各自在家庭中所扮演的角色及其行为规范和行为模式将有更加明确的认识。家庭对于满足个体在关爱、温情、安全感、归属感等情感方面的需要的能力更加凸显。来自现代社会激烈的竞争压力与威胁也使家庭中的凝聚力显著增强。

中国社会传统的大家庭模式，越来越多地被以核心家庭为主的多样化的小家庭模式所取代。与此相一致的是，以父辈为权威的大家庭越来越多地让位于以子女，特别是独生子女为中心的小家庭。人口老龄化进程的加速与家庭制度的演变共处一时，使得养老问题的严峻性愈加凸现；传统的婚姻观念正在经受着更加追求个性和自由的个人主义、享乐主义价值观念和生活方式的冲击，结婚率、生育率下滑、离婚率上升，以及非婚性关系的多样化存在使得婚姻制度的重要性在下降。①改革开放大背景下，家庭的功能也在发生变化，主要体现在家庭结构核心化趋势加强，婚姻趋向自主，家庭关系趋向民主化，家庭功能社会化。

我国家庭正在呈现典型的四个老人、一对夫妇、一个孩子的所谓"四二一"代际结构。因此，沉重的养老问题也是家庭结构变迁的重要动力。一般来说，家庭有五种基本功能：生产功能、消费功能、人口再生产功能、养育子女和赡养老人的功能、满足家庭成员生理和心理需要的功能。传统的家庭同时有抚育、赡养、生产等功能，是各种功能的统一体。但是到了现代，社会化大生产和市场经济下的专业化分工与社会福利制度的发展，以及家庭结构和家庭制度的变迁，已经使得家庭的许多基本社会功能出现萎缩、下降或被取代；社会化大生产在城市中已基本取代了家庭的生产功能，在农村，随着农村剩余劳动力向其他产业、行业的转移和向城市的流动，家庭在很大程度上已不再是组织生产的基本单位；各式各样的教育机构大量出现，在很大程度上将家庭抚养和教育子女方面的责任转移至社会和市场，家庭在抚育子女方面的责任常常更多地表现为挣钱买教育；单身和"丁克"家庭的逐渐扩大；非婚同居现象的大量出现；以及育龄的不断推迟，表明家庭人口再生产的基本社会功能在一定程度上已被年轻一代所忽视和淡化；与核心家庭同步大量产生的空巢家庭和老龄鳏寡孤独家庭，在很大程度上削弱甚至割裂了传统的大家庭中老人与子

---

① 唐灿：《中国城乡社会家庭结构与功能的变迁》，《浙江学刊》2005 年 3 月 25 日。

女在赡养方面的日常生活和感情与责任链条；现代化的大众传媒和各种娱乐设施，极大地丰富和转移了人们的生活内容，人们已经不再主要以家庭为娱享生活之乐单位，服务业的发展也使家务劳动大大减少。这样家庭中的成年劳动力可以有更多的精力投入到工作中去。由于老年夫妻退休以后有退休金、养老金，即使退休以后也可以不必依赖子女来生活，他们宁愿和子女分居以避免两代夫妇之间可能产生的紧张关系。一方面家庭生活日益与整个社会融为一体；另一方面，人们传统的家庭责任意识也在淡化。

二、当代家庭结构的变迁对养家尊老方式的影响巨大

1. 家庭代际关系转换对家庭功能的影响。

在家庭结构的变迁，以子女为核心的小家庭已成为目前中国的主要家庭形式。随着家庭经济收入多样化，成年子女对家长的依附关系逐渐消失，老年人在家庭经济中的支配地位大大削弱，成年子女在家庭中开始起决定作用，而老年父母逐渐从主角退变成了配角，往往处于被动和被支配的地位。家庭中代际关系和夫妻关系的格局发生了深刻而根本的变化，即由父强子弱变为了父弱子强、夫强妻弱变为了夫弱妻强。父母权威或孝道的获得与儿子在夫妻关系中的地位有必然联系，当儿子在夫妻关系变动中处于弱势时，父辈将很难从儿子那里获得有力支持。

2. 家庭功能的衰落对家庭生活方式的影响。

社会生产的规模化、专门化及组织的社会化，扩展到工作、闲暇活动和人际关系等各个社会领域，并且在业缘群体人的社会化中的作用越来越大，这使得年轻一代对上一代的依赖性大为减少。随着我国工业化、城镇化的发展，以及住房格局的变化，分配方式的单位定位，年轻父母不与老年父母一起居住的局面正在逐年扩大。同时与生活消费联系在一起的衣、食、住、行等家务劳动被生产组织和服务机构所取代。人们对亲属关系网的依赖也极大地减少，年轻一代的发展主要依靠社会而不是家庭来完成。

3. 家庭伦理观念的变化对家庭养老意识的淡化。

家庭结构变迁导致代际关系失衡，尊老爱幼强弱有偏。在我国传统家庭中，"父慈子孝"在人的生命价值观中是人们心目中一个永远不可解脱的情结。而随着家庭代际关系转移和家庭功能的衰落，人们不再像从前那样看重家庭和个人的责任，家庭观念日趋淡薄，人们对养老的责任感更加不予以重视。传统孝道

观所极力推崇的尊老、敬老、养老的价值观念也日渐淡薄。独生子女在家庭中的地位上升，感恩之心和回报意识严重缺位，子女感情上与父母的疏远，代沟在拉大加深，不愿与父母进行心灵的沟通，必然也影响到对老年人的赡养。近年来，两代人由于经济上相对独立，由血缘维系的亲情养老观念正在弱化。

4. 家庭养老方式存在的基础受到了冲击。

随着社会经济、文化、教育等方面的长足进步和发展，中国社会亦已处于传统向现代变迁的转型时期，在此过程中，传统家庭结构模式也发生了巨大的改变，而与家庭结构模式紧密相连的家庭养老方式也面临着巨大的挑战和冲击。在城市，主要表现为老人的心理问题和生活照料问题。老年人因单身或家庭"空巢"而引发的心理不适现象，如孤独、抑郁、焦虑、烦躁等在城市已经成为比较突出的老年问题；在农村，则主要表现为老人的基本生活温饱问题。在农村主要以家庭为养老支柱的前提下，老人一旦丧偶或丧失劳动能力，将会面临贫困和生活无着的极大风险。可见，农村养老制度的改革已经迫在眉睫。

三、独生子女成主流人群，"ONLY"族离孝渐行渐远

我国政府自 20 世纪 70 年代开始全面推行计划生育政策，并于 80 年代初把实行计划生育确定为我国的一项基本国策，至今已实行 30 多年，国内的家庭结构显著变化，社会处在一个转型期。我国独生子女中，20 世纪 80 年代出生的独生子女被称之"ONLY"（O-open，开放的一代即与改革开放共成长的一代，婚前性行为占 96.32%；N-normal，正常的一代即社会大变革中的正常一代；L-lost，失去的一代，他们没有兄弟姐妹，被称为"孤独的一代"；Y-yield，产出的一代即他们的父母和家庭为国家发展做出巨大贡献的一代），这一群体正逐步壮大。[1] 国家计生委统计，我国现在约有 9000 万独生子女，已经成为主流人群。独生子女与日俱增，随之产生的独生子女家庭中老年人的照顾问题也显得尤为突出。数以千万计的独生子女父母如何养老，近亿数量的独生子女"孝"的缺失是需要高度重视的两个紧密联系的社会问题。独生子女孝观念和孝行为缺失的表现及其原因主要有：

1. 独生子女和家长自身的因素。

独生子又称作独苗或独丁，就是没有兄弟姐妹的孩子。一般说来，独生子

---

① 《社科院报告将第一代独生子女称为"ONLY"一代》，中国网。

女都存在着娇惯、任性、自制力差、占有欲强，不爱劳动、不爱惜东西，缺乏关心、体谅、尊重他人的习惯等特点。独生子女存在的这些弱点来自"独生"本身——在家庭里没有年龄相近的伙伴，于是没有与兄弟姐妹共同生活、交往的经历。"四二一"的家庭结构为独生子女提供了一个独特的成长环境。

过分地受人关注，这是独生子女们以自我为中心的来源。他们受到家人过多的关怀，以为自己永远是中心，就会表现出缺乏爱心，缺乏纪律性，内心无善恶的界线。这主要是因为家长教育不得法，对孩子的越轨行为采取了过于温和的态度，使孩子对行为没有正确认识。独生子女们只知接受爱，不知给予爱；唯我独尊而且任性，缺乏责任心和义务感，消费超前，道德滞后，依赖性大，孤独感强，社会交往能力差等。长大后，独生子女们的这些性格缺陷不但没有减少，反而愈演愈烈。独生子女的家长对子女择偶的要求过高，这种过分期盼子女婚姻美满和子女幸福的心理可能会自觉不自觉地越俎代庖。独生子女本来自制力就差，而做父母的又不从实际出发，天平总是倒向自己孩子一方，家庭矛盾只能是越攒越多，长期下去，又怎么会有"孝"字在心头？

2. 家庭生活环境的影响。

现代人以事业为重，以个人成就为取向，追求独立人格，加之生活节奏加快、社会流动性加强、不同的价值观念生活方式等因素的影响，使得"孝"的意识在某种程度上被淡化、甚至遗忘了。现代独生子女的家庭中，家长为孩子包办的过多，不仅不让孩子做家务，而且孩子们本来自己可以处理的事情，比如，盛饭、穿衣、削铅笔、背书包、洗袜子等也都由家长代劳。过分的迁就、姑息、宠溺不仅没有培养出孩子的孝心，反而让孩子们认为父母所做的一切都是应该的。独生子女在父母的溺爱中长大，把父母当成了拐杖，一步也离不开，集万千宠爱于一身，成了家中的小皇帝，溺宠更是取代了管教。娇生惯养，结果造成孩子"天马行空""唯我独尊"。他们只知道索取，不知道回报，久而久之，他们的意志力得不到锻炼，自理能力不足，贪婪的欲望却不断增长，有的不但和父母顶嘴，甚至还打骂大人，更有甚者走上了邪恶的道路。

3. 道德品质培养的缺失。

现代社会，不少家长仍然认为智育、学习成绩是孩子成才成功的唯一出路。家长把所有的希望都寄托在了孩子身上，家长们不再让孩子担任班干部，不再让孩子们参加体育锻炼，不再让孩子们凑在一起玩耍，孩子们没有了休息时间，各种各样的辅导班接踵而至，而德育培训班却从来没有。渐渐地，独生子女的脾气越来越暴躁，情绪波动越来越大，孤独感、失落感、厌学情绪越来越重。他们开始学着自私，发泄，与同学打架，与父母争吵。道德教育的缺失最终导致了独生子女漠视亲情、不懂孝顺。而有些家长也没有认识到科学教育孩子的意义。家长只是用从上一辈学到的教育方式来教育孩子，以为家长的话就是圣旨和真理，孩子必须遵从。新的时代家长们仍然用愚昧的方式来教育孩子，一如既往的维护自己的家长威严和尊严，却不知这些早已被孩子们不耻和看不起。在孩子眼里家长失去了威严，也就不值得尊重和孝顺了。而长大后独生子女的这种思想不但不会消除，而且会愈演愈烈。

4. 独生子女生活方式的转变。

80 后独生子女现在也已为人父母，他们自己以往都是家中的"小皇帝"，现在却要成为家庭和社会的"责任人"。这种"角色转换"成为令人瞩目的社会现象。80 后独生子女的父母们，他们的父母还健在，自己已为人父母，孩子又承接了两代人的爱护甚至溺爱，自己尚在吸乳的感觉中，却要承担哺乳的职责，在社会上要"立业创富"、在家中"上要养老、下要育小"，角色转换意识不强，感觉吃力。社会的快速发展，市场经济的确立，竞争激烈，生活节奏加快，家庭观念越来越淡薄，家庭成员间的交流和倾诉越来越少，相互理解也越来越差。随着高科技的发展和网络的普及，新一代独生子女们开始了解各种各样的知识，他们对老一代独身子女家长们"老生常谈"的东西不再感兴趣并且产生抵触情绪，同时在新兴的网络面前，新生代独生子女们自我约束能力差，道德自律行为和意识淡薄，而网络上不健康的暴力色情内容正毒害着青少年，侵蚀着孩子们的心灵。家长们过于忙碌，独生子女伙伴少，又没有兄弟姐妹，所以在他们感到心灵受到伤害或心理压抑的时候，没有时间、地域、年龄和背景限制的网络就成了他们很好的宣泄渠道。此外，社会转型期，人们的思想、道德价值观存在着滑坡现象，重金钱轻亲情、重利轻义，而孝敬父母美德却被抛之于脑后。生活方式多样化背景下，单亲家庭开始成为一种社会现象。单亲家庭的独生子女要比普通家庭的孩子更为孤单，而正处于敏感期的独生子女又缺少至亲的兄弟姐妹倾吐心声，在缺乏亲情和温暖的环境中长大，自然会形成冷酷无情、自私自利的性格，更为缺乏孝顺意识，难以有孝的行为。

5. 社会制度的缺陷。

独生子女承载着整个家庭的希望和未来，家长们却只重视孩子的智育发展而忽略了传统美德的教育。现行教育体制和教育模式尚未完成从应试教育向素质教育的转变，学校在有限的德育课中更多的是向学生教授爱国主义、集体主义、无私奉献等高层次的道德要求而漠视孝敬父母等最基本的道德教育。学校的道德教育目标中也没有明确的孝道教育的内容，从而导致了青年学生的基本道德修养不足。社会管理体制和用人机制在衡量人才时看重学历，而且把学历、文凭和人们的晋升紧密联系在一起。选拔和用人制度的缺陷也误导着家庭教育。严重的问题在于，孝道德教育的缺失虽然令人痛心疾首，然而得不到社会制度和体制机制的认真回应。

有调查表明，当代中国青少年对父母的态度令人担心和忧虑，一家青少年研究所分别对日本、美国和中国大陆的高中学生进行了"最受你尊敬的人物是谁"的问卷调查，调查对象是日本 15 所高中的 1303 名学生，美国 13 所高中的 105 名学生，中国大陆的 22 所高中的 12201 名学生，统计结果是，美国：1、父亲，2、麦克·乔丹（球星），3、母亲。日本：1、父亲，2、母亲，3、板本龙马（日本一著名历史人物）。中国大陆的高中生却把自己的父母远远摒弃在最受尊敬的人物的前 9 名之外，母亲排列第 10 名，父亲排列第 11 名，远远落在刘晓庆、撒切尔夫人的后面。[1]我们很难想象，对父母大为不敬的子女，将来长大后会对自己年老的父母行孝。

独生子女如何树立孝心、如何行孝尽孝，不只是一家一户的个案，也直接关乎整个社会的伦理观念和价值标准。党和政府应该高度关注独生子女行孝尽孝难问题。面对滚滚而来的"银发浪潮"，需要独生子女一代守住自己的道德底线，也更需要社会赋予孝道新的含义和行为模式。

四、代际关系的嬗变，促使传统孝道被解构

1. 代际关系的内涵及中国传统代际关系模式。

代际关系通常是指家庭中一代人或几代人之间的亲情、依赖、经济交换等关系。随着社会的不断发展，社会保障体系的建立和完善，代际关系将日趋复杂，超出了家庭范围而成为社会问题，从家庭范围扩展到社会，代际矛盾外化，代际关系社会化。存在不同代际群体之间的差异和矛盾是推动社会关系发展进步的动力元素，而如何化解代际困境、弥合代际冲突，则是推动家庭乃至社会和谐发展的基础。

我国传统的家庭关系是与父权夫权制相适应的一种主从型关系，体现了夫

---

① 参见《张老师月刊》编辑部：《中国人的父母经》，张老师出版社 1987 年版，第 63 页。

妻、长幼的不平等。中国传统家庭关系的调节原则在夫妻之间是"相敬如宾"，在父子之间则是"父慈子孝"，父子关系是家庭关系的核心，父夫是家庭权力的核心。传统家庭关系的内涵：一是家庭关系执行严格的等级制度，这种制度建立在年龄、资历的基础之上。越是年长，其权威越大，资历越高，越能获得更多的话语权；二是在这套等级制度中，代与代之间、同代之间的交流更多的是体现一种单向的传统威严式的话语体系，即长辈的意志必须得以遵从，否则将有被社会舆论视为不孝的风险；三是在同代之间，关系的处理则倾向于维护夫权的尊严。在这种关系体系中，男性的中心地位不容挑战，即使二者达到"相敬如宾"这样理想的关系状态也是夫为主、妇为宾。

2. 家庭代际关系嬗变与传统孝道解构的表现。

当前我国社会进入由传统社会向现代社会、封闭社会向开放社会变迁发展的转型时期，发展机遇期与社会矛盾凸显期并存，反映在代际关系发展上，主要体现为面对时代变化，新老社会群体的市场适应性强弱有异，社会位置出现异动，价值观念出现离差，传统孝文化陷入发展困境。社会转型背景下家庭代际关系产生多维嬗变：一方面，代际之间不断寻求和谐平等的相处方法；另一方面，也产生了一定的负面影响，导致传统孝道解构。

城市化进程加剧了社会流动，隔代抚养家庭和空巢家庭大量出现，传统社会的赡养基础出现动摇，很多老年人陷入晚年生活的困境，代际之间矛盾加剧。同时，在社会养老条件不健全，养老设施不完善，老年服务机构数量有限，职能不明确的现实情况下，"分而不离"的既分又合的弹性家庭网络和供养方式，两者之间保持着分居养老抚幼、责任互补、双向互利的代际关系，难免会有后顾之忧。成年子女既要为工作尽心，又要为他们的子女尽责，心想孝敬老人往往力不从心，从而与照顾长辈在时间和精力上发生矛盾。

家庭功能衰落或外移，社会化的方式和内容发生改变。由于现代社会专业化组织的兴起及大家庭的解体和分化，人的社会化原来主要由家庭执行，现在变为由家庭、教育机构、工作单位、大众传媒及同龄群体等方面来共同完成。社会保障体系逐步完善，教育、医疗保健、社区服务的发展，也使人们极大地减少了对亲属关系网的依赖，代际之间的血缘纽带变得疏松甚至不那么重要了。[①]

在家庭内部，由于代际关系重心下移，代际权力发生转移。随着夫妻关系

---

① 周月华：《在代际融合中完善家庭养老功能》，《中国社会报》2012 年 5 月 15 日。

在家庭情感系统核心地位的确立，亲子关系退居第二位，加之国家实施独生子女政策，又造成了现代家庭的重心下移。为了确保小家庭年幼子女的健康成长，中间层的父母辈将大部分的财力、物力和精力都放在自己孩子身上，一切以孩子为中心，容易或不自觉地忽视对爷爷奶奶老一代物质上不需要子女负担，反而心甘情愿主动照顾甚至愿意变成家中老保姆，却在精神层面上非常渴望中间层的爸爸妈妈辈更多呵护的这个群体的心理关爱，不少爷爷奶奶深感失落，觉得亲情冷漠和晚年孤独。而中间层的父母亲特别是媳妇难以做到将心比心，反而认为爷爷奶奶"矫情"，由此导致彼此之间的心态失衡，互生芥蒂。在当代中国随着独生子女人数的日益增长，代际关系的重心迅速下移，并严重向下倾斜，父辈对子女所承担的义务明显递增，父母所付出的时间、精力和财力比历史上任何时期都要多。同时，随着社会竞争日益激烈，工作节奏明显加快，区域之间不断融合，人力资源流动加速，子代对亲代的赡养、照料和慰藉却是越来越少，甚至出现了部分不敬、不尊、不养，或者有养无敬、有养无爱的情况。传统的代际义务反哺在逐步解构，传统孝文化的核心理念在逐步消失。①

　　3. 当代部分老年人在养老经济来源问题上逐步觉醒。

　　在传统的农业社会中，几代人聚族而居被认为是美德，传统孝道也把子女"别籍异财"当成不孝行为。而在当代，子女对父母的亲情淡化，代沟加深，在日常生活中呈现疏离趋势，成年子女不愿与父母进行心灵的沟通。中国多数老年人将自己辛苦一生节省下来的钱花在子女或孙子女身上，而自身则陷入养老风险。令人可喜的是，在老年人基本需求的调查中，涉及生活中余钱的去向问题时，城市有余钱的老人中，把"储蓄养老"作为他们的第一选择，排在第二位和第三位的分别是"改善伙食"和"补贴孙子女"。农村有余钱的老人中，居首位的是用于改善伙食，其次是储蓄养老，补贴子女。老年人在养老经济来源问题上的逐步觉醒，采取主动，将自己的积蓄用在自己目前或未来的养老行动中的做法，一定程度上可以消减老年人养老行动中的不确定性。从余钱去向的分布，说明相当一部分老年人在自身收入消费中逐步走向理性化。这可以看作是老年人养老理念理性化的一种表现，对于具有特殊国情的中国来说，具有非常实用的价值和前瞻性意义。②

---

① 《转型时期中国家庭的代际倾斜与代际交换》，网络。
② 王树新、马金：《人口老龄化过程中的代际关系新走向》，《人口与经济》2002 年 7 月 25日。

第二节　情感危机致婚变，"问题少年"如何孝

在现代家庭中，夫妻关系处于中心地位，老人、孩子处于第二位，亲属关系则更在其次。现代婚姻的状态、方式已成为人们的自由选择，试婚、离婚、分居和未婚妈妈、少年母亲、单亲家庭等大量出现，加之单亲家庭不断增多，越来越多的孩子失去了父母共同给予的家庭关爱。亲子关系在家庭中地位的下降，动摇了"孝"的基础。

一、夫妻情感危机加剧、婚姻变数增大，有其深刻的社会原因

时代在前进，社会在变化，社会中坚力量——中青年婚姻家庭观念及其行为选择和表现的变化对社会和家庭的影响最大。社会更加开放，婚姻对性关系的约束力削弱，夫妻情感危机加剧，影响到家庭生活和子女教育。社会风气的变化导致中青年的"两降一增"（结婚率下降、生育率下降、离婚率增长）。

一是结婚率下降。中国的城乡社会的结婚率自 1981 年达到最高峰 20.8‰之后，即开始逐渐回落。从 1987 年至今，中国的结婚率呈连续下降之势。[1]据第六次全国人口普查数据显示，有 9.56% 的未婚女性是 30 岁及以上的"大龄剩女"。与第五次人口普查数据相比，"大龄剩女"的比例增加明显。10 年前，30 岁及以上女性人口中，只有 0.92% 未婚，而 10 年后这一数据上升为 2.47%。[2]乡村未婚人口无论从比重还是绝对量上都大于城镇。

二是生育率下降。中国家庭已经抛弃了传统的多子多福的观念，接受了少生优生的思想，不追求孩子的数量，而把精力放在提高孩子质量上，尤其重视对孩子的教育。家庭生育职能的进一步弱化，不婚、晚婚、晚育以及选择不育的增多。零点调查公司对 6 城市、2700 多人的调查显示，近 8 成的受访者认为，"独身的人会增加"，并且文化程度越高、所在城市规模越大对此持肯定性态度

---

① 唐灿：《我国城乡社会家庭结构与功能的变迁》。
②《沈阳日报》2012 年 4 月 12 日。

的比例越高。① 自20世纪80年代末期以来，中国城乡妇女的初婚年龄逐年提高。初婚年龄推迟和独身增多直接导致初育年龄后移和生育率下降。婚姻的人口再生产功能正在被年轻一代所淡漠、忽视。生育率下降和不育行为使生育阶段缩短或取消，无子女生活阶段被大大延长。

三是离婚率增长。人们对婚姻的要求提高，一方面追求高质量的以爱情为基础的婚姻；另一方面爱情的坚贞程度下降，爱情的更新速度加快，离婚率上升，离婚指数以每年35％的速度增加，造成了许多单亲家庭和再婚家庭。改革开放以来，中国的离婚率持续上升。据民政部公布的数据②，2011年共依法办理离婚手续的有287.4万对，增长7.3％，粗离婚率为2.13‰，比上年增加0.13个千分点。其中：民政部门登记离婚220.7万对，法院办理离婚66.7万对。婚变的加剧和问题少年的出现极大地冲击了当代家庭的稳定性和良好社会秩序的形成，使当代青年与父母的情感、心理距离增大，而导致家庭可能出现少无人教，老无所养。因此，情感危机而导致的婚变，致使现代社会各种"问题少年"层出不穷，极大地破坏了当代家庭道德的和谐关系，不利于家庭道德建设和社会主义和谐社会的建设。

二、单亲家庭少儿群体增多，人格形成和行为不健康因素增加

1. 单亲家庭子女容易出现一些心理障碍，产生一定的性格问题和不良倾向。

一是消极、自闭，孤僻不合群。单亲母亲家庭的男孩存在性格腼腆、怕生、内向等问题。他们有较为强烈的自卑感，做事变得胆怯，缺乏自信和勇气，缺乏进取和积极向上的精神。在家庭中缺少父亲这一角色，很容易使男孩子在性格和行为上得不到男性化的指导，引发一些性格问题。单亲父亲家庭中的女孩子独立性强，表现出了与年龄不相适应的心理成熟，性格上有些固执。缺少母亲的关怀，女性的一些特点如温柔等特征很难在此类家庭的女孩子周围体现出来，造成此类家庭女孩子的一些性格特点。据有关调查表明，85％离异家庭儿童对教师和同学比较冷漠，对集体活动总是处于消极状态，不愿参加。一些儿童从小就担负起了比正常孩子多得多的家务活和农活，使他们内心过早地成熟。

---

① 唐灿：《家庭变迁的社会之维》，《检察风云》2010年第5期。
②《民政部：2011年全国287.4万对夫妻办理离婚手续》。

二是焦虑、抑郁，缺乏安全感，情绪容易失调。单亲家庭子女在他们父母亲离婚的过程中看到的是人与人之间的互相攻击，他们对人与人之间的交往缺乏信心，在众人面前感到不安、敏感，具有退缩、焦虑的特点。有的因为父母的分裂，孩子成天处在恐惧和担忧中，没有安全感；有的单亲家庭的父（或母）为了给自己争口气，对孩子要求过分严格，造成孩子巨大的心理压力。单亲家庭的子女常常感到压抑、郁闷、烦躁，心理困扰无处排解，极易产生极端行为——或离家出走，或攻击性强。

三是妒忌，导致憎恨、逆反、暴躁冲动，犯罪率相对较高。单亲家庭的孩子由于心理失衡，容易破罐子破摔、自暴自弃，自我放纵、任性骄横，容易产生报复心理和攻击意识，部分人甚至产生违法犯罪行为。

2. 单亲家庭子女的思维和行为方式产生偏差原因。

一是放任自流、缺乏家庭凝聚力的家庭生活环境。在单亲家庭中，导致青少年犯罪的原因不能完全归结于家庭可见形态上的破裂，而是造成的离异前后的紧张争吵和动摇，以及父母对离异后的子女不负责任地排斥和放任自流的家庭生活环境。一般情况下，离异家庭不论是在离异的过程中或离异后，由于缺乏凝聚力，便缺乏对孩子的吸引力。在这种情况下，孩子的离心倾向会越来越严重，若再受到社会上不良分子的勾引，就会导致孩子走向社会犯罪。

二是单亲子女失去家庭的温暖和关爱，也失去了健康正常的家庭教育，因心理失衡而产生报复心理。在单亲家庭中，特别是离异家庭中，若父母的素质不高，在离异的过程中或之后，使孩子失去应得到的温暖和爱心，就会扭曲孩子的心态，逐渐厌弃以至仇恨，有的离家出走造成越轨、失足，有的悲观厌世导致自杀身亡。父母一方或双方亡故会使孩子失去应得到的爱和教育。在离异家庭，夫妻双方忙于离异的战争或另寻新欢使孩子失去了应得到的家庭教育和爱，而使孩子受到坏人的拉拢走上了偷窃流氓犯罪的道路。单亲家庭特别是因父母离异而形成的单亲家庭的子女，因心态被扭曲而常常导致心理失衡；因在家庭中失去爱、温暖和得不到应得的照管，由对父母的仇恨而转向对社会的报复，进行杀人投毒放火等犯罪活动。

三是受家庭不良教育的影响，使一些青少年从小就养成了以自我为中心的不良人格。这主要有三个方面的原因：一是过度受到父母和双方祖辈的溺爱，慢慢养成了唯我独尊、自私自利的个性，在他们的要求得不到满足时便很容易跟父母闹对立，甚至产生怨恨心理。二是家长对孩子的期望值过高，过分严厉，或恨铁不成钢，经常打骂，使孩子与父母间的感情淡漠。三是父母自己的孝道缺失对子女所产生的负面影响。有人做过调查：在一个没有孝道观念的家庭里成长的孩子，95%的孩子长成后都存在孝道缺失的问题。

3. 青少年自身对孝意识的淡漠，与他们缺少来自家庭的正义感，缺乏优秀传统道德教育有关。

在现实生活中也有不少受过高等教育和有一定身份地位的人也存在不孝行为，其中有些是迫于生活压力对孝意识淡漠的，而更多的是他们自身就没有受到来自家庭和社会的良好的传统道德教育，因为受极"左"思潮的影响，在他们世界观价值观形成的年代，主流社会对传统思想道德是持否定态度的。他们已进入而立之年，多半是受过良好专业知识技能教育在城市打拼的一代，由于工作压力、生活压力以及居住条件等的限制，使他们无力赡养老人，包括精神赡养也存在严重缺失。他们的态度言行深刻地影响到家庭子女，所谓上梁不正下梁歪，从思想观念到行为习惯都没有做到与民族优良传统的正确对接。

大量事实和研究表明，由于家庭结构的缺损以及由此而带来的各种嘲讽、轻蔑、忽视，单亲家庭儿童在社会化过程中往往会因为缺乏父爱或母爱而变得心理失衡。他们的心灵受到了强烈的震撼，常常感到孤独、忧虑、无助，从而产生学习障碍、情绪障碍、交往障碍等心理问题。这种心态如不及时纠正，就会使孩子性格扭曲、心理变态，严重影响其意志、情感和品格的发展。由此可见，婚变的加剧和问题少年的出现极大地冲击了当代家庭的稳定性和良好的社会秩序的形成，使当代青年与父母的情感、心理距离增大，而导致家庭可能出现少无人教，老无所养。[1]

第三节　婆媳关系变颠倒，传统孝道确实须改造

自古以来，婆媳关系是家庭关系中最难相处，也是最微妙的一种关系。尤其是在中国这样崇尚孝道的国家，家庭是否稳定和谐，一个重要看点就是婆媳关系是否和谐。常言道："家家有本难念的经"，其中一本就叫"婆媳经"。影响新时代婆媳关系的因素既有传统的观念，又有现实的原因。新中国成立后，

---

[1] 徐文福：《传统孝文化在当前和谐家庭建设中的现实意义》，《福建省社会主义学院学报》2007年11月10日。

我国妇女地位空前提升，"妇女能顶半边天"的观念深入人心，婆媳矛盾发生了深刻变化并大量地存在着。改革开放以来，婆媳矛盾也随之升级，直接挑战传统道德规范。婆媳关系影响着家庭的和谐与社会的稳定。

一、从观念到现实关系，"婆媳之道"变化重大

家庭的基本关系有两种：一是夫妻关系，一是亲子关系，两者构成了家庭结构的基础。其他关系，如兄弟姐妹关系、姑嫂关系以及婆媳关系、祖孙关系等都是在此基础上派生出来的。

1. 传统与现代因素相交织，家庭婆媳关系及其矛盾具有特殊性。

婆媳关系在家庭人际关系中既不是婚姻关系，也无血缘联系，而是以夫妻婚姻关系和母子血缘关系为中介结成的特殊关系。因此，婆媳关系一无亲子关系所具有的稳定性，二无婚姻关系所具有的密切性，但它是由亲子关系和夫妻关系的延伸而形成的具有密切互动关系的家庭人际关系。

无论是婆婆还是媳妇，对于双方来说，虽为家庭关系亲密的人，其实彼此还不熟悉，更谈不上心意相通、配合默契。而中国由来已久的婆媳文化使得婆婆与媳妇有一个既定的印象与定位。婆婆作为家庭的管家，对于她认为媳妇做得不够好的地方要指出并纠正，为的是让这个家条理分明，大家生活有序。媳妇则希望婆婆不要干涉自己的夫妻生活或者小家庭的生活。如果处理得好，婆婆和媳妇因各自"爱屋及乌"，婆婆因爱儿子而爱媳妇，媳妇因爱丈夫而爱婆婆，各得其所，关系就会融洽。但是如果处理不好则婆媳之间会出现裂痕，难以弥补。现代突出的问题是，由于家庭的小型化和家庭功能的简约化，妻子的媳妇角色意识不强，吃苦耐劳精神不足，或者因大家庭的核心在小家庭，而媳妇要强，按自己的意愿和理解主导大家庭事务，也就不能恰当地担当家庭媳妇的角色了。

2. 从心理要求与角色分工上看，婆婆与媳妇身份不同、称谓不同，感受、要求也不同。

婆婆希望媳妇能像亲生女儿一样孝顺自己，媳妇则希望婆婆能像亲妈一样疼爱自己，但婆婆毕竟不是媳妇的亲妈，媳妇也毕竟不是婆婆的亲闺女。媳妇期望能与婆婆建立一种亲密无间的关系，这种期望来源于恋爱期间与未来婆婆的亲密关系。殊不知恋爱时婆婆为赢得好感的姿态与婚后的实在关系有很大的距离。有位妇女曾在"妇女热线"中述说："我一直把婆婆当作自己的亲生母

亲看，家里大事小事我都帮她操持、替她着想，我花这么大力气是希望她把我当亲生女儿，可是当我和小姑子同时生了孩子，她却忙里忙外地一直帮小姑子不帮我，这事深深地刺伤了我，我把她当妈妈待，她为什么不把我当亲生女儿待？"咨询员清楚地回答她，婆婆不是妈妈，儿媳不是女儿，这是一个客观存在的现实。婆媳之间的矛盾很多是因为觉得双方为大家庭和小家庭该做而没做的事引起的，于是便积累很多的不满和怨气。

有人把婆媳之间的矛盾说成是"两个女人争一个男人"的矛盾，也有一定道理。有的儿子"娶了媳妇忘了娘"，婆婆内心不免失落。再则媳妇与家人相处不睦，如媳妇与小姑、小叔或妯娌之间发生冲突，也会本能地引起婆婆的不悦，怪罪于儿媳。更有甚者，有的婆婆想到当年做媳妇时受过婆婆的气，潜生报复心理，把这种怨气出在儿媳身上，造成婆媳不睦。

3.利益分歧与权力之争也是引发婆媳矛盾的重要原因。

婆媳关系难处理，一是因为婆媳共同存在于一个经济利益共同体中，经济和利益要产生矛盾，二是双方都想让由自己来控制处理家事，必然要产生矛盾。婆媳同在一个家庭中生活，有共同的归属，自然也就有着共同的经济利益，双方也自然都希望家庭兴旺发达。这是婆媳利益一致的一面。但同时也常常在家庭事务管理权、支配权等方面发生分歧，出现矛盾，甚至明争暗斗。我国家庭中素有"男治外、女治内"的传统，婆婆做了几十年的内当家，现在把权力交给媳妇，媳妇在家庭事务中唱起了主角。对这种角色的转换，做婆婆的往往不易适应，即使是婆媳共同持家，也容易产生分歧。一般婆媳问题争执的焦点，常常是家庭的决策权和经济权。

4.婆媳对生儿育女以及子女管教的差异也是矛盾的原因之一。

婆婆总是抱孙心切。假如媳妇进门后久久未生育，或婆婆重男轻女的观念很重，而媳妇却生了女儿，婆媳难免发生龃龉。在管教孩子方面，婆婆不像媳妇那样强烈或严格，表现出"隔代亲"，因此婆媳之间很容易产生种种分歧。就媳妇而言，婆婆对孙子的宽恕与包容，简直是助长孩子的气势，同时间接地影响了她当母亲的权威，当然无法忍受，婆婆娇宠爱孙，往往便得罪了媳妇，而婆婆严格要求孩子往往也被认为不近人情或者被认为是"老传统"，没有与时俱进。

5.婆媳各自生活习惯的差异也是引起相互矛盾的重要原因。

年轻女性往往注重社会意识，热衷于社会活动，在学业和事业上要求上进，热情工作，善于社会应酬，回到家里，往往忽略妥善处理家庭人际关系。

如果婆婆还要用传统眼光看现代的儿媳妇，希望她们以家庭为中心，去做"贤妻良母"的话，就会增加婆媳之间的矛盾。

6. 作为母亲的儿子又是妻子的丈夫，孩子的父亲在婆媳关系中的中介作用最为关键。

婆媳之间本来就没有血缘关系，仅靠儿子或丈夫的"中介酶"在起作用。在这种新的联合体式的亲情关系中，如果缺乏相互包容，婆媳之间的"博弈"将不可避免。婆媳关系错综复杂，其实都是围绕一个作为母亲的儿子又是妻子的丈夫的男人而展开的。这个男人摇摆于对母亲的"孝"道和自己的小家庭利益之间，容易成为矛盾的焦点，"两面受气"。夫妻之间毕竟在活动、打算、开支以及交往等方面有着更多的共同点，往往超过母子观点的一致性。儿子和母亲相隔一代，在心理上存在着差异，这样就容易造成儿子中介作用的失衡。如果母亲不理解，误认为儿子"娶了媳妇忘了娘"，感觉母子感情被儿媳夺去，而迁怒于儿媳。[①]

总的看来，影响婆媳关系主要因素是文化差异。婆媳在思想价值观念及生活方式等方面都会有很大的不同，极易导致矛盾发生。婆婆与媳妇双方生活在不同时代，所遵循的是各自时代一定的道德原则和伦理规范，因此很难简单地用理性标准加以判断谁对谁错。在以父权制为特征的传统家庭伦理关系中，婆媳关系以"欺压"、"服从"为特征，婆婆对媳妇有着至高无上的权利，媳妇在家庭和社会中处于任其宰割的地位。[②]现代婆媳关系与传统相比已经发生了根本性变化，以父子关系为主的代际孝伦理纵轴向以夫妻关系为主的夫妇伦理横轴转移，家庭成员间（包括婆媳间）的依赖性减弱，平等意识、独立意识不断增强，以爱情为基本尺度的夫妇伦理取代了代际孝伦理成为家庭的主导关系。时代的隔阂导致婆婆和媳妇做人处事上有较大差异，这些差异常常会引发一些矛盾的产生。

二、当代中国婆媳关系及其矛盾的深层原因分析

在传统的婆媳关系中以婆婆为主导，婆婆行使着家庭事务的绝对支配权力。而现代社会婆婆作为传授者而儿媳接受教育的单向文化传递模式已被

---

① 《关于家庭关系的几点思考》。

② 李乐红：《当代中国城市婆媳关系的伦理思考》，《江西师范大学硕士论文》2009 年 5 月 1 日。

打破，儿媳一代在对新事物的敏感性和接受能力以及信息量和知识面等方面不仅超出了婆婆的经验知识，而且对家庭事务也具有自己的判断力和处理能力。[①]婆婆和媳妇若按各自的想法从事，不顾及他人的感受，就会使得家庭成员之间出现较深的隔阂，这样，在家庭事务或者生活中，便不可避免地要产生矛盾与摩擦。

比如说，出生于改革开放之后的"80后"媳妇，作为独生子女在其成长过程中由于缺失了兄弟姐妹同伴教育资源，也就失去了"50后"婆婆在其成长年代里可以融于日常生活体验、感悟而获得生活经验习得的宝贵机会。同时"80后"媳妇大多受过正规的中高等教育，具有较高的文化素质、经济独立、个性鲜明、思想自由、观念解放、主张男女平等，因而中国几千年来形成的家庭成员间、亲属间的传统伦理道德对"80后"媳妇的思想意识和行为能力约束力偏小，使得日常生活间维系亲情与家庭传统道德价值标准受到了强烈冲击。在现代生活里，"80后"媳妇往往视追求个人感受和个性自由发展为自己的最大权利，很少顾及或考虑作为媳妇应该承担什么样的家庭责任，应该按照什么样的家庭道德价值观与婆婆和睦相处，在更多的时候只强调个人权利却没有考虑应尽义务，只想得到别人对自己的尊重却又不愿意以包容、理解的心态去对待与自己没有血缘关系的婆婆，这种因文化差异造成的家庭道德价值观断裂与家庭责任感的淡漠，使得现代婆媳关系的调适难度增大。婆媳由于文化差距，看待问题的角度也自然不同，致使小矛盾演变为大问题。

作为当代婆媳冲突焦点之一的养老，原本属于子女应尽的义务和责任，如今却成了问题。原因在于，在市场经济的冲击下，深受传统孝道约束的中国家庭内部关系发生了异化。利益交换原则成为协调当代婆媳关系的重要规范，如婆婆照看孙子，媳妇承诺养老。由于未能遵循平等原则，养老问题经常成为当代婆媳矛盾的关键所在。

在教育第三代上缺乏信任和配合也是影响婆媳关系的常见因素。在现代家庭里独生子女承载着全家的希望寄托，在望子成龙、望女成凤以及"不能让孩子输在起跑线上"的理念影响下，婆媳双方均无法抗拒"重智轻德、重知轻能、重养轻教、重身轻心"的社会影响，但在"如何让孩子学会做人"这个问题上婆婆和媳妇之间如若不能达成共识，容易产生教育方式和观念的分歧。

---

① 毛新青：《对现代家庭婆媳关系的思考》，《山西青年管理干部学院学报》2008年2月20日。

教育孩子的方式和观念的差异，又缺乏积极有效的沟通，常常成为矛盾的导火索。

俗话说："婆媳亲和，全家和乐"。婆媳关系及其矛盾对整个家庭的影响重大。最为直接的是将影响到均为独生子女夫妻间关系的和谐稳定。在影响婚姻幸福和家庭和睦的诸多因素中，婆媳关系不和对夫妻感情的破坏成为仅次于婚外恋的"第二杀手"，被人们称为影响婚姻质量的"恶性肿瘤"。[①]婆媳不和会给整个家庭生活带来不散的阴影。首先影响的是母子关系，婆媳矛盾经常使得处在"夹心层"的儿子无所适从。其次影响的是孩子的成长环境。在婆媳关系紧张的家庭里，孩子往往会受到婆媳双方过多的、莫须有的指责或责难，甚至被迫灌输彼此的坏话，或不得不学会说言不由衷的假话，以至过早失去健康的家庭成长环境。不和谐的婆媳关系往往又会引起公婆矛盾，影响老人身心健康。由于婆媳矛盾引发的家族纠纷同样也会给邻里关系也带来不良影响。一个家庭如果是非不断，难免会让人避退三舍，使自家成为"孤家寡人"，成为亲戚朋友和邻里乡亲们笑话甚至谴责的对象。

---

① 毛新青：《对现代家庭婆媳关系的思考》，《山西青年管理干部学院学报》2008 年 2 月 20 日。

第七章　知与行在纠结

第一节　对市民和城市学生的问卷调查分析

改革开放新时期，特别是进入 21 世纪，中华传统优秀孝道德在人们现实生活中传承、弘扬得如何，在公共生活领域又会得到怎样的对待，在思想学术界又会有怎样的看法？我们借助检索到的典型资料和相关报道，加上我们的专题问卷调研，进行综合比较与分析，总的结论是，无论是知与行，还是在公私生活领域及学术界，孝都处于纠结中，需要创新性转化，创造性发展。

一、1991：“家庭代际和观念”调查 [①]

《家庭》杂志社家庭研究中心于 1991 年 4 月对读者进行了一项题为“家庭代际和观念”亦即“孝”问题的调查。调查证实了孝文化并未随着历史的发展进程而自行消失，恰恰相反，它正以某种“姿态”生存下来，影响作用着人们的思想行为。他们据此认为，只要家庭生活依然存在，只要亲情关系依然是一种重要关系，只要晚辈和长辈之间的关系依然需要调节，那么，孝文化就依然有其存在的现实和天然基础。通过阐述传统“孝文化”的创造性转化，以寻找传统文化和现代社会之间的契合点。

当代中国人对“孝”的理解已发生了重大变化，但是“孝”在当代中国人心目中仍然具有突出的位置。

在对“孝”的理解上，一是以敬重父母代替了“绝对服从”；二是主张父

---

① 本部分内容根据郑晨论文：《论当代社会变迁中的“孝文化”——寻找传统文化与现代社会的契合点》，（见《开放时代》1996 年第 12 期）整理。

母在世时，要尽心尽力赡养。这两点构成了当代中国人心目中"孝"的内容。至于"'有后'（生男孩），才能对得起父母祖宗"，"棍棒之下出孝子"，"子女要侍奉父母身边"，"要厚葬父母"的传统"孝"的观念已逐渐失去了市场。

多数人认为"孝"能够作为当代家庭的道德规范。对孝持肯定态度的主要理由是："孝是子女的义务和本分"，"提倡孝会促进两代人之间的和谐相处"，"孝是对养育自己父母的报答"，"孝是子女有道德表现"和"孝顺是百行之本"。值得注意的是，在年轻人中间，半数以上表示"孝能够作为当代家庭道德规范"的同时，仍有相当的人对它感到无法把握，反映出心理上的困惑和迷惘，尤其在24岁以下的年轻人中表现得更为突出，这一年龄组里有将近三分之一觉得这个问题"说不清"。另外调查结果还显示，主张孝能够作为当代家庭道德规范的，与父母与子女之间的关系的好坏相关程度最高。这就是说，父母和子女两代人关系好的，更倾向于把"孝"视为指导家庭生活的道德规范。

对待"孝道"，较多的人持一种不置可否的态度，倾向于"孝不孝见行动"的"实用主义"。在对待"孝道"的问题上，不同年龄、不同教育程度、不同职业、不同地域的人，他们的态度不尽一致。从调查统计的情况看，年轻的、教育程度较低的（高中及以下），以体力劳动为主职业的、居住农村的对"孝道"持无所谓态度，认为"关键在行动"的较多；年纪大的，教育程度在大专以上的、以脑力劳动为主职业的、居住城市的，较多的主张"不用再提'孝道'，讲尊敬父母即可"。总之，大多数人对传统"孝道"比较淡漠，在现代中国人的心目中传统"孝道"的地位已大大下降了，不再主宰着他们的日常生活了。

多数人表示愿意做个孝顺子女。在感到自豪和乐意接受"孝子"或"孝女"称号的人中间，在构成和分布上有如下特点：一是女性比男性多，二是年龄大的多，三是教育程度高的多，四是已婚的多，五是经济状况好的多，六是两代关系好的多，七是城市多，八是和父母不住在一起的多，九是认为"孝"能够作为今天家庭道德规范的多。显而易见，是否乐意充当孝顺子女与年龄、教育程度、婚姻状况和两代人之间的关系密切相关，更和人们对"孝"的理解看法有直接联系。

当代中国人已经形成了具有时代特征的"孝行"标准。为了了解中国人对"孝行"的看法，我们在调查问卷中列出了三个古代"孝子"的故事。让他们谈谈简单的看法。二个取自中国古代影响颇大的《二十四孝》一书。其中有人较熟悉的"郭巨埋子"。另一个是"鹿乳奉亲"。第三个是清朝"孝子"魏兴的故事。对这三种的"孝行"所做的不同评价表明，在新的历史时期，中国人的"孝行"标准已经发生了与我们时代相适应的变化，这就是：第一、行孝是一种有理性的行为，而不能像"郭巨埋子"那样，以非人道的极其残忍的方式去履行所谓的"孝道"；第二，行孝是一种对父母也对自己负责任的行为，它并非要以牺牲生命为代价来换取"尽孝"的美名；第三，行孝是一种充满爱心的行为，在有条件的情况下，应尽可能地满足父母的物质和精神的需要，尤其是精神需要，在现代显得越来越重要。

在日常生活中，大多数能够做到关心父母、尊重父母，不使父母感到为难。调查表明，性别、年龄、职业、教育程度、婚姻状况、居住对人们日常生活的"孝行"有不同程度的影响。在性别上，女性更体贴亲近父母，更乐意经常"陪伴父母和他们话家常"，相比较男性则差一些；在年龄上，35岁以上的中年人更能够为父母分忧；在教育程度上，教育程度越高对父母越尊重；在职业上，脑力劳动者比体力劳动者尊重父母；在婚姻状况上，已婚者比未婚者更"关心父母的健康和起居"；在居住状况上，城市居民"不顶撞父母"的较多，但在"听取和接受父母的经验并作为自己为人处事的参考"上，却明显低于农村。这反映了居住在农村的子女更认同父母的知识和经验。

从子女对父母的日常行为中可以看到，尽管他们不能完全做到"不忤逆"父母，但是在多数情况下，仍尽了自己的"孝心"。由于社会的变迁，人们思想观念的变化，当代中国人已不可能完全履行传统的"孝道"了，那种所谓"父母呼，应勿缓。父母命，行勿懒。父母责，须顺承"在现实生活中，已无法为人所不折不扣地执行了。

二、2005："翟玉和养老调查"[①]

综合黑龙江省《鸡西日报》等媒体的报道：2005年11月，黑龙江省人大代表翟玉和自费筹资10万元组织7个志愿者耗时50天对中国农村的养老现状进行了调查，调查志愿者行程5万公里，踏访全国内地31个省、直辖市和自治区，调查万余名农村老人，展示了我国部分地区农村老人的生存现状。

调查组负责人翟玉和坦言组织发起这次调查的动因，"作为一名农民出身

---

① 本部分综述《黑龙江日报》及网络报道的关于翟玉和团队对农村养老状况的专题调查情况。

的民营企业家，我一直对农村和农民问题在感情上怀有一种本能的关注。""我到山东、江苏等地农村探亲时发现，那里的老人在基本丧失劳动能力和生活自理能力后，因儿女的嫌弃和拒绝被迫独居的比例高达80%以上，缺衣少食，贫病交加，在无奈中苦熬残年。当今中青年农民对父母知恩、感恩、报恩情感的淡化和淡漠由此可见一斑。""人何为有福？老而有福才是最大的福。当今的老人几乎都吃了大半辈子的苦，到了只剩'蜡烛头'的年纪，晚景竟如此凄凉，真是令人心酸。媒体曾报道：山东省东营市政府组织100468名农村老人与子女签订赡养协议；甘肃兰州一大型民营企业在招聘副总时制定特殊条件，即必须是孝敬父母者方可应聘；上海市某街道敬老院对春节不接老人回家过年的子女拟进行罚款……大量的典型事例让我强烈地感觉到，在中国，特别是农村，孝道出了问题。为此，我决定搞一次全国性调查，在一个较大的范围内求证这个问题是否具有普遍性和严重性，探求问题产生的原因和解决问题的办法，以人大代表之责和人子之心，为农村老人说句话，向有关部门进一言，以期引起国家的关注。"

调查掌握的情况是：农村养老问题触目惊心，孝道失传，后果很严重。据翟玉和介绍，通过对调查表的汇总发现，在受访的10401名调查对象中，与儿女分居的比例是45.3%，三餐不保的占5%，年节饮食与平日无别的达16%，93%的老人一年添不上一件新衣，69%无替换衣服，8%的老人有一台老旧电视机，小病吃不起药的占67%，大病住不起医院的高达86%，人均年收入（含粮、菜）650元；种养业农活85%自己干，家务活97%自己做。对父母如同对儿女的视为孝，占18%，对父母视同路人不管不问的为不孝，占30%；精神状态好的老人占8%，22%的老人以看电视或聊天为唯一的精神文化生活。与之形成鲜明对比的是，这些老人的儿女生活水平至少高于父母几倍乃至更多。很多儿女们认为，父母没冻着，没饿着，就是自己尽孝的最高标准了。

翟玉和说，"中国农村老人群体十分庞大，根据现阶段农村的经济发展水平，他们的养老问题应该是一个很严重的社会问题。孝道的失传会使本应由万千个家庭负担的农民养老问题变得更加沉重。调查中有一种现象很令人担忧，那就是这些老人中52%的儿女对父母感情的'麻木'。有的与父母同住在一个院落，但一年也说不上一句话，有的儿女非过年不登门，登门时少的只给父母5元钱，而且一年就这么一次。"在农村，吃的最差的是老人，穿的最破的是老人，小、矮、偏、旧房里住的是老人，在地里干活和照看孙辈的也多是老人。一年吃不上两次肉，平日兜里没有一分钱，小病挺着，大病等死的例子并不鲜见。这些老人不是村里的"五保户"，也不是民政部门的救济对象，但由于儿女的不尽孝，使他们成了"三不管"，其生活境况反倒不如无儿无女的老人。他们对儿女多有抱怨，但大多不忍心将儿女告上法庭。

调查收集到的农村老年人的若干养老体会"语录"[①]

1. 现在"小人"是老人，老人是佣人。

2. 能干，俺是儿女的劳力；不能干，咱就成了人家的累赘。

3. 这年头，有了儿子咱就成了儿子，有了孙子咱就变成了孙子了。

4. 人老了，最靠不住的就是儿女呀，歹心的儿女都赶不上好心的邻居。

5. 我养你们18年，你们养我8年还不行吗？

6. 能动一天就得干，不能干躺下就等死。

7. 穷的富不得，一富就了不得。这儿女有了钱就没了心，除了钱就谁也不认了。

8. 这把老骨头靠谁养，靠自己，靠老天哪！

9. 我养人家（儿女）是本分，是应该，人家养我是麻烦，是负担。

10. 人可别老啊，老了难过呀！

11. 孝，是一辈讲给一辈听，一辈做给一辈看啊，没啥大道理，全凭良心。

12. 两个老的年轻时能养一帮小的，一帮小的长大后却不愿养两个老的。这人哪，还真赶不上兽啊。

13. 老话说：家有一老，如有一宝。现在呢，是家有一老，如有一草。

14. 老话说：不养儿不知父母恩。现在的人自己都当爷爷了，还是不知父母恩。

15. 孝心，孝心，尽孝要凭心。现在的人心坏了，没心了。

16. 城里的老人为长寿忙，农村的老人为肚子忙。都是人啊，我们的命咋就这么苦呢？

17. 过去我们常说：小孩享受的日子在后头呢。现在儿女们却说：小孩成长的时候需要营养，你们老胳膊老腿的，扛劲。

18. 老人就是大酱盘子，儿女们都来蘸，酱蘸完了，盘子也就扔了。

[①] 农村养老现状调查：《儿女无视父母存在》。

三、2007："孝在当代"调研报告

2007年下半年，我们为本课题研究获取数据，专题设计了"孝在当代"的问卷调查表并在湖北省武汉市和宜昌市的有关学校对相关学生进行了问卷调查，一方面希望引起调查对象对中华孝文化的浓厚兴趣，另一方面力图对当今社会"孝"现状把脉，从而为我们弘扬"新孝道"提供依据和基础。

（一）调查及问卷的基本情况

调查对象与方法。本次调查以湖北省委党校中青年干部培训班学员及武汉市第十一中学、宜昌英杰小学、宜昌英杰中学、宜昌英杰高中的学生为对象，采取分层随机抽样的方法选取调查对象。我们根据一定的比例，抽取湖北省委党校中青班学员52人，武汉市第十一中学68人，宜昌英杰小学31人，宜昌英杰中学30人，宜昌英杰高中30人，总共211人作为此次的样本。

资料收集方法。本次调查采取问卷收集资料的方法。问卷由24个问题构成，主要分为五个维度：1，受访者的基本资料，包括性别、年龄、职业、家庭状况等；2，受访者对于孝道故事及相关经典书目的把握程度；3，受访者对孝道的具体内涵的体悟；4，受访者对孝道的道德评判；5，受访者对"孝道"当代价值的认知。

表7-1　调查样本构成情况（人）

	男性	女性	合计
中青班	48	4	52
十一中	35	33	68
小学	20	11	31
初中	17	13	30
高中	18	12	30
合计	138	73	211

资料的整理与分析。全部问卷资料由调查员检查核实后进行编码，然后输入计算机，由调查组成有利用excel分析软件进行统计分析的。分析类型主要为单变量的描述性统计。结果和分析如下：

（二）对传统孝道故事及经典的把握程度

传统的孝道故事及经典包含了古人对于孝道的内涵及行为规范的全面认知。经历数千年流传下来的故事，更是凝聚了孝道的精髓和灵魂。我们第一个维度展开对孝道故事和经典的掌握程度的调查，经调查资料统计分析，调查结果与预期结果基本相同，在一定程度上可以反映当代社会各个群体对孝道的经典及故事的把握情况。其主要结果包括以下几方面：

1. 从回答"您是否听过下列发生在湖北的古代孝行故事"时，这些故事分别是董永"卖身葬父"，黄香"扇枕温衾"，孟宗"哭竹生笋"的数据，我们发现，有77.3%的人听过董永"卖身葬父"的故事，但是对于黄香"扇枕温衾"，孟宗"哭竹生笋"这两个故事超过一半的人都没有听过。

通过比较，我们不难发现，影视作品对于孝行故事的传播起到了十分重大的作用，但是从另一个侧面来说，我们家庭和学校并没有重视通过讲述这些孝行故事来教育孩子，使之形成"孝观念"。

表 7-2　是否知道"孝行"故事的比例分布（%）

	听说过	没听过	不全面
卖身葬父	77.3	6.8	5.9
扇枕温衾	35.7	51.3	13.0
哭竹生笋	31.8	55.7	12.5

2. 对于"你看过《孝经》吗？"这个问题，有52.43%的人表示"没看过"，有29.73%表明他们"听说过，想看，没有看见"，有9.19%的人说"听说过，不想看"，只有8.11%的人表示"看过，印象不深"。

《孝经》是中国古代儒家的伦理学著作，它以"孝"为中心，对实施"孝"的要求和方法做了系统而详细的规定。从调查结果中，我们可以看出当代对于孝道经典的传授并不重视，像《孝经》这样全面讲授行孝规范的著作并没有得到广泛的宣传和推广。

3. 在回答"你看过《二十四孝》吗？"的问题的时候，有85人表示"没看过"，63人回答说"听说过，想看，没有看见"，有16人说"听说过，不想看"，只有21人明确表示"看过，印象不深刻"。（《二十四孝》是由元代郭居敬辑录古代24个孝子的故事。）

根据这三题的调查，我们可以清晰发现，当代社会对于孝道故事及孝道经典的传播并不广泛。究其原因，我们可以大致归为以下几点：一是学校教育对于孝道经典及故事的忽视。现在学校升学压力大，学校安排学生学习的内容往往是为了取得高分，作为进入理想院校的筹码。而关于孝道的教育和学习对于他们似乎没有太大的作用；二是家庭教育对孝道经典及故事讲述的缺失。现代社会的快速发展和竞争的加剧，使得家庭中的男性与女性都忙于应对工作的挑战，无瑕与孩子聊天，了解孩子的思想和情绪，更没有时间讲述关于孝道的故事和经典；三是社会传媒对孝道经典及故事的忽略。社会大众传媒是我们了解信息的重要渠道，也可以说是我们的一种指向标。但是社会传媒并没有把孝道的传播作为它的一个重要主题和思想，即使有时会涉及，也为其他的内容所掩盖。这样一种现状，我们为之担心，却也感觉到无可奈何。

（三）对传统孝道具体内涵的认知

孝道的内涵十分广泛，可以是家庭生活的伦理规范，可以是社会的行为规范，更可以是国家的治国方略。人民群众对于孝道的具体内涵的认知，决定着他们的思想方向，更决定着他们的孝道行为。因此，我们在第二部分特地对受访者进行了孝道内涵认知的调查，希望了解社会人群对于孝道的认知与我们传统孝道的具体内涵有什么不同。我们的调查结果主要有以下几个方面：

1. 对于"是否同意以下关于'孝'的看法"时，对于不同说法，呈现出不同的比例。

对"敬重父母"，"尽心尽力赡养父母"这两个问题高达96%的人都认为是我们为人子女尽孝必须做到的。而对于"绝对服从父母的意见""不孝有三，无后为大""对父母千依百顺""婚姻上遵从父母之命""只有生男孩才对得起父母祖宗""棍棒底下出孝子"这几项表述上，一半以上的人都表示不同意。从这样一个结果，我们可以看出，当代子女心中仍存有"孝"。一些"孝"最基本也最根本的含义他们十分明确。但是对待父母的"绝对权力"，他们似乎更提倡自主的"孝"，对于婚姻大事等，他们仍希望自己做主。同时，他们绝对不认同"棍棒底下出孝子"，当代社会，子女们可能更希望的是通过沟通和交流，使父母更了解他们，同样，他们也希望通过这样一种民主的方式，了解父母的需求，从而对他们尽孝，让他们感觉到子女对他们的尊敬。

2. 在回答"'孝'能否作为当代社会家庭的道德规范"的时候，90%的人都相信"孝是子女应尽的义务"、"孝是对养育自己父母的报答""孝是子女的道德表现"、"孝顺是百行之本，百善之首"，并且同意"提倡孝会促进两代人之间的和谐相处"。

从这个调查项目的结果，我们可以看出，基本上所有人都认同"孝"在我们的社会生活和家庭生活中的重要地位和作用，同时也十分明确"孝"是能够作为当代社会家庭的道德标准来规范和约束我们的行为，使我们的行为更符合社会的要求，使我们能够明确正确与父母相处的方式。在整个社会大环境中，把"孝"发展成一种孝文化。他们认为"孝"是我们子女应尽的义务，换言之，就是认为"孝"是我们生活中人人有责任去遵守的必要行为规范。同时，他们相信"孝"是百善之首，即是通过比较其他的善肯定了"孝"的伦理学价值，也启发我们行孝不仅是作为合格子女的准则，更是衡量人是否善良的标准。

表 7-3　是否同意下列关于"孝"的说法（%）

	同意	不同意	默认
绝对服从父母的意见	21.1	63.8	14.6
敬重父母	96.8	0.5	2.7
尽心尽力赡养父母	96.2	0.0	3.8
不孝有三，无后（男孩）为大	5.4	87.0	7.6
对父母千依百顺	21.7	64.3	13.5
婚姻上遵从父母之命	8.1	75.7	16.8
父母在不远游	23.8	51.4	24.4
父母打子女，子女小则忍，大打则走	8.7	75.2	42.7
父母去世，丧事要办的隆重	42.7	32.4	24.3
只有生了男孩才对得起父母，祖宗	7.1	88.7	4.3
棍棒底下出孝子	7.1	84.3	8.7
结婚后要把父母接到自己住处常住	48.1	28.1	23.3

3. 为了调查"孝"的具体行为，我们设计"您是否认同下列言行"来进行考察。

表 7-4　您是否认同下列言行（%）

	同意	不同意	做不到
不做对不起父母的事	90.8	2.7	6.5
关心父母的健康和起居	97.3	1.1	1.6
使父母保持愉悦心情	95.1	2.2	2.7
体谅理解父母想法	97.3	0.0	2.7
视父母为一家之主	84.9	9.7	5.4
不顶撞父母	75.1	7.6	17.3
解决父母的生活困扰	90.8	1.6	7.6
上下班向父母问好	87.0	3.8	9.2
美食等让父母先享用	82.2	4.9	11.9
尽可能顺从父母的意思	83.2	7.1	9.7
主动与父母讨论家中事情	84.9	3.8	11.3
听取父母的意见做参考	91.4	2.2	5.4
家中大小事不让父母操劳	73.0	7.0	20.0
让父母过宽裕的生活	84.9	4.3	10.8
满足父母对自己的期望	83.8	6.5	10.7
补贴父母收入的不足	83.2	2.1	13.7
陪伴父母和他们话家常	84.3	2.1	13.6
告诉父母工作接触的人和事	79.5	7.0	13.5
以父母喜欢的方式从事娱乐	65.4	9.7	24.9

　　根据如上统计，我们可以清楚地看到高达 95% 的人都认为我们要"关心父母的健康和起居""使父母保持愉悦心情""体谅理解父母想法"。多于 90% 的

人都同意为人子女"不做对不起父母的事""解决父母的生活困扰""听取父母的意见做参考"。70%以上的人都觉得我们子女应该"视父母为一家之主""不顶撞父母""上下班向父母问好""美食让父母先享用""尽量顺从父母的意思""主动与父母讨论家中的事情""听取父母的意见做参考""家中大小事不让父母操劳""让父母过宽裕的生活""满足父母对自己的期望""补贴父母收入的不足""陪伴父母和他们话家常""告诉父母工作接触人和事"。超过60%的人都同意以上这些言行。从中可以看出：子女们十分关心父母的生活，希望他们吃得好穿得暖，尽可能地满足他们生活上的需要；子女也越来越关注与父母进行交流。觉得听取他们的意见是十分的必要。子女开始关心父母的精神生活，使他们保持心情的愉悦，老年生活得到宽慰。

综上所述，"孝"的传统和作用从来没有被人们所遗忘，人们一直还保有中华民族的传统美德，并以之为"百善之首"来规范人们的行为。人们一直认为"孝"是子女应尽的责任和义务，更是对父母养育我们的报答，正是这样一种感恩之心，使他们尽心尽力的赡养自己的父母，给予他们宽裕的生活，尊重他们，保持父母在家中的地位，让父母。但是相较于传统的孝道观，当代民众对于孝道有了一些新的看法和见解。

一是相对于过去的绝对服从，当代孝道观更呼吁民主性。在传统孝道中，父母拥有绝对的权威，甚至有"父要子亡，子不得不亡"的说法。至于婚姻大事，那更是"父母之命"了。但是，随着社会的进步，民主的思想渗透到生活的方方面面，当然也改变了人们对于孝道的看法。人们绝不否认行孝的必要性，但是他们更加重视在行孝的过程中，多一些理性，多一些民主，在一个大家都舒服和认同的环境中共同生活。

二是相对于过去的注重物质生活，当代孝道观更期望精神供养。在过去的社会中，当父母年迈，子女有义务赚钱供养父母，让他们吃得好，穿得暖，生活无忧。但是却又不少老人仍然感觉不满意，孤独感一直伴随他们的老年生活。而现代社会中，似乎子女已有所领悟，即使物质生活再怎么丰富，如果精神生活空虚的话，老年人的晚年也得不到真正的安详。当代子女认为多与老人聊天，了解他们的想法，尽量满足他们的需要，使他们的心情能够保持愉快，这样，他们的物质精神两方面都能得到照料。

三是相对于过去的"无后即为不孝"，当代孝道观更加注重男女平等。古人常说"不孝有三，无后为大"，并且这个"后"只能是男性。几千年的封建传统一直影响着我们的性别观。认为只有男性才能帮家里延续香火，只有生下男孩才算是对父母行孝。并且在以后的养老中，只有儿子才有这个权利和义务赡养自己的父母，而女儿似乎没有。但是当代社会更加注重男女平等，再也不会僵化的认为没有儿子就对不起父母。在对于老人的赡养问题上，当代女性也是承担了同样的责任和义务。总之，人们心中仍然存有传统的孝道，只是有所改变和不同。

（四）关于"孝道"的价值评判

从以上的分析，我们可以感觉到"孝"在当今社会仍有十分广大的影响。但是"孝"这个宏大的问题里往往包含着复杂的选择和价值取向。我们在行孝的时候应该把什么作为自己的标准和依托，什么是孝的最后底线。我们需要对"孝"做出一个正确的道德评判。主要包括以下几方面：

1. 回答"'孝'能否作为当代家庭的道德规范"问题的情况。

有76.7%的人坚决的"支持"，有18.4%的人认为"说不清"，仅有3.9%的人提出"反对"。从数据中，我们可以清楚地看出，大多数人是认同把"孝"作为家庭的道德规范。在现在的法制社会中，我们关注社会的道德规范更多于家庭的社会规范，但是没有和谐美满的小家庭何以建设和谐的社会？而当我们真正思考家庭的道德规范的时候，似乎并不能得到明确的答案。"孝"是家庭伦理的重要部分，在几千年的历史长河中起着举足轻重的作用。当代社会大多数人都是认同行孝的必要，更认为它是家庭的一种道德规范，这也体现了"孝"在当代人心中的地位。

2. 对于"为母埋儿"的看法。

总体上来说，有41.2%的人都认为"不能为了奉养父母而把小孩埋了"，有36.2%的人觉得"这个是极其残忍的行为，应严加谴责"，有20.1%的人回答"有它一定的合理性，可以理解"，仅有2.1%的人认为"为了奉养父母，埋掉小孩是完全合理的"。基本上所有人都认同我们不能为了父母而埋掉小孩，从道德的角度来说，这是一种不善的行为，从法律的角度来讲，这是一种违法的行为。讲求孝道是必须的，但是我们讲孝道也是需要合情合理合法，只有这样，孝道才能起到应有的作用。从年龄的分段，我们可以看出，成年人代表是坚决的否认这样一种行为，高中生同样也不认同，但是也觉得有一定的合理性，而年龄较小的小学生和初中生中大多数人是认为不可以这么做，有极少数人认为这个是完全合理的。小学生初中生世界观人生观并没有完全形成，父母对其而言是他们生命的全部，他们并没有子女的概念，所以会有少数人承认这种做法的合理性。

表 7-5　对于"为母埋儿"的看法

	不能埋小孩	残忍的行为	有一定的合理性	完全合理
中青班	50.0	46.0	0.0	0.0
十一中	42.7	35.3	22.1	0.0
小学	29.0	38.7	29.0	3.3
中学	30.0	36.7	30.0	3.3
高中	50.0	26.7	16.7	6.6
总体	41.2	36.2	20.5	2.1

3. 回答对"鹿乳奉亲"的看法。

一半以上的人认为"精神可嘉，但不宜提倡"，有近30%的人认为"其精神令人钦佩，值得发扬"，只有10%左右的人觉得"为父母甘冒风险，理所当然"。这一题主要探讨了子女尽孝冒生命危险的方式值不值得提倡。大多数人会敬佩为了父母舍弃生命的人，但是他们却觉得这种行为并不值得提倡。这也体现了当代子女对于尽孝的更为理性的思考。他们承认孝心和孝行是必须的，但是我们却为之要放弃性命，实属不妥。生命存在的价值并不是仅仅在于孝敬父母，还需要抚育下一代，还有其他的责任和义务。尽孝的方式有很多种，子女应该找到一种合理的方式来报答父母的养育之恩。

从上述的调查结果，我们可以看出，现代社会子女对于父母仍存有感激之情，更是从未忘记要行孝报恩。大多数人认为应该把孝作为家庭的道德规范，来约束人们的行为，使家庭生活更加的美满和谐。同时，人们也更加理性看待孝行这个问题。首先，行孝一定要符合社会道德标准。所谓社会的道德标准，即是为人民大众所接受，又符合法律精神的准则。讲孝心当然没有错，但是如果因为行孝给他人的生命带来了危害，那就不可原谅了。相信父母也不会赞同这样一种孝心。其次，行孝一定要掌握合理的度。为了父母甘愿放弃自己的生命的行为让我们钦佩，但是却得不到大众的认同。人活在这个世界上，是一个综合义务和责任的统一体，我们在做任何事情的时候都必须考虑其结果。行孝的过程中也是这样，我们必须要把握适度的原则，做到整体的统一。

（五）关于"孝"的当代意义

研究"孝"最终的目的就是获悉它的当代价值，帮助我们了解当代社会的孝文化与我们的社会有着哪些必然的联系。现在我们正大力建设和谐社会，"孝"是否也是和谐社会的组成部分呢？"孝"与党中央提出的"八荣八耻"荣辱观有没有关系呢？下面是我们调查的结果：

1. 在对"您认为孝是封建糟粕吗"的调查中，75.1%的人认为"不是"，17.8%的认为"说不清"，6.1%的觉得"是"。

大多数人并不认为"孝"是封建糟粕，只有少数人认为说不清或者是封建糟粕。其实"孝"经过几千年的发展，为各朝统治者所用，其中包含发展的范围太广泛，难免出现一些不和谐的部分。但是就是整体来说，具有肯定的价值，在为当代子女所用的时候，也可以取其精华。"孝"因其具有历史性，有人便刻板的认为它是封建的糟粕。但是仔细想来糟粕的东西不可能长久，"孝"能够流传至今，并被人人谈论，可见其价值性。

2. 关于"创新、弘扬传统孝道，服务构建和谐社会"的看法。

有43.2%的人认为是"有可能"，53.0%的人认为是"很必要"，只有2.7%的人认为"不可能"，1.1%的人认为没有必要。结果显而易见的表明，社会整体人群认为大力弘扬孝道，与构建和谐社会息息相关。和谐社会是我们实现共产主义社会的重要过程，其"和谐"不仅包括人与自然的和谐，更包括人与人的和谐。大力倡导宣传"孝"文化能够有效地促进家庭关系的和谐，从而最终服务于社会主义和谐社会的构建。

表 7-6　对"传承、弘扬传统孝道，服务当代构建和谐社会"的看法

	有可能	不可能	很必要	不必
人数	80	5	98	2
比例	43.2%	2.7%	53.0%	1.1%

3. 回答"您对'孝'与党中央提倡的'八荣八耻'荣辱观关系的看法"。

近八成的人认为"有内在联系"，有13.5%的人认为"说不清"，不到5%的人认为"无关"。大多数人还是十分肯定"孝"与"八荣八耻"的关系。"八荣八耻"的提出为我们的社会行为规范和道德规范提出了总体原则。而"孝"自古以来便是我们家庭生活中处理亲子关系的行动原则。两者必然共同作用，

规范社会行为。

从以上三项调查中，我们不难发现大多数人的心中，"孝"并不是封建糟粕，它具有独特的价值。它与党中央提出的"八荣八耻"有密切的联系，并且创新和弘扬传统孝道，能够服务于构建和谐社会。孝对于当代的意义主要包括几个方面：

一是有利于美满家庭的建立。"孝"是处理家庭关系的重要法则，特别是子女对待父母的方式时，人们会不由自主地想到孝道。孝道规范了家庭关系，告诉人们什么该做什么不该做，给予明确的指示，从而帮助人们建立幸福的家庭。

二是有利于和谐社会的建立。和谐社会内涵广泛，包罗万象。孝道的本质与和谐社会的精神相一致，在一定程度上，满足了和谐社会的要求。孝文化的传播，感染作为和谐社会小单位的人，在人人讲孝道的社会环境中进一步推进和谐社会的建立，将变得更加容易。

三是有利于中华民族的强盛。我们从不曾忘记中华民族是一个伟大的民族，她有着五千年的文明，她的精神至今还影响着世界上的许多国家。"孝"是中华民族的精神实质，在现代社会，我们再度追求卓越的同时，务必将"孝"的精神植入体内，这将带领我们的民族再度腾飞。

（六）小结

本研究通过对抽样调查资料的统计分析，以湖北省委党校中青班、武汉市第十一中学、宜昌英杰小学、宜昌英杰中学、宜昌英杰高中为研究对象，通过调查对孝道故事及经典的把握、对孝道具体内涵的认知、对孝道的价值判断，对孝道当代价值的看法等四个方面的问题。研究所得到的主要结果有以下几点。

1. 孝道犹存，内容略有不同。

当代社会，人们心中保有孝道的观念。孝顺敬重父母，给父母宽裕的生活，让父母的晚年能够过得如意，是大多数人一直认同的观点。但是现在的孝道观与传统孝道观相比有所不同，一方面当今社会的孝道观更加注重民主性，要求父母与子女的平等，父母不再是绝对的权威；另一方面，子女们认为在满足父母物质需求的同时，要更加注重父母的精神需要，这样才是真正的孝道。

2. 孝道犹存，评判更为理性。

在过去，父母之命是不得不从的真理，孝顺父母的方式在现在看来似乎是

"愚孝"。孝顺是大家公认的美德，但是讲求孝道的同时，更应该把握好孝道与其他的方面的平衡。现在的子女更看重讲孝道时的理性，在孝顺父母的同时，也能保护好他人的合理利益，达到双赢的目标。对于孝道的价值评判，不再是过去单纯的"父母大于天"，而出现了多层次的衡量体系。

3. 孝道犹存，意义更加巨大。

"孝"在过去一直被君王视为治国安邦的良方，推崇至极。百姓们也是笃信不疑，让他们的家庭社会安定团结。在当今和谐社会建立的过程中，孝道的提倡似乎显得尤为重要，也符合党中央倡导的"八荣八耻"荣辱观的精神，更重要的是在这个竞争异常激烈的时代，坚持弘扬孝道，能够凝聚中华儿女和海内外炎黄子孙，最终促进中华民族的伟大复兴。

孝道犹存，让我们看到中华民族不灭的精神，同时民众对于孝道新的看法也让我们重新思考。时代在变迁，社会在改变，传统孝道似乎已经不能完全适应今天的环境。在这样一种背景下，呼唤和建立一新的孝道成为历史的必然。

第二节　孝与孝道文明在复兴中的行动举要

人们的孝心犹在，社会的孝意识犹存，孝心在萌动，孝心需激活，孝行更需要引导。进入新世纪新阶段的中国，孝道文明的复兴在行动。如何进一步激发人们的孝心，如何正确地引导社会的孝意识和孝行为？一方面需要全社会大力实践来激发，另一方面也需要理论界探讨、研究和引导。

一、当代"传承"孝道和"兴孝"乱象

一方面，一部分人道德意识混乱，在行动上表现为自私自利，特别是一些人对物质利益的无尽追求，造成了在物质文明得到发展的时候，精神和道德却出现了严重的危机，出现了个人主义、拜金主义、享乐主义对孝文化的亵渎。一些人唯利是图，通过各种途径敛财并将这些财富拿来炫耀，甚至为父母"祝寿"、"行孝"等成了他们敛财、炫富、标榜自己的一种方式、手段。如山西临汾当地某领导为父贺寿，在临汾某五星级大酒店大摆宴席 80 桌，寿庆现场不

仅有多名知名歌手的献唱和女子乐队的合奏，更有性感女郎大跳火爆热舞，奢华场面实属罕见。① 还有的人把行孝作为标榜自己的手段。古语讲"有心为善，虽善不赏；无心为恶，虽恶不罚"。就是说，行孝不是要做给别人看，不是为了让亲戚朋友、街坊四邻夸奖自己，而是应该发自内心地爱父母。发自内心、不为功利名声的孝道，才能算是真正的善。

　　另一方面，有的青少年存在"愚孝"现象。"愚孝"即不分辨父母的对错，一味地服从。有的人受"不孝有三，无后为大"的影响，重男轻女思想严重，更有的人推崇多子多福，不择手段地为家庭延续香火。"愚孝"对于年青人的正常生活存在很强的破坏性，一对好不容易才走到一起的夫妻，常常由于男方对父母的"愚孝"，最终导致婚姻、家庭破裂，也违背了老年人的根本意愿。更有甚者，有的青少年在行孝方式上存在着不正当性、甚至极端化。如；东北新闻网报道：一女研究生欲卖身救生病的父亲②。据《辽沈晚报》报道：为给妻子治病、供儿子读书，父亲积劳成疾，在儿子研究生毕业前夕倒下。为了给父亲治病，研究生儿子决定"卖身"救父。沈阳药科大学制药工程学院 2007 级研究生姜春风流着泪说："如果谁能帮他支付父亲治病所需的 3 万元，他愿意毕业后为其工作来进行偿还。"③ 俗话说"虎毒不食子"，但是有些人为了赚钱可以说是黑透了良心。江苏常州捣毁了一个卖淫窝点，居然发现里面组织卖淫的夫妇二人唆使未成年的女儿及两个外甥女做起了"皮肉生意"。④ 2009 年 4 月 21 日，重庆开县张××述、张××均两兄弟为母治病筹钱失败，在广州市广园中路三元里古庙门口公然劫持一名女子索要 2 万元钱，结果两兄弟都被白云警方控制、银铛入狱。两兄弟自称为母治病筹钱失败，才在大街上公然劫持一名女子。⑤ 2009 年 7 月 12 日，北京科技大学肄业生黎力想在自杀前，为父母留些钱养老，于是挟持人质、在校内中国银行抢走 10 万元⑥ 2009 年 11 月 26 日早上，上海海事大学法学院 2009 级研究生杨元元疑因带母求学受阻，在

---

① 《网友曝山西临汾某领导为父贺寿 潘美辰献唱（组图）》，华声在线（长沙），2010 年 7 月 15 日。

② 记者王晶、实习生王馨：《父亲瞒病五年为供女儿 女研究生要"卖身救父"》，《东亚经贸新闻（长春）》2006 年 2 月 16 日。

③ 《辽沈晚报》记者蔡红鑫：《父亲治病需 3 万元 研究生儿子要"卖身"救父（图）》，《东北新闻网》，2010 年 1 月 25 日。

④ 《扬子晚报》，2010 年 9 月 18 日报道。

⑤ 赵佳月：《为老母治病筹钱两兄弟劫持人质》，《南方日报》报道，2009 年 4 月 21 日。

⑥ 《北科大抢银行学生判 10 年》，《新京报》报道，2010 年 8 月 5 日。

宿舍卫生间用两条系在一起的毛巾，将身体悬挂在卫生间水龙头上，半蹲着以一种极为痛苦的方式结束了自己的生命……①这些鲜活的不正当行孝方式数不胜数。

然而，新时期就是在这样的混乱情况下，兴孝与探索兴孝的活动又如雨后春笋蓬勃兴起。

二、新时期的践履孝行与聚会倡孝活动扫描

新时期，特别是21世纪新阶段，我国出现了众多的集会倡孝活动，由于数量较多，我们仅根据集会倡孝影响力较大的典礼、专题会议等活动予以反映。

（一）通过举办大型活动倡孝、兴孝

1.彰显"孝老爱亲"美德之一的全国"'道德模范'评选活动"。

2007年9月20日，由中央文明办、全国总工会、共青团中央、全国妇联共同主办的"全国道德模范"大型评选活动开评。这是新中国成立以来的第一次，也是规模最大、规格最高、选拔最广的道德模范评选活动，由此也形成了每两年定期举行一次的持续评选机制。

"道德模范"是符合主流社会道德价值要求且做出对人民有益事迹的行为楷模，是在实现国家富强、民族振兴、人民幸福进程中涌现出的先进人物，在他们身上集中体现了中华民族的优秀品质，集中反映了引领时代前进方向的中国精神。"全国道德模范"评选标准是：凡从《公民道德建设实施纲要》颁布以来，自觉践行社会主义荣辱观，模范遵守公民基本道德规范，在助人为乐、见义勇为、诚实守信、敬业奉献、孝老爱亲方面表现突出、社会形象好、群众认可度高的中国公民，可推荐申报全国道德模范。②"孝老爱亲"作为五大类别之一，主要发现推荐、评选表彰在弘扬孝道亲善方面表现突出的典型人物和感人事迹。

截至2012年底，全国"道德模范"评选活动已经举办了三届，共推选出32名孝老爱亲的典范。中央部门组织举办的三届"全国道德模范评选表彰活动"以及全国各地多年来组织举办的"十大孝老爱亲模范"评选表彰活动，坚持严

---

① 顾文剑等：《上海海事大学女研究生杨元元自杀调查（图）》，东方网，2009年12月10日。
②《2008年国家公务员冲刺班学习资料》。

谨、规范、公开、务实、节俭的原则，旨在通过活动的开展，进一步营造了良好的社会氛围，使评选成为树立先进典型、弘扬真善美、践行社会主义荣辱观的过程，大力促进了公民道德建设水平不断提高和全社会道德风尚的好转。

2013年4月12日，第四届全国道德模范评选表彰活动正式启动，部署在全社会大力学习宣传道德模范，充分发挥道德模范榜样作用，推动公民道德建设取得新的成效，形成实现中国梦的强大精神力量。[①]活动强调以评选表彰活动为有利契机，以道德模范感人事迹为鲜活教材，不断深化中国梦宣传教育。要突出"群众评、评群众"，广泛发动群众参与评选表彰活动，用群众身边榜样树立起鲜明的价值导向；要通过宣传展示道德模范的精神境界，礼赞他们的高尚行为，引导人们深刻领会中国梦的精神实质和丰富内涵，增强对中国梦的认知认同；要坚持知行合一，突出针对性、增强实效性，激励广大干部群众立足本职岗位学习道德模范，扎扎实实做好自己的工作，为实现中国梦贡献智慧和力量。

就此拉开的全国性道德模范评选活动，已经形成持续"弘道扬孝"机制，特别是作为道德模范五大内容之一的"孝老爱亲"模范评选，必将发现大批孝老爱亲模范人物，通过"典型引路"，引导人们更好地履行孝老爱亲道德义务，匡正社会风气，关爱亲人、孝敬老人，彰显中华文明的德行力量。

2. 央视"寻找最美孝心少年"大型公益活动。

2013年4月18日，由中央电视台主办的"寻找最美孝心少年"大型公益活动正式启动。中央电视台、团中央书记处、全国少工委、全国妇联、中央文明办、中国关心下一代工作委员会相关负责同志，活动组委会和推选委员会成员、中央电视台有关部门负责人以及公益企业代表参加了启动仪式。

"寻找最美孝心少年"活动面向全国18岁以下的少年儿童，旨在通过寻找、发掘、宣传新时期"孝心少年"的典型代表，展现他们孝敬长辈、自强不息、阳光向上、自立自强的感人事迹和美好情操，在全社会大力弘扬社会主义核心价值观，讴歌具有时代感的中华民族传统家庭伦理道德，积极营造尊老、爱老、敬老的浓厚氛围，引导少年儿童树立正确的道德观和价值观，为我国未成年人教育事业贡献力量。

据介绍，"寻找最美孝心少年"活动的传播目的之一，就是要为广大少年儿童树立自己的时代偶像。要通过"寻找"活动，真实记录最美孝心少年的故事，着力展现他们的人格魅力。要通过塑造孝心少年的最美形象，充分挖掘新时期

---

① 工会要闻　本刊编辑部：《中国工会财会》2013年5月3日。

孝心少年的榜样力量。活动主要内容包括：启动仪式、事迹征集、事迹展播、推选委员会推选、颁奖典礼等。其中，"最美孝心少年"事迹征集方式包括：央视少儿频道和新闻频道以走基层的形式发现和发掘、发动媒体发现并推荐、央视网网友推荐征集等。启动仪式现场气氛感人至深。爱心企业负责人纷纷表示，将积极承担社会责任，支持公益事业，以实际行动帮扶孝心少年及其家庭。

3."中国演艺界'十大孝子'颁奖典礼"。

从2006年开始，中国伦理学会先后在全国敬老爱老助老组委会（成员单位有全国老龄办、教育部、国家广电总局、团中央、全国妇联、中国关工委）、国家广电总局中国电视艺术委员会的指导下，联合有关单位连续举办了五届"中国演艺界十大孝子"推选活动，推选出了包括姜昆、李双江、徐沛东、谭晶、冯远征在内55位演艺界明星孝子。3000余家媒体进行了不同形式的报道，在海内外形成了巨大的影响，人民网的一篇评论写道："此次活动是给青少年补得最好、最生动的一堂孝道课"。

2012年，为更好的弘扬和传播孝文化，引领全社会树立孝亲敬老的良好社会风尚，中国伦理学会决定在对前五届认真总结的基础上联合有关单位举办"第六届中国演艺界十大孝子推选活动"，努力使其成为弘扬孝道文化的知名品牌，为构建和谐社会做贡献。第六届"中国演艺界十大孝子颁奖典礼"以"树立孝道典型、弘扬孝道文化、构建社会和谐"为活动主题，宣传口号是"百善孝为先明星做模范"。

以第六届为例，推选标准为：1、热爱祖国，拥护党的路线方针政策，思想道德高尚；2、个人品质优秀；3、敬老孝亲事迹突出；4、致力于长期坚持孝亲敬老；5、对老年人事业有突出贡献。第六届颁奖盛典于2012年11月17日晚在世界长寿之乡广西巴马举行。刘劲、关牧村、王伍福、黄婉秋、刘大成、朱之文、杨大鹏、李静、李洪涛、王璐瑶获得本届中国演艺界"十大孝子"称号。他们表示，这个奖不同于其他任何奖项，是自己一生最希望得到的奖项，也是每一个天下儿女都应该领取的一个奖项。带父母和妻儿出席就是为了让他们感受一份温暖，让孝道传承下去，真正地让孝道成为家庭和睦的促进剂。

4.浙江省宁波市江北区举办的"中华慈孝节"。

东汉孝子董黯的故事在浙江宁波广为流传。近年来，宁波市充分挖掘慈孝文化内涵，积极探索弘扬中华传统慈孝文化，全力打造慈孝文化品牌。2008年，中国文联、中国民间文艺家协会授予宁波市江北区"中国慈孝文化之乡"称号，成为全国首个获此称号的区（县、市）。为进一步传承和弘扬中华民族优秀传统文化，推广当代的新慈孝文化，充分发挥慈孝文化的桥梁作用，加强华人的沟通，增强华人的同宗同族认同感，构建社会主义和谐社会，自 2009 年以来，宁波市江北区每年隆重举行"中华慈孝节"活动。

以"和爱和谐 科学发展"为主题，首届"中华慈孝节"于 2009 年 10 月 25 日（农历九月初九重阳节）在宁波江北开幕。[1]同时举办当代中华最感人的十大慈孝故事（人物）颁奖、中华慈孝论坛、中国首届手工 DIY 产业博览会、慈城文化旅游推介等活动。慈孝节最受关注的是公布十大慈孝人物。2010 年 10 月 16 日（重阳节），第二届中华慈孝节"慈孝宁波——敬老爱老志愿服务活动启动仪式"在宁波市江北区隆重举行。近千名学生表演了"重阳之尊"——慈孝经典诵读，来自卫生、民政、广电、文化等 10 多个部门的志愿者，为老人们推出了家政服务、心理抚慰、养生保健、文体娱乐等全方位的敬老爱老志愿服务。[2] 2011 年 9 月 28 日晚，以"慈孝的力量"为主题的第三届中华慈孝节颁奖典礼在宁波大剧院举行，筹资 5000 万元设立的"江北区慈孝基金"也在颁奖典礼上启动。这一基金共设"孝敬父母"、"慈爱儿女"、"关爱□青年"三大工程，旨在资助贫困病难等弱势群体以及慈善公益项目。颁奖典礼分为"慈心"、"孝行"、"大爱" 3 个板块，描绘了震撼人心的慈孝人物"群英谱"，生动展示了他们的感人事迹和崇高精神。

（二）传承、研究、弘扬孝文化的学术活动

1. 世界华人孝文化国际研讨会。

中华孝道的宣传和实践在祖国大地上取得突破性进展。2009 年 4 月 18 至 19 日，中华炎黄文化研究会牵头在北京举行了"孝文化与构建和谐社会高峰论坛"，并通过"中华孝道弘扬书"向全社会呼吁：把孝纳入全体公民尤其是干部、公务员的基本道德规范，建议立法机构适时补充修改有关法律、法令，用法制的力量保证孝行的全面实施。[3]经国家民政部批准，2010 年 11 月 20 日至 21 日，"世界华人孝文化国际研讨会"在北京国际会议中心召开。这是继 2004 年在香港举办此类研讨会后，中国老龄事业发展基金会和在加拿大注册的"世界华人老年联谊总会"共同主办的第二届国际孝文化研讨会。

会议研讨认为，孝是中华民族的传统美德，是中华文化的瑰宝。在人类历史

---

① 《首届"中华慈孝节"将于 10 月 26 日在宁波江北开幕》。
② 吴凡：《当代大学生孝德培育研究》，《天津师范大学硕士论文》2012 年 3 月 15 日。
③ 吴晓东：《难念的孝经——大陆家庭的养老难题》。

的长河中，孝始终闪耀着不灭的光芒。孝是一切伦理道德的基础，是我们进行思想道德教育最重要、最不能忽视、从人生开始就要紧紧抓住的东西。20世纪，在我们这个孝道的发源地对孝道采取否定和疑虑态度的时候，孝道在海外却得到了较好的传承。港、澳、台地区对孝道的认识和实践位居前列。韩国、新加坡和马来西亚等国，对孝道更是珍爱有加。孝道在韩国社会精神文化生活中占有主导地位，渗透在社会生活的各个角落。在韩国，不孝之人会被人所不齿，无法在社会上立足。在新加坡，重视孝道教育成为国民的共识。在小学生第二语言课本的18篇文章中，讲孝道故事的就有8篇。在世界其他地方也是如此。李宝库指出，孝是人世间一种高尚的美好的情感。它的本质是爱，有爱就有孝。它的表达方式是感恩，是亲情回报。它的作用是完善人的品格，提升人的思想境界，在家庭和社会中达到人际关系的和谐。召开孝文化国际研讨会，对于在全世界弘扬中华孝道，传播精神文明，促进社会和谐，将会起到积极的推动作用。

2. 首届海峡两岸曾子思想研讨会暨孝文化论坛。

2011年9月20日，由山东省人民政府台湾事务办公室、山东省济宁市人民政府联合主办的首届海峡两岸（嘉祥）曾子思想研讨会暨孝文化论坛在宗圣曾子故里、中国孝文化发源地山东嘉祥举办。省市县有关领导出席论坛开幕式并发表致辞。香港特别行政区行政长官曾荫权，原全国人大常委、香港金利来董事局主席曾宪梓，中国国民党副主席曾永权分别发来贺电和贺信。研讨会上，与会学者和各界人士针对"孝文化"进行了深入的探讨和交流。

本届研讨会暨论坛以中华民族优秀传统文化——曾子思想暨孝文化为纽带，以"传承曾子思想，弘扬孝道文化，加强交流合作，实现和谐共赢"为主题，加强曾子思想暨孝文化研究成果交流，加深海峡两岸同胞对曾子思想暨孝文化的认同感，拓宽两岸经贸往来渠道，加深海内外曾氏宗亲感情、增进海峡两岸同胞的联系与交流，促进海峡两岸在文化、经贸等各领域的"大交流、大合作、大发展"。论坛上，有关专家、曾氏后裔代表的对曾子思想及其孝道文化的主要内容、形成发展过程、在儒家思想中的重要地位以及对社会发展的影响等进行了深入的研讨，参观考察了曾子遗址、遗迹等。

3. 西安重阳国际老年文化节暨中华孝文化论坛。

2010年10月20日，2010西安重阳国际老年文化节暨中华孝文化论坛——养老服务社会化"未央模式"全国高层研讨会在西安举行。研讨会由中国老龄事业发展基金会主办，西安市未央区及西北大学中国老龄事业发展研究院、陕西节庆文化促进会共同承办。与会同志分别介绍了西北大学中国老龄事业发展研究院及未央区养老服务社会化工作情况，梳理了未央区养老服务社会化工作的经验，围绕中国养老模式发展现状和未央区社会化养老模式进行了研讨交流。未央区委书记表示：领导和专家对未央区养老工作进行的点评和教导，是高人"把脉、会诊、开方子"，将对下一步工作带来很多有益的启发。强调，养老工作是事关人的充分发展的系统工程。养老是享福、享乐，是更好的"活人"，而不是等死。老年公寓不是老年"集中营"，不能用简单粗暴的方式对待老年人，而要关心他们的感受，尊重他们的意愿，使他们得以全面发展。要更加注重老年人的真实需求，因为人最好的生活质量在家庭，最佳的生活背景是家庭，离开了家庭，人总觉得不是滋味。他特别指出，把老年人的事当事干，这既是责任，又是德行，既是一种洗礼，更是一种教化。

4. 中华孝道礼义文化学术研讨会。

以"弘扬中华孝道礼义文化，促进中原和谐"为主题，河南省儒学文化促进会学术研讨会在洛阳嵩县举办。会议旨在弘扬中华孝道礼义文化，特别是促进儒学孝道礼义文化的研究和交流，以提升国民意识，振奋民族精神，促进构建和谐家庭、和谐邻里、和谐社会。执行会长王廷信指出，孝道是我国优秀传统文化的重要内容之一。特别是中华传统文化的主题——儒学对孝道做出了深刻而广泛的论述和推广，潜移默化，影响深远，成为构成中华伦理道德的精髓。"人之行，莫大于孝""百善孝为先"、"孝为百行之首"已经深入人心，孝道成为文明社会的一个永恒主题。当前我国正处在一个新的历史时期，对我国优秀的传统文化特别是至今仍有重要影响的儒学孝道礼义文化，进行认真、细致研究，深入探讨其精神实质，理论联系实际，将孝道礼义文化研究与当前社会现实结合起来，通过不懈努力，使孝道礼义文化的研究之花结出现代社会和谐之果，为构建和谐中原做出积极的贡献。

三、"中华孝文化名城"建设的调查与思考[①]

孝感市位于湖北省东北部，下辖 1 区、3 县，代管 3 市，人口共 531 万多。2006 年，孝感市委、市政府审时度势，明确提出将建设"中华孝文化名城"作为孝感发展战略目标，从文化建设的角度对城市发展进行目标定位，体现了孝

---

① 本部分作为独立的调查报告已提交中共湖北省孝感市委，部分内容以《打造中华孝文化名城的路径》为题发表于《学习月刊》2007 年第 7 期。

感市对文化建设的高度重视和发展的大手笔、大气魄。孝感建设"中华孝文化名城"有何条件，有何意义，建设状况如何，如何更好地促进孝感中华孝文化名城建设？课题组对这些问题作了比较全面的调查分析，形成报告如下：

（一）孝感建设"中华孝文化名城"的现实条件

1. 孝感拥有其他地区无可媲美的孝文化资源。

孝感因东汉孝子董永卖身葬父、行孝感天而得名，是全国唯一一个因孝命名又以孝传名的中等城市，有着得天独厚的孝文化资源。孝感建制有 1500 多年历史，历代孝道昌隆，孝风浓郁，孝子层出不穷。在著名的《二十四孝》中，孝感就有"卖身葬父"的董永、"扇枕温衾"的黄香、"哭竹生笋"的孟宗三大孝子。仅清朝光绪年间编撰的《孝感县志》记载的有名有姓有事迹的孝子就有 493 人，民间孝子更是不可胜数。孝感当代孝子誉满全国。在全国已举办的三次尊老爱老助老主题教育活动表彰会上，孝感推荐的全国孝亲敬老典型人数最多、影响最大，也是目前全国获得此项荣誉最多的地级市。孝感还有众多的孝文化遗址，久负盛名的孝文化土特产，丰富的孝文化民间表演艺术。2012 年孝感获得"湖北省孝文化之乡"称号，2013 年，孝感再获得"中国孝文化之乡"称号。总之，孝文化是孝感市最具特色的地域文化，孝文化有着深厚的历史根基和广泛的群众基础。

2. 孝感的孝文化研究成果蜚声国内外。

改革开放以来，孝感专家学者坚持对传统孝文化进行学术研究，召开了九次全市范围的研讨会，就孝文化与现代文明的关系进行广泛研讨。孝感逐步建立了与中国内地有关地区、有关高校，港澳台地区以及国外学者的学术联系机制。特别是进入新世纪以来，孝感进一步加强了对孝文化的研究力度，在省直有关部门的支持下，成立了湖北省孝文化研究基地、湖北省孝文化研究会、中华孝文化研究中心等研究机构。先后以"孝文化与社会主义和谐社会建设"、"孝文化与中华孝文化名城建设"、"孝文化与现代文明"、"孝文化与科学发展观""孝文化与青少年思想道德建设"为主题，召开了五届高规格高水平的国际学术研讨会，取得了一批既有重要意义又有重要影响的学术成果。孝感市辖区内还成立有"董永与七仙女研究会"（孝南区）、"黄香文化研究会"（云梦县）、"孟宗文化研究会"（孝昌县），形成了《孝感孝文化》、《孝文化研究》、《孝文化学》等系列著作。孝感孝文化研究在全国有较大影响。

3. 孝感的各项社会事业得到全面进步。

伴随着经济建设取得的成就，孝感社会事业全面进步。社会保障体系不断健全，城镇职工养老医疗保险基本覆盖，新型农村合作医疗不断推广。卫生监督、疾病预防控制体制改革和血防机构改革全面完成，孝感市紧急医疗救助中心力量增强。教育事业蓬勃发展，中小学生德育工作和高校学生思想政治工作有声有色。群众性文体活动生机勃勃，广播电视、新闻出版事业加快发展。环境保护和源头治污力度加大，水资源安全和空气质量得到保证。"两型社会"建设扎实有效，群众性精神文明建设持续开展，正向生态环境优良的宜居休闲城市迈进。目前，全国老龄委批准"中华敬老园"项目落户孝感，一大批文化基础设施项目和文化产业项目纷纷上马，投资逾10亿的孝感市民文化中心正在建设之中。

（二）孝感建设"中华孝文化名城"的重要意义

1. 有利于促进湖北文化大发展大繁荣。

湖北省位于中华腹地，是中华民族和中国古代文化的发祥地之一，光辉灿烂的楚文化使湖北省享誉国内外。孝文化是中华民族优秀传统文化的重要内涵，也是荆楚文化的重要组成部分。湖北有深厚的孝文化土壤。古代的《二十四孝》中有五大孝子出自湖北，除了孝感的三大孝子外，还有老莱子"戏彩娱亲"（荆门市），丁兰"刻木事亲"（襄阳宜城市）。湖北还有"代父从军"的大孝女花木兰的传说故事。湖北当今孝子同样享誉全国。第一届十大"中华孝亲敬老楷模"余汉江，"全国孝老爱亲模范"、"全国道德模范"黄来女，第二届十大"中华孝亲敬老楷模"刘芳艳，第三届"中华孝亲敬老楷模"、"全国道德模范"谭之平等，都是湖北当代孝子的代表。湖北省委、省政府也高度重视孝文化的传承和弘扬，由省文明办、省总工会、团省委、省妇联、省老龄办联合举办的"荆楚孝老爱亲模范"在全省产生极大影响。促进湖北文化大发展大繁荣，必然包含对孝文化的创新、发展和繁荣。孝感市致力于孝文化的建设，突出孝文化特色，可以集中湖北孝文化资源，将优秀传统孝文化传承、创新、光大，使孝文化成为湖北文化百花园中的一支鲜艳奇葩。

2. 有利于形成武汉城市圈各具特色的地方文化。

党的十八大报告指出，要更加自觉、更加主动地推动文化大发展大繁荣，其中最重要的一点就是要继承和弘扬民族优秀文化传统，不断增强中华文化的魅力和生命力。孝感孝文化不仅有鲜明的地域特色和巨大的经济文化开发价值，而且有超越时空的强大穿透力和影响力。孝感是武汉城市圈重要成员，在建设"中华孝文化名城"的同时也提出建设"武汉城市圈副中心城市"、"武汉城市圈核心层重要的产业基地"，使孝感的经济文化在武汉城市圈有了明确的城市标识。如今，以武汉为核心的"武汉城市经济圈"已经蔚然成型，以这个经济圈为基础的城市文化圈，也是呼之欲出。孝感孝文化将与省内的黄石市的冶炼文化，荆州市、襄阳市、鄂州市的三国文化，黄冈市及其他地方的红色文化和名人文化等诸多城市文化一起构成各具特色、各有品牌、优势互补、错位发展的格局，这对于促进异彩纷呈的城市文化圈形成，推进武汉城市圈资源节约型、环境友好型社会建设，增强武汉城市圈魅力和吸引力，具有重大的理论和实际意义。

3. 有利于促进孝感市的科学发展。

科学发展观强调经济、政治、文化、社会、生态统筹协调发展。文化对人的行为具有永恒持久、根深蒂固的影响。文化决定观念，观念决定心态，心态决定行为，行为决定习惯，习惯决定未来。文化具有悦民、育民、富民、聚民、励民的功能。当今社会，文化与经济日益交融、交织，文化经济化、经济文化化趋势日益明显。文化对经济社会发展产生的作用正愈来愈引起重视。一个国家、一个民族、一个地方如果没有文化作为支撑，就会成为没有灵魂的躯壳，也就会失去它存在的根基。孝文化是宝贵的文化财富，是一种文化资源。"孝"是"德之本"，"百善孝为先"、"孝心即爱心"，将孝感的城市定位为"中华孝文化名城"，有利于构建和谐孝感，促进孝感的经济建设和社会进步。孝感市开发利用孝文化资源，建设中华孝文化名城，符合孝感的实际。因此，大力开发孝文化资源，充分发挥孝文化在经济社会建设中的积极作用，是促进孝感科学发展的应然选择。

（三）孝感建设"中华孝文化名城"的做法、成效及存在的问题

1. 孝感建设"中华孝文化名城"的基本做法。

一是开展孝文化"六进"宣传教育活动。市委市政府把弘扬孝德作为培育社会主义精神文明的重要内容，着力增强市民的孝德意识，营造良好的社会道德风尚，扎实开展了"六进"活动。一是进学校。市教育局将古代孝子董永、黄香、孟宗以及现代孝子董练武、况孝蓉的事迹编入全市中小学的日常课外读物。2013年，市教育局专门组织编写了《中华孝文化读本》，免费发放到全市中小学生，使广大青少年从小就受到正规的尊老、敬老、养老传统美德的教育，让他们全面、透彻地了解孝的内涵，在现实生活中培养自爱精神，并能在实践中践行孝道。湖北职院依据地方特色和学院实际，提出了"弘扬传统孝德，构建和谐校园"的理念，把孝文化融入育人环境。二是进机关，一批机关单位把孝德教育与干部职工思想道德教育、机关作风建设、文明单位创建以及党风廉政建设等活动结合起来，收到较好效果。如孝感市地税局等。三是进农村。许多地方成立了"孝子协会"，把诸如"不孝不是中华好儿郎"警句名言写进《村民公约》，把"不孝不配入团入党"写进《规章制度》。四是进社区。宣传部门在制定市民文明公约，开展文明小区、文明单位创建活动中，都把孝敬老人作为一项重要内容和考核依据。同时在社会上通过报纸、广播、电视、网站宣传孝子事迹，传播新的孝德观念和价值取向，使孝德意识进一步深入人心。五是进企业。例如汉十高速公路安陆所开展争做"忠孝好青年"活动；湖北宇济房地产开发公司慷慨捐资 69 万元，征用 12 亩土地，兴建了可供 102 位孤寡老人居住生活的宇济湾潭福利院。云梦富思特集团、孝感市大禹集团、孝感市麻糖米酒集团等企业都把孝文化作为企业文化。六是进军营，孝感驻地军警单位几乎都把孝感的孝文化特色资源结合起来，积极开展孝文化教育，在部队思想政治工作方面进行积极探索。我们在调查中，发现驻孝武警部队、消防部队庭院都有二十四孝图的宣传墙。消防部队还专门编写了政工读物《孝文化读本》。孝感市在孝文化"六进"活动中，还加强"道德模范"、"孝子""孝媳"、"敬孝小天使"等的评选表彰活动，注重发挥典型引导示范的作用，至 2013 年共进行两届"孝亲敬老道德模范"、七届"十大孝子"和四届"十大敬老小天使"评选表彰，在全社会引起较大反响。

二是连续举办了十届孝文化艺术节。近年来，市委市政府以弘扬孝文化为主题，每年都在传统佳节——"九九重阳"举办大型孝文化活动。至 2013 年孝感已经举办了十届孝文化节，孝感在海内外的知名度和影响力日益提高。如 2012 年第九届孝文化节从 10 月 12 日开幕到 10 月 31 日闭幕，为期 20 天。期间，组织举办了文化周、孝行周、文化商贸、评选表彰等四大板块系列活动。文化周系列活动包括第九届孝文化节开幕式、孝感市文化品牌展示文艺晚会、楚剧展演、中华孝文化与孝感旅游产业发展论坛、省级以上书画名家孝文化主题书画笔会、全市老年文体展示等六项活动；孝行周系列活动包括机关干部关爱老人活动、孝亲敬老实践体验活动、志愿者关爱老人活动、道德模范看孝感活动；文化商贸活动包括首届地方特色文化旅游产品展评和首届武汉城市圈（孝感）中老年用品博览等两项活动；评选表彰包括第四届十大孝亲敬老小天使、第八届孝文化书信感恩优秀征文获奖者以及第九届孝文化节优秀组织奖获奖单位等表彰活动。系列活动一线穿珠、各具特色、精彩纷呈。2013 年第十届孝文化节由四个板块 15 项活动组成：一是"魅力孝感"宣传推介活动，包括以"知孝感、爱孝感、兴孝感"为主题，组织开展"中国梦·我的梦"百姓讲孝感故事活动；组织开展建市 20 周年经济社会发展成就系列宣传；举办中华孝文化"孝感动苍穹"全国摄影大展和《辉煌 20 年，感受新孝感》主题征文活动；组织出版《孝感市志》、《孝感 20 年》专辑，制作《魅力孝感》对外宣传画册，组织举办建市 20 周年成就展；开展对外宣传，协调组织"中省主流媒体孝感行"采访活动；二是"最美孝感"评选表彰活动，包括组织开展"百名最美孝感系列人物"、建市 20 周年 20 位最具影响力先进模范人物、孝感十大最具责任感企业家和"最美乡村"评选表彰活动；组织开展感动孝感年度人物和外出创业十大新闻人物的评选表彰活动；组织开展孝感市第七届"十大孝子"和全市敬老文明号的评选表彰活动；三是"欢乐孝感"孝文化活动，包括举办庆祝孝感建市 20 周年暨 2013·中国（孝感）中华孝文化节开幕式文艺晚会；举办孝感市民间文艺大赛。举办第八届楚剧展演和承办湖北戏剧牡丹花奖颁奖典礼；举办"欢乐孝感·激情夏夜"啤酒文化艺术节、孝文化主题歌唱大赛和企业文化广场展演展示活动；组织开展"情暖重阳"关爱老人及慰问先进模范人物父母活动、"关爱空巢老人"公益微电影展播、第九届青少年孝文化书信感恩和孝行实践体验活动；2013·中国（孝感）中华孝文化节闭幕式暨颁奖文艺晚会；四是"创业孝感"文化商贸活动；2013·中国（孝感）中老年用品博览会；全市特色文化旅游商品设计大赛暨展销。孝文化节极大地提高了孝感在国内外的知名度。

三推进以孝文化为主题的文化事业和文化产业加快发展。孝感民间文艺丰富，素称楚剧之乡、剪纸之乡、皮影艺术之乡、漫画艺术之乡。今天，孝感文艺创作大都以孝德思想为基本题材，以人民群众喜闻乐见的表现方式，不断推陈出新。孝感楚剧积极创作诸如《人在福中》、《可怜天下父母心》等富有时代气息的新剧目，赞颂爱家庭、爱家乡、爱国家的新时期孝子。大型楚剧《云梦黄香》《孝子情》搬上舞台并广获好评。2010 年根据安陆市"韧支书"严大平先进事迹编创的现代楚剧《呼唤》获得湖北省第九届文华奖。孝感市著名文学刊物《槐荫文学》成为传递孝文化新思想、新观念，展示和谐社会建设新气象、新面貌的重要园地。近几年孝感作家分别创作了一批文学作品如《双峰山的传说》、《孝感米酒传说》、《孝感地方传奇故事》、《舍身崖》、《补碗》、《与孝同行》等，在社会上产生了较大影响。与此同时，孝感加快孝文化景区景点的建设步伐：投资 5000 万对董永公园进行了重新改造，天紫湖旅游度假村建成营业，双峰山孝文化主题公园一期工程业已完成，城区槐荫公园已初具雏形，"中华敬老园"，"全国爱心护理院"加快建设，文昌阁的重建前期工作业已完成。对城市道路进行了重新规划命名，在东城区命名了"天仙路"、"董永路"、"黄香路"、"孟宗路"等几条新的道路，孝文化内涵进一步增强。孝感在建设中华孝文化名城过程中，十分注重孝文化产业的发展，努力培植和壮大孝文化企业、孝文化旅游业、孝文化演艺业和孝文化服务业。许多工商企业注意在企业名称、企业文化、产品商标、产品包装、产品用途、企业宣传等方面赋予孝文化的内涵。一些旅游景点注意将独特的自然景观与以孝文化为核心的人文景观融合渗透，相互点缀，相得益彰，形成自身的独特魅力。一些民间文艺形式，如孝感楚剧、孝感剪纸、汉川善书、汉川楹联、应城膏雕膏塑、云梦皮影戏、安陆漫画、大悟北路子花鼓戏、孝昌书画，坚持以孝文化为重要题材，不断推陈出新。一批孝文化服务项目，如老年护理、商业养老、教育培训、产业孵化，正在蓬勃兴起。孝感致信礼邦文化传播有限公司、孝感孝特文化礼品有限公司等文化企业充分利用特色孝文化资源，着力创新产品样态和营销渠道，成功抢占省内文化旅游商品市场，市场占有率和企业竞争力不断增强。

2. 孝感建设"中华孝文化名城"的初步成效。

一是初步树立了孝感孝德形象。通过一系列卓有成效的工作，孝感城市特色更加明显，城市定位更加准确，发展思路更加清晰。市委、市政府对开发利用、发展创新孝文化资源更加重视，使孝文化在"建设经济强市、构建和谐孝感"的战略目标中发挥着积极的推动作用，实现了优秀传统文化与时代精神的有机结合，初步探索出了一条传统文化与现代文明交相辉映的新路径。孝感孝文化节被评为湖北省有重要影响的活动品牌，以孝文化为题材的"汉字书写节"获得湖北省宣传思想工作创新奖。中央、省、市媒体围绕孝文化对孝感做了许多的宣传报道，如 2009 年《香港商报》以《孝感掀起孝文化风暴》为题作了大幅报道，《湖北日报》开辟了《新孝道观察》栏目，登载孝感孝文化文章 12 期。2010 年 5 月份中央电视台在黄金时段播放了六集专题片《走遍中国——走进孝感》，7 月《光明日报》登载孝感文章《孝感天下 孝行当下——千年孝文化焕发新生机》，10 月新华社湖北分社专门到孝感调研孝文化，根据采访在新华网发文《孝行万事兴》，这些高层次的宣传报道，树立了孝感孝德形象，提高了孝感知名度，提升了孝感的感召力和凝聚力。

二是在中华孝文化的研究和实践方面走在了全国前列。孝感在中华孝文化研究方面做出了有益的探索，所举办的系列孝文化研究活动及编辑出版物填补了孝文化研究方面的空白，同时在区域性民间文化研究方面树起了一面标杆。

《孝感学院学报》开辟孝文化研究专栏，在全国创立了品牌，学报成为全国哲学社会科学核心期刊，湖北职业技术学院（孝感）坚持在大学生中开展感恩教育，获得全国高校思想政治工作优秀奖，该学院也已经成为全国高等职业技术院校的示范学校。现在，群众性的"倡孝、践孝"文体活动屡见不鲜，如由孝感市一批离退休同志组成的"孝之韵"老年歌舞团常年活跃在城乡，由青少年学生为主成立的"槐荫志愿者"经常性地到福利院等地开展志愿服务活动。团市委连续举办了六届"孝心传递"书信感恩活动，每年近百万青少年向长辈、父母写信"感恩"，家长们则纷纷回信"励志"，一封封书信，犹如一朵朵娇艳美丽的孝行康乃馨，盛开在青少年心灵深处。一批道德模范人物脱颖而出，在孝感形成了引人关注的"群星现象"："自强不息"的湖北职业技术学院女大学生谭之平，背起继母求学，热心扶助贫困大学生；"淳朴孝女"刘青枝，一女养八老，无私奉献；"身残志坚"田子君，轮椅上替父母挑起家庭重担；"热心企业家"余汉江，出资办起村福利院，悉心照顾近百位孤寡老人；"诚实守信"福彩销售人员张建顺，义还中奖彩票五百万元；[①]"背父到山区支教"的孝感学院大学生何家坤，小孝大孝两不误；"视种子如儿子，把农民当亲人"的农业科技干部汤俭民，几十年扎根基层、服务群众。孝感在孝文化方面真正做到了研究有组织，宣传有载体，践行有成果，倡孝有平台。

三是达到了孝文化促进经济社会发展的新阶段。弘扬孝文化，也有力推进了精神文明建设，营造出民风淳厚、和谐稳定的社会氛围，孝感市连续多年未出现大的恶性案件。2009 年，所辖 7 个县市区全部被评为"湖北省平安县市"，成为全省唯一获此殊荣的地级市。涌现出倡导和实践"孝文化电劳模企业精神"的全国精神文明先进单位国家一流企业"孝感供电公司"，"以弘扬孝文化为己任"、整合孝感的特产特物的民营企业"孝感孝特文化礼品有限公司"、"替天下儿女尽孝心"的"孝感市康复医院"等一批先进单位。孝感市供电公司总经理尚海平说，将孝文化与企业的劳模文化相结合，引导企业员工从"小孝"延伸到对企业、社会、国家忠诚的"大孝"，实现了电网安全、企业效益、文化建设的"三丰收"。近几年，孝感供电公司每年销售电量以两位数的速度攀升，保持了长周期安全生产纪录，去年同业指标在全省行业内排名第一。而且，公司连续两年在全市行风评议中排名第一，近

---

① 记者唐卫彬、廖君、刘雅鸣、李亚楠：《孝感不负"孝名"》，《清丰绵延"孝风"》，《新华每日电讯》2010 年 10 月 14 日。

五年未发现一起违法乱纪和腐败现象。①从孝亲敬老、与人为善，到以礼待人、明礼诚信，纯洁了人们心灵，优化了投资环境，"以孝招商""以德引资"，成就斐然。此外，孝道文化的传承，使企业家纷纷反哺家乡和社会。截至 2009 年底，全市"回归工程"累计引进 10 万元以上项目 10868 个，累计引资总额 216.2 亿元，安排就业人数 43.3 万人。近三年，仅民营企业公益捐款就达 5 亿多元。

3. 孝感建设"中华孝文化名城"过程中存在的问题与挑战。

孝感在建设中华孝文化名城过程中也存在许多问题与不足。一是在干部群众中还有少数人不能用辩证的历史的眼光对待孝文化，认识不到孝文化的优秀内涵、科学精神和当代价值；二是投入不足，在研究开发、保护利用以及宣传等方面力度还不大，使得研究缺乏精品，建设缺乏大项目；三是在探讨孝文化如何与经济更有效的结合，在孝文化与经济的良性互动、有效转化方面还处于起步阶段；四是没有统一的领导协调机构，孝文化的开发利用工作还没有产生合力。目前，全国许多地方争打"孝文化牌"，尽管孝感市有优势，有成绩，在全省、全国也有一定影响，但与其他地方比较而言，孝感市仍然有很大的压力和紧迫感。

（四）孝感市第四届十大孝子暨孝老爱亲楷模倡议书

孝行天下　共创和谐

在举国欢庆党的十七大胜利召开之际，迎来了传统的重阳敬老佳节。今天，我们非常荣幸地被授予"孝感市第四届十大孝子暨孝老爱亲楷模"，倍感鼓舞，深受鞭策。为弘扬孝文化，推进道德建设，构建和谐孝感，在此，我们向社会发出如下倡议：

一、继承传统做道德使者

"百善孝为先"，孝是中华民族的传统美德，是社会人伦道德的基石。自古以来，中华民族就把孝道视为美德之首、立身之本、齐家之宝、治国之道。我们孝感又是全国闻名的孝子之乡，董永、黄香、孟宗孝行感天动地，他们的孝德遗风滋育了孝感历代儿女，孝感孝子辈出。我们作为新时代的孝子代表，更应加强孝德修养，同全市人民一道，用中华民族优良的孝文化传统滋润我们的心灵，用传统美德完善我们的人格，继承孝德传统，争做孝德使者，让孝行天

---

① 记者唐卫彬、廖君、刘雅鸣、李亚楠：《孝感不负"孝名"》，《清丰绵延"孝风"》，《新华每日电讯》2010 年 10 月 14 日。

下，德泽万代。

二、孝老爱亲从自身做起

作为新时代的孝子，孝敬父母、关爱老人，要从我做起，从具体小事做起，从生活细节做起。一杯茶、一碗饭、点点滴滴见真情；一件衣、一床被、丝丝缕缕连爱心；一句话、一封信，精神慰藉显孝心。常回家看看，帮父母刷刷筷子洗洗碗，给父母搓搓背揉揉肩，老人就会乐在心里笑开颜。老吾老以及人之老，在孝敬父母的同时，也要关爱我们身边的老人，特别是孤寡老人、空巢老人、高龄老人，多为他们做好事、办实事，帮他们解决生活中的困难。多一份关爱，多一份温暖，伸出你的手，伸出我的手，如果我们人人都敬老爱老助老，世界就会变成美好的人间。

三、弘扬正气谱和谐篇章

今天我们的幸福生活是老一代流血流汗换来的，老年人是社会的宝贵财富，理应受到子女的敬重和社会的关爱。敬老人尊重，家和国昌盛。作为孝子，我们倡导孝老爱亲，崇尚孝德，伸张正义，惩恶扬善的社会风尚；我们反对那些不尊老、不敬老、不养老的丑恶现象。全社会都行动起来，为老年人创造更加美好的生活，谱写文明和谐的社会篇章。

四、与时俱进建孝文化名城

孝感是中华孝文化重要的发源地之一，孝文化品牌是历史对孝感的最好馈赠，把孝感建设成为中华孝文化名城，合乎民心，顺乎民意。我们在建设社会主义和谐社会过程中，应竭力尽心孝敬父母长辈，立足岗位做好本职工作，为建设中华孝文化名城，为建设经济强市、构建和谐孝感作出我们应有的贡献！

第三节　学术钩沉，孝文化、孝道专题述评

一、若干叛孝代表人物及其言行辨正

尽管"孝"是中国人的传统，是中华文化的鲜明特色，行孝、尽孝，信守孝道是中国人的主流，但这不等于说，历来中国人个个都是遵守孝道的。事实上，历代不孝子孙大有人在，无论帝王将相，还是士子文人，甚或是平民百姓。但是在强大的政治、法律、道德伦理和社会习俗以及舆论压力下，"非

孝"的思想和行为终归是受谴责甚至制裁的。古代受强大的来自主流社会的关于"感恩"和"知恩图报"的孝道思想宣传的训导压制和舆论封杀，即使有人出于生活的无奈做出事实上的"不孝"行为，虽不为亲人所痛斥或不为官府所强惩，但也不敢为之强辩，更不能提出"非孝"的思想理论为"不孝"的行为进行论证和辩护。也就是说，在传统社会，一个人不能尽孝、恪守孝道也就罢了，但绝不能主张"非孝"以动摇家国伦理根基，不能宣扬"无君无父"以破坏专制统治秩序，不能纵容"非孝"言行的扩散以败坏社会风气，即使是有着"让梨"美德和"怀橘遗亲"孝名的孔圣人之后孔融也不行。由于正史的封杀，历史上留下"非孝"的记载少之又少，以至于难以寻觅。千百年来，留下"非孝"思想的典型，也只有孔融、李贽和鲁迅了，即使加上五四时期集体"反传统"的新文化巨匠们，终归是少数。

关于五四时期集体性的"非孝"，上篇第一章第三节已有专论，这里着重就古今对于孔融、李贽和鲁迅的"非孝"言论的争议进行论述。因为作为历史上著名的"二十四孝子"之一的孔融最后居然因"非孝"的名义被杀，而李贽在古代被视为"异端之尤"又在现代被封为"反封建压迫反传统思想的斗士"[①]，一代新文化巨匠鲁迅更是以"非孝"自命而又忠实地履行与体现了传统"孝子"的义务与德行，他们的言论与实践充满矛盾，其理论论述也似是而非，对于我们正确认识"孝"与"孝道"确实具有代表性，或者说，他们是为历史所肯定的有影响的人物，其"非孝"言论也是我们研究孝理而不能绕开的重要节点。

1. 孔融之死因及其"非孝"言论辨析。

孔融乃建安七子之首，是当时即名满天下的一代经学宗师，无疑是聪明而伟大的。孔融之死是由于政治原因，也是时代和个人性格的悲剧。然而，他最后背上因"非孝"而死（连带家小）的罪名却是始料未及的，也是冤枉的。后世言传，曹操杀孔融的罪状名义主因是"不孝"。其实，曹操对外宣布的罪名有五条：其一是篡逆。据说孔融在北海相任上就有不臣之心，自称"我大圣之后，见灭于宋，有天下者，何必卯金刀（刘）"。其二是对着孙权的使者诽谤朝廷。其三是不遵守朝廷礼仪。据说孔融身为九卿重臣，经常不戴头巾，衣冠不整地出入宫廷。其四才是散播反动言论，也就是我们要研究的他的"非孝"言论。其五是以圣人自居大逆不道。据说孔融和祢衡互相吹嘘，祢衡称孔融为"仲尼不死"，而孔融称祢衡为"颜回复生"。在封建专制

---

① 张建业：《论李贽》，社会科学文献出版社 2010 年第 1 版，第 10 页。

社会，以上五条罪名中任何一条单独拿出来都足以砍掉孔融的脑袋。而这五条叠加在一起置于孔融的头上，结论自然是"宜极重诛"。（曹操语）在周知全国的文告中，说这个孔融不孝无道，竟在大庭广众中宣传说，一个人与他父母不应承担什么责任，母亲嘛，不过是个瓶罐，你曾经寄养在那里面而已。而父亲，如果遇上灾年，大家饿肚子，你有一口饭，假使他不怎么样的话，你也不必一定给他吃，宁可去养活别人。这样一来，曹操不仅把孔融打倒，还把他彻底搞臭了。①

孔融被列入著名的《二十四孝》，事例为"怀橘遗亲"，这已广为人知。另据史料记载，孔融的父亲孔宙去世时，"（孔融）哀悴过毁，扶而后起，州里归其孝"。②孔融十六岁那年，朝廷大兴党狱，清流首领张俭逃亡，望门投止，跑到孔融家，孔融当家的哥哥孔褒不在，孔融毅然收留了张俭，后来事发，孔融和其兄并其母亲都说是自己干的，与别人无涉，"一门争死"，最后官府让孔褒顶了罪。这件事情，说明孔融的孝悌之行货真价实。所以，综合起来看，孔融无疑是个孝子，也践行了孝道。问题只是在于他对"孝"有自己的认识，而且是学理意义上的不同于常人的科学的探讨性认识。就孔融的"非孝"言论而论，据传他有两个主张：第一是说母亲和儿子的关系是瓶之盛物一样，只要在瓶内把东西倒了出来，母亲和儿子的关系便算完了。鲁迅也是这么转述的。有说"他曾经跟祢衡说过，父之于子，有何情义可言，当初无非是出于情欲，母亲跟儿子也是如此，不过是像瓶子里面盛东西，东西出来也就算了"。③第二是说假使有天下饥荒的时候，人们有点食物，是不是就该给父亲呢？孔融的答案是：倘若父亲是不好的，宁可给别人。以今天的眼光来看，孔融的这两个主张，其一是就自然科学意义上的探讨，另一主张是就社会意义上的个人见解。那么我们要看看孔融的这些看法和观点有无道理，是否正确呢？

诚然，男女交媾而孕生命，孕妇分娩而得子女，确实是一个自然过程，但是，人非草木，孰能无情，人是自然界从孕育生命到独立面世时间周期较长的动物，从男女交媾到孩子出生，再到将其抚养成人，即使是滥情之物也有情的成分，何况身处一定社会和文化氛围中的人，从择偶婚配到哺育下一代成长独立，都有一定的考虑，也尽了一份心力。也就是说，人脱离了动物性，结成社

---

① 李国文：《天下三国》，漓江出版社。
② 《后汉书孔融传》。
③ 张鸣：《孔融之死》，《世纪经济报道》2006年6月17日。

会后的孕养下一代行为就具有社会性。由此，我们可以进一步区分主流的孕养行为和纯粹动物性行为甚至是犯罪行为。人类行为是自然法则的延伸和提升，孕养行为亦是如此——即使是基于本能的性行为而创造了新的生命，实现了人类种的繁衍的生命延续的价值。无论什么情形，人们完成了赋予新生命并施以一定的养育，就要获得认可和尊重。因为人类社会的进步就其最基本的要求来说，至少要实现种的繁衍。

当然，不同的社会和不同的历史时期，对人类种的繁衍有不同的要求，如有的有时鼓励生育或有的有时限制生育，但是尊重生命的原则是一致的。有了这个人类最基本的共识作基础，我们就要进一步区分人的孕养行为的社会价值与时代意义了。进入文明社会，人们的生养行为受一定社会规则——一般体现为法的准许、评价与制约。合法的性行为、婚姻、养育（包括收养）自然是得到社会承认的，即使是在孕育生命的环节，也要区分合法与不合法的情形，不合法的性行为也要区分罪与非罪的情况，在育养环节则要看是否尽到了一般的社会义务。一般来说，生而不养的行为不为社会所允许，遗弃子女更是有罪，而尽到了养育的义务则总是为社会所认同和褒奖的。那么我们再从子女的角度看，生我者乃父母，但不一定是社会所认可的父母，养我者则是真父母。生我者赋予我生命，不可怪罪，但不一定要感恩，而养我者则是一定要感恩的。生（不管是什么情形）而不养（力所能及）就不必感恩回报。由此可见，孔融的第一主张，即使是在今天看来，也是不完全的，没有将生与养结合起来看。即使是生，他也只说对了一种情形，即作为男女不负责任的不合法的滥情行为的产物，不存在恩，也就不必感恩了。而正常的孕养行为是值得尊重并且应当感恩的，至于父母是否需要和接受子女感恩则是另一个问题。更何况我们民族向来谨慎、严肃而合法（包括社会礼俗）地对待性行为、生养行为，所以孔融的"瓶之盛物""非孝"之论看似有道理，却是不符合社会实际的薄情寡恩之论，难以为世人所接受。

再说孔融的第二主张。同样依据自然法则而延伸和提升应用社会法则，人之将饿死，当然以救死而挽救生命为第一道德，不论父与非父，也不论其为人好与不好。当然在不危及生命安全的前提下，对他人包括父母的品行作出一定的奖惩，是可以理解和被允许的，古有父慈子孝，今有权力与利益、责任与义务对等的原则。从这个意义上说，孔融的第二主张有一定道理。但是如此逻辑下的行为如果是出于赌气或是其他原因而致于父亲饿死则是被谴责甚至要追究的。在任何社会秉持"毫不利己，专门利人"的道德原则当然是可敬的，但是在物质财富还不是极大地丰富的社会，各亲其亲、积极自救、推己及人的观念与行为也是被认可的，因为这是一种对社会负责的行为——首先不使自己和家人成为需要社会救助的负担，这是一种最具现实意义和价值的道德。所以从这些方面看，孔融的第二个主张也是不值得肯定的，特别是在以亲子关系为家庭关系主轴和核心、重视血缘亲情的古代中国社会。

综上所述，孔融是孝子，其所行所言，不是"不孝"而是"非孝"，值得肯定。其非议孝的言论，虽有一定道理，但总体上还是错误的，其分析既不深刻，其用意更不正确，也不合时宜。曹操杀孔融主要是因其不忠于"曹廷"，而孔融的因"非孝"而被当作"不孝"以至于被杀，倒是把曹操归位于"因言定罪"的乱臣贼子之列。是为孔融辨"孝"。

2. 李贽的"不孝"与"非孝"。

李贽的一生是特立独行的，是有追求的性情中人，在随性与处世上也是充满矛盾的。李贽一生在对待家庭和家人问题上，也是矛盾的。李贽因父母、妻子儿女离世而守制、痛苦，一定意义上尽到了人伦义务，但是又不愿为家庭、家事所累，矢志追求人生自由，没有尽到孝道。也就是说李贽并非没有"孝心"、"不行孝"而是没有"尽孝"，这是我们对李贽"孝心"与"行孝"的评价。作为思想家，李贽的言论和理论则因为反传统而有"非孝"之虞。中国的传统思想道德——孔孟之道以家伦理为基础与核心，讲究入则孝，出则悌，李贽则因追求自由而有所不逮。尽管李贽对亲情观念、家庭观念淡漠、履行家庭义务不够多有辩白，但总的精神是行不尽孝、思而非孝的，尽管他没有明确的反孝言论，其实质是"叛孝"的，这是由他独特的狂放不羁性格和进步的民主自由人生与社会理想追求所决定的。只是李贽的追求超出时代，不为人们所认同而已。应该说李贽在处理履行家庭义务和实现人生自由追求方面，注意到如何把握"度"，但并没有把握得太好，更不被当时的社会所认同，作为当事人的李贽是清醒和自我肯定的，但是我们认为李贽在"尽孝"和"非孝"这两个方面还应该做得更好些，特别是作为中国内生民主思想的先驱，李贽在"非孝"的理论论述上还应该做出与自身心智相应的贡献。

3. 鲁迅的"叛孝情结"研究。

《人民网》上刊载了网名为"野草谷"的《鲁迅先生的叛"孝"情结》[①]说："鲁迅思想的核心内容，就是对于三千年封建主义文化的反思，这种文化

———————

① 人民网。

的本质是家国一体，也就是社会结构的家族化，以'孝治天下'形象地表述了一切！"文章前半部分针对葛红兵在《芙蓉》杂志上发表的《为二十世纪中国文学写一份悼词》，对鲁迅传记资料中的家庭婚姻状况提出了尖锐的指责进行回护、说明、分析和否定性回应，并对鲁迅的叛"孝"情结进行了深入剖析和论述。在他看来：如果说，葛的看法，由于对朱安这个在传统封建社会里，因为灭绝人性的政治、经济、文化以及伦理道德、风俗习惯等等社会势力的重重压迫下，苟延残喘地了却了悲惨的一生的旧的女性的深深的同情，而染上了情绪色彩的话，那么，对立的观点也往往沿袭了鲁迅研究界在这个问题上的老套路——"为尊者讳"！毫无新意。不过和往常不一样，这次显出了"色厉内荏"的气象："唯一说不过去的是，鲁迅没有与朱安离婚就与许广平结婚。"[①]

文章解释了鲁迅与朱安和许广平的婚姻事实与原因后，大量引证鲁迅的有关解释和论述，基本还原了鲁迅的心路、表达了鲁迅的看法。文章指出，通过母亲包办自己的婚姻而品尝到的人生苦涩，鲁迅后来曾表达过这样的观点："我向来的意见，是以为倘有慈母，或是幸福，然若生而失母，却也并非完全的不幸，他也许倒成为更加勇猛，更无挂碍的男儿的。"[②]1918年8月20日他在给许寿裳的信中又说："人有恒言：'妇人弱也，而为母则强'。仆为一转曰：'孺子弱也，而失母则强。'此意久不语人，知君能解此意，故敢言之矣。"鲁迅在说这些话的时候是顾虑重重的，因为："现在说话难，如果主张'非孝'，就有人会说你在煽动打父母，主张男女平等，就有人会说你在提倡乱交"。[③]鲁迅曾经向人解释过自己的婚姻："这是母亲给我的一件礼物，我只能好好地供养她，爱情是我所不知道的。""当时正在革命时代，以为自己死无定期，母亲愿意有个人陪伴，也就随她去了。"从提亲、婚约到结婚，鲁迅虽然强烈反对并且做了消极抵抗，但最后，终于以默认为结局。就是因为这种默认，致使朱安直到1947年病逝时为止漫漫四十一年中，一直以鲁迅夫人的名义生存于世。在鲁迅的母亲鲁瑞生存期间，朱安作为媳妇勤勤恳恳为鲁迅尽孝守节，无偿地侍候其母整整三十七年。（1933年鲁瑞请了一个女佣，帮助已经55岁了的朱安料理家务，鲁迅知道后，还颇不以为然，在7月11日给母亲的信中，鲁迅说："其实以现在生活之艰难，家中历来之生活法，也还要算是中上，倘

---

① 高旭东：《挑战鲁迅言论述评》，《世纪末的鲁迅论争》，第35页。
② 鲁迅：《伪自由书·前记》。
③ 鲁迅：《且介亭杂文·说"面子"》。

还不能相谅，大惊小怪，那真是使人为难了。现既特雇一人，专门伏待[侍]就这样试试再看罢。"）朱安之所以愿意做出这样的选择，是因为她自始至终痴心妄想鲁迅会回心转意，直到海婴的问世，此时，她已年近五十，退无可退了，为生存考虑，也只好硬着头皮，将就到底了。鲁迅生前，在北京生活的时期，直到许广平的出现，朱安一直以妻子的名义，在日常生活起居上照料侍候鲁迅整整二十年，鲁迅从来没有拒绝过，也从未表示过异议。鲁迅与许广平的结婚，鲁迅的逝世，都没有影响朱安作为鲁迅夫人这一事实的存在。

　　然而，众所周知，鲁迅的真正的妻子是许广平，他们还生下了鲁迅唯一的后代周海婴。鲁迅一生中同时拥有两个妻子长达近十年之久，已经是个不争的过去，这是无法隐瞒，也毫不需要隐讳的。（鲁迅为此，也数十年如一日，始终内疚，忏悔，痛苦不已）鲁迅在处理自己的婚姻问题和对待朱安的命运一事上的所为，确实证实了他在日常生活实践和伦理、道德、风俗上的所为，也还不能完全彻底地挣脱中国传统的封建礼教罗网的羁绊。中华民族几千年积累下来的传统精神文明，对于人的自我意识，具有强大的灭活作用，这也造就了鲁迅的"双重人格"，他既不能违背孝顺母亲的传统义务，又无法压抑自己的人性的苏醒，放弃对爱和自由的追求，这使他在婚姻家庭关系上，成为旧文化的牺牲品。

　　在生命的最后时刻，鲁迅深悔当年，自己为了"孝"顺母亲的欲望而没有给朱安以自由，这点，本来他是完全可以做到的。许广平曾对鲁迅说过："你的苦痛，是在为旧社会而牺牲了自己。旧社会留给你苦痛的遗产，你一面反对这遗产，一面又不敢舍弃这遗产，恐怕一旦摆脱，在旧社会里就难以存身，于是只好甘心做一世农奴，死守这遗产。"鲁迅回答说："我一生的失计，即在向来不为自己生活打算，一切听人安排，因为那时预料是活不久的。后来预料并不确中，仍能生活下去，遂至弊病百出，十分无聊。再后来，思想改变了，但还是多所顾忌，这些顾忌，大部分自然是为生活，几分也为地位，所谓地位者，就是指我历来的一点小小工作而言，怕因我的行为的剧变而失去力量。"[①]以上这几段对话，虽然不失为是对鲁迅婚姻状况的一种极为合理的诠释，但是，鲁迅在处理和朱安、许广平之间的婚姻关系一事上所持态度的决定因素是"孝"，当初如果拒绝和朱安的婚姻是决不至于使鲁迅的社会活动"失去力量"的，相反却会增强这种力量。鲁迅的"婚变"（结婚和再婚）和民众与自己之

①《鲁迅全集》，第219-222页。

间所存在的那种沉重的"隔膜"，是鲁迅的两大心病，也是我们了解鲁迅思想、情感世界的"阿基米德支点"之一。

今天，我们如果敢于直面"婚变"给予鲁迅一世的惨痛体验，我们就能进入至今为止我们尚未涉足的鲁迅精神世界深层次的一个王国——"鲁迅的叛孝情结"的领域。"叛孝情结"几乎和人类一样古老了，它源于那种对亲权的滥用和对亲权的蔑视人性的现象的叛逆和反抗中所产生的类似本能的基本心理需要，如安全、归属、爱、自尊等等。对于中华民族传统文化的精髓部分，也就是"孝文化"的反思、剖析、批判，是鲁迅思想文化遗产一个极为重要的组成部分。

鲁迅在家庭内部，确实如人们所说是个"孝子"，是"孝、悌"两全的好儿子、好兄弟，这是多年来人们所愿意津津乐道的美谈，但鲁迅内心深处的创痛，心中的苦涩，绝大多数人却视若罔闻。鲁迅迫于中华民族所谓"传统精神文明"的压力，在潜意识中，需要一个女人甘心情愿地、自我牺牲来为其尽"孝"！当然，为了"孝"，鲁迅同时也准备了牺牲自己一生的爱情幸福，实际上，他也已经独身了二十余年，"只好陪着做一世牺牲，完结了四千年的旧帐。"以博得母亲的欢心（鲁迅的婚姻经历，简直给我们描绘出了第二十五幅"孝图"）。不道德的没有爱情的婚姻因为"孝"而始终。可以说，这里，鲁迅母亲包办儿女终身大事的顽固欲望，使她成了传统旧文化的载体、化身和象征。对母亲，鲁迅曾评说："感激，那不待言，无论从哪一方面说起来，大概总算是美德罢。但我总觉得这是束缚人的。譬如，我有时很想冒险，破坏，几乎忍不住，而我有一个母亲，还有些爱我，愿我平安，我因为感激他的爱，只能不照自己所愿意做的做，而在北京寻一点糊口的小生计，度灰色的生涯。因为感激别人，就不能不慰安别人，也往往牺牲了自己——至少是一部分。"在这封信的结尾，鲁迅用"叛孝情结"给《野草·过客》一文下了一个重要的注脚："但这种反抗，每容易蹉跌在'爱'——感激也在内——里，所以那过客得了小女孩的一片破布的布施也几乎不能前进了。"[①]

文章是这样解释鲁迅处理婚姻的合理性的。生活告诉我们，有时候，知识和理想，并不能帮我们什么，我们身不由己，心甘情愿地导演悲剧，走向不幸。又有谁能预计，二十多年以后，风云突变，在北京的女师大学界风潮中，凸显出了许广平，而后又和鲁迅相识、相爱。鲁迅和许广平的结合，也就是现

---

① 鲁迅：《1925年4月11日致赵其文信》。

代婚姻家庭关系规范中所指称的所谓"重婚"，我却以为不但无可厚非，而且，反表现出来了一个平民思想家的博大胸怀。鲁迅当时完全可以先和朱安履行离婚和承诺安排其晚年生活赡养问题的法律手续，然后再名正言顺地和许广平结婚，那样就不会背上"重婚"的"黑锅"了，而鲁迅偏偏没有这样做，否则，无疑要把朱安逼向"死路"的。

文章的下半部分着重对鲁迅对封建孝道的批判进行了论述，指出：难能可贵的是，鲁迅对中华民族传统"孝"文化的剖析和批判，并不是像其他人那样，局限于家庭伦理，血缘亲属之间的关系，而是扩大了视野，从整个社会的政治、经济、文化和道德伦理等等……全方位的角度来考察问题，从而发出了对中华民族传统专制主义思想文化的控诉和毁灭性抨击！作者认为，"孝"在封建社会其实是一种"君权的泛化现象"，这是鲁迅对于中国传统封建专制主义社会制度本质的一项伟大发现。如鲁迅在1925年4月29日发表的《灯下漫笔》中写道："但我们自己是早已布置妥帖了，有贵贱，有大小，有上下。自己被人凌虐，但也可以凌虐别人；自己被人吃，但也可以吃别人。一级一级地制驭着，不能动弹，也不想动弹了。因为倘一动弹，虽或有利，然而也有弊。我们且看古人的良法美意罢——'天有十日，人有十等。下所以事上，上所以共神也。故王臣公，公臣大夫，大夫臣士，士臣皂，皂臣舆，舆臣隶，隶臣僚，僚臣仆，仆臣台。'①但是'台'没有臣，不是太苦了么？无须担心的，有比他更卑的妻，更弱的子在。而且其子也很有希望，他日长大，升而为'台'，便又有更卑更弱的妻子，供他驱使了。如此连环，各得其所，有敢非议者，其罪名曰不安分！"这段表述是理解构成鲁迅思想体系的核心要素之一，鲁迅对于中国封建社会存在着"君权泛化现象"的发现，提供了重要的线索。

"君权的泛化现象"既是一种"集体无意识"，也是一种"隐蔽"的社会制度：这是一种极为精致的社会等级制度模式，它不但在温情脉脉的外衣下，公然宣称人与人之间在社会生活中的不平等，是社会的稳定，繁荣，发展所必须的，合理的，无可更改的。而且，它把社会所有的成员依照一定标准划分为贵贱相别、级差有序的金字塔状结构体系。由塔尖到塔底，逐层逐级递减地分享社会特权。处于每一层级的人，对于上一层级的人而言是奴才；对于下一层级的人而言则为主子。它渗透进封建中国所有人文知识中去了，每个人，从呱呱

①《左传》，昭公七年。

坠地，吸吮母乳起，就开始逐渐地接受它直至老死，它对于每个炎黄子孙的心理状况产生了极为恶劣的不良影响。鲁迅思想体系的价值，也就正在于它是迄今为止几乎是唯一的，对于这种"不良的影响"的认真探索。作者认为，"君权的泛化现象"这种政治文化的最大中国特色，是儒教的"孝"文化将它渗透进了"家庭"这一最小的社会群体单位内，在每个家族内部，以血缘亲等为标准，克隆社会金字塔结构。

在对"君权的泛化现象"进行了深刻深入的批判后，作者认为，君权的泛化现象的社会制度在1911年的辛亥革命中，早已经被埋葬了，但是，它的影响却不容低估，因为，旧的文化是不能像"死尸"那样抬出去火化的！作者承认，"孝"还一直被珍藏在每个中国人的内心深处，蛰伏在大家的潜意识心理层次上，但是，作者对当今一切兴孝言行都持一种彻底的否定态度。

作者进一步引证鲁迅的论述，对封建专制文化和孝道思想进行剖析批判。鲁迅早年就对家庭伦理关系中的父权持批判的分析态度。1908年在《摩罗诗力说》中评价雪莱说："《黏希》之篇，事出意太利，记女子黏希之父，酷虐无道，毒虐无所弗至，黏希终杀之，与其后母兄弟，同戮于市。论者或谓之不伦。顾失常之事，不能绝于人间，即中国《春秋》，修之圣人之手者，类此之事，且数数见，又多直书无所讳，吾人独于修黎所作，乃和众口而难之耶？"1919年又作《我们现在怎样做父亲》对中国传统孝文化进行了集中的批判："他们以为父对于子，有绝对的权力和威严；若是老子说话，当然无所不可，儿子有话，却在未说之前早已错了。""以为父子关系，只须'父兮生我'一件事，幼者的全部，便应为长者所有。尤其堕落的，是因此责望报偿，以为幼者的全部，理该做长者的牺牲。""便是'孝''烈'这类道德，也都是旁人毫不负责，一味收拾幼者弱者的方法。在这样社会中，不独老者难于生活，即解放的幼者，也难于生活。"

"孝"的要害在于："长者本位与利己思想，权利思想很重，义务思想和责任心却很轻。""孝"在提倡"虚伪道德"的同时"蔑视了真的人情"是亲权和君权的糅合、掺兑，骨子里隐藏着控制、支配、利用、奴役、压迫和剥夺的人身依附关系。鲁迅呼唤被蔑视了三千年的"真的人情"，这就是"离绝了交换关系利害关系的爱"。几千年来的中国历届政府都在"拼命的劝孝"，这足见"孝子"的稀罕和艰难，尽孝是需要物质手段和经济实力的，"哭竹"、"卧冰"、"尝秽"、"割股"只能去哄鬼。统治阶级为了统治地位的稳固，竭力实行闭关锁国，阻遏、扼杀市场经济的发育，造成了中国衰颓、停滞、落后的劳动生产力，由此带来的极为不公平，不人道的分配制度，使广大的民众几千年来始终处于赤贫之中，使"尽孝"只能成为"治者"用来逃避社会责任的空话，所以，正如鲁迅所说："中国家庭，实际久已崩溃，并不如'圣人之徒'纸上的空谈，""就实际上说，中国旧理想的家族关系，父子关系之类，其实早已崩溃。这也非'于今为烈'，这正是'在昔已然'。"凡在热烈崇拜"孝道"的社会里，说明了老人的生存状况一定已经相当艰难困窘了，宣扬"孝道"无非是为了遮丑而已。

"中国亲权重，父权更重，"鲁迅不怕得"铲伦常"、"禽兽行"之类的恶名，对于"从来认为神圣不可侵犯的父子问题，发表一点意见"，是为实现早年"立人"的理想，而在中国，要"人立"，非改革现存的家庭制度不可。鲁迅以他儿时的亲身经历告诉我们，古代中国竭力推行"孝道"的目的，表面上是为了要求老百姓善待父母，实际上所起到的作用，却是离间家庭内部亲属之间的人伦关系，把大家贫困苦难的原因归罪于平民百姓自己，以转移社会视线，逃避执政者的社会责任，实现君权的泛化，以强化对于社会成员的控制程度，劝孝、孝亲只不过是忠君的手段而已。鲁迅儿时得到的最早的"画图本子"，是一位长辈的赠品：《二十四孝图》，那时候，其中的故事是谁都知道的，便是不识字的人，只要一看图画就能够滔滔地讲出这一段一段的故事来。"老莱娱亲"和"郭巨埋儿"是最使鲁迅不理解和反感的。在元代郭居敬编撰的《二十四孝图》中，"为母埋儿"一图的解释词是这样说的："汉郭巨，家贫，有子三岁，母尝减食与之。巨谓妻曰：'贫乏不能供母，子又分母之食，盍埋此子？儿可再有，母不可复得。'妻不敢违。巨遂掘坑三尺余，忽见黄金一釜，上云：'天赐孝子郭巨，官不得取，民不得夺'。"每当看到图上，郭巨的儿子被抱在母亲的怀里高兴地玩着"摇咕咚"，父亲却在一边挖坑，准备埋他，鲁迅回忆道："最初实在替这孩子捏一把汗，待到挖出黄金一釜，这才觉得轻松。然而我已经不但自己不敢再想做孝子，并且怕我父亲去做孝子了。"鲁迅又说："我想，事情虽然未必实现，但我从此总怕听到我的父母愁穷，怕看见我的白发的祖母，总觉得她是和我不两立，至少，也是一个和我的生命有些妨碍的人。后来这印象日见其淡了，但总有一些留遗，一直到她去世——这大概是送给《二十四孝图》的儒者所万料不到的罢。"

作者指出：鲁迅的魅力，在于他那种独特的平民的视角，引发了对于中国传统精神文明的独特的批判，这种批判触及了每一个中国人灵魂深处的某种东西，他们就是植根于人们的潜意识心理层次上的，体现"君权的泛化现象"的

"凶兽样的羊，羊样的凶兽！"就是"卑怯"。鲁迅的伟大，在于他是中国三千年文化史上，第一个不怕"抗世违世情""积毁销骨"而敢于冒天下之大不韪，明确地将这种"集体无意识"提升到前意识，甚至是意识层次加以剖析与批判的思想家。鲁迅思想，对于中华民族的影响，正在顽强而不可阻遏地进行着，对于每个深受"儒家文化"影响的中国人乃至于东方人，它都是一帖良好的解毒剂！

这篇文章很有代表性，因为他谈的是鲁迅，而且是以今天的眼光对鲁迅的理论与实际相结合地剖析。应该说，五四新文化运动时期，激烈地批判传统道德特别是孝道，以胡适与吴虞为甚，正因为他们太过，则鲁迅的态度、理论批判和结合亲身实践的体会更具代表性。新文化运动时期的巨匠们包括陈独秀、李大钊等对中国传统道德（封建正统思想道德）是从政治上持否定态度的，事实上他们谁也没有时间和投更多的精力从学术上深入辨析研究，这是由当时的情势和需要决定的。胡适是完全的新派人物，对传统道德特别是其核心孝道思想持否定态度，更好理解。唯鲁迅表现出理论的否定和实践上的一定妥协，特别是他的理论否定还生活化地谈到了"二十四孝"，更具有分析辨正价值。

"野草谷"的文章对鲁迅的婚姻的解释是我们能接受的，对鲁迅的对孝道的批判和否定的引述和部分引申也是我们能接受的，但是分析不够深入，结论也不正确。这不是"野草谷"的错，关键是鲁迅本人对"孝"的理解和批判还有待深入研究。我们先从简单的说起，即关于对"二十四孝"的看法。鲁迅直接对"郭巨埋儿"表示了否定，对"戏彩娱亲"表达了反感，对其他一些事例也表示了质疑，应该说这都没有问题，问题在于《二十四孝》是历史作品，表达的是催化孝意识、弘扬孝文化、鼓励践行孝道行为的主题思想，以今天的眼光来看，所选取的二十四孝子及其事迹，有三分之一是经得起时间和历史考验的，有三分之一是可以理解的，有三分之一确实是错误和不人道的。我们既不能在具体事例上以偏概全、以一否十，更不能在事理上以一面否定另一面。《二十四孝》既有被统治者用来奴化愚民的一面，更有教民从善、孝亲敬长的一面。在一个具有标榜和推行德治传统的中国社会，完全否定其教善的意义，是无论如何都说不过去的。

再从鲁迅对孝德的理论批判看，在《我们现在怎样做父亲》中，鲁迅从生物学和进化论的科学角度对父子之"爱"和"恩"进行讨论，肯定了"爱"而否定了"恩"，从而也就否定了施恩还报的"孝"。鲁迅强调父母辈对子女辈的义务而不应要求权益，夫妻生养子女乃自然之事并无恩于他们，也就无所谓孝的权利与义务，这一点，与孔融和胡适的说法是一致的，无非是鲁迅做了初步的以近代科学理论为据的论证，而孔融与胡适只是质朴地说出了这个道理。问题是，生儿育女、父子关系确实涉及感情和道德，所谓"大爱不求谢"与"知恩图报"都是道德的，而"施恩求报"和"知恩不报"都是不道德的，也就是说，这不单是个自然科学问题而且也是一个社会道德问题。这不是科学不科学能解释的，而是不可回避的道德问题，至于是否道德则是需要进一步讨论的问题了。对此，鲁迅也意识到了，所以他说，"但世间又有一类长者，不但不肯解放子女，并且不准子女解放他们自己的子女；就是非要孙子曾孙都做无谓的牺牲。这也是一个问题；而我是愿意平和的人，所以对于这问题，现在不能解答。"[①] 也就是说，其实对于"孝"，鲁迅并没有在道德层面进行深入的理论研究，只有自我态度，并没有理论研究结论。而这个理论研究无结论的尴尬与他在生活中处理婚姻家庭关系的妥协做法是互为表里的。也就是说，无论从科学上论证孝之不存在，还是从政治上反对"孝"及孝道，鲁迅的论述有一定道理，但"孝"本身就是一个道德问题，不进行道德理论的研究，"孝"便是反不掉的，也就是否定不了的。

二、当代网络"非孝"名人言论辨析

在现代社会，网络的创造力与解构力不可小觑，对于"经典"的再阐释与解构尤其如此。有人认为，学术研究不必在意也不能引用网络资料，我们不敢苟同，确实，网络作者往往引用不规范、论述不严谨，但是能在网上"秀思想"、表达看法的人确有思想新锐之处，往往引起围观、引起共鸣，产生一定影响。特别是一些思想新锐之人翻新或揭批常人所不太了解的古代经典或不被人深究的历史定论或论断的时候，往往给人耳目一新、觉得很专业的感觉，也就不知不觉地接收了。对传统孝文化与孝道这一人们习焉不察的问题就是这样。为此我们有必要重点审视若干在网上"非孝"有影响的人物和观点，以正视听。

1."老翟思想"对孝的新一轮猛烈批判。

翟羽佳（网名"老翟思想"）的《孝，中国人被奴化和被异化的开始》与《孝是国人沉重的包袱》算是如今影响越来越大的网络话语世界里的"非孝"

---

① 鲁迅：《我们现在怎样做父亲》结语。

的代表作品。前一篇写作发帖稍早，篇幅较短，现抄录如下，后一篇算新作，篇幅较长，基本沿袭和发挥了前一篇的思想，算是新一轮对孝的猛烈批判。这里抄录第一篇如下，至于后一篇，作者只不过是基于自己的历史观对孝道的政治性批判更甚，联系的事例和观照的面更宽一些，语言也更激愤、更粗俗，恕不抄录。

原本人生来就有权利义务的问题，但这权利义务，除了不受他人侵害的权利及不能侵害他人的权利的义务外，人在父母面前的权利义务问题，是人生来就有权利，而不是生来就有义务。也即，人生来就有权利是无条件的，而对父母有义务是有条件的。这是不是对父母的不公平？问问做父母的为什么是生物和为什么要去性交。

人作为生物，生育子女，乃是作为生物的特性，即，他要有后代，以使得他是生物。这是首要的特性之一。因此，父母生子女而后的养育子女，乃是作为生物的特性和尽性行为后果的义务，并不是为了得到日后子女的孝顺而在付出成本，并不是像为了吃猪的肉而在付出养猪的成本！

以养儿防老为目的而生儿育女，以为了自己的福气而生儿育女，不要说做父母的是禽兽不如，是所有生物都不如的，因为这违背生物的特性。

还要区分一下孝顺与遗产继承权的关系。人类很特殊，他不像其他生物，他有历史的进步性，也即，后人在前人的基础上继续发展，而能够创造更多的财富。但这不是要求子女孝顺的理由。子女继承父母所赠遗产，仅仅是因为父母的赠予！子女并无权利去约束父母生前对财产的使用状况和对财产作为遗产的处理权。也即，子女对父母的财产的继承权，并非来源于父母与子女成年后的一种互利交易，而仅仅是源于父母单方面无约束下的赠予，因此，子女无在这种情况下孝顺父母的义务。这不是交易关系。

至于若由于父母给成年后的子女增加谋利的能力或基础，子女把由父母的贡献而导致的增益部分部分地返还给父母，则这完全是一种社会关系，即交易关系，是上下代之间的交易关系，而非由上下代之间的生育关系所导致。人类有养老，而任何其他生物都没有养老，来源于此。但这养老的权利来源，是因为社会作为整体在上下代之间的交易，而不是因为上代人对自己的性器官的使用和对后代的抚养。养老金的多少，养老金的有无，来源于社会整体的上下代之间的交易状况。

孝，使得中国人生来就受到其父母的侵害。而不以此为侵害还以此为自己天经地义的义务的"好"子女，其精神就受到了可怕的倾斜和异化，这使得他同样地以不公平对待自己的子女为自己所受侵害的补偿，就如受了别人的侵害而不去向加害者要求公平，而是去侵害另外的人而补偿自己的利益和维护自己的不当的倾斜精神一样。在如此压力下成长的人，长大后也无公平心对人可言！使人受到侵害或侵害别人却不知是侵害，使人受辱却不知是在受辱。要么是别人的奴隶，要么是别人的恶主，要么受别人欺辱，要么欺辱别人，还以为那理所当然！

孝，还是使人无条件地忠君或忠主的基础。这使得危害进一步加深。因为这完全是社会关系了，这其中被合理化了的人对人的侵害，使得人对侵害的认识和态度反应完全被异化。更严重的是，本来要维护社会公正的君，却在最大地制造不公正、维护不公正和最大程度地严重化社会的不公正！

孝这种东西的罪恶若不被认清和清除，中国人在正直方面和社会关系方面无根本转变的可能。

以上，作者从人的权利、义务的大道理开始，继而谈人们生育子女的生物性和自然行为，认为子女没有对父母生育自己尽孝的义务，下一篇也谈到了"爱"与"恩"的不相联系，基本沿袭鲁迅及他同时代人接收和理解的初浅科学理论，没有新意，只有文字及论述表现得粗鄙而已。作者在将传统的"孝"与"忠"紧密联系起来后，从政治意义上全盘否定了"孝"及孝道的时候，也注意到代际利益交换，但他没有将它放到一般家庭的范围，而是泛泛地在社会面来谈父辈与子辈的遗产处置的"交易关系"是否合道德的问题，下一篇则大谈孝的不能济世和被统治者所利用造成的异化结果，甚至提出有作为的人似乎只有"非孝"才能成就一番大事业，对社会更有贡献，于民族发展和社会进步更有意义。作者基于错误的历史观而联系一些史实、事例，容易给人似是而非的错觉。

应该说，作者对被封建统治者引申、强化，特别是泛政治化而扭曲了的孝道的批判是正确的，但是这并不代表对作为中国传统文化的"孝"与"孝道"的研究及批判的正确。甚至可以说，作者根本就没有从文化的角度或者说从学术的角度研究"孝"与"孝道"。我们研究"孝"与"孝道"应秉持客观的态度，对"孝"的发生、内容构成与发展、作用领域以及"孝道"的形成及其作用于家庭和社会的效果等方面进行深入考察和研究，然后客观地从正反两个方面予以研判。也就是说，作者是为批判而批判，基于这样的立场，揪着被异化的孝道可能和已经部分地造成的结果而推理，只能走向全面否定孝与孝道的极端。人是有思想和感情的高级动物，如果说夫妻孕育和生产儿女是自然现象

（其实也有社会的意义和影响），那么养育子女肯定是有情感及其他社会性的因素和付出的，是社会行为，于是就有了父母子女之间的恩怨情仇及其权利义务的互动关系。作者不能一方面强调父母生养子女是自然的动物行为，与孝无关，另一方面又大力批判"孝道"的互动行为和要求。很显然，没有"孝"何来"孝道"！

作者还有一个荒唐的错误就是历史观偏差。作者列举历史上有作为的帝王、英雄、领袖等在成就一番事业的时候往往"非孝"，这是极端的似是而非。且不说历史是人民创造的，就说英雄的作为，其实他们的所谓"非孝"也是在特定的时期和特殊的情况不得已的选择，甚至是没有或无法选择。人们的职业生活与家庭生活有一定的矛盾很正常，这就需要兼顾而且也是能兼顾的，而这种兼顾需要人们的处理意愿和协调水平，更需要社会的制度性安排，一些时期社会主流组织缺乏这种制度安排或安排得不够，恰恰是要修正的。不能因制度的缺乏或不完善而造成人们的偏差，不指责制度反而指责做出牺牲的被迫"非孝"的受害者。正常的人何况是有作为的人物，总不会为了自己有所成就而弑父弃母的。难道作者在正常的时代想成为一个什么"家"而需要且一定要冷落父母、抛妻别子吗？

2."任不寐"的网帖：孝道是力量的罪恶。[①]

我们先将帖子展示如下：

如何对待孩子，最能代表一个民族的文明程度。这个道理很简单，对待无助的弱者检验着人类的恻隐之心和责任感，见证着一个社会有力量的群体远离动物状态的距离。"孝敬父母"是一种成人主导的"为成人"的文化，是文化，但尊重孩子是一种文明。尊重孩子意味着敬重他们的生命，平等对待他们，爱护他们的情感，包容他们的缺点和对他们承担责任；而不是利用他们。然而，回顾人类的历史，我却发现了那么多施于孩子的残忍，孩子被变为工具；在古代，孩子的工具化是以孝的名义实现的，到了近代和现代，孩子又同时成为一种"新孝道"的牺牲：成年野兽和国家摩洛勾结起来，以各种"大义名分"的名义，以"传宗接代"和"接班人"的名义，屠杀、利用和虐待孩子——孩子们纷纷老化，孩子们纷纷死去。这是力量对软弱的伤害，是现在对未来的伤害，是自然法则对道德法则的伤害。

这是一种永恒的伤害吗？孩子是独立的人，还是"我的孩子"或"国家的孩

---

① 参见《孝道是力量的罪恶》（任不寐）。

子"；"我"的孩子意味着是我的责任，还是我的权力，这是区分文明和野蛮的标志。无论孩子是"我"幸福的材料，还是传宗接代、耀祖扬宗的工具，或主义或什么集体的零件，都是十足的恶和十足的野蛮。把孩子作为传种的工具和主义的工具，是对孩子最疯狂的利用，也是这个世界一切退化事件和不幸的总根源。

世界上可能再也没有哪个民族比中国人更具"传种"和"养儿防老"的"种危机意识"了。在这种文化中，孩子不是作为独立的人格来看待来尊重的，而是被当做种的延续的工具来被"喜爱"和需要的。"基因的自私"在东方社会获得了文化上的全面胜利。这种胜利粉碎了生命的基本价值和基本尊严。鲁迅说："所有小孩，只是他父母福气的材料，并非将来人的萌芽。"当孩子不幸夭折的时候，那些"孩子之父"（而非"人之父"）也悲伤痛哭，但总有那样的成年野兽，他的悲痛首先不是因为对生命的哀悼，而是因为自己可能"断种绝户"了。正是这种心理，我们才可能理解这个民族几千年来对女婴的杀害、遗弃和虐待，一个敬畏生命而不是对孩子持"种工具主义"态度的人，不可能实践这种"生命的价值"是不平等的逻辑。

女孩儿是儿童工具主义最不幸的受害者。我经常有一种幻觉，中国大地上每一棵小草就是我们历史上虐待和抛弃的女婴；她们那么弱小，那么美丽，那么不幸——她们在另一个世界无忧无虑地生活着；让我们这个被称为人类的世界显得更加肮脏和丑恶；让我为我生活在这样的世界里而深深地感到耻辱。这个可耻的民族，就是在无数个小女孩儿溺死时的抽搐中无耻地成长的。没有人统计，中国历史上有多少女婴被遗弃，有多少可怜的小脚为满足中国成年男人变态的兽欲而活生生地摧残，有多少女孩因被叫作父亲的那个东西的性别歧视而失去了上学的机会和一切孩子应该拥有的欢乐。"传宗接代"这个动物教条，是中国人所有的教条中最恶贯满盈的，我经常无可奈何地感慨：中国人何以愚昧到这种程度！在今天，可能只有"每个德国妇女有义务为国家生个孩子"这个纳粹教条可以和它媲美了。有什么道德和生理上的理由，那些自私狂的成年和老年男人持这种观念，仅仅为了让它们在世的时候已经臭不可闻的肉体基因和精神基因能够千秋万代地臭不可闻？女孩儿何辜？我希望每个中国人记住我们所犯下的罪孽，为了我们能拥有一个更人道更正常的明天。

到了现代社会，国家意识形态又给孩子设置了一个新的非人格化的父亲，一个梅尼日科夫斯系称为母狼的继母：国家。这一新孝道最基本的目的是把孩子训练为国家主义的工具，训练为疯狂的野兽或驯服的家畜。于是，"传宗接代"的说教就变为"接班人"的说教，虽然前者愤怒地将后者谴责为腐朽没落的东西，但二者实际上来自相同的文化土壤，而"母狼"对孩子的利用更加组织化和不人道。

"接班人"教育对人的不尊重所根据的逻辑与"传宗接代"的逻辑是完全一致的，让孩子为老人或成人的主义或事业接续香火不仅是不道德的，也没有任何合法性。任何人，特别是孩子，有权利选择自己的信仰和自己的生活方式。践踏和剥夺这种权利是十足的狂妄和暴虐。新一代人凭什么要与我们这代人保持一致？当我向自己的孩子提出这种非分的要求时我将感到自己太无耻了。

工具教育的荒谬性突出地表现在对孩子们进行意识形态教育方面。对于儿童应该更多地给他们提供认识世界的机会，而不是生硬地把我们对世界的解释强加给他们。似乎把这些"政治口诀"背熟了就可以所向披靡了，就可以包医百病了。"读书时我们希望能从中听到成人们的交谈、孩子们的欢笑和其他属于人类的声音，但我们从来就没有听到过。"（黑格尔语）"誓作××××事业的接班人"，校园里仍然飘散着这首歌，尽管孩子们连主义与"变形金刚"有什么区别都不清楚。在这脆脆的童音里，"爷爷们"因感到"股权"后继有人而欣慰；在这歌声里，窗外自由的空气和美丽的阳光匆匆流过。

当然，"接班人"教育也导致了国家利益和家庭利益在争夺"继承人"（接班人）即争夺儿童方面的冲突。国家利益鼓吹利权主义，而家庭利益则鼓吹利家主义。这种冲突有一个共同点，即"国家"和家庭都没有尊重儿童的个性和天性；都没有把儿童当作人，而是当作工具：对"国家"来讲，儿童是主义继承或者为国争光的工具，对家庭来讲，儿童是养老或者为父争光（通常表述为"耀祖扬宗"）的工具。中国儿童的成长过程是相当坚苦的，他们一开始就接受这种相互矛盾的、不受平等尊重的、没有自我人格的教育，在"忠"与"孝"的竞争中，人的个性成了牺牲品。他们在"学校里的官方谎言和家庭里的非官方谎言"（布罗茨基语）之间无所适从，他们感到一切都很虚伪，他们感到幻灭。所以中国人的思想历程都经历了三个阶段：因痛苦而绝望，因绝望而麻木，因麻木而"成熟"。于是出现了"人生季节的颠倒"（周作人语），出现了孩子的令人吃惊的市侩主义。

世界上恐怕没有任何一个国家对自己的未成年人有这样强烈的财产意识；也没有任何一个民族的父母对自己的儿女有这样强烈的工具意识。这种工具意识背后可能是出于对死亡的共同恐惧。它们都想"长寿"，如果肉体腐烂就遗传精神，孩子不幸成为"载体"。我一直不明白，这个如此实用主义的民族，何以"意淫历史"（李敖语）的观念那么强烈，而企图"把自己托付给历史"

的人竟然如此的层出不穷？或者是因为"愈是无聊赖，没出息的角色，愈想长寿，想不朽，愈喜欢多招自己的相，愈要占据别人的心"？主义的传宗接代是对孩子肉体和心灵的共同霸占。

对孝道的批判是五四新文化运动的重要内容之一，我们今天"重新点燃启蒙的火炬"（李慎之语）当然是非常重要的。但是，我们也许应该同时意识到，80 多年前那场思想运动同时也是新孝道的始作俑者，"主义"和"现代国家"被置于"四纲六常"的位置，孩子们的天空多了一个仰望的目标。从此，"个人的胜利"还没有开始就"失败"了，一直到 20 世纪 80 年代末，孩子们从力量专政中以"软弱"的新姿态站了起来。

"慈祥"的力量是强大的，但是从此它就失去了道德上和精神上的品质，母狼就是母狼的时代，也是母狼终结的时代。[1]

以上这篇帖子，从稚嫩的孩子——动物性的子代的角度立论，却以成人的视角集中对"孝"的意义之一"传宗接代"要求与国家社会发展需要培养"接班人"联系起来，游走在自然主义与社会达尔文主义之间，赋予"教化"以负面意义。以意识形态大批判的现代形式，祖述着"绝圣弃智"、反对文明进步的陈词滥调，还要假扮天真、理直气壮地追问：我本是动物，为什么要我成长为人；我本无知，为什么要助我成长、赋予我智慧和德性，而且还要我承担社会义务；我是弱智，为什么要启我心智、教我成人。一言以蔽之，这是一篇有着强烈政治色彩的无政府主义（视政府、国家为野狼、母狼）"草就"文章。

3."简评中国二十四孝故事，说说传统孝何以愚民"[2]。

"为方便阅读，经本人（原作者）缩写"了二十四孝中的十一个并给以追问，我们在此存目从略（孝感动天、戏彩娱亲、鹿乳奉亲、啮指痛心、芦衣顺母、埋儿奉母、董永卖身葬父、刻木事亲、怀橘遗亲、闻雷泣墓、哭竹生笋）。原作者评述道：

看完这些孝故事，本人不是觉得感动，而是毛骨悚然。虽然二十四孝其他几个故事同样是，不是行孝艰难，就是说某人的孝心，发现儒教思想的社会宣扬的这个孝，除了都造假居多，其用意不深入剖析，你就很难明白为什么要造假。且听道来。

首先我们必须明白，孝本是人之常情，无论贫穷到高官都是一样，但儒

---

① 《孝道是力量的罪恶》（任不寐）。
② 中华论坛，又参见博客中国专栏：网络。

教往往就把孝作为官的一种政治衡量，试问那董永卖身葬父的下等人不就有官当了？如果不能，那官者孝，孝者才为官，那不是说平民长期是无孝的？所以说儒家儒教之孝这种宣说是存在矛盾的。再有，儒教宣说的这种孝有个特点，儿辈要走极端，父母辈则狠心，从作为父母的人，如看到儿女辈如此极端，这根本是违反父母意愿的，但儒教偏是认为这样方为大孝。此孝怪就怪在，孝行则伤父母，不行也变成不孝。当代我们知道对长辈的孝，就是顺着长辈对儿孙良好的意愿，去在他生前为他而做的事，但儒教宣扬的孝就抛弃父母对儿子的真正意愿，如此在过去这漫长的社会里，这样的孝是在剥夺每一个父母真正的愿望。得出结论，在过去的这种社会，儒教形成这一种规范之孝，使真的人之常情无法确定，人们对什么是真孝的根本认识是混乱的，这样人们往往心理就会扭曲；特别形成对平民的宗族之残酷的有关孝的礼法，除了是对平民的折磨，我相信在这样几乎人人心理扭曲的环境下，亲人之间反而各露狰狞与凶残。

什么原因让儒教要这样做呢？从儒家始祖孔子向君王提出的君君臣臣父父子子根源起，我们可以找到他的答案：原来奴隶式社会的儒家，为巩固自己世代享受福禄，将这种孝坚持了下来，儒教后更把它发扬光大，而这种孝本身就是要加强封建统治，为中央集权所设计。众所周知，一个家庭父母对儿女的心愿是善良积极的，但在统治者看来，全社会如果都家庭和谐，儿女听从父母真正意愿，无疑这个社会就会出现对封建统治集团有隔离，为达到统治目的，就必须掌握全社会的家庭走向，如此封建统治者就想了这一套极其伪善的孝来控制每个家庭，使至每个人眼里只有封建君臣，使为人儿女者不敢留恋家庭。说白的一句，封建统治者的逻辑就是，如果你们都听父母的，谁又会听我的？如此他们标榜规范的孝就出现了，父母者必狰狞，儿敬父母必极端方孝，形成孝是一种恐怖。

本来，人类自从出现了家庭，是近亲人们的一种温馨安乐窝，一组家庭关上自家的门，互敬互爱，它无关你什么政治者与君臣的事，然而，中国这些统治者与可恶儒教帮凶，硬是在每个人家庭加入与延续这种恐怖因素，是对人的一种迫害；这恐怖因素如一个可怖的恶魔掀开每个家庭的窗户，将他的魔手伸入每个人的心。分析至此，为封建统治和这些帮凶的歹毒，感莫名的气愤，此时我终明白了鲁迅这段话的感觉了："凡事总须研究，才会明白。古来时常吃人，我也还记得，可是不甚清楚。我翻开历史一查，这历史没有年代，歪歪斜斜的每叶（页）上都写着'仁义道德'几个字。我横竖睡不着，

仔细看了半夜，才从字缝里看出字来，满本都写着两个字是'吃人'"（鲁迅，狂人日记）！ ①

上述这篇帖子选取《二十四孝》中确实值得理性看待和批判的十来个事例，逐一予以现代而稚嫩的解读和追问，贴近当代一部分人的心理和水平，有一定的道理和影响力。然而很明显，作者的立论偏颇，且没有历史的态度和认识，最后对传统孝道从政治化的角度予以否定，还是有所偏颇的。其一，就材料的选取和叙写方面看，作者对于一些事例的造假的追问和评论确有一定的道理，因为很多材料事例确实不符合事实，且极少数有极端残酷的嫌疑，但是，这些记述是完成于封建迷信的中国中世纪社会，神化、夸张在所难免，再说这也是古代主流社会的通俗的宣传性读物，无疑带有传奇描写、夸大并偏颇宣传的色彩，自当辨别，历史地对待，不可从这一点以偏概全而全盘否定。其二，尽管作者也认为"孝本来是人之常情"，但是进一步地，作者离开伦理道德，只是从政治上分析，将封建政治化的孝与孝道最终否定，也是不全面从而也是不正确的。《二十四孝》的根本目的还是以通俗化可读可感的教化方式劝人以善、教人以孝，即教人重视亲情、家庭和孝敬父母、长辈，这一点从文本本身的目的看是很清楚的，这一点甚至大不同于《孝经》的教条化理论论述与刻板化规定。当然，封建社会统治者及其附庸，将孝政治化、极端化，特别是将"孝道"塑造成钳制人们思想行为的专制统治工具，使得孝道异化，肯定是值得批判和改造的。问题是存在的，但我们不能水有污染而全盘泼掉，更不能连同洗脚水将孩子一起倒掉。也就是说，我们不能只是以偏概全地扔掉旧器物，而是要学会"扬弃"，将废物抛弃，留下有用的东西并传承、弘扬，予以创新发展，为我所用，为时代要求而继承与发展。

三、对若干现代学者"非孝"的评议

1. 吴晓东：《难念的孝经》述评②。

吴晓东根据受翟玉和资助的田景军等 3 位大学生在山东曲阜所作的"中华孝道调查"成果《农村老人生存现状考察报告》和有关媒体据此刊发的《孝文化发祥地曲阜孝道不再》文章，以及首都师范大学安云凤、华中科技大学贺雪

---

① 参见博客中国专栏：网络。
② 见 2009 年 9 月 13 日《凤凰周刊》，2009 年第 24 期，总第 337 期。

峰团队的相关调查等认为，"孝道在今天是否存在"大有问题，孝经难念。

一是认为当前农村老人"人老了，想过得舒服一点，是不可能的事"。调查得知，有的农村老人由几个儿子轮流供养，但儿子们常常互相推诿，形成"三个和尚没水吃"的状况；有的老人独居一处，儿子每年给一些口粮和零花钱，但老人一年的供养费常常不如孙子一个月的零花钱；有的老人子女多，分家时一旦做不到一碗水端平，就有可能成为儿女不肯供养的最佳托辞；还有的老人由于儿子媳妇外出打工无人照顾，只好自己下田耕作，处于完全自养状态。不过，不少农村老人对此却都看得十分坦然。如今，年轻人的养老行为不再受孝道伦理、传统价值的支配，完全步入了"理性算计"的时代。

二是认为孝经在当代是一本难念的经。"隔窗望见儿喂儿，遥想当年我喂儿。儿喂儿来不喂我，不知将来谁喂儿。"一首民间流传的打油诗，形象地描述了目前中国农村家庭养老所面临的尴尬。田景军们将"不肖子孙"分为如下类型——家庭积怨型（房屋、田地分配不均）、情感麻木型、身不由己型、无理取闹型、有利可图型、怕老婆型、甩包袱型、教育失当型。不孝种种，成因何在？解剖中国孝文化发祥地的南辛，即可管窥究竟哪里出了问题？调查发现，"三不管"老人多感叹老运不济，却少有人反思教育失当。一些有儿子的人家若娶亲，哪怕举债，房子也一定要修漂亮，否则很难娶上媳妇。所以，没钱盖新房的人家，父母必将老屋腾给儿子，而自己则另觅栖身之地。"儿住瓦房孙住楼，老头老婆住村头。"这种反常现象恰恰助长了子辈的自私，在某种程度上也为今后的不孝埋下了伏笔。而面对这种"风俗习惯"，即使是身为父母官的村基层干部也深感"清官难断家务事"，根本无法插手。[①]

吴晓东的描述和分析是有道理的，特别是家庭教育失当、助长子辈自私之论，明白地说到了关键原因之一，然而，他的结论是悲观的。最主要地是他没有看到解决老年人"被啃老""失尊严"的问题需要国家和社会的法律制度和民间规约来支撑和制约，仍然只是停留在"清官难断家务事"的社会不作为阶段。这恰恰说明需要从人们的平等、法治、对等等理念和社会的制度建设方面帮助纠正，促请老人们理性对待自身养老经费积累和对成年子女的投资和帮扶，树立"迁就和纵容，也是极大的犯罪"意识，对成年子女不能过度帮扶，特别是不能迁就子女过度索取和"啃老"，将自己的养老和老而受尊重建立在自身物质经济保障的基础之上，达到能自给而经费来源有保障的

① 吴晓东：《难念的孝经——大陆家庭的养老难题》，网络。

程度。

2.安云凤谈孝文化与孝道的式微。

为什么时至今日，孝道观念竟然变得如此淡化甚至虚无呢？关于传统孝文化及孝道的式微，首都师范大学的安云凤认为：

从五四新文化运动到改革开放前，我们对传统孝文化缺乏全面正确的认识，对其中优秀的民族道德传统缺乏应有的宣传和提倡，没有将传统孝文化中的道德精华传承下来。改革开放以后，由于西方思想文化的渗透以及市场经济所带来的拜金主义、个人主义、享乐主义的负面影响，加之独生子女的特殊生长环境，使得传统孝文化和孝道又一次受到冲击。现代生活节奏的加快、竞争的激烈、重视自我价值实现的理念、对经济利益的过分追逐等，都使得养老的"机会成本"（包括时间、金钱等成本）急剧上升，从而导致传统的孝文化难以维系。有的家庭甚至把老人是否有用、是否有钱作为对待老人的尺码，而不是把赡养老人看成是自己应尽的义务。

"中华孝道调查"初期，田景军们认为不孝与四要素互为因果——教育、经济、精力、时间。而受调查的300多个子女中，56%的人也认为是否孝与经济有关，"等经济条件好了再尽孝不迟"。但出身寒门、只有小学文化的翟玉和却不认同此说而认为"孝与不孝，全凭一颗心。"这"一颗心"和教育程度无关，而与受怎样的教育有关。安云凤也有同感，他认为"只要有心，即使没钱没文化没时间，嘘寒问暖，送碗开水也算尽孝。"[1]

安云凤分析说我们缺乏对传统优秀孝文化的教育、宣传、传承和提升，加上缺乏对社会生产方式和家庭生活发生根本性变革所带来挑战的正确认识和"自我调适"，老年人的养老得不到"保障"甚至是得不到"帮助"，从而导致传统的孝文化难以维系。安云凤受翟玉和认识的影响，将尽孝维系于人们是否具备孝心的基础上。其实所谓"孝与不孝，全凭一颗心"是靠不住的，无论什么样培养来的"孝心"要化作实际的孝行还有复杂的过程，也是靠不住的，容易形成"孝心"与"孝行"两张皮、相割裂的现象，甚至走向虚伪。再说，没有物质性的保障，孝心往往是难以实现的。我们主张"生活教育人"，思想理论教育只是一种催化和引导，生活事实本身才是促使或迫使人们切实处理人际关系，形成并遵守一定规则的根本依据。

---

[1] 转引自吴晓东：《难念的孝经——大陆家庭的养老难题》。

3. 葛剑雄"实施孝道要守住三道底线"。

复旦大学中国历史地理研究所所长葛剑雄教授著文《"孝道"的底线》认为：对如何实施孝道，公民和机构有选择的自由，但必须守住三道底线：

一是不能违法。任何举措都必须依法办事，不得与现行法律法令相抵触，不能制定违法的土政策或乡规民约。有些地方往往通过罚款等强制手段推行某些"孝道"，甚至容许体罚私刑，必须坚决制止。在专制时代，"不孝"可以是"大逆不道"的罪名，父母或宗族甚至可以合法地将"逆子"处死。这样的"孝道"难道也能延续吗？

二是要尊重人权和人性。孝要孝得合情合理，孝和被孝的双方都心情舒畅。孝的形式可以多样，旁人不应干涉。中国传统的孝道也提倡"父慈子孝"，是一种双方互动，相互尊重，是人性的融合。相反，"二十四孝"中一些极端做法完全灭绝人性，即使在当时也是统治者编造出来的故事，而不是行之有效的社会风尚。如果杀了儿子孝敬父母值得倡导，那还有什么人性可言？又譬如拜年的礼节，如果晚辈要跪拜叩头，长辈也愿意接受，这是他们的自由。如果采用鞠躬，或者亲吻，也没有什么不妥。实在无法见面，通过信件、电子邮件、电话、视频或其他途径，也不会影响孝心爱意。

三是不要虚伪做作。必要的礼仪是需要的，但过度讲究繁文缛节，甚至弄虚作假，既劳民伤财，又助长不良风气，却要不得。传统孝道在专制社会的发展必然越来越虚伪，越来越脱离人性。

葛剑雄教授的孝道观及其"三道底线"的界定很有见地，特别是"务实行孝"之论是最符合客观实际的，也是真实可预期的。但是怎样"务实"这一重要内容如何展开、如何建构、如何保障，作者并没有论述，这也是我们在下篇中所充分展开讨论研究并力图有所建树的。

4. 陈志武的"儒家'孝道'文化的终结与中国金融业兴起"[①]。

陈志武认为：不管是今天的农村，还是城市，在社会结构和人口流动量发生根本性的转变之后，"家"的经济交易功能已越来越难以支撑，"孝道"文化所依赖的社会结构和经济基础已瓦解，原来由家庭、家族承担的经济互助互保功能必须由金融证券与保险市场来取代。儒家"孝道"文化当然不是今天就已终结了，而是正在发生的事情。但随着人们对自由的认同程度的上升，随着金融市场的进一步发展、人口流动的加快，传统家庭结构会加快转型。一种基于

① 陈志武：《金融的逻辑》，国际文化出版公司 2009 年 8 月版。

金融市场与法治的体系将取代传统家庭加儒家文化的社会体系。[①]

陈志武教授在多个演讲和多篇文章中，当然最为有代表性和影响的是其著名的《金融的逻辑》，用了相当大的篇幅谈到传统孝道的必然衰落和被金融保险取消的大趋势。诚然陈先生的分析和预测是深刻而专业的，也是值得重视的，只是唯金融一项的发展就会断送孝与孝道，未免太武断，孝与孝道制度还有情感的一面，至少在目前还能起到辅助养老、情感慰藉老年人的重要作用。

5.关于"重塑中国传统孝文化是农村养老的现实选择"的讨论。

安云凤的观点：重塑中国传统孝文化是农村养老的现实选择，"没有全社会孝文化意识的增强，老年人权益保障事业难以取得实质性成效"。继承传统孝道推行中的社会保障内容，建立农村社会养老保障体系，将家庭养老与社会养老结合起来，是当前解决农村养老问题的根本途径。首先，要大力发展农村集体经济，为农村社会养老提供财力支持；其次，还要建立和完善农村社会养老保险制度、合作医疗制度和社会救济制度。

中华炎黄文化研究会常务副会长兼秘书长屈忠的看法："重塑传统孝文化是一个复杂的社会系统工程，它要求综合运用各种手段，调动一切积极因素，逐渐培养、增强全体社会成员特别是年轻人的家庭责任感和义务感，中国传统孝文化才有可能得到复兴"。目前，新加坡法律已有孝的相关条款，韩国也于2008年7月通过并颁布了《孝道资助奖励法》。早在2004年，南京市老龄委主任就建议在刑法中增设"不孝罪"条款，不久后成都市李宗发律师向四川省人大提交了一份《四川省父母子女家庭关系规定》即"孝法"的立法草案建议稿，希望能为"孝"立法。这些事例说明，在中国，孝道立法工作已经开始进入人们的视野。"在现代多元化社会，用法律的力量调解民事行为、推动善行，尽管要比单纯的道德教育具有更直接的效果，但在实际操作层面上还有一定的难度。"安云凤教授表示，像韩国那样通过奖励法来为孝道做出示范、引导、鼓励、褒奖，用制度的力量保证一种善行的全面实施，目前来看，在我国倒不失为一个切实可行的方法。[②]

[①] 参见：《儒家"孝道"文化的终结与中国金融业的兴起》【转帖】_立邦：网络。
[②] 这里选取的安云凤和曲忠的观点转引自吴晓东：《难念的孝经——大陆家庭的养老难题》。

洪巧俊认为：农村养老之重不能只靠孝道支撑。①孝道远离农村的现状确需引起社会的关注，但如果仅仅用孝道来支撑农村养老这把大伞，就显得很天真。孝道式微的原因，应该说是受到现代社会多元文化及价值观的冲击，传统的"孝"所赖以存在的家庭体系已经裂变。研究表明，超过50%的子女对老人的态度是麻木的。这个研究我认为是偏颇的，如果有条件、家庭经济宽裕，哪个不会孝敬父母？在乡村社会，不赡养父母是要被人戳脊梁骨的，在村里做人也很难。要说农村的子女对老人的态度麻木，那在相当程度上也是生活的困苦让他们变得麻木了。导致农村老人自杀率高，重要的还是将惠及农民的社会保障建立健全起来，制度性养老才是根本问题，才能让农村老人幸福地安度晚年。②

这些论述和认识及其构想，为我们弘扬孝文化、构建新孝道以促进解决当代中国的养老敬老问题，特别是重点促进解决农村的养老敬老问题，主要运用经济保障和法律促进的思路等，有很好的启发作用。但是这些论述和认识仍然还是停留在开阔思路、阐述原则的阶段。

6. 刘洪波对李宝库"孝道要成为中国福利制度的道德保障论"的批评③。

据《中国青年报》2009年8月30日报道：中国老龄事业发展基金会会长、民政部原副部长李宝库28日在中国社会福利论坛上表示，建设中国特色的社会福利制度，弘扬中华民族的孝道应该成为重要的道德保障。李宝库解释说，孝道是中国的国粹，对于福利社会建设来说，成本低而效益高，应当大力培养。④说法一出，一时引起争议。

刘洪波认为，福利制度是一种政治设计、政策设计，是社会分配上关于个人幸福的制度保证，如果说有道德保障，无非是人道和平等，而主要的作为者在于政府和企业，着力点分别在于增进国民福利和员工福利。更重要的是，即使我们只考虑老人福利，社会福利制度的道德基础是在于子女的孝道，还是在于国民幸福乃是国家存在的理由？孝道不彰，既有历次反封建运动和政治运动的打击，也有日益盛行的重利轻义的社会风气影响。然而，福利制度要达到的目的是什么呢，不正是即使子女不尽孝道，老人仍然能够得以获得有保障的

---

① 《羊城晚报》2009年8月31日。
② 《农村养老之重不能只靠孝道支撑》，《冰星寒月》。
③ 2009年8月30日《华商报》。
④ 李宝库：《孝道应成中国福利制度道德保障》。

生活吗？如果老人是否获得保障，仍然取决于子女是否尽孝，那么要社会福利制度做什么呢？！如果是这样，老年福利问题就变成了一个纯粹的个人道德问题，社会和国家的责任就此消失，或者说其全部责任就在于敦进子女的孝道，而不需要直接对老人做什么事情。这样的社会福利制度，很省钱，很国粹，很传统，但很不省心、很不明白有没有效，最根本地说，很不确定能不能称社会福利制度？

　　福利制度的设计，出发点不应该是成本效益。民政部公开数据显示，目前只有大约1%的老人选择在社会养老机构养老，其他99%的人选择在家庭养老。刘洪波据此指出，国家、社会和家庭，都应当尊重老人对养老处所的选择，但并不能因为老人对处所的选择而规避应尽的养老责任。那么，子女要讲孝道，政府要为养老的家庭提供福利补助，也就是说，应当把投向养老机构的资金，直接投向承担了养老责任的家庭。实行计划生育之初宣传中号召"破除养儿防老"观念，说的正是养老有国家，现在要变回"养儿防老"了吗？刘洪波说自己并不反对孝道，而且希望孝道彰明，但老人福利问题到底是社会问题还是孝道问题，把老人福利寄托于子女尽孝，如果认为老人选择在家庭养老，政府和社会就可以不投入，从而把养老这样一个社会问题变成一个孝道问题，这就是逃避责任。[①]

　　我们解读刘洪波的意思是，个人要尽养老敬老孝道，国家社会也要尽养老责任，即使个人不尽孝道，国家社会也不能逃避责任，国家社会要从支持家庭成员尽孝和支持社会养老两个方面同时着手。也就是说，国家社会一定要尽到养老责任，并不能以个人是否尽孝为前提。诚哉斯言，我们认为，李宝库的以孝道为道德基础的言论，其意义重在号召兴孝，并不是要以家庭养老甚至子女养老来置换社会养老，更不是转嫁责任，为政府不承担社会养老责任而找理由。据李宝库介绍，有研究表明，超过50%的子女对老人的态度是麻木的，"中国农村老人的自杀率是世界平均水平的四倍到五倍"。导致这一现象的原因，既有自20世纪初开始到20世纪70年代历次反封建运动和政治运动的打击，也有改革开放和经济发展带来的日益盛行的重利轻义的社会风气，特别是近些年盲目学习西方，而西方是没有孝的文化和传统的。[②]为此，国家和社会在建设福利制度的同时，要弘扬孝文化、夯实孝道作为这一制度的基础。此应为正解！

---

① 刘洪波：《不能以孝道回避福利责任》。
② 李宝库：《孝道应成中国福利制度道德保障》。

这里，我们对传统孝文化在现代社会的命运作一小结。

在现代社会，家庭结构趋向于小型化、松散化，家庭关系以夫妻为中心而不是以父子为中心，代际关系更多的是靠亲情的力量来维系。家庭意识及其功能作用大大弱化，人们更加注重工作认同、以事业为重，同时社会生产生活节奏加快，社会流动性增强，现代人已不再主要靠老年人的言传身教来获取知识和经验，家庭教育功能中的很大一部分转到了社会专业机构，学校和大众传播媒介在人们的生活中发挥了重大影响，年龄也已不是权威的象征和最可宝贵的财富。现代社会提倡尊重个人独立人格，以个人成就为取向，家庭本位逐渐让位于个人本位。老年人在整个社会和家庭中的地位下降，在现代社会，宗法封建家长制家庭、家族和国家的社会经济基础已经不复存在，平等观念深入人心，多元价值观念、不同生活方式等造成了父母子女两代人之间沟通的障碍，家长的权威大大下降了，家产的父传子继不再保持，如此等等，都使得孝文化及其孝道生存发展的基础日趋脆弱，孝意识日益蜕变、淡化，致使传统孝文化受到严重冲击，削弱了孝文化、孝道德的力量。

尽管在当代社会变迁中，孝文化显得如何的不景气，但是，只要家庭生活依然存在，只要亲情关系依然是一种重要关系，只要晚辈和长辈之间的关系依然需要调节，那么，孝文化就依然有其存在的现实意义和天然基础。因此，现在的问题并不在于要不要讲"孝"，提不提"孝道"，关键在于要化解传统社会的孝文化与现代社会要求之间的对立和冲突，通过努力挖掘传统孝文化的现代意义，使之与变迁中的社会相适应。归根到底，要实现传统孝文化的创造性转化，以此来寻找传统文化与现代社会的契合点，产生出合乎时代要求的新的孝文化。

一些学者认为，这种创造性转化工作，应包括以下几个方面：

一是以"孝"的单行道转为双行道。不但强调子女对父母的"孝"，而且强调父母对子女的"慈"，"孝"与"慈"，相辅相成。按照台湾学者杨国枢的意见就是提倡"新慈道"与"新孝道"。其"基本精神在于历代之间的平等对待，与没有阻碍的沟通"，"不强调权威与顺服，而是亲情的流露所造成的和谐，让彼此之间的互赖感情成为新孝道的基础。"

二是从一家一户的"孝敬"自己的父母、长辈，转化为社会性的尊老敬老，一种向全社会老年人开放的"爱心"、"孝心"，提倡为老年人提供志愿服务，为以家庭养老为主过渡到以社会养老为主，迎接即将到来的老龄化社会做好充分准备。

三是从对父母、长辈的消极服从转化为理解他们的心理、情感和需求，"老吾老以及人之老"，尊重他们的经验和意见，在注重对父母的物质赡养的同时，特别注重对父母的"精神赡养"。

四是从"光宗耀祖"以示子女对父母、长辈的"尽孝"，转化促进子女学业、事业上有所成就，有所发展，来报答父母、长辈的殷切期待，这种企盼"报答的期待"，既会成为父母、长辈精神上最大的慰藉，也会成为鞭策子女奋发向上的内在动力。

不过，实现传统"孝文化"的创造性转化，并非是一件轻而易举之事，它势必会面临着许多障碍，比如，当代中国一些青年人，一方面，十分推崇西方青年的那种独立性，个人的自我实现，而另一方面，在经济和家庭生活上又对父母、长辈有很大的依赖性。倡导和建立新型的"孝文化"，对广大青少年灌输新的"孝"意识，已是刻不容缓了，同时，也必须大力提倡和加强"亲职教育"（The education for the roles parents），即父母自身的教育。古人云："子不孝，父之过"。从某种意义上，这句话仍然没有过时，它告诉了我们：父母对子女的成长，包括其孝与不孝，都承担着不可推卸的责任。

目前，我们正处在社会转型期，传统的孝文化正在崩溃，而新的孝文化一时尚未建立。我们必须尽可能消除这种过渡时期所带来的种种消极影响，大力提倡建立在两代相互尊重、充满爱心、民主平等的社会主义家庭伦理道德基础之上的新的孝文化，以期推动解决两代人关系上所面临的各种问题，推动解决老龄化社会所面临的各种问题。[①]

四、2008：鄂州烟草专卖局（公司）的"家文化"调查

2008 年下半年，我们课题组接受湖北省烟草公司的推荐，专程来到以建设家文化而闻名于湖北省乃至全国烟草专卖系统的鄂州市烟草专卖局（公司），就该单位及其系统如何进行家文化建设进行调研，深入思考孝文化对当代企业文化建设和经营发展的正面影响。

（一）鄂州烟草"家文化"建设情况

据了解，2003 年元月，鄂州市烟草专卖局（公司）新一届班子立足企业实际，决定大力开展独具特色的"家"文化建设，经过多年的培育和建设，公司

---

① 郑晨：《传统"孝文化"的创造性转化》，《社会》1994 年 6 月 15 日。

的"家文化"激发了广大职工爱岗敬业的热情，公司的经营发展取得了良好的业绩，也涌现出大批模范干部、岗位标兵。2006 年，在企业的家文化建设取得初步成效时，局长夏汉林被评为湖北省劳动模范，副局长陈劲当选鄂州市"十大杰出青年"。

1. 鄂州烟草旗帜鲜明的企业文化宣言。

鄂州烟草的《企业文化宣言》明确宣示：要搞好一个烟草商业企业，不仅要强有力的指令权威，需要现代管理的科学机制，更需要有"周公吐哺，天下归心"的人文精神，重视人性思想，体现人文关怀，为员工营造"温馨、真情、至爱"的家园氛围，让员工像爱家一样关心、爱护企业，这就是鄂州烟草着力建设的"家"文化。

鄂州烟草建设家文化的主旨是：站在"国家利益至上、消费者利益至上"行业共同价值观的制高点上，以人事家，以家事国，为国家创收，为社会谋利，为客户提供诚信周到的服务，为员工打造"各得其所、其乐陶陶、公平正义、互相关心、互相尊重、思想解放、心情舒畅、灵魂自由"的精神家园。建设家文化的目的就是要使企业的发展与员工自身的发展结合起来，实现员工个人价值的不断提升，创造一个人人有权参与、发挥团队精神、坦诚相待的环境，实现企业与员工的共同发展；关心员工的物质与精神需求，营造和谐温暖的集体氛围，最终达到"做好每件事、成就每个人"的目的。

通过建设家文化，人与人之间，提倡尊重人、关心人、理解人、体贴人，相互信任、相互关心、人人有平常心、做平常人，视下级为同级、视同级为上级、视退休同志为父母，不敬老不配为官等；人与事之间，提倡员工必须从点滴做起、从身边最不起眼的小事做起，从对岗位的尽职尽责、精益求精、勇于创新做起，从与同事的默契配合、互相帮助、宽以待人做起，从对违法分子依法查处、毫不留情、严厉打击做起，如提倡的低调做人、高调做事、谦虚谨慎、不事张扬，先做人、后做事、做好人、再做事，态度决定高度，以做人的标准去做事、以做事的结果去看人，用我们的智慧去播种希望、用我们的汗水去铸就辉煌等；人与团队之间，提倡追求员工与企业共同成长的目标，尊重员工的创新精神，鼓励员工努力工作和不断提升自我，向员工提供一个愉快、受尊重、自豪、温暖的工作环境，从而形成强烈的团队精神和归属意识，使企业保持富有活力的持久源泉，如建立家庭式互不设防的工作环境，人不分部门、事不分你我、同心画圆、合力向前；珍惜共事的缘分，对组织忠诚、对领导坦诚、对同志热诚，做人要有宽容心等；人与学习之间，提倡企业发展了是政绩、培养了人才更是政绩；创建学习企业、培养素质型员工；学习意识普遍化、学习行为终身化、学习体系合理化、学习方法科学化；培训是员工最大的福利；终身学习、全员学习、全程学习、团体学习等理念。

通过建设家文化，要在企业内实现"八大目标"：一是以强化核心文化为目标，塑造示范型家文化；二是以强化制度为目标，塑造执行型家文化；三是以提高员工素质为目标，塑造学习型家文化；四是以民主兴企为目标，塑造公开型家文化；五是以争先创一流为目标，塑造争先型家文化；六是以增强企业凝聚力为目标，塑造团队型家文化；七是以老有所为所乐为目标，塑造敬老型家文化；八是以回报社会为目标，塑造爱心型家文化。

通过建设家文化，以家文化为丰厚的土壤，精心打造以"奉献自己、快乐万家"为核心思想的"乐万家"服务品牌，以为零售户提供差异化、个性化、亲情化的服务，来诠释"服务他人，快乐自己"、"至诚至信，快乐万家"、"小家兴旺，大家和谐"的品牌内涵，以建立"供货倾斜、亲情联络、信息互通、荣誉激励、客户满意度衡量"五大机制来支撑"乐万家"服务体系；抓好"乐万家"服务品牌的基础构建、体系设计、战略规划、品牌培育和跟踪管理等工作，规范服务流程，制订服务标准，落实服务行动，使"乐万家"服务品牌成为社会的"名牌"，成为卷烟零售户和消费者的"民牌"，使"乐万家"服务成为全体员工行为的指南，市场竞争的品牌，效益增长的源泉，家文化的亮点。

鄂州烟草在企业文化建设中，提出建立"家庭式互不设防的干事环境"，在企业内部形成尊重人、理解人、关心人的氛围，旨在让员工把企业看作事业的摇篮、生活的爱巢、避水御浪的港湾。同时，也让员工像爱家一样关心企业、爱护企业，不断提升企业可持续发展能力。在我们看来，这种家文化建设，其实就是力图理顺和完善建构三个方面的关系：

一是人与人之间的关系。以亲情化管理对待员工，就是要尊重员工的意见建议，维护员工的利益，解决员工关心的问题，创造员工的发展空间，并在工作中提供、创造培训机会，让员工获得持续成长的机会，充分发挥员工的积极性、创造性和潜能。要做到这一点，就要贯彻好"尊重人、关心人、理解人、体贴人"，"相互信任、相互关心，人人有平常心，做平常人"，"视同级为上级，视下级为同级，视退休同志为父母"，"不敬老不配为官"等人本行为理念。

二是人与事之间的关系。提倡"低调做人、高调做事"，"先做人、后做事，做好人、再做事"、"态度决定高度"等工作态度，就要求员工必须从工作中的点滴做起，从身边最不起眼的小事做起，对岗位工作尽职尽责、精益求精、勇于创新；从与同事的默契配合、互帮互助、宽以待人做起，对客户热情服务、耐心倾听、帮助成长，对违法的人和事依法查处。

三是人与团队之间的关系。追求员工与企业共同成长的目标，尊重员工的创新精神，鼓励员工努力工作和不断提升自我，向员工提供一个愉快、受尊重、自豪、温暖的工作环境，从而形成强烈的团队精神和归属意识，使企业保持富有活力的持久源泉，如建立的"家庭式互不设防工作环境"，"人不分部门，事不分你我，同心画圆，合力向前"，"对组织忠诚，对领导坦诚、对同志热诚"等团队氛围。

这三个层次的关系相互作用、相互促进，使员工的思想在精神层面得到充分交流，把内心情感尽可能多而真实地表现出来，在工作中更好地调整好自己的位置、行为和心态，在员工与员工之间、员工与领导之间、员工与企业之间建立真感情。

（二）鄂州烟草家文化建设的具体内容与特色

在鄂州烟草的《企业文化手册》的"文化纲领篇"和"行为规范篇"中明确提出建设"家庭式互不设防"的家园文化和树立"尊老敬老、弘扬美德"的敬老风尚。在这方面，鄂州烟草遵循认知规律，首先讲好美国惠普公司创造的《周游式管理办法》、圣经中"以利刻木碗"和"一朵玫瑰花"三个故事，用以强化营造家庭式互不设防的干事环境，建设温馨、真情、至爱，像爱家一样关心企业的理念，突出强调"视退休同志为父母，不敬老不配为官"的理念。接着，鄂州烟草围绕"两个至上"（国家利益至上、消费者利益至上）的职能定位规划企业的家文化建设，从创造优美的家园环境、和谐的人文环境、良好的学习环境、用人环境和求真务实的干事环境等方面培植企业的家文化建设土壤。在家文化的内部建设上，强调增进社会认同、全员参与管理、提高福利待遇、明确权利义务、丰富精神文化和严格行为规范。在行为规范的建设中，鄂州烟草详细规定了员工共同行为准则和党员领导干部行为准则以及各职能部门的行为准则，规范制定了包括形象礼仪、语言礼仪、工作礼仪、社交礼仪、公共礼仪和企业风俗礼仪，还专门制定了企业的视觉识别系统，从而构建了一个完整的家文化建设体系。综观其精神要领，主要体现在以下三个方面：

1.体现"以人为本"的人文关怀。

一是实施无微不至的亲情化管理。感情因素往往影响到员工对企业的印象，影响到员工的忠诚度。因此，企业应对员工实施无微不至的亲情化管理，就像对待自己的亲人一样，悉心照料、精心培育，而受优待的员工也应学会知恩图报。一方面，企业要关心员工的健康状况，另一个方面，企业要关心员工的家庭生活状况，要尽力帮助员工达到工作和家庭的平衡，如通过安排员工体检、组织旅游度假、提供理发和快餐服务，从而使公司员工有更多的时间、更集中的精力从事工作。此外，还邀请员工的家庭成员参加员工的培训，与员工一起访销、送货，向他们解释员工工作的艰辛，并取得他们的理解和支持。二是实现亲密无间的交流与沟通。提倡上下级之间全方位、多层次的沟通，使员工畅所欲言，提出意见和建议，解除心理烦恼，轻装上阵；提倡员工之间进行沟通，增进同事间的感情，鼓励员工团结协作，互相学习，共同提高；我们提倡企业与员工之间的沟通，就可以增强员工的主人翁观念，最终为所有员工创造一个舒心、舒适的工作环境。

2. 提倡"快乐工作"的服务理念。

多年来鄂州烟草提倡的"服务他人、快乐自己"的快乐服务理念，已经成为他们打造特色服务品牌的成功典范。所谓"服务他人，快乐自己"，就是要以一种快乐的心态，让自己快乐起来，把为他人服务视为美好人生的一个重要部分，是实现自身价值的体现，从而实现自我超越，领悟快乐工作的内涵。

3. 坚持"严格自律"的管理文化。

一方面是"严格管理"，从完善制度入手，把规范经营作为考核的关键，突出制度管理的科学性、严密性和有效性，做到用制度管权、用制度管事、用制度管人，对于违犯企业纪律的员工，严格按规定进行严肃处理，绝不包庇纵容、大事化小、小事化了，使广大职工真正感受到管理的严肃性和权威性，保证政令畅通。另一方面是"效率至上"，本着"精简、效能、科学、规范"的原则，勇于创新经营管理机制，通过体制改革、机制转换和管理创新，进一步整合品牌、整合资源，优化流程，提高效率，提高企业核心竞争力。

鄂州烟草在"家园"文化的指引下，对内创造团结互助、奋发向上、积极进取、斗志昂扬、忠诚服务、敬业服从的氛围，打造高素质、高水平并能与企业荣辱与共、同舟共济的员工队伍；对外营造客户广泛参与、积极配合、遵纪守法、诚实可信、规范有序、充满活力、和谐健康的氛围，使之融入企业发展战略中，渗透于企业所有的经营管理活动之中，植根于每一个鄂州烟草人的思想中。以企业文化建设为突破口，鄂州烟草把"家"文化与"国家利益至上、消费者利益至上"的行业价值观和构建和谐社会结合起来，与"以人为本"的管理理念契合起来，经过坚持不懈的探索和实践，日益丰富了"家"文化的社会认同、民主管理、权利义务、福利待遇、精神文化、行为规范等精神内涵；逐步完善了"示范、执行、争先、团队、学习、公开、服务、爱心、敬老"九个方面的新型"家"文化行为准则，提炼和概括出具有时代精神和行业特点的企业使命、企业精神等五大"家"文化核心理念，并把"家"文化融入社会文化之中，在行业内外唱响了"家"文化品牌，成了鄂州市的文化名片和湖北省"十大企业文化建设基地"之一。同时，鄂州烟草依托"家"文化，将服务文化建设作为"家"文化建设的重要内容，精心打造了以"奉献自己、快乐万家"为核心的"乐万家"服务品牌，在企业、卷烟零售户、消费者和卷烟工业企业之间架起了"连心桥"，实现了企业内外的和谐发展。

（三）共创"温馨、真情、至爱"的"家"文化

1. 培育和睦相处、互敬互爱的"家人"。

局长夏汉林倡导，在鄂州烟草这个"家"里的每一个成员身上，都应感觉到一种人格的平等和做人的尊严，有一种家的亲切和温暖。管理也应该是亲情化的，而且这种亲情应该内化成一股力量。在这个家里，每一个人的意见和建议都应受到重视，利益应得到维护，关心的问题会得到妥善解决。一直以来，他们坚持奉行"尊重人、关心人、理解人、体贴人"，"相互信任、相互关心"，"视同级为上级，视下级为同级，视退休同志为父母"，"不敬老不配为官"等行为的人本理念。这种"家"文化源自内心、发于真情的最朴实、最简单的"家"的亲情。在这个大家庭中充满着关心和爱护，有年长者对青年的关爱、青年对长者的尊敬，有家长的权威，也有相互的宽容。一个家庭的兴旺需要和睦的氛围，鄂州烟草员工之间彼此信任、互敬互爱，领导体贴下属，下属理解领导，他们把这种爱融入工作，体现于服务，让人们感受到企业特有的诚挚与温暖。

2. 确立严格规范、井然有序的"家规"。

国有国法，家有家规。鄂州烟草的"家"坚持"严格管理，效率至上"的管理理念，将企业文化寓于严格管理之中，把优秀文化理念转换成企业的制度、职工的日常行为准则、业务的各项流程规范，追求和谐的氛围和人与人之间的心灵契约，使规章制度深入到每个职工心中，落实到每一步的行动中，变为职工的自觉行为。

他们从完善制度入手，力求科学、有效的制度管理。他们推行企务公开，将在人们看来一些不可公开的企业秘密公布于众，处于员工的监督之下。他们广纳箴言，民主管理，维护员工参与管理和决策的权利，让普通员工切身体会到自己是家庭的一员，是这个家庭的主人。科学的管理制度，强大的执行力，是实现企业战略目标的根本。鄂州烟草着力打造具有执行力的"家"文化，奉行"说到就要做到"的工作理念，这种理念受到员工的高度重视，并深入人心。言行一致，诚信为本，使广大职工真正感受到管理的严肃性和权威性，有效保证了政令畅通。制度的严谨科学和严格执行为企业健康运行提供了坚强保障。

3. 倡导严谨细致、力求完美的"家风"。

良好的家风源自好的家教。鄂州烟草非常注重对员工的教育，培养员工严谨细致、力求完美的良好"家风"，让优秀成为员工的一种习惯。为此，他们不急功近利，也不仅仅停留在一般的开会、讲课上，而是更多地体现在对员工日常工作的教育中，体现在领导手把手对下属的指导、帮助中。他们教育员工必须从工作中的点滴做起，从身边最不起眼的小事做起；从对岗位的尽职尽责、精益求精、勇于创新做起；从与同事的默契配合、互帮互助做起；从对零售户的热情服务、耐心倾听、帮助其成长做起；从配合公安部门对涉烟违法分子依法查处、毫不留情、严厉打击做起，他们提倡"低调做人、潜心做事"、"先做人、后做事，做好人、再做事"、"态度决定高度"等工作态度。追求员工与企业共同成长的目标，尊重员工的创新精神，鼓励员工努力工作和不断提升自我，为员工提供一个愉快、受尊重、自豪、温暖的工作环境，从而形成优秀的团队精神和归属意识，使企业保持富有活力的持久源泉。如建立"家庭式互不设防工作环境"，营造"人不分部门，事不分你我，同心画圆，合力向前"、"对组织忠诚，对领导坦诚、对同志热诚"等团队氛围，使员工的思想在精神层面得到充分交流，把内心情感真实地表现出来，在工作中更好地调整好自己的位置、行为和心态，在员工与员工之间、员工与领导之间、员工与企业之间建立起一种相互信赖的真情。

4. 建设和谐向上、快乐工作的"家园"。

在鄂州烟草这个大家庭里，处处体现"以人为本"的人文关怀。他们对员工实施无微不至的亲情化管理，就像对待自己的亲人一样，悉心照料、精心培育。他们关心员工的生活，呵护员工的身体健康，尽力帮助员工解决生活中的实际问题。如通过安排员工体检、提供理发、快餐服务等一系列减轻员工生活负担的方法，使员工有更多的时间、更充沛的精力投入工作。为了取得员工家人的理解和支持，他们还邀请员工的家庭成员参与访销、送货等工作，让家人了解员工工作的艰辛。他们开展常性的思想政治工作，领导和员工进行亲密无间的交流与沟通，使员工在领导面前畅所欲言，倾诉心声，并敢于提出自己的意见和建议。他们提倡员工之间相互沟通、和谐相处、融洽感情，鼓励员工团结一致、互相帮助、共同提高，使所有员工在一个美好和谐的环境中愉快地工作。他们所提倡的"快乐工作"服务理念，已深入鄂州烟草员工的心中，"服务他人，快乐自己"已经成为鄂州烟草人的一种快乐的心态，把为他人服务看作人生的一部分，当作实现自身价值的途径，从而充分领悟快乐工作的内涵，让员工从中得到无穷的快乐。

结合初步调研与思考，我们认为，鄂州烟草作为特殊管理机关和专卖企业，能够引进亲情管理理念，在高度组织化、面临激烈市场竞争的情形下创造性地探索富有特色的家文化建设，殊为不易。特别是在行业竞争和个人业绩竞争激烈的情况下，在职工退休后基本回归社会、退回家庭，而单位不再更多提出要求和观照的实际情况下，鄂州烟草能将家庭式温情引入企业，营造家庭般和谐共处的干事环境，拿出更多的资金和精力，将组织关怀延伸落实到退休人员，这种探索，这种追求和气度，以及如此系统的考虑和坚持，值得深入研究、推广或借鉴。

这些年来，我们既关注学者的兴孝主张和贤达呼吁，也关注到一些对传统家庭制度甚至孝道的批判言论，更关注关于养老敬老的社会呼唤以及种种关于兴孝的理论建言和有效做法，走访、了解、倾听一些孝子贤媳的感人事迹及其几近淳朴的理由，也思考一些单位甚至一定组织敬老兴孝的种种做法，更能体会历来特别是当代不同家庭甚至社会上一些人或无孝心，或无孝能的无奈或无耐。我们认为，兴孝既需唤起人们的良知、躬行，更要社会各方面协同共治。

下篇

五维支撑，综合施策落实新孝道

第八章　道德伦理维度

——从引导和规范道德建设的伦理学维度，创新和弘扬孝文化，突出"孝"在个人品德、家庭美德、职业道德和社会公德建设中的基础地位。

改革开放以来，随着我国社会主义市场经济体制的逐步建立，公民的自由发展空间不断扩大，人的主体地位得到了确立，个性获得了充分解放，原有的封闭观念被打破，自由、平等、民主等观念进入家庭，带动了家庭伦理道德文化向文明的方向发展。表现为：自我意识增强，自由恋爱，自主婚嫁，家庭成员一律平等的观念深入人心，同时，在文明的家庭主流中也掺杂着大量的腐朽的家庭伦理生活的暗流，造成家庭伦理道德的模糊性和伦理行为的矛盾性。从总的状况看，我国目前家庭伦理道德建设出现了三大变化。第一，由传统向现代转变。夫妻关系的平等已成为家庭生活的现实和社会发展的趋势；家庭民主逐步取代家长制，家庭成员之间协商增多；生育观发生了根本变化等。第二，由依靠向独立转变。家庭生活靠自己安排，家庭对国家和单位的依靠关系减弱；婚姻自主成为主流，家庭成员之间的依赖关系减弱，由女方提出离婚的比例增高，老年再婚也被社会广泛接受。第三，由封闭向开放转变。家庭生活方式向社会开放，追求生活的高质量；家庭结构小型化，单一的家庭承担赡养逐渐向家庭与社会共同承担赡养转变。①同时，家庭领域也出现了一些社会普遍关注的热点和难点问题，主要表现在以下几个方面：第一，婚姻关系稳定性下降，夫妻情感轴心偏移。这一情况在全国具有普遍性，沿海及发达地区更为突出，近年来离婚率一直呈上升趋势，试婚、傍大款、未婚同居、未婚先孕、婚外恋、情人潮、家庭暴力等现象增多，单亲子女增多。第二，教育子女重智轻德。对独生子女教育普遍存在溺爱现象，致使许多孩子好逸恶劳、自私自利、心理承受能力和生活自理能力很差。第三，"啃老"、弃老现象突出，亲情纽带

---

① 《2005-2006全国公民道德状况调查》，《北京日报·理论周刊》2008年8月4日。

松弛，家庭关系中普遍以儿孙为轴心。[①]

家庭是社会的细胞，加强道德建设，家庭是基础。如果每个家庭都能遵守家庭道德的规范，做到夫妻相爱互敬、抚养和教育子女、尊敬和赡养老人、亲善和睦，那么，建设和谐文明社会就有了坚实的基础。

第一节　让孝回归家庭伦理，新孝道在知情意行四个层次展开

一、夯实家庭美德建设基础，使"孝"成为维护家庭生活第一伦理

尽管历史上"孝"被泛化，现实中我们也希望"孝"能起到更广、更大的作用，但是我们更强调"孝"作为家庭伦理的首要地位和基础作用。

1. 孝德是家庭美德的基础，也是人们从家庭生活中逐渐习得的第一项社会性义务。

当前我国定义的"家庭美德"包括"尊老爱幼、男女平等、夫妻和睦、勤俭持家、邻里团结"等伦理规范。应该说"爱亲孝老"是"家庭美德"的基石。如果说基于血缘亲情的人类之爱具有自然属性，是人类道德的逻辑起点的话，那么协调家庭生活规范的"孝"就是体现人的社会属性的"元"德——家庭第一道德。家庭的兴旺发达、和谐稳定、健康发展，家庭成员的和谐共生、和睦相处、有序承继，"爱"是基础，"孝"是关键。由此，我们可以清晰地看到，在家庭伦理中，"孝"是良好个人品德的起点，是家庭美德的突出点，是社会公德的基本点。"爱亲孝老"无疑要在家庭生活中，特别是在处理好家庭代际关系和谐中得到切实的体现。

2. "孝"作为伦理要求，源出于"家"，其"孝养"的权利与义务交换，也只有在"家庭"范围内才能真正得到落实。

"孝"的核心意义是规范亲子关系中子女辈对父母辈的"敬养"，因此，

---

① 完颜华：《中国家庭道德状况调查：追求高质量的生活已成为趋势》，中国人口网，2007年6月11日。

"孝敬"作为美德可以外溢于家庭，而"孝养"则只能是对父母养育之恩的回报，不可能也没有义务超出家庭。"孝"源于血缘家庭兴起后内部代际关系和谐的需要，只要家庭未灭、代际犹在，代际互动就应当尊重和遵循孝的伦理作用。"孝"源出于家庭，父子代际互养是"孝"的一项重要内容。因父代在早年承担养育子代的义务从而在晚年获得子代赡养的权利，或者说，因子代早年在家庭获得了父代而不是家庭外长辈的养育而在成年后应反馈赡养自家父代而不是别的老人，因此，"孝"只能限于各自家庭，"孝"的权利、义务关系不必也不应超出家庭。一般说来，"孝"是揭示和维护家庭代际和谐的道德观念，是协调家庭代际良性更替的伦理规范。子女对父母等长辈尽孝最终要落实到"经济支持、生活照顾、精神慰藉"，这些只能在家庭生活中才能实现，事实上，要全面而高质量地落实到父母身上，对于现代社会中的子女来说，压力还真不小，所以，泛孝是很不现实的，容易流于形式，得不到落实的道德高调最终只能走向虚伪。而只有在家庭生活中真正尽可能地做到"孝"，才有可能将"孝亲"所体现的价值取向扩展成为"敬老"品德而推广至社会面，首先是推广到家族，而后兼顾邻里、工作单位，最后延伸到全部社会关系之中，力所能及地做到爱老、敬老、助老、乐老，发挥促进社会人际关系和谐的更大作用。

3.作为最基础的社会伦理——家伦理，我们应该肯定"孝"由"家"推及"社会"的人伦规范功能。

传统孝道强调"父母在不远游"、"事父母几谏，见志不从，又敬不违，劳而不怨"等等，对人设定了许多限制与管束，然而也正是这些限制与约束，以孝道的名义教会了每一代中国人什么是社会责任。以提倡社会责任感为核心的孝文化，在中国历史中曾起到了不可替代的最基础的社会控制作用。传统孝道奠定了社会和谐的制度基础。在关系明确的社会网中，通过多年对社会规范的学习，人们清晰地知道对长辈应该遵从孝顺，对晚辈应该关爱管教。一旦某一规则被集体达成共识后，此规则就将发挥它制约其制定者的社会功效。传统社会中的每一个中国人都以忠孝为行为准则，社会给予遵守者以精神或物质奖励，对于违反者则给予严厉的惩罚，所以中国传统社会中和谐的社会秩序就在孝文化和孝道教化制度的基础上实现了。

4.孝文化与孝道是以家庭为单位完成对个人的初级社会化教育的根本保证。

在近代文明社会中，对于人类初级社会化时间，即从出生到可以独立生活的时间，达成的基本共识为十八年。在这段时期内，社会个体从家庭、学校等不同群体中习得社会规范和生存技能，以确保当其开始独立生活时可以适应社会要求。中国传统文化中的孝文化具有极强的整合性，几代同堂的大家庭模式，使成年人对长辈的孝顺言行成为子女学习的标准。因此，无形的孝文化加上大家庭的现实载体共同完成了中国传统社会中对青少年的初级社会化过程。"孝文化"中对父母之爱给予回馈，是现代人类文明的普适价值之一。一个胚胎用 10 个月在母体中完成了人类几亿年的进化过程，并且在出生后还要接受父母和社会的不断教育才能掌握基本的生存技能。对于父母的付出给予回馈是每个文明都不能否定的，即便是强调平等自由的基督教文明中也充满了浓重的感恩情结，更不要说中国传统文化中的孝道。

二、构建新孝道应在知、情、意、行四大层面展开并达到有机融合

1. "知"，即强化行孝主体的孝感知和孝知识，进行感恩教育和孝知识普及。

感恩教育重点群体是青少年，尤其要落实到在校学生（包括大学生，特别是三本院校的大学生，他们虽然年满 18 周岁，但事实上仍然更多地依赖家庭和父母的经济资助）的道德教育上。要大张旗鼓地宣传父母养育子女的典型感人事例和无私奉献恩德，在社会认知上要使得作为子女的青少年首先感知父母的养育恩情和默默奉献精神。一项针对中美小学生的对比调查显示，美国小学生认为"伟人"首推自己的父母，而中国小学生则将父母排斥在"伟人"的前十名之外。社会上某些寄望于"拼爹"而失意的子女，特别是盲目攀比高消费而得不到来自家庭的充足经费支持的极少数青年学生，甚至指责自己的父母无能。这是认知的错位，也是教育的失误，必须纠正。同时，要理直气壮地宣传中华优秀孝文化，使人们切实了解中华孝文化的精华和自身实践孝行的基本要求。

2. "情"，要强化子女对父母慈爱和抚养子女的情感体验。

"孝"，发乎情，止乎礼。爱是孝的起点和动力。我们在对未成年人进行道德教育时，首先要求他们多与父母进行情感沟通，培养他们爱父母的情感。如果缺乏爱父母的感情，这种孝仅仅是一种道德意志和理性，这样的孝不具有更为纯洁和高尚的道德价值。亲子之间的这种爱的情感，是一种互动的过程，一方面要求父母首先要关心爱护自己的孩子，使自身变得更值得爱，另一方面，也要求子女要对父母的爱有体验和报恩的情感，体验父母平凡爱心的伟大。近些年关于大中学生应不应该为父母洗洗脚的争论，从一个侧面说明，至少一部分人缺乏对父母孝的情感体验，以至于他们认为"太做作了"，确实，因为平

时没有经常性的实践，所以做起来就不自然，问题还是出在亲子之间平时缺少互动性的情感体验。因此，要克服亲子之间情感体验时父母单向度付出的偏差，鼓励和要求子女经常做力所能及的家务和有助于增进亲情体认的事，以形成亲情良性互动、爱心日益增进的家庭温馨氛围。

3."意"，即将对孝的认知和体验上升到道德意志的高度，使之成为一种社会理性，进而成为一种民间信仰，使"孝"成为发自内心自律和社会舆论他律的"敬"。

"敬"是一种道德意志，敬畏自然、敬爱父母、尊敬他人、敬仰贤长，是人们道德信仰的重要表现。这种基于"孝""意义"的系统认识而上升为"意志"的深刻认知一旦形成，就可以成为一种社会信仰，并自觉贯彻于人们的一般社会行为之中。应该说，并不是只有宗教才能成为社会信仰的，在传统伦理政治型文明的中国社会，基于日常伦理规则而形成的道德信仰是中华民族的优良传统之一，尊老敬贤是一种社会风尚，也是一种良好的社会公德，这种社会共识理当成为全体社会成员的道德信仰。

4."行"，即将孝亲行为融入人们的日常生活实践之中，注重"孝"习性的养成教育和训练。

由于"孝"具有强烈的实践性和"孝"的效果必须在实践中才得以体现和检验，所以历来强调"尽孝"主要是看"孝行"和"行孝"在日常家庭生活中如何得以落实和落实的效果如何。社会观察一个人孝的品行当然要看他在关键时刻的感人表现，但主要是看他的一贯表现，特别是在家庭生活中的细节表现，看是否成为一种习惯。所以，在孝道教育和建设上，不仅要注意爱父母的情感和敬父母的意志教育，还要进行行德教育，要教育未成年人甚至所有年龄段的为人子女者主动承担对父母的赡养、关怀、奉献、尊敬等伦理责任。这种行德培养不仅要在伦理上教化、宣传、教育，而且最终要落实到日常家庭生活中一贯地、细致地关心、照料、供养，始终敬重父母长辈的具体行动之中去。这样基于亲情互动的爱的体验，孝的感知和孝知识认识，孝的情感体验和意志升华，特别是孝行为习惯的养成和坚持，认知和实践孝道达到心德和行德的统一，在知情意行四大层面达到内在协同、有机融合，"孝"的道德观念和伦理规范才能得以光大和落实。

第二节　理顺行孝与享孝的权利义务，融合教化伦理与生活伦理

一、创新孝的道德观念，规范"孝"的权利、义务和方式

1. 在当今时代创新、弘扬孝道需要写出"新礼记"作为调整家庭伦理关系和社会人际伦理关系的基础。

新时期，党和国家提出和实施"以德治国"与"依法治国"相结合的治国方略，在我国全面建设小康社会和加快推进社会主义现代化建设的今天，随着市场经济体制的巩固和完善、经济建设成就举世瞩目、社会财富迅猛增加，人们在物质生活获得显著改善的同时，一定程度上并行存在甚至有所加剧的社会道德滑坡、伦理失范等现象，就极其不相称、不协调了。当前的道德问题的形成有多方面原因，但一定意义上，来自家庭孝道德观念的方向迷失和孝伦理规范的长期缺失是一个重要的因素。近代以来，中国社会的家庭本位向个人本位让渡的社会责任主体的制度变迁，是使得"孝"被边缘化和贬义化的根本原因。如何在中国社会现代化转型的条件下，在人由封建时代的"臣民"转变为现代民族国家的"公民"的情况下，提出符合时代要求的"公民基本道德观念与生活伦理基本规范通则"是一项艰巨的历史任务和繁复的浩大工程。也就是说，在当今时代创新、弘扬孝道需要写出"新礼记"（《公民基本道德观念与生活伦理基本规范通则》）作为调整家庭伦理关系和社会人际伦理关系的基础。

2. 将我国"家庭美德基本规范"中的"尊老爱幼"置换为"爱亲孝老"。

进入新世纪我国已经发布并推进实施《公民道德建设实施纲要》，内容包括公民道德建设的重要性、公民道德建设的指导思想和方针原则、公民道德建设的主要内容、大力加强基层公民道德教育、深入开展群众性的公民道德实践活动、积极营造有利于公民道德建设的社会氛围、努力为公民道德建设提供法律支持和政策保障、切实加强对公民道德建设的领导等 8 大方面并具体化为 40 条，成为指导新时期我国公民道德建设和实践的根本指南。《纲要》还特别就公民基本道德、家庭美德、职业道德和社会公德的基本规范进行了提炼和发布。"公民道德基本规范"为"爱国守法、明礼诚信、团结友善、勤俭自强、敬业奉献"，从维护国家和社会整体利益出发，对处理公民和国家、社会关系

的道德规范进行了明确和概括，刻画了实践遵循和观察衡量社会基本道德的标尺。进而从社会公德、职业道德、家庭美德三维进一步提炼规范。"社会公德基本规范"为"文明礼貌、助人为乐、爱护公物、保护环境、遵纪守法"、"职业道德基本规范"为"爱岗敬业、诚实守信、办事公道、服务群众、奉献社会"、"家庭美德基本规范"为"尊老爱幼、男女平等、夫妻和睦、勤俭持家、邻里团结"，从社会面处理人际关系、职业层面协调同事关系、家庭生活层面处理家庭成员及代际关系等都提出了理想目标，做出了基本规定。

3. 将"爱亲孝老"的精神落实到"社会主义荣辱观"的要求之中。

2006 年初，中共中央总书记、国家主席胡锦涛同志又提出了"以热爱祖国为荣、以危害祖国为耻，以服务人民为荣、以背离人民为耻，以崇尚科学为荣、以愚昧无知为耻，以辛勤劳动为荣、以好逸恶劳为耻，以团结互助为荣、以损人利己为耻，以诚实守信为荣、以见利忘义为耻，以遵纪守法为荣、以违法乱纪为耻，以艰苦奋斗为荣、以骄奢淫逸为耻"这个以"八荣八耻"为主要内容的社会主义荣辱观，集中而简约、明确而坚定地提出坚持什么、反对什么，倡导什么、抵制什么，旗帜鲜明地划定了是非、善恶、美丑的界限。荣辱观由世界观、人生观、价值观决定，渗透在整个社会生活之中，不仅影响着社会的风气，而且体现着社会的价值导向，更标志着社会的文明程度。以"八荣八耻"为主要内容的社会主义荣辱观涵盖了爱国主义、集体主义、社会主义思想，体现了中华民族传统美德和时代要求，反映社会主义世界观、人生观、价值观，明确了当代中国最基本的价值取向和行为准则，是马克思主义道德观的精辟概括，是新时期社会主义道德的系统总结。[①]这些在社会面既具有道德观念的引领性，又具有伦理规范的实践性和可操作性。但是将这些观念和规范落实到家庭生活中就需要进行引申和细化，如在家庭美德的基本规范之一"尊老爱幼"中要强化角色间的责任意识和权利义务关系，而"行孝"和"孝行"就是实现家庭代际抚养、照顾，角色、权利、义务等转换的重要内容。

4. 要协调《实施纲要》与以"八荣八耻"为主要内容的社会主义荣辱观的关系，更多地将中华民族优秀传统文化的思想道德精华和良好伦理规范——孝的内容融入进来。

如在"公民基本道德规范"中增加和明确"尚贤尊老"，在"家庭美德规范"中增加"孝养父母"，在"职业道德规范"中增加"尊长敬贤"，在"社

---

① 朱吉杰：《铁人精神与大学生主流价值观的塑造》，《大庆社会科学》2011 年 12 月 20 日。

会公德规范"中增加"尊贤敬老",在"八荣八耻"中增加"以尊老爱幼为荣,以不讲亲情为耻"内容,充分揭示和展示民族优秀传统道德观念和伦理规范的当代价值,增加典型事例的分量和榜样引导的力度,以鲜活的事例和通俗的语言承载原则内容和叙写表述,以形成具有时代特色的"新版礼记"——"当代公民基本道德观念与生活伦理基本规范通则"。

二、重点针对经济伦理,对接"教化伦理"与"生活伦理"

1. 孝在古代是作为民众生活伦理与国家教化伦理的统一而存在并发展的,今天我们弘扬孝文化、构建新孝道也要将二者统一起来。

人们生活在世,需要衣、食、住、行等物质生活以维持生存,需要人与人、人与群体之间的协调关系以保障生存,需要精神的依托以得到心理的安适,这些因素构成了人们的生活状态,也就是马克思所说的人类"第一个历史活动"。人们在一定的自然与社会环境及生活状态下,由生活经验的积累,知识和智慧的凝结,形成一定的物质的、社会的、文化的生活方式。这些生活方式被人们日复一日地重复,其内含的规则规范和价值取向长期积累凝聚,反映到人们的意识观念中,就形成了与此相适应的一系列比较稳定的行为规范和价值观念,这就是民众的源于生活的生活伦理。同时,人们又生活在一定的制度社会中,人们的生活方式和人生观念又受到制度、社会给定的规范的约束。也就是说,人们生活的价值和意义往往通过与社会制度和规范相符的程度来加以判断。[①]制度生活和日常生活构成了人们生活的整体,二者不可或缺,但不能相互替代。这就有了生活伦理与教化伦理的联系与区分。

2. 孝作为生活伦理和教化伦理是普及与提升的关系,两者都要充分发展,但不可偏废[②]。

生活伦理存在于民众实际生活中,人们主要根据生存方式和实际需要,由生活经验中得来并实际应用于生活的活的伦理。生活伦理高扬人的主体性,关注人的生命的存在、生活方式及其意义,是人对自身的终极关怀,主张"为了人的生活",追求的目标是利益、安宁和幸福,具有鲜明的功利色彩,主要是

---

① 肖群忠:《"生活伦理"论》,《中国伦理学会会员代表大会暨第12届学术讨论会论文汇编》,2004年10月1日。《生活伦理论》,中国论文下载中心:网络。
② 本处参考肖群忠:《伦理与传统》,人民出版社。

调节民众在私人生活和私人交往过程中的人与人或者说是个人与个人的直接人际关系，常常以非系统的、常识的形式如谚语、家训、蒙童读物、戏曲鼓词、民间信仰等文化形式发挥实际影响和历史传承。教化伦理则是由统治阶层、社会主导层倡导，居于社会主导地位，用于教化民众而以此维系社会秩序的伦理观念，是来自上方，由上而下灌输，希望人们普遍遵守的伦理。教化伦理的主体是国家，其实际代表者主要是官员、意识形态的教化工作者，是一部分人教化另一部分人的伦理。[①]生活伦理与教化伦理在主体与作用、根本目的和基本立场、伦理精神与价值取向、调解社会生活的领域、在意识形态和传承方式等方面都有着较为明显的区别。生活伦理需要升华，教化伦理则要注意避免走向僵化甚至虚伪。

一定社会的完整道德结构应该是国家教化伦理与民众生活伦理的统一，即教化伦理要以民众的生活伦理为基础，国家教化伦理应不断从民众生活伦理的社会心理中及时发现民众实际的生活状态和价值心理以调整自己的导向和规范，尽可能地根据民众的实际生活，体现并维护民族的利益和要求；而民众生活伦理也要及时以国家社会的主导价值观念和规范指导约束自己的生活实践，自觉认同国家教化伦理的价值导向和规范作用。由此，实现个人幸福和社会和谐的统一。

3. 在当今，孝作为生活伦理就要突出务实性，需要父母辈理解子女辈将主要精力投入到创富——创造孝的经济条件上，避免"苦孝"——共同贫穷地相守。

当前，道德建设要与社会主义市场经济体制相适应，就要突出解决好树立正确的义利统一的价值观问题。中国传统文化中既有"君子谋道不谋食"的价值取向引导，也有"君子爱财，取之有道"的务实告诫。马克思也指出"'思想'一旦离开'利益'就会使自己出丑"。在改革开放以来，中国社会生活转型过程中，经济伦理迅速取代政治伦理的情况下，人们如何积极主张自身权益，合理合法追求财富，积极竞争而又不损害他人利益，这是一个重大实践问题，也是伦理建设的重点话题。与构建新孝道相伴随的是，人们应正确认识和对待不同年龄段群体的创富与获取财富的能力与实际收入情况，积极支持创富并引导他们合理用好财富。一般说来，在家庭中甚至在社会面，青壮年是社会

---

① 肖群忠：《"生活伦理"论》，《中国伦理学会会员代表大会暨第 12 届学术讨论会论文汇编》2004 年 10 月 1 日。

财富的创富和获得主体，一方面父母辈和社会老年群体要理解和支持他们积极创富、获取财富，另一方面，青壮年也要合理支配财富，在家庭要充分尽到赡养老小的义务，于社会也要为弱势群体的生存发展和改善尽到社会责任。

第三节　将孝德作为公德教育和建设的基础，防止和修复"破窗"

一、开展以孝道德为核心的家庭美德教育建设

各类社会教育培训组织，特别是国民教育体系是传承、培育和传播社会文明，培养公民为社会所需要的基础素质和专业技能的重要机构和机制。教育培训机构尤其是学校，是人类优秀文明传递的重要场所，是为国家和社会培育人才的神圣摇篮，是每个公民接受社会正规教育的必经之地。所以，学校也是现代包括以忠孝为核心思想、以仁义礼智信为核心价值的传统文化在内的思想道德教育的重要课堂。学校和每位教师尤其是班主任老师要对进入学校接受教育的每个人进行全方位的做人成才教育，其中也自然包括孝道教育在内的人文知识和科学知识的教育，这种教育应该与家庭教育、社会继续教育和实践教育相辅相成的、互相促进。孝老爱亲、尊老爱幼——关于家庭的道德观念和伦理规范的教育培养是学校德育的基础，而尊敬老师、友爱同学则是孝老爱亲、敬老爱幼的延伸，遵守公共秩序、爱护公物是遵循家庭伦理、热爱家庭的扩展，民胞物与、富有同情心责任感则是亲情之爱的延伸与拓展，可见孝的精神确实值得传承、弘扬、光大。

1.学校要加强以尊老爱幼的孝道德为核心的家庭美德教育。

学校德育教育应当首先加强对学生的尊师爱生、尊老爱幼的道德观念教育。家庭生活中，长慈幼孝是基本规则，为此，尊老爱幼的家庭道德观念和伦理规范教育是古代孝道教育的核心内容之一，至今仍然具有强大的生命力。无论是国内还是国外，有史以来，社会的政治伦理关系是以氏族、家庭的血缘关系为纽带的，所以，在家庭内尊祖、尊父，在社会上尊长，就成为一种历史的必然："舐犊之情"是亲情中最原始最本质最动人的一种表现，爱护幼小的孩子是一种本能的自然的美好的举动，是属于永远值得传承和强化的范畴。敬老

爱幼教育在世界范围内具有普适性。中国古代的敬老爱幼传统，对于形成温情脉脉的人际关系，以及有序和谐的伦理关系，起着重要的作用。[①] 尊师爱生等社会公德是敬老爱幼的家庭美德在社会的自然延伸。所以现代学校教育中要理直气壮地开展以孝道德为核心的家庭美德教育。当然，学校在进行敬老爱幼家庭美德和社会公德教育过程中，不必恢复古人尊老敬贤的细枝末节，更不提倡跪拜周旋、早晚请安，但对于老者长者，必养、必敬、必让、必安；对于幼者弱者，必护、必教、必扶、必导的教育还是应当的，特别要教会学生出门和回家要向家长打招呼的教育，这种形式可以增进亲子互动，既培养了孩子的责任意识，也解除了父母的担忧。

2. 学校要加强对学生的居家处世的常规礼仪教育。

一个人的仪态、举止，是其修养程度、文明程度的体现。举止庄重、进退有礼、仪容可观、执事谨敬、文质彬彬，都属于美好的仪表仪态，是人们文明素质的外在体现。传统道德和伦理规范对于人的容貌、视听、坐卧、行走、饮食、衣冠、周旋揖让等都做了详细的规定，可见人的一言一行、举手投足对体现自身形象之重要，其中不乏可借鉴继承的具体内容。例如，古代经典要求："言辞信，动作庄，衣冠正，则臣下肃。"[②] 古人还提倡"笑不露齿"，微笑确实是使人倍感亲切并表现出一种良好的教养，有时开怀大笑也属正常。当然，动辄就张嘴大笑，未免会影响自己形象。有的要求更为严格也更为世人称道："站如松，坐如钟，行如风，卧如弓。"[③] 这些良好的教育引导，我们应当继承、传承和实践。

在现代社会，人们的频繁的交往与古代不可同日而语了。学生在努力学习现代常规礼仪、礼貌待人接物时，必须始终注意这样六点：一是必须在心里存有敬人之心，心有所存才能口有所言、举止有度，否则就有言不由衷、做作虚伪之嫌。二是言谈中要诚实守信，言谈中要用语得体。三是待人随和，可不能拿别人随意戏弄，开玩笑取乐。交往中的幽默与善意文雅的玩笑往往给人带来轻松愉快，但玩笑相戏太随便，就会在不经意中伤害到他人，伤了和气。四是与人发生矛盾以致争吵时，要学会宽人严己、克制自己，也需要一些牺牲忍让精神。五是与人交谈，不说刻薄、挖苦、挑剔等有可能刺激或伤害对方的话，

① 《孝道教育之我见》。
② 《管子·形势解》。
③ 《颜习斋集》卷一。

这是一种分寸，也是一种教养文明。六是行车或步行时，牢记"礼让"二字，为他人也为自己将"危险"控制在最小范围，也为家庭幸福和社会祥和多一点考虑。无论在家中还是出门在外，常规礼仪的自由把握都是很重要的，这是孝道教育中的必修课之一。[①]在现代交往范围日益扩大的"陌生人社会"，道德自律依然重要，更能体现一个人乃至整个民族的良好道德品质和社会文明素养。

这方面，湖北省武汉市近年来的相关实践具有启发和借鉴意义。据武汉市社区志愿者协会有关负责人介绍，目前全市老年人口已达103万人，其中空巢老人近30万人，春节期间儿女们大多回到了老人身边，大约还有5万老人过着"空巢"生活。为此，武汉市多年组织发起征集学生志愿者"陪'空巢老人'过大年"活动。据新华网武汉2009年1月22日电：从1月21日起，江城武汉50万社区志愿者分赴千余社区空巢老人家庭，与空巢老人一起欢欢喜喜过大年。据介绍，2009年全市50万社区志愿者全部与空巢老人结成对子，空巢老人们过上了一个欢乐祥和不寂寞的春节。

在此基础上，武汉市将此活动专门引向大中小学生，一方面培养学生孝老敬老的道德情操，一方面切实解决部分空巢老人过年无人陪护的问题。据《楚天都市报》报道：2013年1月30日，武汉市社区志愿者协会决定，今起面向全市征集30万名大中小学生志愿者，陪"空巢老人"过大年。活动计划征集30万名学生志愿者与全市117万余名社区志愿者一道，组成老中青少相结合的群体，共同陪同"空巢老人"们过一个温暖、祥和、快乐的农历新年。活动规定，参与该活动的学生，到辖区社区登记，由社区统一组织安排结对对象。活动主题内容包括：帮"空巢老人"打年货、做清洁、做年夜饭，陪他们吃年夜饭、聊天、逛街等。据了解，征集首日即有5万名学生志愿者报名，至2月1日该市新增大中小学生社区志愿者8万余人，两天共新增加13万余人。学生志愿者在活动中表达了孝心和爱心，也收获了道德情感的升华与人生意义的提升，在助人的活动中还收获了特别的春节快乐。

3.学校要加强对公民的人类之爱的教育。

现代社会不是相对闭塞的农耕时代的"熟人社会"，而是知识经济时代，是正逐渐步入"地球村"信息交流与社会交往发达的时代。如果说，传统的孝道教育是"小爱"教育的话，那么，现代的孝道德教育应该成为"大爱"教育，即由爱父辈祖辈等血缘亲属扩大至爱他人、爱人民、爱全人类，由爱自己

①《孝道教育之我见》。

的家庭延伸至爱家乡、爱祖国、爱我们的地球。人们不仅要对自己的父母长辈充满爱戴和尊敬，而且对一切人都应当礼让尊重，对老者、长者、残疾之人尤应如此，对贫困、受灾的人们能无私地献出你的一份爱。[①]因为这是一个相互依存度更高的社会。严以律己，宽以待人，与人为善，也是待人之礼的重要信条。待人礼敬还要做到入乡随俗，尊重不同民族的风俗习惯，尊重他国他人的喜好和禁忌。

以儒家思想为正统的中国传统文化历来主张"泛爱众"。中华民族的优秀格言"老吾老，以及人之老；幼吾幼，以及人之幼。"[②]意思就是要人们孝敬自己家的老人，并以同样的热情和态度去孝敬别人家的老人；要爱护自己的小孩，并以同样的热情和态度去爱护别人家的年幼者。古人尚能由己及人、由家而扩及社会，将"小爱"转换成"大爱"，我们现代人理应比他们认识得更深更广，做得更好。

中国传统文化强调人们要"内圣外王"、"达则兼济天下，穷则独善其身"，鼓励人们追求"成圣成贤"、做"谦谦君子"，将个人与家庭、家族、民族、国家、天下联系起来。格物致知、正心诚意、修身齐家、治国平天下，成为人生追求的路径与目标，体现了我们民族的集体主义价值取向。中国历来主张要处理好个人与家庭、社会，家庭与国家的关系，处理好"小道理"与"大道理"的关系问题。就今天来说，集体主义是社会主义道德的基本原则，如果我们面对一边是家里的老人、孩子亟需照顾，一边是国家在召唤、单位有要求，这种生活中常见的所谓"两难问题"时，如果说留在家里、留在原单位，都有道理，服从国家需要，也是对的，那么此时，我们应遵循的普适原则是"小道理服从大道理"，当然前提是将对"小道理"一方的损害和损失减轻到最低程度。这就是由"小爱"拓展到"大爱"的人生必遇必解命题。

4. 今天我们在进行孝道德教育的过程中，更应该强调"爱亲敬老"的良性互动。

因为我们不仅要"孝敬长辈"，也同等地强调"慈爱幼小"。应该说"爱亲护幼"是动物也是人类的本能，所以古代将其作为理所当然的，反倒没有将其与"孝敬长辈"对等强调，加之传统孝文化与宗法专制社会要求相结合，孝就成为子女对父母、晚辈对长辈的单向度义务，以至于有"父可以不慈，子却

---

① 《孝道教育之我见》。
② 《孟子·梁惠王上》。

不能不孝"的强势逻辑和硬性要求。当代社会特别是当前一些家长"舐犊情深"护子心切，常常爱子护短，但是同时也存在一些所谓的父母对子女不负责任或者不会负责的情况，古语亦有云"子不教，父之过"，所以今天我们也应强调为人父母的爱子教子责任。只有这样，才能真正做到弘扬、培养人们尊老敬贤、和睦互爱。只有这样，才能通过培养良好的个人素质，进而达到协助调和和谐的人际关系，从而塑造文明的社会风貌。

二、从公民义务、社会责任和道德品质方面予以倡导和完善

　　一般说来，尊老爱幼作为中华民族传统美德，在全社会得到了很好的传承，敬老、助老也成为全社会的自觉行为和现代文明的重要体现。然而，由于种种原因，在社会公共生活中，不够尊老和被认为不尊老的事经常成为议论的话题。例如，事关敬老公德，我们常常议论并纠结于公交车上"让不让座"于老年人、"救与不救"路上倒地的老人、灾难面前是否先救老年人等三大问题。对此，人们习惯于纠结在道德层面而纠缠不清。事实上，在现代社会，对于这些现象，首先要将公民责任义务与道德行为的顺序和层次区分开来。

　　1. 关于在公共汽车上是否以及如何为老年人"让座"的问题。

　　近来各地在公交车上发生的谩骂甚至殴打未能让座于老年人的年轻人的报道引起热议，人们莫衷一是。事实上关于"公交车上'让不让座'于老年人"的问题，虽然可以折射出公民道德素养、社会的文明程度和社会精神风貌，但实际上，它只是公民公共消费过程中的一个附带性的问题，也是在社会公共资源和公共服务供给不充分的情况下如何解决"乘车就座"问题中的一个日常的大量存在的具体问题。解决公交车上"乘车就座"必须遵循相关制度规则，首先是按照"先来后到"就座，有座则坐、无座则站，其次是"就近更替"，有乘客下车空出座位，最近的站立乘客优先就座，第三才是鼓励主动让座。也就是说按"先到先就座"是乘客的权利，"就近先得座"是规则，而给他人包括老年人让座是美德行为，是基于让座者自愿的主动行为，他人不可强迫将美德变义务，更不能以道德相绑架。我们要在保障权利、尊重规则的前提下，一方面鼓励美德行为，倡导中青少年为"老弱病残孕"让座；一方面改善乘车就座条件，按一定比例设立"老、弱、病、残、孕"专座（目前我国老年人占总人口比例接近15%，加上其他情况，可设20%的专座）。当然，既然是"专座"就有特定的意义，非"老、弱、病、残、孕"一般不得占座，专座如有空位，

其他人可暂坐，遇有"老、弱、病、残、孕"者上车，则须主动让座。

2. 关于"老年人倒地"，年轻人是否施救、如何施救的问题，也是一个需要区分不同情况而应有所作为的问题，不可一概而论。

孟子曰"恻隐之心，人皆有之"，甚至说"无恻隐之心，非人也"。这是从人性本善出发的，意思是说，扶危济难是人的本能，出手相救，不会有犹豫。即使在今天，这类问题如发生在家庭、单位等特殊场所——已有充分人际信任关系的场所，本来不是问题，熟人或关系人无所犹豫出手相助相救，也不会发生纠纷。而 2006 年发生在南京的"彭宇案"所引出的讨论，确实值得人们深思——在公共场所、陌生人之间确需妥善应对和科学处理。应该说"扶危济困"既是中华民族传统美德，也是当代中国的社会公德，可列入"乐于助人"的基本道德规范，是所有公民应尽的道德义务，但是它不是至少目前还不是普通公民的法定义务，更不是宪法规定的基本义务。而对于特殊职业群体如医生、警察、党政领导干部来说，扶危济困则是其履行职责时必须担负的职业责任。对于普通公民来说，履行这一道德义务也有一个规则和方法问题。一般来说，只有受伤害者、有困难者需要救助，明确发出求助要求时，他人方可也应该提供帮助和救助。对于没有提出或者不能发出救助、求救信号的情况，帮扶、施救者确实需要考虑责任和方法，或者求得他人见证以撇清己方责任后方可实施救助，或者帮助求助于专业机构和专业工作者。也就是说，普通公民面对他人需要救助的情况，有"扶危济困"的道德义务，特别是要出于强烈的"乐于助人"的道德情操和协同救援的责任意识而提供帮助支持，但是，如何实施对他人的帮助要考虑相关情况——责任、能力与方式。我们歌颂毫不犹豫提供帮扶的行为，也倡导主动帮助、科学应对，但不能以道德义务强迫他人必须提供帮助。

3. 关于在灾难面前是先救老人还是先救孩子的问题，其实这是一个伪命题，需要区分不同的具体情形、当事人不同的态度和做法，才能做出回答和评判。

如何应对大型应急救灾和突发公共安全事件，现代救灾理论和实际救灾操作都有科学的界定和安排。一般这类情况属于公共应急事件，其应对和处置有严格的科学的规定，需要社会层面的统一组织、专业化操作，个体公民作为参与者，应尊重组织者的统一安排和调度。现代社会关于灾害事故现场抢救的基本原则是，在确保自身与伤员的安全的前提下，先救命后治伤，先重伤后轻伤，先抢后救，先分类再运送，医护人员以救为主，其他人员以抢为主。这些原则强调的是科学有效的救治，并不纠缠于关于男女、老少、身份等因素。如果说这其中要强调和体现道德精神，那么，科学有效的救治就是最为道德的，体现了普遍的人道主义精神。

4.关于范美忠与李国斌在地震中，如何对待父母和子女以及他们的理由与人们评价的讨论。

2008年四川"5·12汶川大地震"中范美忠老师（人称"范跑跑"）在8.0级强震发生后本能地先于所教高中的全班学生而逃的行为及其事后关于"只有为了我的女儿我才可能考虑牺牲自我，其他的人，哪怕是我的母亲，我也不会管的"言论，以及多年来面对社会和媒体的责难而极尽抵赖、狡辩、教训指责他人的情形，如同一层阴影笼罩着社会，也考验着他的理智与良知以及社会的宽容心。面对媒体他振振有词地"言说"他的"自由主义"价值观，不仅没有丝毫的道德负疚感，而且说就是要挑战"孝伦理"。2013年四川"4·20芦山大地震"后又一次引发了关于先救子女还是先救父母的"孝伦理"讨论。2013年4月23日《成都商报》以《男子地震不顾父母先救9岁儿子，母亲生气不理他》为题报道：此次重灾区之一的雅安市雨城区的李国斌面对年迈的父母和9岁的儿子同时需要救助的情况，迅速而理智地做出了先救出儿子后救父母的决定，儿子得救无损，父母被砸伤后也得到救护，对此，李某愧疚不已，父母也有所不满。

这里我们首先就范美忠不救学生的职业责任和社会职责以至于法律责任进行讨论。其实也很简单，根据《中华人民共和国教师法》第八条"教师应当履行下列义务"第一款"遵守宪法、法律和职业道德，为人师表"、第四款"关心、爱护全体学生，尊重学生人格，促进学生在品德、智力、体质等方面全面发展"的规定，又根据《中小学教师职业道德规范》（2008年修订）第三条"关爱学生"中"保护学生安全"的明确规定，范美忠作为教师在学生生命安全受到严重威胁时不践行职业道德，不"关心、爱护全体学生"、不"保护学生安全"的行为是违法、违规的。而根据第三十七条的规定，教师有下列情形之一的，如第（三）"品行不良、侮辱学生，影响恶劣的"由所在学校、其他教育机构或者教育行政部门给予行政处分或者解聘，情节严重，构成犯罪的，依法追究刑事责任。所以有关单位或组织给予一定的行政处分是完全应当的，甚至依法追究其一定的法律责任也是可以的。

再就范美忠和李国斌在大灾面前如何对待自己子女和父母老人这一家庭内部的孝道伦理问题，做一个对比研讨。在这个问题上，其实范、李二人在态度和行动上是有区别的，一个根本就没有孝行也不承认孝心，另外一个则孝心尚存也有孝行，范美忠是没有施救的行为，态度上则认为除女儿以外的人都不会施救，而李国斌则对子女父母都实施了救护，只是先后顺序问题，但是他们都谈到一个相同的问题，即在子女和父母同时面临生死考验时，在他们之间如何取舍、孰先孰后的问题。之所以范美忠的言论受到谴责，而李国斌的行为虽然令母亲不高兴但是却得到一部分网友的支持，或者说议论纠结的症结何在，关键在于包括范、李在内的人们处于传统孝道无可置疑的以长为上的选择与现代社会亲情重心下移的选择之间的矛盾。范美忠在理论上也承认亲情但抵触以长为上，不认同甚至扬言就是要挑战孝道，并不以此为耻，而李国斌在实践中优先选择了救儿子，但面对被后救而不高兴的父母尚存愧疚于心，并在实践上尽力予以补救。

简单地说，他们都承认并重视亲情，我们也相信他们都能做到尊老爱幼，我们也相信他们在力所能及的范围内都能做到扶老助老救老，也就说都有孝心、甚至都可能有孝行，但是一个认同孝道，尽力做到上下兼顾；另一个坚决否定孝道，不管这个孝道是旧的还是新的，也不管这个孝道是适用于其他长者还是自己的父母等长辈。这才是需要我们深思的问题。古代中国家庭以父子关系为核心，长者处于家庭权力和利益的统治地位，所以国家和社会强化并习惯了长辈对于晚辈的绝对权利和晚辈对长辈的绝对义务，形成了权利、义务的单向度走向，甚至鼓励为了长者而牺牲晚辈的生命，也就有了《二十四孝》收录和褒扬"郭巨埋儿"这样残忍、冷酷而荒诞的故事；而今天的家庭则以夫妻关系为核心，社会提倡尊老爱幼、孝老爱亲，但问题是，夫妻在平时和关键时刻对待子女和父母孰重孰轻、谁先谁后，确实成为一个需要深入讨论的伦理问题，成为一个必须立下规矩进而以此指导行动的问题。现代家庭，青壮年夫妻处于代际关系的中心和可以两头兼顾的地位，起到养家持家、扶老携幼的家庭顶梁柱作用，同时作为社会救助责任的主体群体，都有责任施救，也就是说，救是责任和义务，也是美德，不救才是缺德或犯罪。施救的先后要看具体情况，在特殊情况下的个体行为，救与不救才是问题，先救后救都不应受到指责；在公共救助活动中，则要服从集体的指挥和安排，根据救灾原则科学施救，这里不存在道德评价。

三、谨防"破窗效应"并提倡人们积极参与"修复破窗"

1."破窗效应"助长了孝道之失。

在我国社会不断创造经济奇迹的当下，不相协调地弥漫着一股浮躁情绪。

在市场取向的竞争时代，一部分人深信财富创造的成功就是一切，挥霍聪明才智，投机钻营，甚至巧取豪夺，不屑于修小善、不惧怕作小恶，还美其名曰成大事者不拘小节。特别是在家庭生活中，特别注重培养子女发家致富的能力，而忽视道德修养的养成，一些"不孝"的苗头业已出现，却在扭曲的亲情庇护下，或是出于"家丑不可外扬"心理的遮盖下蔓延扩散，最终积重难返，成为不治之症。而这样的"不孝"情形成为社会不良倾向后，社会和国家层面往往因"清官难断家务事"而难有作为，从而在客观上形成了失职和放任。等发展到需要"对簿公堂"之时，又由于"人民调解"机制的不完善和作为有限，最终需要走向法律解决时，却发现可适用的法律条规并不多且难以准确裁决，即使是有了"裁决"也难以有效执行。人们和社会的道德天平渐趋失衡，从习焉不察到熟视无睹，直至徒唤奈何，孝道美德的光芒也渐趋消退。如何葆有和焕发孝道美德的光芒？我们不妨借鉴现代西方有关理论，透视"破窗现象"，消弭"破窗效应"，从而修复孝道受损的"破窗"，达到全社会践行和彰显"孝亲敬老"美德的文明状态。

2."破窗效应"及其对道德的破坏力。

1969年美国心理学家菲利普·辛巴杜实验验证了破窗现象，实证了中国成语"千里之堤，溃于蚁穴"的含义。政治学家威尔逊和犯罪学家凯琳据以提出了"破窗效应"理论——一扇窗玻被打破，如果得不到及时的制止和修复，将会导致更多的窗户被打破，甚至整座房屋被拆毁。[1]由此可见，社会生活中的不良现象会产生强烈的暗示和诱导，如果被放任存在，会诱使人们仿效，甚至变本加厉。一种不良现象的存在，也在传递着一种信息，这种信息就会导致不良现象的无限扩展。熟视无睹那些看似是偶然、个别、轻微的"过错"，或是纠正不力，就会纵容更多的人去打烂更多的窗户玻璃，就会酿成"房塌屋毁"、"堤溃于蚁穴"的恶果。"第一扇破窗"往往是事情恶化的起点。面对第一扇"破窗"，人们常常自我暗示：窗是可以被打破的，也没有惩罚。不知不觉中，就有了参与破坏的第二双手、第三双手……这样人们离优雅、文明、公德、美德就越来越远。为此，凯琳与凯萨琳·科尔斯于1996年提出了"修补破窗理论"——尽早识别和控制高危人群，保护遵规守法者，鼓励和督促人们不仅不能砸破窗户，还要努力争做修复"第一扇窗户"的人。[2]即使是当人们无法选

---

①《破窗效应》。
②《破窗理论—百度文库》。

择环境，甚至无力去改变环境时，也应努力使自己不要成为砸破"第一扇窗玻"的人，进而牢记和做到"勿以善小而不为，勿以恶小而为之"。

3. 修补孝道之失这一"破窗"的途径、作为与困难。

修补破窗效应，从个体公民来说就是要从我做起，从社会面讲就是要从小事抓起。每个人做好一件"小事"、"好事"并不难，难就难在持之以恒地做好所有小事；而就全社会看，只有全部小事都不出乱子，才能做成好事、成就大事——形成良好社会风气、提升文明程度和水平。如何做到呢？从个体公民角度讲，既要独善其身，又要兼济天下，既要提高文明素质和道德修养，确保自我完善，持之以恒地践行优良道德，决不做破窗第一人，也不做破窗参与者，又要有建设、维护良好风气的社会责任和敢于同不良现象作斗争的勇气与行动，谴责和制止破窗行为。从社会角度讲，营造积极向上、向善的社会风貌，需要确立明确的是非原则，树立鲜明的道德标尺，做出必要的制度安排，跟进相关的法律法规，整合形成强大的合力，制止和修复"破窗"。以目前情况看，我国经济社会发展取得举世瞩目的成就，已经奠定了提升社会文明程度的物质基础，随着经济社会的发展，文化和道德的提升和复兴也已成为大势所趋，只要高度重视并顺势积极而为，就会纠正不良倾向，取得可以预期的进展。一个时期以来，针对道德滑坡、伦理失范的现实情况，社会主导层做了大量的工作，但是相对于经济社会发展，成效不可比拟，问题在于我们重视不够、力度不大、办法不多，缺的就是下定决心、配套机制、形成文化、定期更新。

4. 修复孝道"破窗"关键在于行动，也要讲究方法，争取好的效果。

"破窗"不可怕，关键是我们要有"修复破窗"的信心和行动。有一个被称为校园里的"破窗现象及其修复的案例"可供借鉴。说的是一个学生学习基础和成绩较差的班级，大家抱着破罐子破摔的心态混日子，学习生活表现恶性循环。某天新来了一个留级差生，老师选择这个新差生作为转变的突破口，取得了初步的成功。由于他的勤奋努力和转变提高，使得原本混日子的全班同学受到震动，班上学习气氛开始转好。有时老师反复强调的重点，有的人或许不以为然，但是留级生的一句话——这个内容要考试，便会立即引起同学们的高度重视。留级生的话比老师的话还有效！①班上同学的学习和生活表现取得了明显的进步。这说明及时修好某一块被打破的玻璃，能有效阻止"破窗现象"的继续蔓延，并很快收获到努力"修复破窗"的良好效果。

①《破窗效应》。

第九章　经济学维度

——从加强和落实养老保障的经济学维度，突出"经济上供养"在养老保障及"经济伦理"在孝道伦理建设中的关键作用，夯实弘扬孝道文化的基础。

第一节　建立国家养老保障体系，确保老年人的经济与养老金自立

孝的最基本要求是赡养老年人，使之能正常生活、安度晚年。而要实现这一目标，老年人通过逐步积累确保自有资金、自我支配是根本，子女赡养、扶持是义务和责任，政府支持是关键，社会帮助是补充，而国家建立和完善养老保障制度体系、创新体制机制是保障。

一、从经济上"孝"——赡养老人的古今中外观察

1. 自古孝亲，养是第一要义。

孔子指出"今之孝者，是谓能养。至于犬马，皆能有养。不敬，何以别乎？"这里孔子对子女尽孝提出了较高要求，但是我们不能因此反而忽视了"养"的基础地位和关键作用，应该说，"养"是前提。我们应理解为，如果为人之子不养父母，则犬马不如，养而不敬则与犬马无别。有论者认为，中国古代靠讲求一个"孝"字，解决了几千年的养老问题（如肖群忠语）。古代的孝养主要是在家庭范围内解决的，这种"养"与"被养"的代际良性互动、反哺传递与农业生产方式、农村社会生活方式及其宗法制社会组织结构方式紧密相连，也基本适应。但是，现代社会由于生产方式、生活方式及其社会组织及结

构的根本性变化，养老问题更赋有社会性，也更复杂，需要由社会结成最基础而坚强的社会保障网络体系予以支撑，以最大限度地发挥社会、国家、政府对每一公民更好实现老有所养的集体作用和规模化优势。如果说，通过家庭代际抚养的传递而实现了老有所养是人类文明曾经的伟大创举，那么，养老的社会化则是人类现代文明的又一历史性进步。

2. 养老变"啃老"的当今怪象。

近几年，"啃老"与"压力山大"成为两大热词，说的是家庭生活中，父母子女辈之间，"啃"与"被啃"，痛并快乐着；年轻人工作生活压力大，焦虑、忧愁并承受着。麦可思研究院（MyCOS Institute）独家撰写的《2012 年中国大学生就业报告》（就业蓝皮书）显示，在 2011 年毕业的大学生中，有近 57 万人处于失业状态，10 多万人选择"啃老"；即使工作一年的人，对工作的满意率也只有 47%。与此同时，重阳节前后，一对 80 后夫妻上班后靠"啃老存钱大法"，每年存钱 9 万以上，这一方式引来众多"月光族"集体膜拜。毕业即"啃老"，受捧为哪般？[①]走访显示，多数父母能够认可孩子"蹭饭"省钱这一方式。他们表示，孩子回到家里吃饭，一是节约，二是热闹。只要条件允许，"蹭饭"他们很欢迎。多数父母以能帮助子女而自豪，乐于被"啃"。父母倾尽所有，只为子女过得好一点。这样的"啃老"与"被啃"，实际上包含着一种浓浓的关爱与亲情。当前，啃老成为一种较为普遍的社会现象，"宅男剩女"啃老如果成为一种社会常态，从最初的羞羞答答变成现在的理所当然，这就给父母带来沉重的精神压力和生活负担，也给政府和全社会提出了严肃的课题。依我国目前的教育制度来算，几乎所有的大学毕业生，走出校门都在 23 岁以上，到了成家立业、自立门户、自己面对生活的年龄。但此时，他们即使是有一份稳定的工作和不错的收入，每月可以存款，但相对高企的房价来说，靠自身努力，想购买一套房子，实在不易。"房奴"、"车奴"，还有近来流行的"裸婚"等说法和现象描述，都反映了现代青年生存的压力。走访中，大多数青年表示，"啃老"并非主观意愿，很大程度上是无奈之举。

随着社会老龄化的加剧，"421"的家庭结构使子女背负着沉重的自身生存和赡养老人的压力。一方面，家长倾其所有供"啃"，身心俱疲；另一方面，"褓褓青年"无力养好自己，只能依靠父母，才能生活得更好一些。但这种即使是父母容忍的"啃老"过渡期也不宜太长，否则后果堪忧。啃老的可怕在

---

① 《毕业"啃老"为哪般？》，《湖北日报》2012 年 11 月 3 日。

于，它会啃掉年轻人本应有的进取精神，啃掉中华民族吃苦的传统，啃掉家庭代际关系的和谐。其实，青年时期包括大学生毕业后的3—5年是一个人寻找自我定位的黄金年龄段，也是让自己心智逐渐成熟的最佳时期，年轻人应自立自强，父母也要适时"放手"，同时，国家加快收入分配制度改革和完善社会保障体系，从促进就业、增加收入、降低房价、减轻生活负担入手，多方面结合让青年告别"啃老"依赖，在经济相对独立、自强自立的基础上实现代际互补互助，促进家庭关系和谐巩固、健康发展。

3. 由于各国的历史、文化与国情的不同，现代各民族国家的养老保障体系有各自的特点，但是发展方向较为一致——政府主导、多层次、广覆盖、普惠制。

目前，"多支柱"是世界银行大力倡导的"养老保障改革最佳方案"，已经逐渐得到各国政府的肯定和实践，并显示出良好效果。这一方案的基本框架包括三个方面：第一支柱是国家为公众提供最低程度养老保障，是一种强制性现收现付制社会基本保险；第二支柱是养老金给付与缴费水平挂钩，是一种强制性基金积累制的养老保障；第三支柱是为有需要而又有条件的个人提供更好的退休生活保障，是一种自愿性补充养老保障。很明显，这一多支柱体系的优点，首先表现在以统一的社会化的可兑现的契约预约的方式克服了亿万家庭千差万别的潜在经济供养矛盾，有效规避了不可预见的家庭代际传递的经济供养风险；其次，相对于单一的预期保障，多支柱体系还能有效地分散风险，如，一、二支柱相结合就能克服人口比例变化和金融投资的潜在风险；三是由于国家、企业、个人共同承担养老责任，有利于扩大养老保障覆盖面，还能减轻国家财政负担；四是通过引入激励机制和商业保险，有利于满足不同人群的不同需求，具有很强的灵活性。

二、加强社会保障体系特别是养老保险制度体系建设

1. 在我国，"第一支柱"支撑是建设国家基本养老保险制度体系。

进入21世纪，我国以"广覆盖，保基本，多层次，可持续"为原则，改革养老保险制度，加强多层次养老保障体系建设，而国家基本养老保险制度是第一支柱，也是最基本、最为基础的养老保障。我国基本养老保险制度改革建设的最终目标是，以解除所有国民老年后顾之忧、确保老年人生活质量为基本目标，以"统筹兼顾、循序渐进、增量改革、新老分开"为改革基本策略，分三步走（2008—2012，2013—2020，2021—2049），通过将现有各

种基本养老保障制度整合成职工基本养老保险、公职人员基本养老保险、农民基本养老保险三大保险制度与老年津贴制度（俗称"三险一贴"），同时维护家庭保障，发展职业性与商业性老年保障措施，建立起以缴费型养老保险制度为核心的多层次养老保障体系，到2049年将"三险"整合成全国统一的国民养老保险制度，并与老年津贴制度及相关服务一起，最终建成我国的基本养老保障体系。

2. 目前，我国政府主导的国民养老保障体系建设已见雏形，中国基本养老保障制度体系框架（见下图）已经清晰，必须坚定走此道路，尽快完善。

目前我国以省级为统筹基准的基本养老金制度已经建立，跨区域兑付与结算也在实践试验和完善中。但是，基于地区利益的截留或者不配合现象还普遍存在，全国范围可自由兑付的体制机制还没有建立起来，还制约着跨区域流动的老年人的养老金领取，严重影响了老年人的养老消费和晚年生活。随着我国综合国力的增强和人们自由选择养老地方和自由兑付养老金要求的不断增强，我国应加快基本养老金跨省转移的政策性与技术性问题的协调解

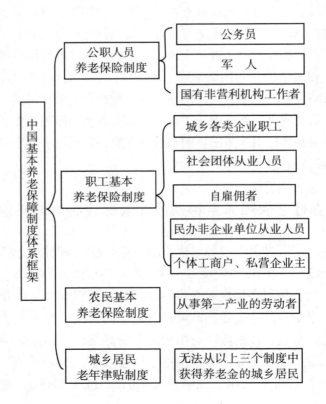

决步伐，如建立健全省级养老保险调剂基金，在基本养老保险基础上，建立企业年金，鼓励个人储蓄性养老保险，机关事业单位离退休人员费用最终过渡到由社会统筹、统一发放，从而为老年人从经济上自立养老夯实国家层面的制度和体制机制的基础。

目前，我国养老保障制度建设已纳入法制化轨道。《中华人民共和国社会保险法》已于 2010 年 10 月 28 日由第十一届全国人大常委会通过，自 2011 年 7 月 1 日起施行，其中关于"基本养老保险"已有明确规定：我国职工参加基本养老保险，由用人单位和职工共同缴纳基本养老保险费。无雇工的个体工商户、未在用人单位参加基本养老保险的非全日制从业人员以及其他灵活就业人员可以参加基本养老保险，由个人缴纳基本养老保险费。公务员和参照管理人员的养老保险办法由国务院规定。国家建立基本养老金正常调整机制，根据职工平均工资增长、物价上涨情况，适时提高基本养老保险待遇水平。个人跨统筹地区就业的，其基本养老保险关系随本人转移，缴费年限累计、分段计算，统一支付。国家建立和完善新型农村社会养老保险制度。"新农保"实行个人缴费、集体补助和政府补贴相结合，其保险待遇由基础养老金和个人账户养老金组成。符合国家规定条件的参保农村居民，按月领取新农保待遇。国家建立和完善城镇居民社会养老保险制度。各省、自治区、直辖市人民政府根据实际情况，可将城镇居民社会养老保险和新型农村社会养老保险合并实施。参加基本养老保险的个人，达到法定退休年龄时累计缴费满十五年的，按月领取基本养老金。基本养老保险基金出现支付不足时，由政府给予补贴。与此同时，各地各单位已开始对城乡老年居民实施高龄津贴。国家法律对基本养老保险的构成和操作等也作出了规定，实行社会统筹与个人账户相结合，根据个人累计缴费年限、缴费工资、当地职工平均工资、个人账户金额、城镇人口平均预期寿命等因素确定。

应该说，目前致力于建立的全国统一的国民养老保障体系，思路清晰、方向正确、法制完备、目标可期，孝养的社会基础得以夯实，在当代中国兴孝、行孝就有了物质和制度的支撑。这是国家对公民养老问题的责任体现和设计安排，也是每一个都会面临养老安排的人所应当及早谋划从而也是可以亲身筹划的现实行动。国家整体设计公正的养老保障制度，个人及早亲自积攒安排自身养老经费，将养老问题的解决之道建立在国家社会集体的力量和自身努力的基础之上，这样就能筑牢现代社会弘孝、兴孝、行孝、享孝的物质基础。相较于传统的所谓"清官难断家务事"的代际经济供养的揪扯不清，现代养老上基于自身预期安排和国家制度保障，就更为可靠了，这也体现了现代文明的进步。

三、规范社会养老保险，确保统账结合模式可持续发展

中国目前实施的是社会统筹与个人账户相结合（统账结合模式）的基本养老保险制度，做实个人账户以确保老年投保人在取保时确有预期的养老保障经费和这一制度的可持续健康发展是核心问题。要健全国家基本养老保险制度及其运作机构的管理体制与运行机制，促使各方深化、细化财产收益与义务付出的核算，特别要规范和重点加强对社会养老保险机构的服务与受益人的经济核算，确保老有所养经济约定的公正执行和保险经费的落实。

1. 我国基本养老金制度体现社会主义的均衡化原则，是鼓励和支持老年人安心长寿的制度。

我国法律统一而明确地规定了基本养老金的核算。养老保险的交纳年限为180个月即15年时间，可以多交，到时就可以多领取。同时，养老保险可以累计计算交纳年限，即使断断续续交纳也是被允许的。医疗保险交纳25/30年，达到退休年龄就可以申请享受养老金待遇。我国目前法定退休年龄为男性60岁、女性55岁，从事高风险工种、失去劳动能力等特殊情况可以申请提前退休并领取养老金待遇。退休领取养老金的计算公式为：社会平均工资（以省、自治区、直辖市为单位）*20%＋个人账户*1/120之和。交纳时间段和档次一般为当地最低生活水平左右。国家推出基本社会保险制度的目的是解决人们将来的养老问题，体现社会主义的均衡化原则，而不是拉大差距，进而制造矛盾，所以就算交得再多，都规定了上限。如果想提高养老品质，可以在购买"社保"的基础上，再根据自己的实际经济情况购买一定的"商保"作为补充。由此可见，社会统筹与个人账户相结合（统账结合模式）的基本养老保险制度，体现了社会主义的均衡化原则，是保障和促进国民健康长寿的先进制度。

2. 我国基本养老金因历史和政策的原因，存在着空账缺口，需要也可以化解支付风险。

根据中国社科院发布的《中国养老金发展报告2012》，2011年我国收不抵支的省份有14个，收支缺口达到767亿元，高于2010年。在32个统筹单位中（31个省市区加新疆建设兵团），如果剔除财政补贴，2010年有17个收不抵支，缺口达679亿元；2011年收不抵支的省份虽然减少到14个，但收支缺口却高于2010年，达到767亿元。中国养老金收支都在增加，但支出大于收入，导致缺口扩大。做实个人养老账户成为不可能完成的任务。2011年记账额

达到24859亿，空账额达22156亿。个人账户空账额继2007年突破万亿大关后，再次突破2万亿。也就是说，大部分个人账户是空账，随着老年人口增加，额度还在继续增加，目前的养老一族用的是未来一族养老的钱。①

应该说，养老金债务是世界难题。欧盟养老金债务是其GDP的5倍左右。其中法国2011年退休人员约占全国人口的23.8%，按照最乐观的经济预期，2030年法国国家养老金赤字也会上升至700亿欧元，超过目前一倍以上。因此，深陷债务危机的西班牙、希腊等国家已经提出削减养老金数额、延长退休年龄等措施。这些做法值得我们研究借鉴。

在应对养老方面，日本可以作为我们的前车之鉴。长期以来，日本形成了一套储蓄、债务、支付的循环体系，以支付养老金。日本是世界上负债最多的国家，每年大约一半的年度政府预算用在支付养老金和利息上。日本一直是一个高储蓄率国家，国民热衷于储蓄以应对不确定的未来。在这一点上，我国民众有相似之处。但是日本国内的养老金计划规定每人必须购买大量的政府债券，加上日本国债未发生兑付危机，因为日本政府债务的债权人95%都是本国人。这些又是我国难以做到的。因此，我国不能走日本这样基于国民素质和强制政策仍难以为继的应对养老金困局的路子。

3. 降低国家基本养老金支付风险，消除空账，可采取包括延迟退休年龄等多种手段。

有专家提出，延长工作年龄，也有专家提出，将外储或者大部分国有资产划归社保基金，将地方社保基金投入股票市场等资本货币市场，以增加收益率。进行社保金投资，将外储收益、新增国资及其收益等划归社保，不失为消除或填补空账、降低支付风险的理想化方法。然而，投资有收益也就有风险，不可能是只赚不赔的生意，但是社保金是"养命钱"，经不起亏损，因此，只能在民营或商业化操作的层面进行。国家和政府层面只能经营国债，以保值或取得微利。将外储及其收益划归社保基金，虽然想法很"正义"，但是面对国际强势政治及金融格局，以及经营经验及能力的考验，这也不是很现实的选择。而将新增部分国资及其收益划归社保就成为现实的选择，但这需要权衡发展和保障的关系，恰当合理地出台政策。其实，面对居高不下的储蓄率，政府将增加发债、金融投资品以供居民进行金融储蓄，不失为一个重要的途径和方法。同时通过市场，发展形式多样的投资品如收藏品等以供投资者进行实物储

---

① 叶檀：《中国储蓄率不可能下降》，《解放日报》2013年1月14日。

蓄，也是重要的选择。但是，这方面国家要本着保障居民养老的理念，出台政策杜绝负利率、增加投资品种的信用度、安全性，善待居民储蓄，保护养老金投资行为及其收益。

关于延长退休年龄以延缓支付风险的话题一经提出，就引起各方热议甚至诟病。我们认为，这是一个科学而负责任的思路。西方国家相关的成绩和弊端都可以促使我们认真思考。其实适当延迟退休年龄是尊重人们劳动权利和适应社会进步的正当性措施。无视人均寿命在延长，身心健康水平在不断提高，而继续维持甚至压缩退休年龄，不仅限制了人们通过劳动获得收益的基本权利，浪费了宝贵的人力和人才资源，甚至是一种鼓励不劳而获、加剧基本养老金支付风险的非正义性言行。我们认为，一些人所担心甚至诟病的主要是基于职业和阶层的制度性腐败、既得利益格局的固化和强化。这确实是值得严肃对待和科学设计的。而这在以公平正义为本质特征的社会主义制度下又是完全可以克服的。

4. 大力发展职业保险和商业养老保险，提高养老保障水平。

就多层次的老年保障体系而言，我国特别需要将有关福利政策与家庭政策和家庭保障有机结合起来，尽可能地使家庭保障功能得以延续与维系；同时，还需大力发展包括职业年金、企业年金及其他可以为老年人提供生活来源的职业性养老保障，鼓励通过商业性人寿保险以及其他市场购买方式获得老年经济保障，加强养老经济保障。就养老的经济保障而言，做实个人账户、发展职业保险和商业保险，把养老金握在个人手中才是真正保险的。

第二节　将社会化、市场化、产业化作为解决养老问题的重要手段

目前，针对适应和满足巨量的多层次的社会养老需求，我国老龄产业已呈加速发展态势，但主要表现为加快建设经营性社会养老机构，提供的服务也只是初步的生活保障。事实上，老年人的保健、治疗、护理及康复以至于娱乐和精神追求，是一个整体、连续的需求链条和服务体系，由此也可以形成一个完整的老龄产业链和产业集群，应倡导老年医疗机构、社区卫生服务中心（站）、老年护理和康复机构、文化服务单位及相关社会组织等分别参与、共同承担。

一、目前影响我国老龄产业发展的主要因素分析

目前影响我国老龄产业发展的因素主要包括：

1. 体制性障碍。

老龄产业的性质徘徊在事业和产业之间，老龄产业中的非竞争性行业和竞争性行业区分不明确，缺乏政府介入还是市场介入的边界划分。尤其在养老服务行业，民营资本在融资服务、财政支持、土地使用、医保定点等方面先天不足，享受不到公办机构的优惠政策，无法平等参与竞争。[①]另外，我国政府职能部门在老龄产业的管理上处于条块分割、多头管理的局面，易造成管理上的真空和职权的交叉，缺乏相互协调，政策制定和执行效率低下。一是缺乏总体规划和宏观指导。政府在发展为老服务产业战略中职能的缺失。政府对老龄服务产业的双重属性定位认识缺失，没有制定老龄产业发展规划及推动产业发展的制度体系。老龄产业管理滞后，缺少有力的行业监管机构，缺乏统一的市场规范和行业标准，市场处于无序运行状态。二是专业服务人员缺乏，服务人员的素质参差不齐，老龄服务的数量和质量都远远不能满足市场需要。[②]三是老龄产业缺乏相应政策支撑，老龄产业投资动力不足。老龄产业资金投入大、盈利低、回收期长，缺乏产业发展的优惠政策和配套措施，有利于老龄产业发展的政策难以落实、环境尚未形成。

2. 传统观念的影响。

一是长期形成的福利化养老的认识误区影响了养老服务社会化、产业化的进程。有关老年产业的性质究竟是盈利还是福利，抑或兼而有之，仍是个长期争论的话题。二是对非公有制经济的错误认识影响了养老服务社会化、产业化的进程。害怕非公有制经济进入老龄产业领域会损害老年人的利益。三是老年人的消费观念影响老龄产业市场的形成。老年人重积累、轻消费，重子女、轻自己的传统观念很难在短期内改变，直接影响老年人的消费增长。

3. 老年人消费能力不足的影响。

与发达国家相比，我国老年人消费能力还十分有限，虽然老年人口数量巨大，但实际有效需求受到多方面因素削弱。首先，我国的老年人现在消费主要靠退休工资，退休职工处于相对"贫困"境地。其次，广大农村老人原先没有

[①] 陈勇鸣：《老龄产业：中国经济新的内需增长点》，《中国社会报》2012 年 11 月 16 日。
[②] 陈勇鸣：《老龄产业：中国经济新的内需增长点》，《中国社会报》2012 年 11 月 16 日。

养老金，现在逐步实现"新农保"，保障水平低，制约了消费。[①]再次，传统的"勤俭节约"思想在老年人心中根深蒂固，他们往往把有限的养老钱和房产留给子女或给第三代消费，转移了老年人的有效需求。现有老龄产业的产品质量不高，许多劣质产品和服务严重打击了老年人消费的积极性，也是目前重要的影响因素。

二、统筹老年事业和老年产业，以提高老年生活质量和寿命期限为根本

1. 明确目的，以老为本，大力发展老年产业。

老年产业是以发展满足老年人特殊需求的养老服务设施、日常生活用品和社区服务、娱乐业的新型产业，亦称"老龄产业"、"银色产业"、"银发产业"，是人口老龄化的必然结果。老年人口在总人口中的绝对数和比例不断增加，带来了一场深刻的人口革命。当前，我国老年人口迅速增长，而且高龄老年人口增长速度又大大快于低龄老年人口增长的速度。据推算，2015 年仅我国老年人护理服务和生活照料的潜在市场规模将超过 4500 亿元，老龄产业前景广阔。在新的形势下，随着公众老龄意识的强化，政府的大力推动，一系列不同层次的相关政策出台，为中国养老保障制度和老龄事业的发展提供了极好的机遇。如何鼓励社会资本投入老龄产业；如何引导老年人合理消费，培育壮大老年用品消费市场；如何拓展适合老年人多样化需求的特色护理、家庭服务、健身休养、文化娱乐、金融理财等服务项目，都将成为今后老龄产业的发展方向。

2. 老年产业发展与老龄事业建设相互促进，实现"共赢"。

老龄产业要求发展为老年人口提供产品或服务、满足其衣食住行用以及精神文化等方面需求的综合性产业体系，包括老年产品制造业、老年生活护理服务业、老年金融保险业、老年休闲服务业、老年房地产业等。中国人口老龄化具有高速、高龄，基数大、差异大，社会养老水平低、社会保障低以及老龄化城乡倒置等特征。人口老龄化对劳动力市场、养老模式、社保体系、社会消费、储蓄倾向及模式都会产生巨大影响。发展老龄产业是启动内需，确保经济增长的重大举措。国家民政部的调查数据表明，2010 年我国老年人口消费规模超过 1.4 万亿，到 2030 年将达到 13 万亿。从供给看，全国老龄委调查数据显

---

① 陈勇鸣：《增加老龄产品的有效供给》，《文汇报》2012 年 6 月 4 日。

示，当前国内市场每年为老年人提供的产品与服务总价值不足 1000 亿元，甚至形成"厂家不愿做，商家不愿卖，消费者无处买"的怪圈。与老年服务业密切关联的上游产业，包括老年健康医疗用品产业、老年食品保健产业、老年生活用品产业、老年居住建筑产业、老年复健及辅助用品产业、老年休闲娱乐用品产业等更是严重缺乏。此外，老年旅游、老年教育、老年保险、老年财务规划、老年后事规划等软性产业领域也处于空白或低水平开发阶段。[①]

三、开拓发展我国老龄产业和老年服务业的建议

针对我国老龄产业的现状，着眼于老龄产业的发展趋势，我们认为：

第一，必须将发展老龄产业置于国家战略高度来认识，制定我国的老龄产业发展规划。将老龄产业纳入新兴产业发展序列、国家产业发展规划，提升老龄产业在国民经济中的地位，大力发展以高品质实用性为主的老龄制造业、以自动化可及性为主的老龄高新科技产业、以专业化便利性为主的老龄服务业，扩展老龄关联产业、延伸老龄产业链。[②]

第二，正确区分老龄事业与老龄产业、竞争性老龄产业与非竞争性老龄产业的政策界限。老龄事业与非竞争性老龄产业应由政府提供或政府购买。老龄产业应在政府支持引导下，主要由市场配置资源。从政策上引导民间资本流入养老产业发展，一要制定老年产品税收减免政策和非公有制养老服务机构税负减免政策。二要出台养老机构、老年产业用地优惠政策，非公有制养老服务机构用水、用电、燃气、电信的优惠政策。全国公共交通、旅游景点对老年人的统一优惠标准。三要实施补贴政策，采取技改贴息、贷款担保、资本金注入和政府采购等措施。四要鼓励社会对养老服务机构的捐助。

第三，加快养老设施建设。一要加快机构养老设施建设，鼓励各类资金（包括保险资金）投资养老服务机构。培育一批有资质、有能力、有品牌的养老设施专业运营机构。政府应尽快研究出台相关的法规制度，明确养老实体产业土地性质、行业标准和经营模式标准，适当给予商业养老实体产业一定的税收减免等优惠政策。二要加快实施无障碍化改造工程。制定适合国情的国家通用标准，着力打造老年人宜居社区。居家养老与老年住宅改造维修相结合，配

---

① 陈勇鸣：《老龄产业：中国经济新的内需增长点》，《中国社会报》2012 年 11 月 16 日。
② 陈勇鸣：《增加老龄产品的有效供给》，《文汇报》2012 年 6 月 4 日。

以家庭福利服务和紧急呼叫系统等社会支持。三要积极发展老年公寓、两代居、电梯房。鼓励子女与父母就近居住，凡是子女与父母住房买在一起的，政府交易税免征或至少减征 50%，与 70 岁以上老人同住或就近住的子女，可减免个人所得税或优先购买经适房等。借鉴欧洲国家经验，将已有的多层房改成电梯房，既启动内需，又造福于民。①

第四，规范老龄市场秩序。建立老龄产业市场准入制度、老年产品和服务质量标准，严格规范市场管理与运作，加强产品的检查与认证，构建老龄产品和服务的诚信体系，严厉打击危害老年人权益和利益的行为。

第五，积极拓宽养老资金筹划渠道，积极创新市场化融资新渠道，引入ABS（资产证券化）、BOT（私人资本参与基础设施建设）等项目融资模式以及住房抵押养老、联贷联保贷款等债权融资模式②，如发展住房抵押养老。在此基础上，发展我国住房反向抵押贷款。

第三节　借鉴布鲁斯坦的"义务"理论，倡导签订家庭赡养协议

尽管有了国家支持的养老保险制度的支撑，个人的养老物质基础、经费支出有了一定的积累保障，但是，养老在更多的家庭和现阶段的中国，还主要是以家庭养老的方式来实现的。这就绕不开家庭代际供养的问题。在"孝"的经济上供养问题上，家庭代际间要算明大帐，对于父母辈抚养与子女辈赡养的责任、义务的相应转换，国家要提供法理支持、舆论引导和制度支撑。

一、区分代际互养的基本权利与基本义务、相对权利与相对义务

1. 家庭代际互养权利与义务的认识与认定：中西方差异。
中国受儒家伦理传统的影响，首先考虑的是人的义务而不是权利。这正是

---

① 陈勇鸣：《增加老龄产品的有效供给》，《文汇报》2012 年 6 月 4 日。
② 陈勇鸣：《增加老龄产品的有效供给》，《文汇报》2012 年 6 月 4 日。

东西方文化的差别。在西方以个人权利为中心，总体上讲，孝道作为一项义务在西方是没有得到认可的，而儒家文化则将之视为不证自明的道德义务。由于中西方文化差异及其哲学背景的不同，导致了最为关键的价值观的差异。西方思想价值体系着重推崇个人自由和个人平等的价值观，儒家则着重推崇孝、家庭、忠义、克己奉公等价值。这两种价值之间存在一定的张力，如是就有了孰优孰劣的问题，有了百余年来国人难解的心结。杰弗里·布鲁斯坦认为，同一个价值思想体系不可能同时强调这两种价值，但可以同时并存、相互矫正、互为补充。这里，杰弗里·布鲁斯坦向我们展示了一种方案，一种心态平和的关于家庭代际权利与义务偿付的方案。沿此思路，我们可以有更多思考和收获。

杰弗里·布鲁斯坦对孝道问题做出详尽而有力的论述。他把人的"义务"区分为两种：一是感激性义务，另一是还债性义务。他认为，在家庭内部代际间生与养的感恩认识上，子女对父母应尽的是一种感激性义务，子女可以通过语言或行为向父母致谢，而父母无权向子女索还恩惠。一个人可以是父亲、丈夫、儿子、兄长等，这些关系决定一个人的道德义务和要求。人有义务在自己有条件时帮助那些需要帮助的人，父母当然有义务帮助年幼的子女，养育年幼的子女。虽然养育子女是父母的义务，但这并不意味着子女可以不赡养父母，因为子女同样有赡养父母的义务。因此，恩惠和对所受恩惠的感激并不是孝道的唯一基础。孝道的基础在于，现代人类的社会关系是一个权利与义务互相依存的整体。

2. 相对区分代际互养的基本权利与基本义务。

如现代国家一般将公民的独立生活能力形成定位在年满18周岁，也就是说，在父母子女互养方面，父母应尽到养育子女至18周岁的义务，而父母在年老即一般在年满60周岁后获得子女赡养的权利。这是社会的基本约定。但是，有时受各种条件的限制与影响，可能子女在18岁之前就面临不得不提前承担独立生活自养的情况，如家庭负担过重，或者父母一方过早丧失劳动能力或病重、致残甚或死亡等，致使家庭不能完全尽到养育子女至18周岁的义务；也可能出现由于家庭经济能力许可或者父母坚持满足超期供养子女就学，如供子女上大学甚或攻读研究生以至于提供出国进修深造的经济供养的情况。这就出现了如何实现代际供养的权利与义务的大致计算和偿付问题。

目前，我国只有对不履行养育和赡养义务的法律惩处的大致规定，而在道德层面，一般社会舆论大体原谅因故不能完全履行养育义务的情况，更赞赏超能力供养而不要求对应报答的情况。但是在经济报偿方面，大多数人并没有认真计较超出基本义务的供养与应当获取超值回报的问题。在西方，子女上大学或进一步深造，费用基本立足于自身选择，进而自我决定申请专门贷款并在毕业工作后以自身收入偿还。而在我国，这部分的支出基本由父母和家庭偿付。父母或家庭做出这样的决定和支持，当然有获得超值回报的期待，但是是在牺牲家庭现实利益和生活质量基础上，基于为子女和家庭前途着想而做出的单向度贡献，也就是基于美好愿望而做出了超出基本义务的贡献，但事实上，多数父母或家庭并没有获得可兑现的超值回报。由于追求或适应高起点的生活品质的要求，多数受到超值养育、供养义务的接受者并没有实现对父母和家庭的超值权利回馈。特别是被送到国外深造的青年人，在谋身立足不容易或者寄望更高起点的生活压力面前，不能在父母有生之年实现有效回报。反而由于掏空了家庭的经济能力而将父母的养老问题和家人的生存发展困难留给了国家和社会。这种情况大量地存在却没有受到追偿和谴责。为此，应倡导区分"感激性义务"和"偿债性义务"，以大致清算父母子女间的正常的权利与义务的偿付、超值的供给和相对回报。如果说，父母子女间正常的权利与义务的偿付有国家的法律来调节，那么，对于超值型的权利与义务的偿付就应当有合同性的约定，以便于引导和约束。

3. 要核算经济大账，实现家庭代际间供养的责任与义务互偿。

在这方面，尽管中国人习惯于模糊处理，但是古人在关于孝养的教化中还是有很好的理论逻辑可供借鉴。如孔子回答为什么要"守孝三年"，其理论逻辑就是父母孕育和抚养毫无自理能力的子女时至少有三年是纯付出的，因此，父母辈在逝去的三年内理应得到子女的祭祀供奉和有仪式的实际行动与追思。但是在关键的关于养老的经济供养问题上，国人的传统是用"养儿防老"的大道理启迪子女辈的养老孝心，极力暗示和用强大的社会舆论感召子女辈做出经济上的付出与回报，却很少认真地计较子女辈在经济上养老的落实情况。

其实在现代法治社会，对于家庭养老的代际抚养和赡养责任、义务的传递，国家应理直气壮地支持，提出原则意见、作出法律支撑安排。其中关键是要借鉴和引进与市场经济体制相联系，体现经济利益代际让渡的新的伦理原则。要研究父母子女辈之间的投入与产出、付出与回报、成本与收益的关系问题，运用"感激性义务"与"还债性义务"理论，双向引导和制约"基本投入"与"基本回报"，"超常投入"与"超常回报"。这方面我们可以借鉴西方有关理论与经验，也可以研究和推广武汉市鼓励签订家庭养老协议书的做法。

二、签订家庭养老协议书在中国尤其在农村是难得的尝试

1. 湖北省武汉市签订《农村家庭赡养协议书》的试点。

从 2002 年起，武汉市老龄委在黄陂区祁家湾街实施《农村家庭赡养协议书》试点，由此以来，老年人生活上安全感、精神上慰藉感明显增强。2005 年武汉市老龄委宣布，在全市 6 个远城区有老人的家庭，全面推行《农村家庭赡养协议书》。如果子女不按照协议书善待老人，村委会或村老年人协会将帮助老人维权。《农村家庭赡养协议书》的主要对象为：老年人生活无保障有签订要求的；子女间有能力赡养但相互推诿的；子女有能力赡养但不能很好履行赡养义务的。

《协议书》除了书面对赡养人应提供的经济供养、生活照料和精神慰藉等方面的内容进行约定外，还对农村老人与子女容易出现的 4 类纠纷进行了特别约定：赡养人不得以放弃继承权、被赡养人婚姻关系变化或其他理由拒绝履行赡养义务，不得强行将有配偶的老年人分开赡养；赡养人应当保证被赡养人的生活水平不低于家庭其他成员的平均生活水平；赡养人为被赡养人提供的住房居住面积应不少于家庭成员的平均居住面积，赡养人不得侵占被赡养人自有或承租的住房，不得擅自改变产权关系或者租赁关系；被赡养人生病时，赡养人应当及时安排医治和护理等。该《协议书》一式多份，由赡养人、被赡养人签字，并经村民委员会或村老年人协会见证签字后生效，具有法律效力，3 至 5 年续签一次。

2. 山东省巨野县家庭"养老协议书"签订率 100%，值得推广。

据《中国菏泽网》2012 年 8 月 10 日消息 报道：近年来，巨野县民政局、老龄办、司法等部门在农村联手推行协议养老制度，家庭养老协议书签订率达到 100%，使全县 10 万名农村老人的养老问题得到有效解决。该县在推行家庭养老协议书过程中，民政局、老龄办与司法局联合出台专门文件，明确规定了协议养老的对象、条件、供养标准，使农村养老问题不仅有了"定性"要求，而且有了"定量"指标。家庭养老协议标准的确定，由村居两委在广泛征求群众意见的基础上提出，经村民大会讨论通过，协议由赡养人、被赡养人自愿签订；同时，为促进协议养老制度的深入开展，在充分发挥农村党员干部模范作用的基础上，进一步创新工作方法，在青年夫妇中推行《新婚夫妇养老敬老承诺书》制度，即凡是办理结婚登记的男女双方，随同签订一份养老敬老承诺书，与其他资料一起存入个人新婚档案。目前（2012 年 8 月），全县已有 2028

对新婚夫妇签约。全县农村家庭因赡养问题引发的矛盾纠纷不足 10 起，同比下降了 80% 以上。[①]时代发展到今天，以孝道传统闻名的山东老区也引进和推行充满现代性的"家庭养老协议书"，值得称赞和推广。

3. 依法养老：社区签居家养老协议书也是大势所趋。

据《老年时报》报道：为了探索居家养老模式，使老年人在家里幸福度晚年，天津市南开区建立了一条以签订养老协议、政府监督执行的居家养老制度，倡导中青年夫妇与父母、公婆或岳父母签订《居家养老协议书》。主要包括五方面内容：一是依法履行赡养老人的义务，孝敬父母、公婆，做到敬老、爱老，彰显亲情孝心；二是安排好老人的生活，使他们身心健康；三是经常与老人沟通感情，使老人享受到子女关心，不产生失落、孤独感；四是鼓励老人在自愿的前提下，关心国家大事，参加社区组织的各种有意义的活动，使生活丰富多彩；五是老人在享受晚年的同时，在力所能及的情况下为青年人料理家务、照看子女，做到互敬互爱，使儿女们能够安心工作，感到家庭的温暖。无论老幼中青都为建立一个幸福美满的家庭、平安和谐的社会贡献自己的力量。该协议书一式二份，分别由签订人、居委会各执一份，以促使夫妻双方更好地孝敬老人。签订了协议书的夫妇将接受区老龄办和社区居委会的监督，如有违反将受到道德谴责，情节严重的还将受到法律制裁。[②]

基层干部普遍认为，签订养老协议一方面宣讲有关法律法规，弘扬尊老敬老养老的优良传统，提醒中青年夫妇自觉敬老养老，另一方面也有助于化解由于赡养问题引起的社会矛盾。我们认为，所谓"先小人，后君子"，倡导签订家庭协议书很有必要。与其碍于情面而不有言、有约在先，待到家庭养老问题出现后，纠缠于亲情道义之间难以廓清，还不如首先明确养老责任，有约在手，于法有据，内外督促。可见，签订家庭养老协议书是强化居家养老功能，加强制度约束，推进依法养老的必要手段，其实，这对于减少家庭纠纷、维护家庭亲情才能真正起到积极作用。

---

① 《巨野县家庭"养老协议书"签订率 100%》。
② 《依法养老：社区签居家养老协议书》，《老年时报》2007 年 1 月 15 日。

第十章　社会学维度

　　从促进家庭和社会代际和谐的社会学维度，顺应中国社会结构的根本性变革，确立"应对老龄化"国策，在充分发挥家庭和社会组织作用的基础上，由政府主导构建多层次、全覆盖的国家养老服务体系。

　　我国将基本建立起以居家养老为基础、社区服务为依托、机构养老为补充，资金保障与服务提供相匹配，无偿、低偿和有偿服务相结合，政府主导、部门协同、社会参与、公众互助，具有中国特色的社会养老服务体系。围绕促进实现这一宏伟目标，国家应从战略高度出台支持政策，而我们的研究和服务则须深入到家庭、社会内部，充分考虑到各个环节的不同情况，提出务实措施，将养老服务工作落到实处。

第一节　应尽快确立"积极应对老龄化"基本国策

　　我国在中等收入情况下快速进入老龄化社会，与发达国家相比，我国养老问题更加严峻：政府支持的养老服务覆盖面窄，公共财政对养老投入不足；社会力量投入养老服务严重滞后，并存在许多障碍；老人的精神文化生活贫乏，心理和感情难以得到慰藉；高龄老人的养老、看护、医疗存在巨大的缺口和压力；三分之二的老年人分散在乡村，他们的养老服务问题的结局更为困难。为此，要从战略层面高度重视并充分地认识，当前中国社会的老龄化与社会结构的根本性变革相叠加所带来的养老问题的严重性，将"积极应对老龄化"确立为基本国策之一。

一、确立"积极应对老龄化"国策，持续健康延续"人口红利"

改革开放、计划生育，两大国策相继实施、持续发力；改革开放激发的创富活力迸发，计划生育带来的"人口红利"的释放，中国经济社会发展进步程度空前、成就巨大、举世瞩目。改革开放以来中国经济年均增长10%，其中抚养比不断下降的人口红利贡献了20%，即每年2个百分点的平均增速。[①] 改革开放，随着社会生产力的迅猛发展，也造就和形成了中国的工业化社会结构，从而彻底改变了中国自周秦以来3000余年超稳固的农业社会结构。由于人口发展规律的作用，我国育龄妇女总数、劳动年龄人口总数、人口总负担系数和城乡人口比例相继出现拐点，给经济社会发展带来重大而深远的影响。

同时，中国社会"未富先老"状况也不期而至，而中国社会结构的根本性变革与老龄社会的形成的时间节点都定格在1997年。国家统计局2013年2月18日发布的数据显示，2012年末，中国大陆总人口135404万人，其中，60岁及以上人口19390万人，占总人口的14.3%；65岁及以上人口12714万人，占总人口的9.4%；我国15-59岁劳动年龄人口为93727万人，比上年减少345万人，占总人口的比重为69.2%，比上年末下降0.60个百分点。此前，在2011年，我国劳动年龄人口比重自2002年以来首次出现下降，这一历史性拐点，意味着年轻人需要抚养的老年人、未成年人总人口的比重上升，即人口抚养比上升，劳动力短缺的情况将会日益严重，这将使得中国经济过去赖以快速增长的人口红利窗口加快关闭，意味着过去支撑中国经济高速增长的人口红利因素逐步消失。

2007年中国人口发展战略报告曾预测，全国总人口将于2010年、2020年分别达到13.6亿、14.5亿，2033年前后达到峰值15亿人。而实际情况是，2010年的人口普查数是13.4亿，比预计的少了2000万人。而中国发展研究基金会发布的报告则预计，中国总人口负增长将在2027年到来。相应的，劳动年龄人口在"十二五"末期的2015年或者更晚才会出现负增长。而国家统计局2013年公布的数据显示，我国劳动力人口总量下降已提前3年出现。劳动力总量的下降，意味着过去支撑中国经济高速增长的人口红利因素逐步消失。"人口红利"一般用非劳动年龄人口与劳动年龄人口（15-59岁）的比例来测

---

① 定军:《劳动力总量首现下降 人口红利窗口加速关闭》,《21世纪经济报道》2013年1月21日。

算。这意味着劳动力总量大，需要抚养的人数相对较少，人口总抚养比下降，进而使得储蓄率高，投资率高，促进经济快速发展。较低的人口抚养比因素，在我国改革开放以来年均 10% 的经济增长中，提供了 2 个左右的百分点，这个因素消失后，支撑中国经济的增长动力将减弱，增速将降低。[①] 2010 年我国的这一比例开始上升，2010 年为 42.5%、2011 年为 43.2%，2012 年则进一步上升到 44.4%。这说明人口红利的窗口关闭已经发生，人口红利正逐步消失。

目前中国仍有 9 亿多劳动力，这仍然是最大的人力资源优势，需要尽快通过提高劳动生产率，提高人们的教育技能、就业方式等，灵活适当地调整经济发展方式，变人力资本为人才资本，进而延长中国的人口红利。

二、尊重科学规律，优化家庭和代际关系，完善计划生育国策

针对目前劳动力总量下降的变化，在坚持计划生育基本国策的同时，应研究制订适当的科学的人口政策。在劳动力总量下降情况下，在执行计划生育国策过程中实施结构性调整很有必要。目前国家统计局普查公布的总和生育率是 1.18，即一个妇女一生生 1.2 个孩子，考虑到漏报的因素，这个数字应该在 1.5 左右。即便如此，人口总数最快进入负增长的时期可能会提前到来。事实上，我国已有部分省市的人口发展已进入负增长。调整优化计划生育政策已是大势所趋。计划生育政策的调整是一个缓慢的结构优化的过程，可以先让城市中一方为独生子女的夫妻生 2 个孩子，然后过渡到每对夫妻都可以生 2 个孩子，据有关测算，即使现在全国城乡放开二胎，到 2030 年我国的人口总数也不会突破 15 亿。[②] 目前优化我国计划生育政策，应全国统一执行，奖励生一胎，允许生二胎，严格禁止二胎以上生育。

三、传承弘扬孝文化、创新构建新孝道，服务"积极应对老龄化"

与经济市场化和社会的现代化相适应，当代中国的人口结构、家庭结构及代际关系、生产组织和就业结构、社会组织和生活方式、职业和收入匹配状

---

① 定军：《劳动力总量首现下降　人口红利窗口加速关闭》，《21 世纪经济报道》2013 年 1 月 21 日。
② 定军：《劳动力总量首现下降　人口红利窗口加速关闭》，《21 世纪经济报道》2013 年 1 月 21 日。

况等都发生了深刻变化，特别是受计划生育政策、男女平等原则与婚姻制度以及人们价值观念等因素的影响，中国当前和今后一个相当长的时期，经济社会的发展面临重大机遇和严峻挑战，老龄化将成为长期性的重大问题，需要确立"基本国策"予以应对。传统孝道，这一解决中华民族千百年养老问题的法宝，其生存基础和延续环境面临重大挑战。然而，我们说，正是由于工业化带来的创富能力和人们联系社会化的普遍增强，特别是家庭的核心化简化了家庭代际互养关系，也给弘扬、创新和落实孝道带来新机遇。我们有可能也应当在实施"积极应对老龄化"国策的过程中，构建中国特色社会主义新孝道，使之与应对老龄化协同作用、互为支撑、良性互动、共同发展，以解决现实养老大问题、助推构建社会主义和谐社会，形成中华特色新文明。

第二节　建立现代家庭制度，加强和完善家庭功能建设

国家要重视和完善家庭功能，主导和支持家庭制度建设，筑牢养老之基，明确家庭养老主体及其责任义务，鼓励和帮助老年人提升自养能力，特别要发挥好家庭成员照料失去自理能力老人和扶助高龄老人的作用。

养老之责，首在家庭；家庭养老之责，首在成年子女。创新弘扬"新孝道"的"根"和"本"也在于搞好居家养老。由于人均寿命的延长和家庭类型的核心化，当前中国的家庭结构发展趋势呈现出"421"的"倒金字塔型"格局，即4个老人（父母、岳父母）夫妻二人和一个孩子，甚至上面还有多名老人。如果说家庭养老是年轻人经济活动的"不能承受之重"，那么，生活照料和精神慰藉至亲老人则是晚辈的不可推脱之责。然而，要落实这一职责，就要深入研究家庭及婚姻家庭制度的来源、结构、功能和作用。

一、婚姻家庭是人类文明的产物和社会文明的标志

1. 我们常说"家庭是社会的细胞"，在一定意义上就是强调家庭这一社会管理的神经末梢，在人们社会生活和国家社会管理中的基础地位。

美国著名学者米奇·佩尔斯坦的力作《家庭解体，美国衰落》的研究和警示对我们应有警醒和借鉴作用。传统社会，家国同构，国家对社会成员的管

治，最终通过家族、家庭来落实，属于软性管理，家族、家庭在社会生产生活中的地位突出，被赋予一定的社会管理职能。在新中国实行计划经济和集权管理体制的一段时期，国家通过"组织、单位"服务和管理"人民"，家族逐步消失，家庭的功能、地位、作用被边缘化。现在法治社会和我国实行改革开放以来，国家直接对应公民，属于刚性管理，家庭进一步小型化，其地位、功能、作用事实上继续被边缘化。然而，在当前和人类发展可预见的一个相当长的历史时期，家庭仍然普遍存在，家庭在社会生活中的地位、功能、作用仍应受到重视和利用。要深入研究和建设"家庭"，就必须理清思路，家庭的地位如何决定其作用，家庭的作用如何又决定其功能，家庭的功能怎样又决定其结构，而家庭结构的核心在于人口构成及其代际关系。

2. 家庭是在婚姻和血缘关系基础上形成的共同生活关系的统一体，要倍加重视家庭功能建设。

人类两性关系、血缘关系进步到社会制度范畴的婚姻家庭，是一个复杂、曲折、漫长的过程。作为社会制度组成部分的婚姻家庭制度，总是以各种具体的历史形态存在于社会发展的一定阶段。从广义的婚姻家庭的概念和意义上，可将婚姻家庭制度分为群婚制、对偶婚制和一夫一妻制三种历史形态。恩格斯在《家庭、私有制和国家的起源》中指出："群婚制是与蒙昧时代相适应的，对偶婚制是与野蛮时代相适应的，以通奸和卖淫为补充的一夫一妻制是与文明时代相适应的。"恩格斯还对未来的婚姻家庭制度作了科学的预见，断言资本主义生产方式消灭后，必将出现与新的时代相适应的，婚姻自由、男女平等的真正的一夫一妻制的婚姻家庭。[①]

然而，在部分追求无产阶级革命的政党及其革命者中，由于受错误理解"无产阶级革命理论"的影响，加之战争时期个人工作、生活被高度组织化的惯性思维，以至于新中国成立后进入和平发展时期，仍然不能正确对待"家庭"及其内在正常要求。就政党和国家而言，极端理解并执行的有柬埔寨的"红色高棉"，他们曾经一度禁止血缘家庭及其家庭制度。就我国而言，在"亲不亲阶级分"、"大义灭亲"、"有国才有家"、"公而忘私"、"克己奉公"等理念为主流的社会意识形态引导下，新中国成立后整个社会树立了"公"和"国"的理念，人们的思想觉悟和社会的道德水平确实得到了极大的提升，然而，个人的生活空间被压缩，家庭及其居家生活被极度边缘化。

①《婚姻家庭制度》。

受极左思想和行为影响，特别是经历"文革"浩劫，我国的家庭制度、家庭生活、个人生活空间，甚至饮食男女等日常生活方式都受到颠覆性影响，"孝子贤孙"被贬义化，"孝"从理论到实践完全被否定，"李玉和式的革命家庭"、"刑场上的婚礼"等被颂扬、提倡，甚至被要求持续进行"狠斗私字一闪念"，在公共舆论和革命环境的高压下，人们的思想与行为开始扭曲，一方面以左的思想和形象来要求自己并展示给他人，另一方面，由于特权与照顾制度的安排，他们中一部分人成为既得利益者并拥有优越感，利己主义思想与行为极度扩张，却掩压在"左"而"红"的形象之下。他们始终自我感觉站在思想道德的制高点上，特别是在市场经济建设取得巨大物质成功与精神领域社会世俗潮流"向钱看"泛滥并存的情况下，思想与行为极端扭曲，如李南央所述说的思想行为貌似极左实则极其自私的"母亲"①，生活中还有大量的各级特别是基层的老干部，自豪而不满地享受着一定的组织照顾，自恃曾经的贡献，自别自高于普通群众，对市场平等配置有关资源如生活津贴、养老保险、医疗报销、护理及津贴等，特别是现在正逐渐削弱剥离这些特权资源，他们感觉失落，有的甚至造成人格分裂。如果说李南央笔下的"母亲"是个极端，那么她确实在一定意义上代表了现实生活中一大批这样的"老马列"或"马列主义的老太太"的思想言行或者是思维方式、定势。因为曾经的贡献，他们感觉现在的国家和社会给予他们的任何补偿和关心都是应当的，稍有不满即义正词严地指责、索要，满口的道德高调，满脑的特权思想，如一些老干部家庭倾其所有供送子女或子孙赴海外留学、定居，而老干部自己则成为国家和社会的养老与照护的负担，其中一部分人还习惯性地顽固地认为或宣称世道变化不公，或向组织伸手，或责怪政府与社会。我们在机关事业单位访谈时经常碰到这样的议论，几乎每个单位都有这样的人物，当然是个案，但是反映一种依赖国家和社会的思维与存在。

我们在农村乡镇调研访谈时还经常碰到农村"五老"（老党员、老干部、老模范、老教师、老代表），他们都将自己与国家、公家紧密挂钩，但是一部分人也自私自利，甚至虚荣心作怪，有的甚至不甘于与普通群众特别是普通农民为伍，总想有所区别，哪怕是住什么样的养老院、还能不能看文件这样一些实和虚的问题上。有趣的是，这样一部分群体具有相当的相同特征，他们公开表达的思想与行为一般都站在思想道德的制高点，毕生奉献于工作和国家，乐于争名逐利于其中，事业成长与高峰时一般疏忽家庭责任和义务，也不善于处

---

① 李南央：《我有这样一个母亲》，《书屋》1999年第3期。

理家庭事务，特别是疏于亲子教育，后期将大量的精力与财力投入到家庭和子女身上，但往往得不到认可和回报，随着自身工作处境的被边缘化，特权越来越少，他们比一般百姓更容易陷入精神烦恼。

3. 正视当代家庭解构变化，加强核心家庭建设。

婚姻家庭制度确立后，家庭中成员相互作用、相互影响，形成相对稳定的联系模式或家庭结构，它包括代际结构和人口结构，主要包括两个要素：一是人口要素，即家庭由多少人组成，家庭规模大小；二是模式要素，即家庭成员之间怎样相互联系，以及因联系方式不同而形成的不同的家庭模式。家庭人口和家庭模式要素既相互联系又相互区别。一般来说，核心家庭人口较少，主干家庭人口居中，联合家庭人口较多。然而，由同样人口组成的家庭，因人和人的关系不同，其组成的家庭模式也可能不同。在世界家庭平均人口逐年减少的情况下，核心家庭已经成为各国家庭的主要模式。

在我国，除以核心家庭为主外，还有一定数量的主干家庭。根据家庭代际层次和亲属关系，我国的家庭结构大致可分为"核心家庭"（夫妻和未婚子女所组成，包括只有夫妻二人的家庭）、"主干家庭"（夫妻和一对已婚子女所组成，所谓三代同堂）、"联合家庭"（家庭中任何一代含有两对以上夫妻，包括组合家庭）和"单亲家庭"（孩子与父亲或母亲一方组成）四大类型。其他如"组合家庭"（由单亲家庭之间互补而组成的新家庭）往往家庭成员较多，关系复杂，矛盾特别是经济矛盾不易化解。我国实施计划生育和改革开放国策以来，随着社会和生产的迅速发展，由父母亲及孩子组成的核心型家庭成为主要的家庭组成形式。目前，我国核心家庭和主干家庭为主流，单亲家庭、组合家庭有所增加，联合家庭有所减少。现代家庭结构变化表现为：一是数量的变化，独生子女普遍化而造成的子女数量减少；二是家庭中心角色的变化，小家庭增多，转向以孩子为核心；三是经济结构变化，从相对贫乏到相对富裕，家庭生活水平明显提高，家庭成员需要水平也逐步提高。然而表现在家庭代际互养上，各类家庭或多或少都有"上对下的抚育、抚养"与"下对上的赡养、扶养"不对称的情形。对于我国多数家庭来说，父母往往养育子女一般达到18岁甚至更长，照顾也更为精心，全心付出的更多；而子女关心照顾父母，甚至是成年子女赡养老年人则总显得付出不对等、"赡养""扶养"尽心尽力不足，甚至因为为老人尽赡养义务或是生活照料、精神慰藉努力不够而留下终生遗憾的心理负担。古语云"子欲孝而亲不待"，说的就是这种情形。而对于特殊家庭如组合家庭来说，由于代际间关系和感情的不同，更容易产生"抚养"和

"赡养""扶养"以及其他方面的家庭矛盾。

二、高度重视和完善当前家庭的意义、功能与作用

1. 尊重和重视家庭基本职能，夯实家庭稳定的基础。

婚姻家庭基于自然属性所产生的职能主要有两个，即性爱和生育。婚姻家庭的性爱职能是以男女两性的性爱要求为基础的，男女之间的性差异是婚姻家庭得以产生的生理学基础。[1]如此，两性关系就成了维系婚姻家庭不可缺少的润滑剂，婚姻家庭没有此项职能也就失去了它存在的基础。在婚姻家庭产生以后，男女之间的两性关系必须以婚姻的形式出现。婚姻是男女两性关系的合法形式。婚姻形式以外的男女两性关系，通常不被社会所认可。也就是说，婚姻为男女两性的相爱提供了合法的形式和保障，而家庭则为男女两性的相爱提供了合法的场所。[2]

婚姻所带来的人口生产是人类种的繁衍在文明社会的重要表现，也是婚姻家庭的重要职能。婚姻家庭的生育职能即人口再生产的职能，是指婚姻家庭在人类繁衍发展过程中所起的作用。恩格斯指出："生产本身……有两种。一方面是生活资料即食物、衣服、住房以及为此所必需的工具的生产；另一方面是人类自身的生产，即种的繁衍。"[3]生育是两性结合的必然产物，是人作为自然界生物的本性体现。由于人的生育繁衍是通过家庭来实现的，所以，生育职能就构成家庭的一个基本职能，这也是婚姻家庭自然属性的表现。同时，人又是社会的主体，人口的再生产不可避免地要受到社会物质资料生产和包括生育观在内的其他社会条件的制约。因此，生育问题决不是一种纯自然过程，人口的生产和再生产是在一定的社会关系中实现的，婚姻家庭是人口再生产的社会形式。不同社会制度下，家庭实现人口再生产的社会职能有其不同的特点。在我国封建社会，统治阶级为了增加更多的劳役和兵役来源，采取立法强制人们早婚早育。但由于战乱不断，医疗水平低下，使人口再生产出现生育率高、死亡率也高的特点，人口增长十分缓慢。我国社会主义制度的优越性改变了人口再

---

[1]《家庭》。

[2]《人生·亲情》，网络。

[3]《家庭、私有制和国家的起源》，《马克思恩格斯选集》卷4，人民出版社1972年版，第4页。

生产的社会条件，尽可能使人口的增长同国民经济相适应。过去对此问题认识不足加上医疗水平的提高，使人口长期盲目增长，给我国的经济发展和人民生活带来了严重困难。因此，我国在今后相当长的时期内，必须有计划地降低人口的发展速度，实行优生优育。实行计划生育，是我国家庭的重要社会职能之一。[①]这个任务，便要由每个家庭和每对育龄夫妇来承担。

2. 要高度重视家庭抚养功能的建设开发。

家庭的抚养（保障）职能是指在家庭中，无经济能力的家庭成员依靠有经济能力的家庭成员的抚养。能够正常地维持生活的家庭抚养职能，是家庭的又一个基本职能。育幼养老，扶助缺乏劳动能力、又无生活来源的家庭成员，是我国家庭的传统职能，也是我国民众的优良传统。目前我国虽然有社会养老保障作后盾，但由于人口众多，每个人的能力千差万别，还存在一些需要经济帮助的人群。婚姻家庭在保障家庭成员基本利益方面所起的作用是其他组织所不能代替的。我国历来就有尊老爱幼，特别是孝敬老人的优良传统。婚姻家庭所具有的这一优良传统则赋予了我国婚姻家庭对家庭成员利益的保障职能。因此，我们强调一定范围内的亲属间，特别是家庭成员间具有相互扶养的权利义务，以保障弱势群体的生活，进而保障他们的人身和财产利益。这样，促进他们身心健康、延年益寿、家庭和谐幸福，就显得更加重要和突出。

3. 在当前情况下，促进社会的和谐与文明建设，要更加注重发挥婚姻家庭的社会职能即主要包括经济、教育、家庭保障等职能作用。

家庭的经济职能由生产职能和消费职能构成。家庭生产职能表明家庭具有一定条件下组织生产、经营的作用。家庭消费职能则表现家庭在任何条件下所具有的得以维持生存所必需的消费职能。婚姻家庭的经济职能在不同的历史时期，受不同生产方式的影响，会有不同的表现。在我国，婚姻家庭的经济职能主要表现为消费职能，而且一直占居主导地位。从新中国成立至改革开放前，这一点表现得非常突出。家庭的生产职能基本上没有任何发挥。改革开放之后，特别是我国实行市场经济以后，由于经济成分的多元化以及经营方式的多样化，使得我国目前婚姻家庭的经济职能呈复合式状态。在城市，绝大多数家庭的经济职能仍以消费职能为主，其生产职能已基本消退。家庭成员主要是通过参加社会化劳动而谋生，家庭主要起着消费职能的作用。但也有不少城市家庭如个体工商户、个人合伙组织等，则其家庭具有生产和消费的双重职能。

---

① 《家庭》。

家庭的生产职能在这些家庭中得到回归。在农村，由于实行家庭联产承包责任制，使得农民的婚姻家庭的生产职能又得以恢复，使家庭从过去单纯的消费组织转化为具有生产和消费双重职能的经济组织。我国目前家庭经济职能呈复合状态，特别是一定家庭其生产职能的恢复，说明家庭作为社会生产经营的经济单位，在现代社会中，也有其合理性及必要性。[①]

三、当前应尤为重视家庭教育这一家庭重要社会职能

家庭这一亲属团体，其成员间有着特殊的、紧密的联系，相互间或有婚姻关系，或有血缘关系。

1. 家庭承担着教育家庭成员，培养下一代的重任。

家庭教育有其特殊性，其作用是其他教育组织无法取代的。人的品行个性观念以及健康心理观等，同其最初接受的家庭教育分不开，父母作为子女的第一任教师，其言行就是子女模仿的榜样。因此，家庭的教育职能责任重大而深远。家庭教育在社会教育中占有特殊的地位和作用，只有把家庭教育和其他各类的教育诸如学校和各类职业教育结合起来，才能造就现代化建设的高级人才，更大地发挥包括家庭教育在内的社会教育的作用。

2. 亲子关系互动、多角色担当、言教与身教相结合是家庭教育的重要特点。

父母在家庭教育中的角色既是长辈，又是老师，还应该是朋友。长辈的关心，老师的教导，朋友的交流对每个孩子来说都是不可少的。著名亲子教育专家陆惠萍曾经举例：一位初三年级学生的家长为自己的儿子临近中考时的疲沓状态忧心忡忡，焦虑不安。这位家长经常询问儿子的学习情况，孩子却十分烦她；孩子的父亲平时很少过问自己儿子的学习情况，却总是限制他看电视，就是孩子最喜欢看的NBA比赛也一概禁止。问题出在孩子身上，根子却在父母身上。陆惠萍建议这位家长做了三件事。一是认认真真给孩子过一次生日（孩子十五岁了，从来没为他过过生日），以体现长辈对孩子的关心、爱护和尊重；二是找个合适的时间跟孩子认真地谈一次话，肯定成绩，指出方向，像师长那样给以期望和鼓励；三是让孩子的父亲陪儿子一起观看几场NBA比赛的电视，以体现父子之间的朋友般的情谊。此后，这位家长平时很少对孩子唠叨，孩子自己制定了复习计划，学习也比以往自觉了，课余还打打篮球，有劳有逸，生

---

① 《家庭》。

活安排得井井有条，顺利地通过了中考。可见，在家庭教育中，父母的角色直接影响到教育的效果。这是因为孩子会在不同的角色面前选择不同的态度，积极的态度会使孩子欣然地接受教育；与此相反，消极的态度会使孩子产生反感，甚至产生抵触情绪，拒绝接受教育。在学校里很多学生往往对年轻的老师比较偏爱，这是因为在学生的心目中，他们有着老师和朋友的双重角色。

3. 自觉维护家庭关系法则，建设健康和谐家庭。

家庭对于每一个人来说，都是最重要的关系空间，也是一个复杂的系统，家庭系统出现了紊乱，家庭秩序就会遭到破坏。在家庭或家族系统中，存在一些动力法则，它对于理解家庭中存在的问题，解决家庭成员之间的关系冲突非常必要。

一是系统平衡法则——正常的三口之家或"三辈之家"，长辈慈爱晚辈，夫妻恩爱，孩子依恋、敬重长辈，家庭和谐，这是最理想的"三边"关系或"等边三角形"关系。但是，大多数家庭都有这样那样的问题，因此，受系统平衡动力的影响，"一条边"上的关系出问题，势必引起另外"两个边"的关系调整，而调整的结果往往是"两负一正"，而不会是"两正一负"的关系。在一个家庭中，夫妻婚姻关系是决定性的，改善家庭关系的关键首先在于改善父母双方的婚姻关系，而不是单纯就亲子关系进行调整。

二是系统隔离法则——在一个家庭中，不同成员处在不同权力等级上，相应承担不同的责任。其中，父母处在权力的较高位置并承担更多的责任。父母不仅要履行生儿育女的义务，而且有责任为孩子的成长提供无条件的积极关爱。但是，父母却没有权力将自己的情感困惑、个人隐私与痛苦展现在孩子面前并要求孩子承担责任。同样地，孩子没有权利也没有义务解决父母的问题。因此，婚姻隐私在一定程度上应该隔离在亲子关系之外。遗憾的是，许多父母都不自觉地违背了这一法则，他们在面临夫妻间问题时，往往拉上长辈或孩子搞"选边站"，这些做法将对孩子的心灵成长造成难以弥补的损害。

三是系统优先法则——家庭以及由一些不同代际的"家庭系统"构成的大的"家族系统"，是一个复杂的关系系统。家庭与家族成员的关系，应该遵循优先法则：在一个家族系统中，后出现的家庭系统优先于先出现的家庭系统，因此，夫妻婚姻及小家庭关系应该优先于他们和父母的原生家庭关系。在同一个家庭系统中，先出现的关系优先于后出现的关系，因此，在一个家庭系统中，婚姻关系应该优先于亲子关系。如果一个成年人违背优先法则，将自己的注意力过多地放在自己的原生家庭，或者把自己的父母看得太重，一旦恋爱结婚组建新的家庭，配偶和孩子都会觉得自己"不重要"，由此产生"局外人"的自我感觉，往往难以溶入大家庭，必然导致婚姻危机以及亲子关系发展不良。另一种违背优先规则的情况则更频繁地发生在现代社会的独生子女家庭中。夫妻中的一方（多为妻子）过多地将精力和情感投注到孩子身上，无暇顾及与配偶的情感需要，一旦孩子因升学或工作而离开家庭系统，就会出现婚姻危机与冲突，并可能导致中年后离异。

四是系统补位法则——在一个家庭系统中，孩子的父母中一方因为生病离世、离异、常年不在家或者因"性格缺陷"不能发挥正常的父母角色功能时，这个家庭中的孩子会倾向于去"填补"或"替代"这个空缺的位置，并发展出与这个位置的角色相匹配的个性特征。如果这个空缺的位置是父亲的位置，孩子会发展出较多的父性特质，如果这个空缺的位置是母亲的位置，孩子的母性特质会加强，甚至变成一个极具母性的"小妈"。"补位现象"在离异后的单亲家庭中极为常见。从子女心理发育的角度说，过度发展的补位现象是不正常的，而是一种心理创伤。由此不难看出，在子女面前，父母责无旁贷地承担其作为父母的责任和义务，成熟稳定地发挥父母的家庭功能，独立处理承担自身的焦虑与痛苦，勇敢坚强做人，快乐和谐生活，才是解除家庭"补位"倾向的根本途径。[①]

第三节　重视家庭角色与社会角色的关系权利义务与担当

构建以家庭养老为基础的居家养老服务体系，需要科学界定家庭、政府和社会在养老问题上的边界，需要深入研究家庭角色关系及其抚养扶养责任。

一、理性认识并理顺家庭关系主干，明确个人权利义务与家庭责任

家庭关系是基于婚姻、血缘或法律拟制而形成的一定范围的亲属之间的权利和义务关系，大致分为夫妻关系、亲子关系和其他家庭成员之间的关系。

1. 古今家庭中夫妻关系的性质、地位有所不同。

传统的夫妻关系采用夫妻一体主义，但实质上是夫权主义，妻子的活动及

---

① 参见《家庭系统的心理动力法则》。

权益由丈夫代表。现代社会关于夫妻关系的立法采取夫妻别体主义，即夫妻平等，各自保有独立人格，夫妻平等享有民事法律行为权利、诉讼行为权力、对财产享有所有权的能力及对个人财产拥有管理、用益和处分的权力以及参加社会活动的权利等。我国《婚姻法》规定了夫妻在家庭中地位平等，夫妻有互相扶养的义务：一方不履行扶养义务时，需要扶养的一方有要求对方付给扶养费的权利。夫妻作为第一顺序法定继承人相互享有继承权。

2. 亲子关系仍然是重要的家庭关系，对于"孝"来说，这对关系的状况如何至关重要。

父母与子女的关系也称为亲子关系，是指父母和子女之间的权利、义务关系。依据我国法律规定，父母子女关系以婚生父母子女关系为主干，包括非婚生父母子女、养父母养子女和继父母继子女关系等共四类。我国《婚姻法》规定父母子女之间：父母对子女有抚养教育的义务。父母不履行抚养义务时，未成年的或不能独立生活的成年子女，有要求父母付给抚养费的权利。子女对父母有赡养扶助的义务。子女对父母的赡养义务，不因父母的婚姻关系变化而终止。子女不履行赡养义务时，无劳动能力的或生活困难的父母，有要求子女付给赡养费的权利。父母和子女有相互继承遗产的权利。非婚生子女的生父母，都应负担子女的生活费和教育费，直至子女能独立生活为止。养子女和生父母间的权利和义务，因收养关系的成立而暂停，在收养关系解除后生父母与生子女之间的权利义务关系恢复。有扶养关系的继父母与继子女作为第一顺序继承人相互享有继承权。我国法律规定，家庭内祖孙之间有负担能力的祖父母、外祖父母，对于父母已经死亡或父母无力抚养的未成年的孙子女、外孙子女，有抚养的义务；有负担能力的孙子女、外孙子女，对于子女已经死亡或子女无力赡养的祖父母、外祖父母，有赡养的义务；祖孙之间依据《继承法》的规定作为第二顺序继承人相互享有继承权。家庭内兄弟姐妹之间有负担能力的兄、姐，对于父母已经死亡或父母无力抚养的未成年的弟、妹，有抚养的义务；由兄、姐抚养长大的有负担能力的弟、妹，对于缺乏劳动能力又缺乏生活来源的兄、姐，有抚养的义务；兄弟姐妹之间作为第二顺序继承人相互享有继承权。[①]

3. 由于古今之变，我们吸取古代处理家庭事务的经验，更多地要借鉴普通百姓居家过日子的经验，而非官方的孝道规定。

家庭结构的核心，古今性质相同而重心有所不同，古今家庭都以血缘为纽

①《婚姻法释义（十三）》，网络。

带，但古代家庭关系以父子关系为核心，今天则以夫妻关系为核心。因此，在家庭养老的责任义务和方式方法上，古今亦有相同与不同，即成年子女都有赡养、扶养高龄父母的义务和责任，但实施起来古今则大有不同。在中国传统的农耕时代，皇亲国戚、官宦之家等处于统治和剥削地位的家庭与自食其力的普通百姓之家，由于生产生活方式的不同，在养老问题上也极为不同。即使在乡村社会中累世聚居和聚族而居的大家庭、大家族与大量存在的自耕农、佃户小家庭，在处理养老问题上也大不相同。尽管其中都贯穿了儒家经典的伦理原则与慈孝对等的要求，其实我们今天要借鉴和吸取的是贯穿于普通家庭的伦理原则和处理方式。这一是因为以剥削他人劳动为前提的统治者的孝道已经失去基础，性质也为今天的文明社会所否定，二是因为真实存在于千百年亿万家的普通百姓家庭的孝道才是维系和传承中华居家文明的精华。三是因为当下中国社会以核心家庭为主干模式的现状也要求我们，只能务实借鉴古代普通百姓之家的经验。特别是在务实处理家庭养老等居家过日子的实际生活问题上。

二、借鉴古代居家生活制度，完善当代家庭生活内容，提升责任担当

在中国古代，为维护农耕文明和宗法制度，鼓励早婚和累世而居，同时由于人均寿命短暂，因此，尽管家庭代际共存的时间较长、关系较为复杂，但是，在多数正常家庭，养老的压力其实并不像我们想象的那么艰难。

1. 古代家庭代际和谐生活的规则与经验主要体现为夫妻之礼、亲子之义、婆媳之道和祖孙之法四大方面。

其中，父、夫、婆、长辈相对于子、妻、媳、晚辈处于绝对权威和控制性地位，通过长慈幼孝的对应规定，大家各安本分、各得其所、和谐生活。

2. 在家庭生活中，成年人承担家庭责任、尽家庭义务，在古代，这些责任义务主要表现在祭祖、居常、侍疾、复仇、教子、丁艰（又称丁忧，即遭遇父母去世的制度性安排）等方面，古代"家礼"值得借鉴、弘扬。

（1）"成年礼"很重要，意味着家庭责任担当，这值得现代社会所借鉴。而对于所谓成年人，古代的规定是很明确的，即12至20岁的男子行冠礼（时间由父母决定）后即为成年人，而女子在12—20岁之间必须出嫁而后成为成年人，从而对自家和配偶家庭承担相关家庭责任和义务，当然，在没有成为公婆或分家别居之前他们是没有独立经济权利的。在传统农业社会，在以种养殖

业为主的农业生产方式（包括紧密依附农业农村的手工业生产方式）下，家庭承担了作为社会生产单位的重要经济职能，所以家庭成员主要在家庭就业，主要从事农作，他们的生活圈主要在农村和家庭。因为家庭在农业社会生产生活中具有如此重要的地位和作用，因此古代家庭制度发达而完善。因为要适应如此生产生活方式，所以有了"父母在不远游，游必有方"、赡养扶养、陪伴侍奉父母及其他长辈的生活实践和伦理道德要求，因此，古代家庭成员履行养老尽孝等家庭义务是有时间等条件保障的。

（2）中国古代关于成年家庭成员履行家庭责任和义务的规定非常细致而具体。以"居常"为例，每天要早起，洗漱清洁、冠带整齐后依次向长辈省问，然后伺候长辈早餐，父子不得同席，每天要言行有礼、小心谨慎，出门之前、返家之后首先必告父母，晚上要等到长辈睡下然后自己才能休息。古代家礼规定，父母有病，儿子、媳妇不仅无故不得离开身边，还要亲自调尝药饵，精心伺候父母起卧便溺。一般而言，父母等长辈在世掌管家庭财权，子女不得别籍而居、不准私自蓄财，所以，终其一生，家庭长辈等老年人的生活、疾病照护是有保障的，不仅如此，长辈们辞世后还将得到后辈永远的祭奠，有一系列的制度化安排予以保证，如"丁艰"就有治丧、送葬和服丧的具体而长远的安排。在维护家庭制度方面，保持人丁兴旺、养儿以防老、媳妇相夫教子、操持家务最为紧要，农业和乡村文明的制度安排与习俗活动多与促进这些事紧密相关。

三、完善现代家庭制度，重在完善发挥家庭的养老照料功能与作用

相对于古代以父子为家庭关系的核心，今天的以夫妻为核心模式，彻底解决了代际和夫妻地位平等的问题，但是由于事实上存在着代际和性别的差异，我们有必要借鉴古代合理而行之有效的规定与做法，完善今天的家庭生活准则与家务分工，特别要建立和完善符合时代要求、中国特色的现代家庭制度。因为时代的巨变，我们认为，今天要保持家庭的有序运转、和谐相处，特别要注重青年结婚成家的家庭责任义务教育、老年人自身养老金的积累、落实成年子女对家庭老人的生活照料安排、发挥媳妇在家庭生活中的积极作用这四大事项，这也需要政府和社会从内外两个方面予以倡导、支持、督促和落实。

1.民政部门在受理年轻人进行结婚登记时要进行家庭责任教育。

年轻人在进入婚姻殿堂后就意味着要组建新家庭。无论是婚后怀孕还是婚

前已孕，结婚后孩子很快就会到来。新婚夫妻很快就要面对在家庭的多重身份兼备的情况。丈夫依然是大家庭的儿子，而且是撑门立户的"顶梁柱"，又是小家庭的核心，很快就是孩子的父亲，身兼儿子、丈夫、父亲三职；而新娘子很快成为家庭的媳妇、孩子的母亲，身兼妻子、媳妇、母亲三职。这在现实生活中，小夫妻往往还没有足够的准备，甚至这种意识都不具备。他们为恋爱的甜蜜而进入婚姻的殿堂，仍然沉浸在甜蜜、浪漫，为双方家庭祝福迁就的喜悦与习惯被宠的情形之中，而对婚后的家庭责任与义务不具备完全的意识。特别是现在进入婚姻的小夫妻"80后"、"90后"，自身多为独生子女，心理上尚未成年而实际上已经成家，所以婚后表现出对处理大家庭和小家庭及其内部关系的多方面不适应。而政府民政部门也没有对其实行婚姻家庭所意味着的责任与义务教育。双方父母在他们婚前婚后或有所教育提示，但往往被认为是啰嗦或过时、瞎操心，再加上双方父母等长辈的迁就或认为小夫妻成家后自然会学习实践，所以来自社会和家庭的教育，其效果也很不明显。为此，我们建议，在年轻人进行结婚登记时，民政部门应增加"家庭知识教育"环节，进行家庭知识及其责任义务的教育培训，包括夫妻之间的责任与义务以及相处之道的教育培训。

　　青年夫妻在家庭责任义务、角色关系、相处之道等方面的知识与能力甚至意识的缺乏，在当前已经成为一个普遍的问题。各自原有家庭、社会、政府有责任为他们提供帮助，而这仅仅靠来自家庭的经验传授远远不够，需要政府和社会提供严肃的专业的教育培训。可考虑在婚姻登记环节设立"家庭学校"予以家庭生活的知识与技能的帮助提高，这不仅体现了政府的关怀也体现了来自政府的督导和约束。这方面的教育培训也需要开发和开拓。

　　2. 要支持和引导老年人注重自身养老金的积累。

　　目前关于养老金的问题作为国家的制度安排已经逐步做到了全覆盖，主要问题是具体落实和使用中还有些需要完善，譬如如何真正做到老年人养老金不被侵占，特别是高龄或因病而失能或者犯有老年痴呆症的老人名下的养老金，如何真正发挥保障其经济生活的作用，还需要政府和社会通过一定的机制督促家庭成员有效落实到老年人身上。这就要求社会面要将相关工作做细致，如发现有克扣老年人养老金的情况就需要重点督促，或收由有关机构专门人员管理并发放或代购基本生活消费物品供老人直接消费。

　　3. 要落实成年子女对家庭老人的生活照料安排。

　　这一问题，在当前社会流动增大、家庭普遍小型化的情况下，问题尤为突出。据不完全统计，2012年底全国空巢老年人口达到0.99亿人，为此，一方面要鼓励成年人在家乡就业，亲自照顾老年人；另一方面，国家和社会要想办法加强社区养老制度设计，逐步建立和完善15分钟社区全覆盖的养老服务体系.第三，建议国家建立"家庭养老就业制度"，对家庭成员经认证和检验，为提供了照护老年人劳动的家庭成员实施补贴的制度等。

4.要继续并加强发挥媳妇在现代家庭生活中的积极作用。

这在当代当前，尤为重要。世界近代以来，特别是新中国成立以来，妇女得到了极大的解放，地位空前提高，从五四时期妇女冲决家庭罗网而投身社会，到毛泽东时代"妇女能顶半边天"，再到今天妇女在多数家庭处于家庭事务支配地位，甚至在一些城市家庭，妇女处于家庭"霸道"地位，说明新中国妇女事业和社会文明建设取得长足进步，一反旧社会妇女被奴役的家庭和社会地位，而真正成为家庭和社会的主人。然而，现在妇女的家庭义务确实大大地削弱了，甚至出现了只顾小家庭、溺爱子女、嫌弃老人的不良倾向，一部分妇女甚至没有作为家庭媳妇的角色意识和实践经验，与古代相比，家庭婆媳关系甚至完全颠倒了过来。事实上，即使在现代社会，由于性别的差异与各自优势，女性擅长于处理家庭事务，所谓"男主外、女主内"仍然是多数家庭夫妻家务分工的基本格局，为此，有必要弘扬发挥妇女的独特优势，特别是要引导和激发"妻子"发挥她们在家庭中作为"媳妇"的独特作用，更好地操持家务，特别是发挥其养老护理更为精心体贴的作用，以更好地协调家庭关系，建设和谐美满的幸福家庭。

第四节　现代社会不同群体和组织机构要帮老年扶弱势群体

有序整合"家"外社会资源，挖掘和发挥社会志愿者组织、学生群体、老年义工组织以及慈善机构等非政府组织的养老服务功能和作用，深入老年家庭，以城乡"空巢家庭"老人、"三无"老人、农村"五保"老人和低收入家庭中的半失能老人以及老年痴呆症患者为重点，提供无偿的陪伴、生活照料和娱乐助兴等服务活动。

一、服务养老是全社会的大事，扶助弱势群体是社会文明的体现

1. 应对养老的严峻挑战，政府、社会、家庭、个人，应共同努力。

加快发展社会养老服务事业，已成为现实重大民生问题。据民政部门统计，2010 年末，我国城乡空巢家庭超过 50%，部分大中城市达到 70%；农村留守老人约 4000 万，占农村老年人口的 37%，城乡家庭养老条件明显缺失。[①]1999 年我国步入老龄社会以来，老龄化加速发展，人口高龄化、家庭空巢化趋势明显，需要照料的失能、半失能老人比例持续升高。全国老龄办发布的《中国老龄事业发展报告（2013）》显示，我国空巢老年人口规模继续上升，2012 年为 0.99 亿人，2013 年将突破 1 亿人大关。在空巢家庭中，无子女老年人和失独老年人开始增多，由于执行计划生育政策的一代陆续开始进入老年期，加上子女风险事件的发生等因素，无子女老年人越来越多。2012 年，中国至少有 100 万个失独家庭，且每年以约 7.6 万个的数量持续增加。全国第六次人口普查数据和卫生部发布的《2010 中国卫生统计年鉴》也显示，中国现有独生子女 2.18 亿，15—30 岁年龄段的死亡率至少为 40 人/10 万人，每年的独生子女死亡人数至少有 7.6 万人，由此带来的是每年增加 7.6 万个失独家庭。人口学专家、《大国空巢》作者易富贤则根据人口普查数据推断：中国现有的 2.18 亿独生子女，会有 1009 万人在或将在 25 岁之前离世，这意味着不久之后中国将有 1000 万家庭成为失独家庭。

2. 我国老年人之中的多数人逐步进入半自理或不能自理状态，他们不同程度地需要提供护理照料服务。

而在我国目前养老服务中，仍然存在着总量不足的问题。养老床位总数仅占全国老年人口的 1.59%，不仅低于发达国家 5%—7% 的比例，也低于一些发展中国家 2%—3% 的水平。区域之间、城乡之间发展不平衡，布局不合理，既存在"一床难求"，也存在"床位闲置"现象，同时还存在着投入不足、专业化程度不高、监管不到位等问题。"十二五"时期，我国将全面发展社会养老服务，构建覆盖全社会的养老服务体系，朝着城市街道社区有社会养老服务功能、社会有居家养老服务机构、县（区）有综合性社会福利中心、设区市有多所养老服务机构，每千名老年人拥有各类养老床位数达到 30 张；农村五保集

---

① 《"优先发展社会养老服务"写入十二五规划建议》。

中供养率超过 40%、农村失能半失能老人能够得到照料服务、有条件的农村社区开展向居家养老服务的目标迈进。①

二、政府应出台一系列政策，支持社会力量参与和承担养老服务

1. 要加强养老服务的专业化建设，在养老服务领域率先培养和使用一批高素质的社会工作者。

由于缺乏相应的人才培养和激励机制，我国养老服务专业人员缺乏。以养老护理员为例，全国潜在需求在 1000 万人左右，但目前全国取得职业资格的仅有几万人，养老服务体系建设的专业化程度亟待提高。我国今后的养老服务队伍建设应实行专业化、职业化和志愿者相结合，建设一支专兼结合、结构合理、素质优良的人才队伍，为提高养老服务水平提供人才支撑。加强养老服务专业化建设是推进社会养老服务体系建设的重要任务之一。要建立养老机构院长岗前培训和养老护理员持证上岗制度，培养和引进中高级专业人才。争取在高等院校和中等职业技术学校增设养老服务相关专业和课程，加大培训力度，加快培养老年医学、护理、营养和心理等方面的专业人员。②

2. 要大力开展养老服务志愿服务活动，广泛动员社会力量参与，逐步实现志愿活动的制度化、规范化、常态化。

社会志愿者组织上门入户发挥照护老年人作用，是社会文明的重要体现，实践上也大有可为。这里介绍台湾"红心字会"的做法与经验，以期能有所借鉴。台湾"红心字会"属于公益团体社团法人单位（根据台湾学者李显光提供的资料整理），由李玉阶于 20 世纪 30 年代在大陆创办，在抗日战争期间从事施药、施棺、放赈、济助赤贫、义诊等工作。现在在台湾以发扬"忠恕廉明德、正义信忍公、博孝仁慈觉、节俭真礼和"精神为宗旨开展活动，举办社会福利救济事业。该会强调"出自赤子之心，真诚的关怀与服务，为大众奉献造福，默默付出，不求回报"，突出"爱心、安心、宽心"，认为"家是每个人的根"，以家为出发点提供服务。该会下设有受刑人家庭服务组、居家照顾服务组、信义老人服务中心、单亲家庭服务中心。

---

① 《"优先发展社会养老服务"写入十二五规划建议》。
② 《"优先发展社会养老服务"写入十二五规划建议》。

受刑人家庭服务组的服务项目包括：经济援助、心理辅导与支持、法律咨询、家庭关系辅导、婚姻关系辅导、亲子关系辅导、老弱安置、就业与就学等。

居家照顾服务组强调"行动不便的老者应有生活基本尊严，照顾老者使生活稳定是家庭与社会的共同责任"。工作理念为"红心出品，长者有信心"，呼吁维持家庭稳定、预防过早进住安养院、维护老者独立自主权。服务对象以老者为主，包括病人、残障、居家生活无法自理需要人照顾者，服务范围现在主要为台北市及其各区。居家照顾服务方式包括：家务助理（限中低收入户申请）、陪同就医、居家看护、生活事务及其他支持性服务、居家照顾服务、居家服务员训练、服务员督导、专业人员上课讲习（为期两周）、医院实习 40 小时。该组以"爱因分享而更多"为口号，突出居家服务经验分享。出版了《居家照顾服务经营管理实务须知》、《居家照顾实务与技术》、分区举办研习会、说明会，举办老人居家照护研讨会（吸取欧美经验）、老人长期照护社区化研讨会、个案管理研习会、全台居家服务督导研习会，以期分享个案管理应用于居家照顾之经验、建立完整督导制度。

信义老人服务中心倡导"老年也可以选择在学习中进步"，以"提供健康及轻中度失能老者，身心照顾及社交场所，有效管理且整合社区资源，建立照顾长辈的相关工作功能，使老者生活更有尊严与安乐"为宗旨，以"充实老年新知及活动，预防提早老化，维持老者尊严"为工作理念，服务对象为落籍台北市的年满 60 岁以上的民众。服务内容包括社区服务、日间照顾服务。社区服务又包括健康老者的文康活动、休闲联谊、咨询服务、志愿服务、庆生会、卡拉 OK 比赛、银发族旅游、健康义诊与讲座、志工电话问安、独居老人服务等内容；日间照顾服务又包括轻中度失能的老者的生活照顾服务、午休服务、午餐点心服务、洗澡服务、陪同就医服务、文康休闲服务、福利咨询保健服务、资源转介服务、举办户外活动庆生旅游活动、交通服务、复健运动、郊游活动等。

单亲家庭服务中心强调运用专业助人方法与技巧，协助单亲家庭面对危机及生活调适，增进单亲家庭福祉，描绘单亲生活的另一道彩虹，协助单亲族群坦然地渡过这段人生的黑暗期，进而重整步伐、重新出发。

在社区居家养老服务人员的紧缺日益凸显的情况下，"大学生社区义工"或可成为居家养老的生力军。在西方国家，社区"居家养老服务中心"的义工主要有两方面人员组成，即正在休假的公务人员和大学生社区义工。一些国家如美国更是将大中学校学生参加社区养老服务列入实习内容，进行考核，甚至算作必修学分。在我国"学生社区义工"或许可以成为居家养老的生力军。

2007 年以来，广东顺德、深圳、广州等地率先在中学生暑期社会实践中引入"社工+义工"的模式，并将其与居家养老服务相结合，形成制度。"社工+义工"既能体现社工的专业知识和技巧，也能发挥义工的人力充足、才能多样的优势。"社工+义工"服务队除了组织中学生入户为老人服务外，还组织了专业人员为老人们进行义剪、义务维修家电、义诊等义务活动。义工有热情，社工有技巧。在服务中，社工充当着"大脑"的作用，义工则成为有力的"手臂"。社工往往是组织者和引导者的角色，引导义工发掘才能，增强自信心，并且授予他们专业的社工知识和服务技巧。义工们大多是充满活力的中学生，跟老人聊天、倾听老人的心声，为其表演小节目，大大丰富了老人的精神生活。广东江门市还探索落实为"311"一家亲养老义工服务，就是 1 名社工联系 3 名学生义工与 1 名老人结成对子，开展适合老人的关爱服务，像爱亲人一样地关心和爱护独居老人、空巢老人或者孤寡老人，让他们能感受亲人的爱，让他们安心养老。"社工+义工"两者的联合既克服了社工或者义工单一的服务模式的不足，又可以提高居家养老服务的质量和效率，对受到服务的老人来说更是充满乐趣。

目前我国的在校大学生高达三千余万人，这是一个相当庞大的群体。

大学生一方面有着较社会职场人士而言相对空余的时间，一方面又有着需要社会实践来加强自己社会经验积累的实际需求。这种情况下，由学校出面，对大学生进行一定程度的培训，然后有组织地进入社区，为选择居家养老的老年人进行服务。既可以解决目前社会人居家养老服务人员"人数少，水平低，综合素质普遍不高"的现状，又可以有效地锻炼大学生的社交、沟通、待人接物等各方面的能力。作为对"大学生社区义工"服务的回报，我们可参考目前"义务献血"的鼓励政策予以鼓励。我们相信，只要政府相关部门做好组织协调工作，并由教育部门和学校进行有效的引导和培训，在不久的将来，"学生社区义工"一定会成为居家养老服务的一支生力军。

在养老服务社会化的探索工作中，辽宁省大连市创造的"十大养老模式"值得借鉴和推广。一是机构养老模式即养老院养老；二是小型家庭养老院模式，在照料自家老人的同时，招收社区附近的社会老人；三是日托养老模式，主要由街道或社区兴办，入托老人"朝至夕归"；四是居家养老模式即家庭养老院，由政府出资购买公益岗位，专人上门为老人提供养老服务；五是货币化养老模式，由政府出资对特困老人进行补贴，老人自由选择养老方式；六是暖巢管家养老模式即为空巢老人配"管家"提供系列服务；七是异地互动养老模式即在当地养老机构或中介机构登记，到外地养老机构养老；八是养老助教模式，为国内外高知老人提供养老服务的同时，利用其教学资源无偿或低偿帮助学校教学；九是信息化养老模式，将社会福利机构、社区卫生服务中心、街道社会化养老服务中心、社区日间老年康乐苑、互动式异地养老服务中心、"养老110"呼叫平台、社区老人"呼救通"系统、空巢老人家用"爱心门铃"等组成一个养老服务网，发挥信息化服务管理平台作用，拓展养老服务内容，完善养老服务功能，构建全方位、全天候、立体式养老服务体系；十是合资合作式养老模式，吸引国外资金和技术，开办养老福利机构，完善养老服务体系。

随着退休后主要活动场所转向所住社区、回归家庭，一大批退休职工纷纷成立或加入到老年义工组织（或社区志愿者组织）之中。他们无私奉献、相互帮助，也乐在其中，社区老年义工大有可为。据统计，目前全国社区志愿者组织中老年人占了三分之一。众多退休的年轻的老年人身体尚好，而且有着时间充裕、经验丰富、威望较高、又有职业特长等优势，已经成为我国志愿者队伍中的骨干力量。他们活跃在城市社区，就近、就便开展经常性的义工服务，老年义工们尽其所能、助老爱幼、参与管理、老有所为。许多老年人把做义工看成是晚年发挥作用、建设和谐社区、促进社会发展的重要途径和形式，因而甘心情愿，乐此不疲。2003 年，长沙市雨花区率先在湖南省成立了以离退休老人为主体的志愿者服务组织——雨花义工俱乐部，覆盖着全区 78 个社区和 39 个乡村。十年来，他们的服务范围已发展到扶贫助残、帮困助学、敬老爱幼、法律援助、植绿护绿、治安防范、就业指导、科学普及、医疗保健等，几乎提供全方位的服务。其服务方式也由突击式集中活动发展到以集中服务、团队服务和个人服务相结合的多个层次，并形成了一套长效机制，实现了由自发到自觉、由偶尔到经常、由个体到群体的转变。①社区老年义工以自己的行动，宣扬人类良知、昭显传统美德、倡导文明新风、传播未来希望，既充实了晚年生活，又做出了社会贡献，意义非凡，值得提倡并优化发展。

在鼓励和支持离退休人员做义工、献余热的同时，要切实发挥他们的积极作用，还需要进一步提高他们工作的针对性和质量。一是坚持自愿原则，有意识地引导那些年富力强、有专业技能的人加入义工组织，以弥补缺陷，形成合力；二是扶助有关中介组织和群众团体，根据社区需要，组织开展多种类型的义工服务活动，并加强典型宣传，为义工组织和义工撑腰；三是要对社区义工

---

① 徐炯权：《退休当义工，社区老年志愿者在行动》，《老年人》2006 年 3 月 1 日。

组织加强政策指导、信息咨询、教育培训等，以搭建平台，创造条件，扶持义工服务事业的发展；四是采取财政支持与社会筹措等结合的办法，建立义工奖励基金，用以表彰那些有突出贡献的义工组织和优秀义工，推动社区义工组织的进一步发展与壮大；五是要将鼓励和引导老年人走出家庭参与社区集体活动与鼓励义工深入家庭为老年人送服务上门相结合。

3. 要建立国家养老服务补贴制度。

对于低收入的高龄、独居、失能等养老困难老年人，经过评估，采取政府补贴的形式，为他们入住养老机构或者接受社区、家庭养老服务而提供支持；积极探索建立由政府主导的长期护理保险制度，鼓励和引导商业保险公司开辟长期护理保险业务，增强群众长期护理保险意识，减轻长期高额护理费用压力；建立高龄补贴制度，逐步将 80 周岁以上老年人纳入政府高龄补贴保障范围，按月直接向他们发放高龄补贴。①

应对人口老龄化挑战，还需要文化引导和制度支撑，这就要培育"服务养老"的文化、倡立"新孝道"，出台培育新孝道文化的促进政策和制度安排。在市场化的现时代，要在全社会突出树立"提供家庭养老服务也是在工作"的理念，国家鼓励子女尤其是"媳妇"居家照顾失能老年人，由政府登记、比照为就业、规范要求并提供补贴。

第五节　积极构建国家养老服务组织机构及政策支撑体系

政府应出台促进社会服务的系列政策，构建和完善"国家社会化养老服务体系"。

一、支持家庭养老、发展社区养老、鼓励全社会参与服务养老

我国老龄人口规模不断扩大，养老服务任务艰巨。近年来，国家从政策扶持入手，积极鼓励社会力量参与养老服务体系建设，并在土地、税收、用水、用电等方面出台了一系列优惠扶持政策，鼓励社会力量兴办养老机构。目前，

---

① 《"优先发展社会养老服务"写入十二五规划建议》。

我国社会力量兴办的养老机构快速增加，有些地区民办养老机构的数量已超过政府办养老机构，成为我国养老服务体系的重要力量。一些地区还大力探索实施公建民营，将政府办养老机构委托给社会力量管理和运营，激发了社会力量参与养老服务体系建设的热情。但同时也存在由于部分地区和部门认识不到位，加之一些政策措施刚性不够，许多政策很难落实的情况。①

应进一步落实优惠政策，推动社会力量参与养老服务事业发展。服务养老是全社会的责任，搞好居家养老是根本和基础。在此基础上，政府应以社会力量为主构建养老服务保障网，以家庭为主构建中低龄老人、可自理老人的养老服务保障网；以政府相关组织、社会机构为主构建针对高龄老人、生活不能自理老人的看护、服务保障体系。同时，倡导、支持老人群体互助养老，促进全社会关注老人精神和心理健康，提高公共医疗机构、应急救助体系和司法系统对老年人医疗、急救服务和维权需求的快速反应能力。

1. 发展城乡社区辅助居家养老服务体系。

要坚持政府主导、政策扶持、社会参与、市场运作，全面构建与人口老龄化进程相适应、经济社会发展水平相协调，以满足全体居家老年人生活照料、家政服务、康复护理、医疗保健、精神慰藉和日间托养等需求为目标，以保障散居"三无"老人和低收入的高龄、失能等特殊困难老年人为重点，以社区养老服务中心为平台，以提供上门服务为主要方式，以信息化建设为支撑的辅助居家养老服务体系。如湖北省提出，到2015年，力争辅助居家养老服务和为老服务信息系统基本覆盖全省所有城市社区，老年人互助照料活动中心覆盖50%以上的农村社区，城乡社区辅助居家养老服务设施合理布局基本形成。具体从四个方面着手：

一是以辅助居家养老服务设施建设为重点，培植、完善和提升城乡社区支持家庭养老服务功能。在城市社区统一推进养老服务中心建设，已经建有辅助居家养老服务站、"星光老年之家"的社区，通过设施改造、功能提升、转型升级，有条件的社区还要通过多种方式，进一步提升社区支持居家养老服务功能，满足老年人多样化、多层次需求。在农村，逐步在留守老人较多、居住相对集中的建制村，建设一批农村老年人互助照料活动中心。

二是积极改进辅助居家养老服务方式，加快辅助居家养老服务信息化建设。城市社区建立辅助居家养老服务信息网络和服务平台，对接老年人服务需

① 《"优先发展社会养老服务"写入十二五规划建议》。

求和各类社会主体服务供给，为老年人提供便捷的居家养老服务。积极推广"一键通"模式，有条件的地方要为散居"三无"老人和低收入的高龄老人、失能老人免费配置"一键通"电子呼叫设备。

三是推进养老服务社会化，鼓励发展辅助居家养老服务社会组织和市场主体。政府采取购买服务、项目委托、以奖代补等多种形式，鼓励和支持服务质量好的市场主体参与社区支撑居家养老服务，重点扶持发展一批专业从事社区辅助居家养老服务的企业和民办非企业单位。鼓励企业、社会组织、个人创办社区养老服务机构，就近就便为社区老年人提供集中照料和支持居家养老服务。鼓励社会力量捐资设立养老服务类非公募基金会。

四是加强社区辅助居家养老服务队伍建设。支持引导大中专院校、技工院校开设老年服务与管理专业、养老护理专业，鼓励大中专院校护理专业、社会服务与管理、公共事务管理和家政等相关专业毕业学生到社区从事养老服务工作。实行养老护理员职业资格评定制度。开展养老护理机构组织从业人员职业技能培训，加强对社工专业人才的培养，在养老服务业中设置社会工作岗位，纳入民政部门统一管理。大力发展养老服务志愿者组织，推广"志愿服务记录"、"爱心储蓄"等做法，鼓励支持社会各界人士参与社区居家养老服务。[①]

2. 要强化城乡社区和其他社会机构辅助居家养老服务工作的保障措施。

加大政策扶持力度，科学规划建设，加强用地保障，落实税费减免；建立健全投入机制，各级财政资金、福彩公益金以及发展服务业资金要重点支持居家养老服务业；切实加强组织领导，各级民政、发改、财政、人社、住建、国土等部门要充分履职，协同配合，确保城乡社区等辅助居家养老服务工作加快发展。

政府直接购买养老服务也是一项重要方式。如湖北省武汉市从 2007 年开始，政府每年出资1000 万元，为高龄、生活困难的独居老人购买每年 365 小时的养老护理服务，从而使全市 70 岁以上、80 岁以上、95 岁以上的城乡不同年龄段的困难老人都能享受到这一服务。该市明确规定农村地区本人或夫妻年人均纯收入低于上年度本区农民年人均纯收入水平中的 4 种老年人可以享受政府购买的养老护理服务：一是有法定赡养人但其法定赡养人为享受居民最低生活保障的对象，二是与其居住在一起的法定赡养人是一、二级严重功能性障碍的困难残疾人，三是年龄在 70 周岁以上一、二级严重功能性障碍的残疾人，

---

① 彭文洁、刘建国：政府温情出招　助推居家养老——解析《湖北省人民政府办公厅关于加快发展城乡社区居家养老服务的意见》，《社会福利》2013 年 2 月 15 日。

四是年龄在 95 周岁以上的。在农村地区还专门成立"农村养老护理服务工作站",依托村老年人协会,在村委会的领导下开展养老护理服务工作。为保证工作的落实和推进,全市护理服务人员的服务费用由市、区财政按 1∶1 的比例分担,市、区街(乡镇)等各级工作经费由市、区财政负责统一安排,经费由财政列入预算。

3. 要加大老年事业和老年产业服务、经营、管理人才培养。

在国外,设有老年学硕士、博士学位的大学和研究所越来越多。早在 1976 年,美国开设老年学课程的学校就达 1275 所,其中 27% 是大学。20 世纪 80 年代初期,美国社区学院中有三分之一至一半开设一门或数门老年学课程。而我国目前只有个别院校设有老年学专业,远不能适应实际需要。老年服务产业涉及多个专业,应该鼓励医学、心理学、社会学、公共管理、经济学等相关专业的人才从事老年产业的管理和研究。增设老年护理专业,培养高技能的医师和高级医护人员。

二、高度重视"老年病"患者,加强对老年病患的医疗与照护

一般认为,疾病对于任何人都是可能发生的,而疾病治疗已经成为一门科学,一视同仁对待治疗即可。事实上,不同群体、不同年龄段的人的患病情况大有不同。人们常说,人老体弱多病,更何况老年病更多、更直接地涉及老年人的身体寿命和精神健康。从自然生理层面看,老年人因身体抵抗力减弱,更容易生病,也更痛苦;从社会层面看,老年人因生病治疗的经常性和长期性,需要耗费更多的经费,因而老年病的治疗更容易因多重因素而被迫拖延或搁置,特别是一些老年病如老年性痴呆、健忘症等不单是医学就能解决的,所以,全社会对老年病更应当重视并积极应对。

1. 老年病有共性特征,应加强科学研究,重点应对治疗。

老年病通常包括三大方面:一是老年人特有的疾病,如老年性痴呆,老年性精神病,老年性耳聋,脑动脉硬化以及由此引致的脑卒中等等。在人的变老过程中,随着身体机能衰退和障碍发生,这类疾病带有老年人的特征,也就是说,这类病只有老年人才得,而且这类与衰老退化变性有关的疾病随着年龄的增加而增多。二是老年人常见的疾病,如高血压病、冠心病、糖尿病、恶性肿瘤、痛风、震颤麻痹、老年性变性骨关节病、老年性慢性支气管炎、肺气肿、

肺源性心脏病、老年性白内障、老年骨质疏松症、老年性皮肤瘙痒症、老年肺炎、高脂血症、颈椎病、前列腺肥大等等。这类疾病既可在中老年期（老年前期）发生，也可能在老年期发生。但以老年期更为常见，或变得更为严重。它与老年人的病理性老化，机体免疫功能下降，长期劳损或青中年期患病使体质下降有关。三是青中老年皆可发生的疾病，但在老年期发病则有其特点。这类疾病在各年龄层都有发生，但因老年人机能衰退，同样的病变，在老年人则有其特殊性。例如，各个年龄的人都可能发生肺炎，在老年人则具有症状不典型、病情较严重的特点。又如，青、中、老年皆可发生消化性溃疡，但老年人易发生并发症或发生癌变。老年病具有"一身多病，症状不典型，并发症多，发展迅速"的特点。

2. 针对老年病，除按正常医疗诊治外，还需要家庭和社会从生活、制度等多方面加强预防和调理、护理。

防治老年病的措施是多方面的，一是注重运动防治，开展适合老年人的体育锻炼，特别是有氧运动，以增强体质。二是注意合理膳食，做到少食多餐，不漏餐。三是对老年患者加强疾病预防指导、定期检查和耐心调护。"一身多病"的老年人发病往往症状轻微，表现多不典型，因而容易发生误诊、漏诊，对家属来说，不要把老人的大病看成小病，把新病看成老病，以致耽误了诊疗，而要督促和带领老人进行定期检查，及时治疗，生活上精心陪护。四是要保持老年人心情舒畅。老年人的心情好坏与做子女的关系特别大。老年人心情舒畅了，因为情致导致的脏腑功能、经络调节失常的致病情况就会大大减少。对于家庭来说，除尽可能地加强老年人疾病治疗的经费准备和投入外，更重要的是要做好长期性的生活调理和护理工作，特别是对老年痴呆症患者要有足够的耐心，要做好充分细致的护理。对于多数并不富裕的家庭来说，这需要加强这样的认识，即对于付出大量金钱的困难来说，付出更多的劳动于亲人相对容易些，特别是考虑到对于生命周期更有限的老人来说，付出了力所能及的劳动，作为后人更为安心，如此这样，能为将来反思"子欲孝而亲不待"而减少自己良心的不安。从社会面来说，要像建立妇幼保护体系一样，逐步建立和完善"国家老年疾病防治体系"，包括老年病专科和专门医院、康复中心，高龄老年人免费体检和义工重点护理制度等。老年人的生命长度和健康状况是衡量一个社会文明程度的重要标尺，我们的认识要有这样战略高度和历史感。

三、高度重视和应对老年孤独问题，切实提高老年人的幸福感

所谓老年孤独问题包括老年孤独症、孤独感和老年人孤独现象。随着社会的快速进步和生活节奏的加快，老年人逐步退出社会贡献主流群体，他们的生活圈逐步缩小、价值感相对降低，老年人孤独现象日益加深、孤独感上升，甚至一部分老人患上了孤独症，大大降低了他们的生活质量和幸福感，这在今天社会流动增强、家庭小型化和空巢家庭和失独家庭增多的情况下，更值得人们和整个社会高度重视。作为心理疾病的老年孤独症需要专门的治疗，对作为精神和社会现象的老年孤独现象和老年人孤独感如何进行综合治理和调适，个人、家庭和社会也是大有可为的。

1. 要引导老年人正确认识并自觉克服孤独感。

由于年老而退出工作岗位，回到家庭生活圈，特别是固定的小范围人际圈，所以很多老人会出现孤独的现象，这很正常。子女"离巢"是家庭发展的必然趋势。子女长大，成家立业，哺育自己的后代，是子女成熟的标志。如果孩子长大了都不愿离家，长期与父母住在一起，这反而是家庭不幸的表现。孩子离巢，老年夫妇应该及时地将情感转向老伴，以此去填补因子女离巢而留下来的"真空"。如果是丧偶老人，可以在适当的情况下考虑再婚，使自己的情感得到寄托，以此来摆脱孤独。当老年人感到孤独时，可以制定自己的人生和生活计划，向自己布置不同难度的交往任务。逐步扩大生活交往圈，一方面要善于帮助他人，从中赢得别人的尊重和真诚的友谊，另一方面，又要善于求助于人，通过别人的帮助，使自己的心情变得开朗。帮助老年人摆脱孤独的最佳方法是创造良好的生活情境。一是子女离家建立新的生活空间后，老人还应该继续加强与子女的联系，尽量增强两代人之间的相互理解，给他们适当的帮助，如果条件许可时，老人也可以在子女家轮流居住，以免独守空房。二是培养新的兴趣爱好，开创一种全新的生活情境。如从看书、习字、画画、练琴、打拳、击剑、种花、饲养动物等活动中获得乐趣。这些均有助于自己从孤独的小圈子里解脱出来。即使从事这些活动时可能只有一个人，但是，一旦全身心地投入，孤独感也就悄然消失了。[1]

2. 在大家庭中，作为子女的成年人要继续关心老年人。

与老年人分开居住的成年子女，要尽可能地多联系家庭、家族老人，多回

---

[1]《老人孤独如何心理自救》，网络。

家、多走亲戚看看，或者接老人多到自家居住、看看，多陪护，尽可能地给予帮助和关心。从消除老年人孤独感角度看，主要是继续扮演子辈角色，多逗老年人开心，特别要注意多倾听老年人讲人生经验和往事。

3. 从社会角度看，国家和政府要创造条件，促进老年人参与户外活动、社会活动，做到老有所为、老有所乐。

要多方组织老年人走向社会、走向公众，开阔视野、开展社会交流，拓展老年人生活交往空间，多建立老年活动中心以及老年大学等，多组织开展针对老年人的慰问、探望、倾听、交往等活动，特别是要增加老年人与青少年的互动交流活动。

第十一章　政治与法律维度

从运用政策和法律引导规范社会生活的政治学维度，突出政策的引领与导向作用，强化法律法规的底线制约作用，将新孝道建设融入主流社会生活。

第一节　执政党和政府要主导、主管社会道德建设

明确提出"党管道德建设"原则，中国共产党作为执政党要积极引领和指导全社会的道德建设，以突显中国政治的历史传承和人文特色。

一、"党管道德建设"：执政党须积极引领和指导全社会道德建设

政党是一定阶级利益的代表，所以政党本身及其主张、行为就具有价值性，也就具有道德色彩，因此，加强党自身的道德建设，特别是突出执政党引领社会道德风尚，完善党的自身建设和执政行为这些重要方面。

1.执政党要高扬核心价值旗帜，履行教化职责，引领并净化社会风气。

中国共产党是中国工人阶级的先锋队，同时是中国人民和中华民族的先锋队，是中国特色社会主义事业的领导核心，始终代表中国先进生产力的发展要求，代表中国先进文化的前进方向，代表中国最广大人民的根本利益，党的最高理想和最终目标是实现共产主义，将全心全意为人民服务作为唯一宗旨。90多年来，我们党之所以能够成为领导中国革命、建设、改革事业的核心力量，之所以能够承担起中国人民和中华民族的历史重托，之所以能够在剧烈变动的国际国内环境中始终立于不败之地，一个最重要的原因就是党拥有理论的真理

性，具有道德的感召力。

　　进入 21 世纪，我们党鲜明提出依法治国和以德治国相结合并实行的理念。党的十七大和十八大把社会主义核心价值体系建设、践行社会主义核心价值观提升到了治国理政的高度。治理国家，德治与法治，从来都是相辅相成、相互促进的，德不可失，法不可废。我国有着悠久的德法共治——所谓"阳儒阴法"的传统。孔子认为："道之以政，齐之以刑，民免而无耻。道之以德，齐之以礼，有耻且格。"严刑只能使百姓因害怕而不敢做坏事，但不能使人们自觉知耻而守法；相反，以道德治理国家，以礼乐教化人民，则可使百姓自觉知耻，自我规范，自我约束。还认为，"君子之德风，小人之德草，草上之风，必偃。"强调德治教化。以德治国的基础就是道德建设。重视思想道德建设，对于坚定理想信念，塑造正确的人生观、价值观、道德观，升华人生境界，提高觉悟，具有十分重要的意义。从社会道德水平的现状来看，我国公民深受中华民族传统优秀道德涵养，长期接受党和社会主义的教育，践行共产主义和社会主义道德，知识水平和思想觉悟较高，总体道德风气是好的。但不可否认，目前部分人品德不正、职业道德不规范、社会公德意识淡漠、家庭美德没有得到很好的传承，也是不争的事实，特别是受"文革"的贻害和市场化的冲击，少数人在许多事情上显得过于利己主义、功利主义、自由主义。譬如，不遵守政治纪律，侵占公共财产，损人利己，追名逐利，公共道德缺失，组织观念淡薄等。而要成就真正的人生，就离不开崇高的价值追求，离不开高尚的道德情操。中国古代许多杰出的仁人志士，既有深厚的文化造诣，又有高洁的道德操守，先天下之忧而忧，后天下之乐而乐，道德文章，堪称典范，实现了做人、做事的统一，从而也使得中华民族成为礼仪之邦。

　　执政党要成为操守正派的君子团队，共产党员要做社会的道德模范。中国共产党人更应该高标卓识，具有高尚的道德情怀和精神追求，更应该成为中国社会的道德模范，具有最起码的社会责任，更应该懂得怎样爱祖国、爱人民、爱劳动、爱文明、爱集体、爱家庭，包容他人，与他人和谐相处。每一位党员干部都应做到德才兼备，学习、践行、弘扬雷锋精神，成为社会主义核心价值观的笃行者，始终以国家前途和民族命运为念，把社会主义核心价值观作为基本遵循、衡量标准，化为自己的政治立场、思想感情、工作作风和人格禀赋。要在全社会深入持久开展社会主义核心价值观教育，加强公民修养和社会道德建设，教育引导全体公民树立求真务实、科学严谨的精神，树立起认真负责、努力进取的工作态度，树立崇高的道德风尚。

2. 各级党组织和领导干部都要抓、都要管道德建设，将其列入重要工作日程，作为必须落实的重要任务。

我们认为，党性也是德性，党管道德是分内之事，义不容辞，实施党管道德至少可以从四个方面予以推进。

一是通过加强党组织和党员自身的思想道德建设，加强党的先进性和纯洁性建设，以共产主义的崇高道德和党员的先锋模范作用，引领全体公民和整个社会的道德风尚；

二是通过党所掌握的媒体和舆论导向，加强道德建设，旗帜鲜明地褒扬真善美、贬斥假丑恶，引领社会风尚；

三是作为执政党通过政府领导社会和公民的文化建设，切实加强社会道德建设、提高公民道德素养；

四是作为社会群众团体，通过党的基层组织和广大党员，密切联系家庭和普通群众，坚持党的群众路线，发挥党员联系和服务群众的优势，影响和提升道德水准，以促进社会公德与家庭美德建设。

中国古今治国理政都强调以德为先，然而在治理结构和路径上则有所不同。古代社会组织家国同构，突出了家和家族的辅助作用；今天世界架构围绕集团利益，突出了政党政治而相对削弱了家庭的作用。古代强调"修身、齐家、治国、平天下"，今天则强调"学习业务知识、入党、在一定组织中出色工作，从而为整体事业做贡献"。这其中有两条根本的不同：一是齐家的作用由古代作为必备条件到今天则被忽视，一是个人与整体事业的关系在作用方式上发生了根本性的变化。古代强调从平凡到伟大，今天强调从平凡中成就伟大。然而时代的变化并没有消灭家庭，家庭在现代治理中仍然占有重要的地位，这是中国的文化特色，也是社会现实。所以，党和政府在引领和从事道德建设的时候，要正视而不能绕开家庭，要承认个人的组织角色和家庭角色的不同担当，并辩证统一地看待，要统筹协调社会的公德和私德领域，将公德和私德统一起来。

3. 党管道德建设具有现实可行性，也只有党和政府旗帜鲜明、齐抓共管，才能落到实处，做到确有成效。

我们主张党管道德，也是基于发挥现行治国理政体制优长，而能真正将道德建设有效落实的一种考量。有人总结中国体制的主要特点是集权制、管得宽、权限大、限制少、手段多、公有制等，可以方便地集中社会的主要资源或人财物力，依靠行政命令的手段，快速高效地从事和推进党和政府想干的任何事情。应该说，党政一体化、快速高效的决策并推进、高度的行政集权、国家主导经济社会发展等是中国体制的优势。党管道德，能保障道德建设的质量和效能。由于我们党和国家政府的性质与人民利益的诉求、发展方向的高度一致，决定了党性、国家权力性质与人民性的根本一致，特别是党的共产主义道德理想和中国特色社会主义道德建设的实践主张具有先进性和社会引领性，因此，党管道德保障了道德建设的质的规定性，同时由于党政一体化的高效协同推进，又从效能上保障了道德建设的实践性要求。中国共产党作为执政党、作为中国特色社会主义事业的坚强领导核心，各级政府作为人民的政府，通过党政一体化的机制合力推进社会道德建设，也是能使道德建设深入经济社会发展全过程，人民生活各方面，并能快速而持久地取得实效的根本途径。

二、设立和完善国家荣誉制度，突出和张扬家庭的核心价值意义

现代意义上的国家荣誉（National Honor）是以国家（通常由政府来体现和执行）的名义，给予为国家和社会发展做出杰出贡献者的一种认可与肯定评价。国家荣誉制度则是旨在表彰和嘉奖为了国家和社会做出突出贡献的杰出人士，以颁授代表不同层级荣誉的称号、勋章、奖章为主要内容的国家级奖励制度，也是国家意志、文化软实力的体现形式之一。[1]一般而言，国家和政府奖励制度是由多层次不同种类的奖励项目构成的体系。我们民族和国家有着深厚的德治倾向和宗统传统。国家以政治最高权威进行的表彰奖励活动是治国理政的重要方式和手段，体现了鲜明的价值导向和引领作用。

1. 在国家荣誉制度中，要突出家庭核心价值，以充实和完善中国特色社会主义基本价值体系内涵，同时开展评奖表彰活动，立起公民规范、干部德行、党员先进性的道德标杆。

中共十七届六中全会提出"建立国家荣誉制度"，意义非凡，我们要传承历史，将评选表彰"孝老爱亲"道德模范作为道德标尺之一，将其所体现的"家庭核心价值观"贯彻于"国家荣誉制度"的意义之中。

---

[1] 戴鑫韬、陆宁：《国家荣誉制度比较研究》，《山东行政学院学报（优先出版）》2012年7月6日。

我国古代非常重视主流价值意义系统的建构和发挥"国家、皇家荣誉"制度的作用，甚至延伸到社会生活的各个方面。由于追求血缘、族源、宗统的高度一致，我国历代重视家谱、族谱、宗谱的修整工作，并衍伸出完整的"正名"和"名正"文化。普通百姓也对照"入谱"的要求而完善自己的人格修养和人生行为。唐代通过设立"凌烟阁"更是将"国家荣誉制度"推向了前所未有的高度并深刻影响着后世社会，激励了众多仁人志士矢志奋斗、舍生取义、杀身成仁、精忠报国，"留取丹心照汗青"。

建立国家荣誉制度也是当今世界各国的通例。如在建立这一制度较早的英国，由国家授予的勋章就达九级。一个佩带最高荣誉勋章"嘉德勋章"的人，无论走到哪里，都会有人对他脱帽致敬，成为社会道德高度的标杆和象征。而在法国则设有"先贤祠"用以永远铭记和纪念那些对国家和民族做出了巨大贡献而体现了他们推崇的普世价值的人。

中国古代的"国家荣誉制度"体现了"家国情怀"，鼓励人们追求"忠孝双全"。中国传统的"家"的核心价值在今天也仍然是值得继承弘扬、发扬光大的。在我国的香港特别行政区，前任特首曾荫权针对数百年来香港"家"核心价值观的失落，在其《香港的新方向》施政报告中，强调"回归家庭核心价值观"。

2. 当前中国的"国家荣誉制度"还没有形成完整完善的体系，应加紧研究，建构体系，完善内容，引领人们的社会生活。

目前我们对品德高尚、建功立业者的精神奖励，主要还是由各个部门、系统或单位通过表彰、表扬、记功、嘉奖等形式进行的。这些办法有一定的效果，但在权威性和可比性上却远不如国家荣誉制度。如果由国家建立的荣誉制度对各种勋章的品类等级、评定程序、授予方式进行完整的制度化的具体规定，可以对不同系统、部门或单位人员的成就与贡献大小做出较为科学而公正的比较，并给以恰当等级的勋章。因此它能在人们心理上形成更大的可信感和满足感，获得这些勋章的人也能够获得国民的敬重和认同。设立国家荣誉制度的意义，就在于旗帜鲜明地唱响主旋律而不是被市场规则左右的价值体系，以疏导的方式，对可能被市场规则扭曲的行为及其观念进行矫正。国家授予荣誉的对象是那些表现出了高尚品质而做出了卓越贡献的人。这些人不必腰缠万贯，但只要他足够的高尚、正直、勇敢，只要他为国家建立了令众人信服的功勋，他们就可以获得国家授予的荣誉勋章。[1]

---

[1] 参见陈丽平：《立法建立国家荣誉制度缘由》，《法制日报》2008年1月4日。

国家通过更加制度化、更加权威的方式，鼓励公民更多地去追求超越物欲的荣誉，必然会对净化社会风气、追求和体现核心价值产生深远的影响。现代西方的国家荣誉制度主要表现为政府奖励制度，又主要体现为勋章制度，不同的勋章和等级构成了国家和政府的奖励体系。而在我国，实际上新中国成立以来，党和国家先后颁布了一系列各种奖励的法规，开展了多种形式的奖励表彰活动，大量可歌可泣的先进模范人物受到奖励表彰。

但是，改革开放新时期以来，我国省部级以下的政府荣誉奖励活动开展得较多，而以国家名义颁发的国家最高荣誉奖励制度至今尚未建立。我国将要建立的国家荣誉制度，形式上将是由国家主席根据全国人大的决定和全国人大常委会的决定，授予国家的勋章和荣誉称号，是国家最高层次的奖励。[①]而在内容和精神实质上就是要通过树立先进典型，弘扬社会正气，引领社会风尚，用共同的价值观团结海内外中华儿女，培育和弘扬民族精神，增强中华民族的凝聚力。对做出卓越贡献，品德高尚，堪称全社会楷模的人物，通过严格的法律程序，以国家的名义给予最高奖励，它不仅是一种崇高的荣誉，也是培育和弘扬社会主义核心价值体系的具体体现。[②]

值得指出的是，2007年以来，由多个中央部门组织的两年一届的全国"道德模范"评选颁奖活动是一种很好的尝试，其"助人为乐、见义勇为、诚实守信、敬业奉献、孝老爱亲"五大类模范很有意义，应该上升到"国家荣誉"层面。其中"孝老爱亲模范"评选表彰强调要模范践行家庭美德，孝敬父母，长期悉心照料体弱病残的老人，使他们享受人生幸福；关爱子女，夫妻和睦，兄弟姐妹团结友爱，家庭生活温馨和谐；在家人亲属有伤病、残疾等困难情况下，做到不离不弃、守护相助、患难与共。这样将中华民族的传统美德与现时代先进人物的要求有机地统一起来，既承继了我们民族的优秀传统，又赋予了时代内涵，它基于家庭和亲情而又引领社会，将它纳入"国家荣誉"体系，意义尤为重要。

3. 以"国家荣誉"评选和表彰"模范人物"要将"孝"的要求与意义注入其中。

目前在我国一些地方，特别是基层组织和社区，开展了一些诸如评比、表彰"十大孝子"之类的活动，一些专业组织甚至实施"中华孝子"培育计划，

---

① 盛若蔚：《国家荣誉制度几年内全面建立》，《人民日报》2008年1月2日。
② 参见陈丽平：《立法建立国家荣誉制度缘由》，《法制日报》2008年1月4日。

多数获得好评，也有的引起一些争议甚至侧目。应该说这些"活动"与"计划"初衷是值得肯定的，但是因为某些活动从内容到形式，没有与国家社会需要鼓励和肯定的多方面要求特别是对工作贡献的主要要求结合起来，而显得有些偏执，甚至让人有盲目复古的疑虑，这就确实需要改进了。我们主张，"孝子"可以评也要表彰，但一定要与其他评奖活动相结合，不应"单科独进"，特别是在中高级组织层次，要体现全面的要求，毕竟人们在家庭的表现或者服务老年亲人的情况只是工作生活表现的一个方面；而在基层，特别是在城乡社区则可以有所侧重，意在倡导和鼓励。重要的是，要在从各方面评价和奖励先进模范人物和事例时，将履行家庭义务特别是家庭孝老爱亲义务的情况纳入其中。也就是说，要在考察一个人是否堪称模范时，既要考察其工作表现与贡献，也要考察其在家庭生活中的表现。

汉代国家选贤任能实行察举制，偏重"举孝廉"，有其深刻的社会组织结构原因，因为所选之人要从"子民"到"臣民"，必先考察他在社会的细胞——家庭生活中的表现，并且因为对事父到事君的要求的高度一致，所以特别看重他对父母等长辈的"孝"；而我们今天考察一个人的立足点是他作为"公民"，看重的是他是否体现了全心全意为人民服务的核心精神，因此，观察面就大大开阔了，要求也就更高了，当然，首先要包括在家是否能尽"孝道"。而一些推崇甚至迷恋"举孝廉"的人往往矫枉过正，从根本上说，他们没有认清今日社会考察人们表现的主要领域与侧重点已经发生了变化。

尽管随着社会的进步与转型，"家"的结构、功能、地位与作用不可与古代同等而语，但是作为社会结构的基础地位并没有变，所以人们的家庭生活表现仍然是我们的一个观察视角。因此，我们不论在考察普通公民还是考察党员干部之时，既要看工作业绩，也要看在家庭和社会生活中的表现，而不能将公德与私德领域相割裂，更不能无视私德领域的表现。这一点正是一个时期以来，我们的考察有所忽视的。当今一些"官员"腐败、部分公民社会公德表现不良，根基都出在道德问题上，特别是在私德领域，甚至一些人根本就没有"正私德"的观念。如果一个人不能正确对待家人——夫妻恩爱、尊老爱幼、孝老养亲，怎么能寄望他会"为人民服务"呢？

一直以来，我们对党员干部要求加强"思想道德建设"，实则偏重"思想理论武装"而忽视道德修养，特别是几乎无视其在家庭和一般社会生活中的道德表现，由此出现了一些官员"反腐倡廉"口号喊得山响、"廉政理论"讲得精彩，却大搞弄权腐败、生活腐化的现象，由此可见，以制度来规范和制约权力、防治腐败之外，还必须加强道德建设，特别要注重 8 小时工作之外的言行表现，而私生活领域——家庭里的表现更是一个重要的观察点。

三、加强对全体公民特别是党政领导干部的道德素质教育和提升[①]

道德素质是人的素质的重要内容，道德水平是社会文明程度的重要标志，公民道德的进步反映的是社会的文明进步。进入新世纪以来，我国围绕贯彻落实《公民道德建设实施纲要》，广泛开展"公民道德宣传月"等形式多样的群众性道德教育和实践活动，使公民道德基本规范不断深入人心，道德意识明显增强，社会文明程度普遍提高。党的十六届六中全会提出了构建和谐社会、建设和谐文化的目标，对公民思想道德建设和现代文明素质提出了新的要求，即进一步抓好公民道德教育实践活动，全面推进社会公德、职业道德、家庭美德、个人品德建设，把公民道德建设和现代公民教育提高到新的水平。2001 年 9 月中央颁布实施《公民道德建设实施纲要》。中央精神文明建设指导委员会决定将每年的 9 月 20 日定为"公民道德宣传日"，目的是更广泛地动员社会各界关心支持和参与道德建设，使公民道德建设贴近实际、贴近生活、贴近群众，增强针对性和实效性，促进公民道德素质和社会文明程度的提高，为全面建设小康社会、构建和谐社会奠定良好的思想道德基础。

1. 加大公民道德建设宣传教育力度，主流新闻媒体要发挥主渠道作用。

开展"公民道德宣传日"宣传教育和实践活动中，要通过开辟专题专栏、设立曝光台、发表评论员文章、组织访谈等形式，热情宣传在公民道德建设过程中涌现出的典型单位和典型人物，批评各种不道德行为和错误观念，努力形成强大的舆论声势，积极营造有利于公民道德建设的社会氛围。加大公民道德建设的宣传教育力度要创新方式方法，发挥多方面载体的作用，形成全覆盖的格局。各级各部门、各单位要充分运用宣传栏、黑板报、宣传橱窗、学习园地、电子显示屏等宣传阵地的作用，采取座谈讨论、专题讲座、中心组学习以及举办知识竞赛、事迹报告会、主题演讲等形式，对干部职工进行广泛公民道德建设的宣传、宣讲。尤其是要抓重点人群，针对不同行业，开展分类教育：

[①] 本部分参考综述《纪念全国第五个"公民道德宣传日"深入开展道德建设宣传教育实践活动》。

在党员干部中开展从政道德主题教育，在青少年中开展"五爱"（爱祖国、爱人民、爱劳动、爱科学、爱社会主义）主题教育，在市场经营户、个私企业中开展"诚实守信、信誉兴业"主题教育，在服务行业中开展以"文明礼貌、敬业奉献"为主题的职业道德教育，在农村中开展以"治五乱、刹三风"为主题的道德教育。运用新兴媒介，如借助短信发送平台，向手机用户定期发送公民道德建设、礼仪规范等相关内容短信息，倡议抵制不良短信，弘扬现代文明新风，推动形成全社会学礼仪、讲文明、弘美德、树新风的浓厚氛围。

2. 道德宣传教育及其建设要以城市和农村社区为基层单元和重点。

城市社区要以市民学校为阵地，组织社区居民开展《公民道德建设实施纲要》学习讨论，策划各种纪念"公民道德宣传日"宣传教育活动。要结合评选"文明家庭"、创建文明社区等活动，组织居民参与主题活动。在农村，要利用农民夜校、文化活动室、村务公开栏等形式，广泛宣传公民道德基本规范，深化社会主义荣辱观教育。要结合文明新村创建和新农村建设，组织开展"刹三风"（请客送礼风、抹牌赌博风、封建迷信风）、创建星级文明农户、评选好婆媳等系列活动，建设新面貌，倡导新风尚，培养新农民。

3. 道德素质教育与建设，家庭、儿童及其亲子互动是一大重点。

2009 年全国家庭道德教育宣传实践月活动以"热爱祖国、净化环境、亲子携手、家庭行动"为主题，围绕"祖国伴我成长"主题教育、净化环境家庭护卫、健康文明亲子互动三大行动，开展宣传教育实践活动，就是一个很好的开端，应总结经验、扩大推广。

四、掌握和引导主流媒体，加强孝与新孝道的宣传、提高和指导

随着改革开放的深入推进，人们的价值观念、价值追求的多元化发展，特别是媒体也成为利益主体，本来正常存在于民间的各种需要纠正的不同认识、需要克服的不良表现、需要正确引导的不良倾向，不仅得不到有效纠正，反而被媒体放大、甚至恶意炒作，被当作主流导向，混淆了视听，搅乱了视线，产生了误导，甚至动摇了根基——主旋律得不到彰显、人们社会生活的基本原则被消解。特别是电视媒体的错误价值取向暗示和视觉冲击，一度达到了危害社会的程度。曾几何时，电视商业广告几近泛滥成灾，广为观众诟病已是不争的事实。如一部 40 集的电视剧，首尾播放 80 回，中间插播 40 回，电视内容和气氛都被搅

得支离破碎，再精彩的节目也成了白开水。无怪乎有观众感叹不是节目中插播广告，而是广告中插播节目。更有甚者，只要肯出银子，管你什么"三俗"、"三露"垃圾，都可以"广而告之"。如此下去，或许电视台是"不差钱"了，倒是"毁"人不倦了，把社会搞得乌烟瘴气，是非不明、美丑不分、浮躁不堪。

1. 主流媒体不仅应该回归公益性、高扬主旋律，而且应该贴近实际、贴近生活、贴近群众，以广大受众更能接受的形式引导影响全体公民和整个社会。

事实上，党的十八大召开之后，中央和地方主流媒体拿出重要版面、显著位置持续刊播公益广告，在主旋律宣传中避免生硬灌输和空洞说教，实现了社会教育效益最大化的成功尝试，取得了社会满意的明显效果。如围绕培育弘扬建设中国特色社会主义核心价值观、规范公民和社会道德行为、建设生态文明和与人民群众生活密切相关的实际问题等主题，各大主流报纸以彩色整版或半版篇幅刊登公益广告，内容丰富、发人深省；众多广播电台各频率在黄金时段推出公益广告，贴近百姓、亲切感人；电视各频道全方位、高频次连续播出公益广告，主题鲜明、创意新颖；各大网站均在首页显著位置推出"讲文明树新风"公益广告专题，并在春节期间形成热潮，发挥了净化社会文化环境、引领文明风尚的积极作用，收到了良好社会效果。"讲文明树新风"公益广告宣传在广大公民中引起广泛关注和热烈反响。大家普遍认为，刊播公益广告体现了新闻媒体的社会责任，集聚、放大正能量，有利于弘扬新风正气、促进社会和谐，引导人们见贤思齐、形成崇德向善的良好社会氛围，必将推动在全社会兴起"讲文明树新风"热潮。

2. 媒体引领社会道德风尚，公益广告大有可为。

公益广告是为公益行动、公益事业提供服务，它是以推广有利于社会的道德观念、行为规范和思想意识为目的的广告传播活动。我国的公益广告以提倡社会主义新风尚、弘扬爱国主义精神、宣传优秀民族文化、倡导社会公德观念为根本，立足于使更多的公民树立健康文明的行为规范。公益广告应当面向社会广大公众，以维护社会道德和正常秩序，促进社会健康、和谐、有序运转，实现人与自然和谐永续发展为目的，针对现实时弊和不良风尚，通过短小轻便的广告形式及其特殊的表现手法，激起公众的欣赏兴趣，进行善意的规劝和引导，匡正过失，树立新风，影响舆论，疏导社会心理，规范人们的社会行为。[①]

---

① 王轶超：《公益广告的定义及内涵》。

3. 加强公益性社会宣传，户外广告也是重要的方式和载体。

公益性社会宣传是指以宣传站、宣传车、宣传橱窗、墙报、板报、传单、阅报栏、宣传牌、电子（电视）屏、彩球、气艇、飞艇、横幅条幅、宣传画等为宣传媒体，以党和国家以及地方重大政治活动、重要会议、重要节日、纪念日、重要法律法规和经济、文化、体育活动等为主要内容的户外宣传活动。加强城乡户外公益性社会宣传管理，规范城市户外社会宣传活动，发挥社会宣传主阵地作用，要根据中央关于加强党对意识形态领域领导等指示精神，进一步加强城市公益性社会宣传管理的政治性把关，突出坚持正确的舆论导向，把社会效益放在首位，积极宣传党的路线、方针、政策，大力宣传人民群众在党和政府领导下团结进取、奋发向上的精神面貌。[①]与此同时，要加强城乡户外公益性社会宣传统一归口管理。各级党委宣传部门要切实负责城乡户外公益性社会宣传的归口管理、总体协调和内容审查工作。搞好公益性社会宣传，是各级各部门的共同职责，各单位、各部门要大力支持、积极配合，规划、城管、气象等部门在办理公益性宣传广告登记审批手续时，不得以任何理由收取费用。政府要加强公益性宣传设施的建设与管理，政府统一兴建的公益性宣传设施，各有关单位都要提供方便，免征各种费用。

五、国家明确"丧假"政策，鼓励奔丧、探望病危亲人等尽孝行为

1. 研究借鉴我国古代的相关制度规定与行为规范。

中国传统孝文化和孝道制度特别重视丧礼与祭祀，有一套完整的丧葬礼仪，国家层面专门设有"丁忧（丁艰）"制度。丁忧原指遇到父母或祖父母等直系尊长的丧事，后多指官员居丧。创设"丁忧制度"源于标榜"以孝治天下"的汉代，制度规定父母死后，子女按礼须持丧三年，其间不得行婚嫁之事，不预吉庆之典，任官者必须离职，丁忧期间，丁忧之人不准为官，若匿而不报，一经查出将受到惩处。在朝廷供职的人员丁忧（离职）三年，但朝廷根据需要，不许在职官员丁忧守制被称为夺情，或有的守制未满，而应朝廷之召出来应职者，称起复。如无特殊原因，国家也不可以强招丁忧的人为官。宋代，凡官员有父母丧，须报请解官，承重孙如父已先亡，也须解官，服满后起

---

① 《关于加强城市户外政治性公益性社会宣传管理的意见》。

复。到了明代，这一系列规定被列入律令，除了居父母之丧，其他不必去官。回籍守制丁忧，俱以闻丧月日为始，不计闰二十七个月，服满起复。武将丁忧不解除官职，而是给假100天，参加"大祥"（二周年祭）、"小祥"（周年祭）、"卒哭"（十一次哭祭亲人完成时的礼仪）等父母亲人忌日祭祀活动另给假日。

可见，古代国家为了推行孝道，国家建立了严密的丧礼与守孝制度。所谓守制三年，其逻辑为父母生养子女三年才能释怀，因此，父母去世，子女也要守孝三年予以回报。至于是否一定是三年，历代具体规定的时间多有不同，最多三个年头，据称最短也有只守孝36日的，但三年的说法则因有孔子的论述而历代不变。因为有官方的规定和官员的带头，守孝习俗也为社会百姓所接受并成为传统。

2. 当前我国的丧葬制度及丧假的相关规定及评述。

为逝者悲伤并以一定的仪式予以纪念，一乃人之常情，二为儒者推崇，三为朝廷支持，四为百姓接受和谨守，本来也无可厚非，但是古代搞得过于繁琐、拖沓、费资费时甚至矫情，今天我们也就无需全盘继承。但是出席亲人之丧并举行一定形式予以纪念与追思，还是应当的。毛泽东同志在著名的《为人民服务》一文中曾说："村上的人死了开个追悼会，用这样的方法寄托我们的哀思，使全中国的人民团结起来！"表明中国共产党人从理念到形式上都尊重民族传统、讲究人情亲情并有所超越，凝聚和体现同志情谊，以图更大的政治意义和更高境界的追求。毛泽东还亲自出席普通战士张思德的追悼会并发表了这一光辉文献作为追悼词。然而，总体上，由于时代的变化和社会生活节奏加快，以及"移风易俗"的要求，我们对丧事活动时间在减少、形式在从简。除却理念有所变化，对于从事公职的人和与父母分居并较远的人来说，还有一个"奔丧"并需要一定时间的丧假的具体问题或者说载体问题、操作性问题。

首先看理念的变化。新中国所建立的法规制度是以社会化大生产及其组织管理为本位的，所以关于休假的规定也纳入了劳动法及其规章的规定范围。在规定政治意义的假期时考虑旧有的节庆和伦理性活动较少，而更多的是考虑现代国际惯例和表达特定政治纪念意义，如设立"三八国际妇女节"、"五一国际劳动节"、"国庆节"等。近年来，我国政府尊重民族文化传统，将春节、清明节、端午节、中秋节等传统节日也纳入法定节假日范围。新中国成立以来我国大幅度提高了人们休假的频次和时间，极大地释放了人们处理人际交往及家务事的空间。关于"丧假"也一直得到重视，但是在给予时间的规定却比较模糊。如《中华人民共和国劳动法》第五十一条规定"劳动者在法定休假日和婚丧假期间以及依法参加社会活动期间，用人单位应当依法支付工资。"改革开放后，《国务院关于职工探亲待遇的规定》（国发［1981］36 号）规定，在国家机关、人民团体和全民所有制企业、事业单位工作的职工享受探亲假待遇。[①] 集体所有制企业、事业单位职工的探亲待遇由各省、自治区、直辖市人民政府根据本地区的实际情况自行规定。这些虽然都明确将"丧假"纳入规定，但是与古代社会有关规定的突出地位和长时间的假期就没法对比了。古代要求祭祀逝去的亲人要"事死如生"，守礼制、重程序，官方和民间的舆论压力和习俗形成了强大的社会监督。今天的社会强调孝敬父母重在现实表现，而不再履行死后的繁文缛节，人们寄托对先人哀思的行为主要靠自我实践和社会习俗传承和监督。

其次就官方给予丧假的时间看。目前，我国对丧假的规定主要还是依据原劳动部《工资支付暂行规定》第十一条规定"劳动者依法享受年休假、探亲假、婚假、丧假期间，用人单位应按劳动合同规定的标准支付劳动者工资。"休丧假的具体操作主要还是参考原国家劳动总局、财政部曾于 1959 年 6 月 1 日发布《关于国营企业职工请婚丧假和路程假问题的通知》（中劳薪字（1959）第 67 号）规定：一、职工本人结婚或职工的直系亲属（父母、配偶和子女）死亡时，可以根据具体情况，由本单位行政领导批准，酌情给予一至三天的婚丧假。二、职工结婚时双方不在一地工作的，职工在外地的直系亲属死亡时需要职工本人去外地料理丧事的，都可以根据路程远近，另给予路程假。三、在批准的婚丧假和路程假期间，职工的工资照发，途中的车船费等，全部由职工自理。改革开放后，国家劳动总局、财政部于 1980 年 2 月 20 日发布《关于国营企业职工请婚丧假和路程假问题的通知》（［80］劳总薪字 29 号［80］财企字 41 号）规定：职工本人结婚或职工的直系亲属（父母、配偶和子女）死亡时，可以根据具体情况，由本单位行政领导批准，酌情给予一至三天的丧假；职工在外地的直系亲属死亡时需要职工本人去外地料理丧事的，都可以根据路程远近，另给予路程假；丧假和路程假期间，职工的工资照发。也就是说，国有企业单位的职工请婚丧假（不含节假日）在三个工作日以内的，工资照发。[②] 而对非国营企业包括外资企业的职工休婚丧假，目前国家都有给予一定带薪假期的原则性意见而没有作出具体的时间规定。

---

① 《新劳动法法定假日、病假和事假规定－百度文库》，2012 年 12 月 25 日。
② 《公司员工考勤制度》，2012 年 9 月 28 日。

3.我们对丧葬制度及丧假规定的相关对策建议。

鉴于以上文件规定发文时间较早且对直系亲属的界定不是很明确，建议国家统一出台文件并规定：国家鼓励丧事从简，反对大操大办，同时支持公民参与有关丧事活动并给予一定时间保障。国家认可、支持和保护职工参加因公组织的追悼活动，以实际出席追悼会或告别仪式及其时间为限。我国各类机关企事业单位的职工参加直系亲属（祖父母、外祖父母、父母、岳父母、兄弟姐妹、子女）的丧事活动，统一给予一天的带薪丧假，根据路程远近的实际给予奔丧的往返路程带薪（按日标准工资计发）事假，其中子女须举办和参加父母的丧事并给予三天的带薪丧假。以上时间含国家法定节假日，如有料理丧事的其他事宜需请假，以三个工作日为限按事假对待，同时计发标准工资。职工提出奔丧申请，所在单位原则上应予同意并予以一定形式的慰问，单位确因工作需要而不同意，应按照节假日加班给予当事人以资金补偿。

为鼓励职工关心、照护和切实帮助直系亲属，建议国家规定，职工申请探望病危的直系亲属，各单位应据实（如医院出具的病危通知书等）同意给予一定的事假，有关待遇参照前述规定执行。

第二节 法律要为传承孝文化、构建新孝道护航

惩恶才能扬善，培育和弘扬中华孝道，惩恶与扬善并举，历来如此，今天也应当两手并举。

一、切实保障培育、弘扬孝义精神，引导和督促公民行孝、尽孝

1.中国古代刑事法律制度十分注重对人伦关系尤其是孝道的维护，"不孝"成为历朝历代重点打击的重罪。

《孝经》记载夏朝"五刑之属三千，而罪莫大于不孝"，《吕氏春秋》引《商书》"刑三百，罪莫大于不孝"，《尚书》记载西周"不孝不友，元恶大憝，刑兹无赦"，可见"不孝"在三代都是相当严重的犯罪。秦简中也有惩治"不孝"的相关规定。汉代"不孝罪"已经成为适用死刑的罪名之一，之后历代对

不孝的不同情形的惩罚日渐规范并在唐代臻于完善。中国古代的"不孝罪"是个综合罪名，属于"十恶"范畴，构成不孝罪的各种客观要件在具体法律中都可以独立成罪。不孝罪是身份犯，即只有具有子孙身份的人才是犯罪主体，内容包括：告言、诅詈祖父母父母；祖父母及父母在，别籍、异财、供养有阙；居父母丧，身自嫁娶、作乐、释服从吉；闻祖父母父母丧，匿不举哀，诈称祖父母父母死等。不孝罪所保护的主要是直系血亲之间的伦理关系。只要父母控告子孙"不孝"，官府就必须受理，多数无须经过调查，子孙就可构成此罪，甚至祖父母父母因子孙的不孝言行而气忿自尽，子孙也要受惩罚。国家对家长、族长直接杀死不孝子孙，基本持支持或原谅的态度。唐代及其以后历代对不孝罪的惩罚规定得非常详实。法律对其他违背孝道的行为也立有专门罪名如"恶逆"予以惩罚，包括对父母人身的伤害及对名讳的侵犯，如殴打及谋杀祖父母父母、子孙违犯祖父母父母教令（如赌博奸污盗等行为）、父母丧期内生子、祖父母父母在囚期间子孙作乐等亦构成犯罪。古代对官员恪守孝道的要求更高，如规定辞官"丁忧"，处分其不孝也更严格。

2. 要以批判地继承的正确态度对待传统法文化，既区分法律与道德的边界，又要看到法律的性质与价值。

古代法律是为调整伦理服务的，所以，法律中充斥着浓浓的道德色彩，甚至扭曲地贯彻着道德原则。一方面，官方毫不犹豫地重拳打击不孝行为，一方面又从理论到实际操作上进行辩解和一系列缓冲设计，以求在德与法相冲突时维护"德"的优势地位，伦理的要求往往胜过法律。如，一是认可"亲亲相隐"。孔子认为"父为子隐、子为父隐，直在其中矣"。汉宣帝时"亲亲相隐"作为制度得以确立，到唐时发展为"同居相隐"，为法律不害亲情提供理论支撑。二是设立"代刑"制度，即父母犯罪由子孙为其受刑，进一步强化孝道。三是设立"存留养亲"制度，规定如有亲老丁单或孀妇独子等情况，犯不孝罪的人应留在家里侍奉亲人，而不用服应执行之刑。四是强调"父之仇弗与共戴天"，鼓励或容许"复仇"。为父、为家人报仇的人往往会得到宽宥，甚至会得到褒奖。孝道在中国古代刑法的各领域都得以充分渗透，为孝道立法考虑到如此程度，其根本原因就在于中国古代的国家建构是以孝道为基础的，一切为了维护"家国一体"的伦理型社会的有序运转。

一方面强调"孝敬父母天经地义"，一方面以"棍棒底下出孝子"相督促，正是因为有了道德的"前导"引领和法律的"断后"严惩以及司法实践上"原情"的周密设计，中华孝道才得以真正确立和强化。由于传统中国社会的宗法封建和专制性质，如此孝道的理念和司法设计，在现代民主的公民社会必须否定，但是，中华孝道体现的人伦精神和重视德法共治的思路、做法还是值得传承、弘扬和借鉴的。

3. 我们不同意设立"不孝罪"，但是主张将对"不孝"的法律处罚贯彻到具体的法律规定中。

近来有人针对目前的道德状况和大量存在的不孝行为，提出在刑法中设立"不孝罪"。我们认为，这种建议并不可取，但是可以也应该在不同的具体法律中明确规定对不同的"不孝"行为给予相应的处罚，以贯彻权利义务对等原则。因为，古代的"不孝罪"本身是一个充分体现身份观念的罪名，而且认定此罪并不强调以事实为依据，违背法律精神，适用范围过于"笼统"宽泛。

现代社会不允许通过刑法手段来侵犯任何人的自由权利，也不能通过刑法来解决应该由社会保障来解决的问题。而"不孝行为"的存在损害了义务相对人的权益，必须受到相关法律的明确惩处。对此，我国现行法律已经有了很好的基础，主要表现为划清了刑法的底线，如宪法规定"禁止虐待老人"，刑法规定"侵犯公民的人身权利、民主权利和其他权利，以及其他危害社会的行为，依照法律应当受刑罚处罚的，都是犯罪"，"虐待家庭成员，情节恶劣的，处二年以下有期徒刑、拘役或者管制。致使被害人重伤、死亡的，处二年以上七年以下有期徒刑"，"对于年老、年幼、患病或者其他没有独立生活能力的人，负有抚养义务而拒绝抚养，情节恶劣的，处五年以下有期徒刑或者管制。"也就是说，包括子女对自家老人、亲人的侵犯、伤害行为都为法律所禁止并且有明确的处罚。有关法律还做出了"行孝"的引导性规定，如宪法规定"成年子女有赡养扶助父母的义务"，民法通则规定"婚姻、家庭、老人、母亲和儿童受法律保护"、婚姻法规定"父母对子女有抚养教育的义务；子女对父母有赡养扶助的义务"[①]、"子女不履行赡养义务时，无劳动能力的或生活困难的父母，有要求子女付给赡养费的权利"、"有负担能力的孙子女、外孙子女，对于子女已经死亡或子女无力赡养的祖父母、外祖父母，有赡养的义务"、"由兄、姐扶养长大的有负担能力的弟、妹，对于缺乏劳动能力又缺乏生活来源的兄、姐，有扶养的义务"、"子女应当尊重父母的婚姻权利，不得干涉父母再婚以及婚后的生活。子女对父母的赡养义务，不因父母的婚姻关系变化而终止"、"父母与子女间的关系，不因父母离婚而消除"等，老年人权益保障法的规定则更

[①]《中华人民共和国婚姻法释义》。

为系统而全面（下节专论），但是针对社会上特别是家庭中大量存在的"不孝行为"还有待法律在认定和处罚上作出详细的规定。

4. 建议规定将父母诉子女"不孝"列为自诉类案件，同时，实行"举证责任倒置"制度，以此维护老年人权益。

如同古代一样，老年人控告子孙的"不孝"行为，属于"自诉"案件，与古代相同的是，一是一般老年人碍于亲情和颜面以及社会舆论、道德等压力，不会轻易控诉亲人晚辈，所以大量的不孝行为被掩盖，侵权行为得不到惩治，自身权益得不到保护；二是与古代司法必须受理和审理此类控诉而"无须查证事实"不同的是，现代法律强调以事实为基础，重"证据"，而实际上来自家庭侵权行为的"证据"难以获取和被认定，这就大大减弱了老年人获得法律的实际保护和权益的实现；三是现代法律专业性较强、种类繁多、条款近乎海量，老年人权益主张人难以便利运用法律维护自身权益。为此，一应鼓励和帮助老年人增强公民意识、法律意识、维权意识，勇于和善于运用法律武器维护自身权益；二应建立此类案件适用于"举证责任倒置"制度，即由被诉方负主要举证责任，以方便老年人维护自身权益；三是相关部门应通过帮助整理相关法律和规定形成"老年人维权简便手册"等形式，方便老年人通过各种方式包括司法方式维权。

二、加强对新修改的《老年人权益保障法》的解读、宣传和执行

2012 年 12 月 28 日，第十一届全国人大常委会第三十次会议表决通过了修改后的《老年人权益保障法》（以下简称"新法"），定于 2013 年 7 月 1 日起施行。新法认真总结实践经验，把成熟的具有普遍意义的好经验、好做法上升为法律，增强了该法的适用性。同时，着力解决现实中存在的突出问题，如老龄事业发展的经费保障问题、"空巢"老人的精神慰藉问题、养老服务设施建设用地问题等，增强法律的针对性。新法还科学把握我国人口老龄化的发展趋势，对一些影响长远的问题作出适度超前的规定，增强了法律的时代性和前瞻性。这主要体现在有关家庭养老支持、老年监护、长期护理保障、老年宜居环境等方面的规定中。[①]新法的创新性进步主要表现在：通过立法规定了每年农历九月初九为"老年节"，首次创设规定了老年监护制度，规划、规定了逐步

---

① 陈丽平：《支持家庭养老 建设宜居环境》，《法制日报》2012 年 12 月 29 日。

开展长期护理保障工作，规范了养老服务收费项目和标准，完善了计生家庭老人扶助制度，规定对外埠老年人实行同等优待，新法首次增设宜居环境一章，规定老年人依法设立自己的组织，充实完善了有关法律责任规定。

1. 深刻认识国家立法规定每年农历九月初九（传统的重阳节）为"老年节"的重要意义和作用，促进和谐家庭建设、助推老年事业发展，激励全社会敬老成风。

我国重阳节为农历九月初九日。《易经》中把"九"定为阳数，九月初九，两九相重，故而叫重阳，也叫重九。由于九九与"久久"同音，九在数字中又是最大数，故此有长久长寿的含义。重阳节早在战国时期就已经形成，到了唐代，重阳被正式定为民间的节日，此后历朝历代沿袭至今。重阳又称"踏秋"，这天家庭所有亲人都要一起登高"避灾"，插茱萸、赏菊花。重阳为历代文人墨客吟咏最多的几个传统节日之一，并与除夕、清明、盂兰盆会构成中国传统的四大祭祖节日。"重阳节"作为一个有着两千多年历史的传统节日，无疑是我们民族的一份重要历史遗产，其文化学、社会学、人类学价值仍然值得世人的尊重。重阳节在长期的发展中，祈寿主题逐渐和中国传统孝道伦理相融合，发展出了敬老爱老的重阳节新主题，而这无疑增加了重阳节的寓意，影响深远。直至今天，我国多数民族仍把为老人祈寿祝寿看作是重阳节最重要的内容，并且称重阳节为"祝寿节"，至今这一内涵为我们所重视和发扬。现在我国将重阳节定为"老年节"，这既延续了重阳节尊老敬老的习俗，又将其上升为国家意志，为重阳节注入了新的实质内容。"老年节"的设立创新弘扬了我们民族的孝老、敬老传统，反映了一种新的社会道德和新的社会风尚的形成，也成为我国老龄工作的一个媒介，必将继续为促进社会主义精神文明建设和和谐家庭建设，从而为和谐社会建设发挥重要作用。

2. 把握新法中"总则"的主要内容，全面认识新时期老年人权益保护的原则精神和总体部署。

新法的"总则"部分主要增加了以下内容：一是集中规定了老年人享有的基本权利，主要是从国家和社会获得物质帮助，享受社会服务和社会优待，参与社会发展和共享发展成果等权利；二是明确提出积极应对人口老龄化是国家的一项长期战略任务，这一战略定位对于我国在"未富先老"的特殊国情条件下实现经济社会可持续发展具有重要意义；三是从经费保障、规划制定和老龄工作机构职责三个层面进一步明确了政府发展老龄事业，做好老年人权益保障工作的职责；四是强化了老龄事业和工作的宣传教育，以进一步增强全社会老龄意识，营造敬老、养老、助老的良好氛围；五是增加了有关老龄科研和老龄调查统计制度的规定；六是增加了对参与社会发展做出突出贡献的老年人给予表彰奖励的规定，以鼓励老年人继续为国家建设做贡献。[①]

3. 要深刻认识和精心维护我国首次创设的老年监护制度，切实做好对老年人的长期护理保障工作。

为保障失能失智老年人的人身财产权益，在深入研究我国民法通则有关监护的规定并借鉴国外经验的基础上，我国开始创设老年监护制度。这一制度在家庭赡养与扶养方面，对家庭养老作了重新定位，将现行法"老年人养老主要依靠家庭"修改为"老年人养老以居家为基础"，进一步明确了赡养人对患病和失能老年人给予医疗和照料的义务，针对现实中老年人住房等财产权益易受侵害以及老年再婚配偶法定继承权难以保障等问题，进一步加强了对老年人财产权益的保护，充实了精神慰藉的规定，增加了有关组织应当对不履行义务的赡养人和扶养人予以督促的规定，原则规定了国家建立健全家庭养老支持政策。此外，还完善了家庭赡养协议的相关规定，增加了禁止对老年人实施家庭暴力的内容。[②]

在老年人护理保障方面，国家要逐步开展长期护理保障工作，一方面鼓励、引导商业保险公司开展长期护理保险业务；一方面对生活长期不能自理、经济困难的老年人，地方政府应视情况给予护理补贴。在养老和医疗保险方面，要在《社会保险法》关于基本养老和基本医疗保险规定的基础上，进一步建立多层次的养老和医疗保险体系，逐步提高保障水平。在社会救助方面，对经济困难的老年人给予生活、医疗、居住等多方面的救助和照顾，还要对流浪乞讨、遭受遗弃等生活无着的老年人进行专门的救助。在社会福利方面，国家要建立和完善老年人福利制度，并吸收地方的实际做法，建立高龄津贴制度。[③]

4. 政府要协调老年事业和老年产业发展，规范养老服务收费项目和标准，明确各方的法律责任，加强监督、管理和责任追究。

我国已经确立了社会养老服务体系的框架即"以居家为基础、社区为依托、机构为支撑"。这是我国多年实践经验的总结，并在"国民经济和社会发展'十二五'规划纲要"、"社会养老服务体系建设规划"等国家重要文件中确

---

① 关于《中华人民共和国老年人权益保障法（修订草案）》的说明－法制网。
② 关于《中华人民共和国老年人权益保障法（修订草案）》的说明－法制网。
③ 关于《中华人民共和国老年人权益保障法（修订草案）》的说明－法制网。

认下来。政府支持养老事业发展，就是要明确政府支持养老服务事业发展的责任：总结实践经验，对实施居家养老服务、社区为老服务作原则规定；加强对养老机构的管理，规定养老机构的设立条件、准入许可和变更、终止等制度，明确相关部门对养老机构的管理职责；加强养老服务队伍建设，建立和完善养老服务人才培养、使用、评价和激励制度；加强养老机构运营中的纠纷处理和风险防范；完善针对老年人的医疗卫生服务。[1]

国家采取措施发展老龄产业，首先要将老龄产业列入国家扶持行业目录，重要的是要切实扶持和引导企业开发、生产、经营适应老年人需要的用品和提供相关的服务。老龄产业是"朝阳产业"、也是"良心产业"，更是用市场的办法切实落实解决养老服务的根本手段，政府促进老龄产业健康发展要鼓励和扶持新兴业态，为经营主体提供政策优惠和经营指导。同时要加强对老龄事业特别是老龄产业的管理。

政府要加强对养老机构和养老经营机构的经营活动和从业人员素质的监督和管理，促进养老机构、老龄产业规范健康发展。目前有的地方养老机构收费比较混乱，有的养老机构在变更或者终止时对入住的老年人没有给予妥善安置，有些经营主体和经营人员"忽悠"老年人，强制或欺骗提供过度的老年"保健"服务和"保健产品"，有的甚至到了骗财害人的地步。为此，各级人民政府实施监督和管理，要注意一些养老机构变更或者终止运行活动时，因种种原因而导致部分老年人流离失所、生活无着落，为此要秉持解决问题为先的原则，督促有关部门及时为养老机构妥善安置老年人提供帮助。在当前养老资源稀缺和服务需求旺盛的情况下，一些养老机构和经营单位趁机涨价或巧立名目乱收费，不仅直接导致老年人及其家庭的经济承担能力和心理承受能力减弱、焦虑感增强，也终将影响老龄事业和老龄产业的健康发展，为此，政府及其相关部门要特别加强对养老服务收费项目和标准的监督和管理。

加强监督管理就必须明确和落实各方责任，做到责任到位，依法追责。新法增加了擅自举办养老机构、养老机构及其工作人员侵害老年人权益以及政府行政管理部门失职渎职的法律责任；增加了违反优待义务的法律责任；增加了违反涉老工程建设标准和不履行无障碍设施维护管理职责的法律责任。此外，根据人民调解法、行政处罚法、治安管理处罚法、刑法等有关法律的规定，"新法"对现行法律关于家庭成员纠纷处理，干涉老年人婚姻自由，侮辱、诽谤、

---

[1]《参见国务院法制办公室网站相关内容》。

虐待、遗弃老年人法律责任的条款作了修改完善。^①这些是我们目前在处理相关问题，落实责任和追究责任时所应秉持的最新法律依据。

5. 要完善计生家庭老人扶助、对外埠老年人实行同等优待等原则和制度。

实行计划生育国策以来，计生家庭老年人问题也开始凸显出来，特别是"失独家庭"老年人的生活状况和养老保障问题尤为窘迫。为了扶助农村计划生育家庭老年人，2004 年以来我国对农村实施计划生育家庭的老年人每月给予一定奖励，国家已经计划"十二五"期间将这项措施惠及城市实施计划生育家庭的老年人。^②为此，新法增加了"国家建立和完善计划生育家庭老年人扶助制度"的规定。这是一个老年"市民"扶助制度，是基于一个时期以来我国城乡执行计生政策有所差别的实际而制定的新制度。执行起来因各地财力和相关设施不足而本来就有压力，新的问题也随之而来，压力将倍增。

目前由于城乡间事实上存在的各种差距，特别是随着城镇化进程的提速，农村人口进城的数量和速度以及农民市民化也在增加和加快，区域间流动到城市的计生老人就面临是否享受同等待遇的问题。"新法"在倡导全社会优待老年人的前提下，确立了对常住在本行政区域内的外埠老年人实行同等优待的原则。那么各地怎么办呢？新法进一步充实了现行法有关老年优待的内容：规定县级以上政府及其有关部门应当根据情况制定优待老年人的办法，逐步提高优待水平；丰富了现行法有关司法救助、法律援助、医疗服务、参观游览、乘坐公共交通等方面对老年人给予优待和照顾的内容；增加了一些新的优待内容——主要是为老年人及时、便利地领取养老金、结算医疗费等方面提供优待，在办理涉及老年人重大人身财产权益事项时提供优待等。^③

6. 要深刻理解和切实做好老年宜居环境建设工作，提高全社会老年人生活质量和全社会文明水平。

新法首次增设了"宜居环境"一章，主要对国家推进老年宜居环境建设作了原则规定，以便为制定相关配套法律法规和政策提供依据，明确了国家责任，概括规定了老年宜居环境建设的总体要求，规定了政府加强老年宜居环境建设的主要任务，还对老年友好型城市以及老年宜居社区建设作出了规定。^④

---

① 关于《中华人民共和国老年人权益保障法（修订草案）》的说明－法制网。
② 陈丽平：《支持家庭养老 建设宜居环境》，《法制日报》2012 年 12 月 29 日。
③ 关于《中华人民共和国老年人权益保障法（修订草案）》的说明－法制网。
④ 国务院法制办公室。

国家承诺采取措施，推进宜居环境建设，为老年人提供安全、便利和舒适的环境。要求各级人民政府在制定城乡规划时，应当根据人口老龄化发展趋势、老年人口分布和老年人的特点，统筹考虑适合老年人的公共基础设施、生活服务设施、医疗卫生设施和文化体育设施建设。国家制定和完善涉及老年人的工程建设标准体系，在规划、设计、施工、监理、验收、运行、维护、管理等环节加强相关标准的实施与监督。①

在具体的老年宜居环境建设上，"新法"重点规定了无障碍环境建设的原则与要求，这主要是考虑到残疾人中有相当一部分是老年人，随着年龄增长所面临的失能或者残的风险会逐步提高，无障碍是老年宜居环境的一个基本要求。②由国家统一制定无障碍设施工程建设标准。新建、改建和扩建道路、公共交通设施、建筑物、居住区等，应当符合国家无障碍设施工程建设标准。各级人民政府和有关部门应当按照国家无障碍设施工程建设标准，优先推进与老年人日常生活密切相关的公共服务设施的改造。无障碍设施的所有人和管理人应当保障无障碍设施正常使用。国家推动老年宜居社区建设，引导、支持老年宜居住宅的开发，推动和扶持老年人家庭无障碍设施的改造，为老年人创造无障碍居住环境。③

三、立法确立"亲权"理念，法律承认和规范血缘型社会关系行为

目前我国以家庭成员及其关系为调整对象的法律大致有《宪法》、《刑法》、《民事诉讼法》、《民法通则》、《老年人权益保障法》、《婚姻法》、《未成年人保护法》、《预防未成年人犯罪法》、《妇女权益保障法》等，还有一部重要的文件即《公民道德建设实施纲要》，都或多或少地涉及"孝"所调整的内容。如《中国共产党纪律处分条例》第一百五十二条规定："拒不承担抚养教育义务或者赡养义务，情节较重的，给予警告或者严重警告处分；情节严重的，给予撤销党内职务处分。虐待家庭成员情节较重或者遗弃家庭成员的，给予撤销党内职务或者留党察看处分；情节严重的，给予开除党籍处分"。《中华人民

①《老年人权益保障法（修订草案）》。
② 关于《中华人民共和国老年人权益保障法（修订草案）》的说明－法制网。
③《老年人权益保障法（修订草案）》。

共和国婚姻法》第二十一条规定："子女对父母有赡养扶助的义务，子女不履行赡养义务时，无劳动能力的或生活困难的父母，有要求子女付给赡养费的权利"。《中华人民共和国宪法》第四十九条规定："禁止破坏婚姻自由禁止虐待老人、妇女和儿童"。《中华人民共和国刑法》第二百六十一条规定："对于年老、年幼、患病或者其他没有独立生活能力的人，负有扶养义务而拒绝扶养，情节恶劣的，处五年以下有期徒刑、拘役或者管制。"等等。然而，就"孝"所涉及的家庭而言，在中国这样一个注重家庭关系包括亲子关系及其家庭代际关系、亲情等为核心内容的国家，有关法律并没有更深地触及这些内容。

1."亲权"理念不立，是我国法律难以有效"涉孝"、司法难断"家务事"的总根源。

由于现代家庭制度的缺失，而我国家庭成员关系仍然主要以血缘亲情关系为纽带，在法律制定上却没有关于"家庭法"、"亲属法"或者"亲子关系法"以及"亲权"的规定，不能不说是一个重大缺失。究其原因，一是我国家庭制度的不明确，二是立法理念中有关"亲权"的缺失。随着我国进入现代社会，传统的"家国一体"的社会结构开始解体，而仍然大量存在的家庭其主要依靠血缘纽带维系的格局并未根本改变，特别是在今天的市场经济条件下，家庭小型化、核心化，家庭成员流动加剧的今天，在这样的情形下，家庭在现代法治社会如何定位、如何运行、内部如何有序运转，亟需"家庭法"予以保障和调整。

关于"亲权"的缺失，又与我国法律体系主要由"英美法系（海洋法系）"而非"大陆法系"而来有关，这样我们恰恰在涉及父母子女关系的权益理念上强调了父母对子女的"监护权"而忽视了"亲权"。这在血缘家庭依然大量存在，而又有深厚爱亲孝老传统的中国社会，在处理亲子关系问题上就存在一种突出的矛盾现象。我们习惯且赖以管治子女的权益不仅削弱了，而且还要受"监护"义务的制约，也就是说，父母等家长不仅不能严格管治孩子，还要承担被控诉"家暴"的风险。当前部分家庭中长幼权利义务关系颠倒，有父母溺爱娇惯所致、不良社会风气影响等原因，究其深层原因，与"亲权"不张而超前履行"监护权"义务有关。

2."亲权"与"监护权"来源相同，但强调的重点不同。

法律意义上的亲权是建立在父母子女血缘关系的基础上，依法律的直接规定而发生，专属于父母（含养父母），被认为是父母对人类社会的一种天职。亲权来源于罗马法，为大陆法系国家所继承。在现代社会，以教养保护未成年子女为中心的亲权，不仅是父母的权利，同时也是义务。作为父母享有的一种重要民事权利，亲权人可以自主决定、实施有关保护教养子女的事项或范围，并以之对抗他人的恣意干涉。亲权又是父母的法定义务，夫妻生育以后，对其自身所孳生、无独立生活能力的儿女进行抚养、教育、保护，是人类的天性，也是夫妻双方对国家社会应尽的义务。因此，父母既不得抛弃亲权，也不得滥用亲权。一般认为亲权主要包括父母基于其身份对未成年子女的人身、财产进行教养保护的权利和义务。现代监护制度亦起源于罗马法，为海洋法系国家所继承和发展。起初监护权是家父权的延伸，其目的主要在于保护家族财产，是监护人享有的一种权利。但是，监护发展到今天，其意义已经不在于保护家族的财产，而是被监护人个人利益的维护，也就是说，监护更多地成为监护人的义务而非权利。"亲权"强调父母对子女的管教"权力"，"监护"则强调对孩子的"义务"。舍"亲权"而采"监护"理念，在一定意义上与中国文化传统不符，与社会主义初级阶段基本国情不符。

3."亲权"相对于"监护权"更适合我国的文化传统与现实要求。

很显然，亲权与监护，强调的重点有所不同。如果说，监护理念更先进，那么，亲权不立也有弊端，特别是在是否更看重家庭血缘关系和有着不同文化传统的国家和地区，就有着不同的文化和现实意义。事实上，在东方文化传统影响较重的现代国家和地区如韩国、日本以及我国台湾和澳门地区，亲权得到继承并得到了法律的确认和保护。鉴于中国家庭的性质和特色以及当前调整家庭关系中的现实需要，我们建议，我国应确立广义的"亲权"——保障家庭及亲属亲情良性互动的各方权益，并与"监护权"及"监护制度"有机结合起来，以此理念为依据，研究制定或修订相关法律，如将《婚姻法》扩充为《婚姻家庭亲属法》，或者研究制定出台专门的《亲子关系法》、《家庭关系法》等予以补充，最终将诸多法律相关调整家庭关系的内容协同完善，整合到涉及内容更为广泛而全面、更为需要出台的"中华人民共和国民法典"之中。

四、约束职工和子女养老、敬老，谴责、惩处"不孝"观念与行为

规章是软法，是法律的延伸也具有法律的意义和一定的效力。为此，要鼓励引导民间自治组织和家庭，通过制定和实施村规民约发挥社会治理作用，特别要鼓励和引导家庭制定"家训、家规"，逐步完善"家庭伦理规范"，明确

对"不孝"的观念予以谴责、纠正，对"不孝"的行为实施不超出国家法律许可范围的惩治与处罚。

1. 重视发挥"家训"、"家规"的家庭教育和规范家庭行为的作用。

中国自古家有家法，行有行规。一定的社会基层组织和中间组织辅助国家和社会管理从来不可或缺，特别是在一些具体落实和富有柔性的领域。家庭是社会组织的细胞，是社会管理的触角和神经末梢。制定家训或家规是中国古代家庭教育的一大特点。从孔子"庭训"儿子孔鲤算起，可以说是源远而流长。此后历代都有《家诫》、《责子》、《诫子书》等家训条规和作品，到北齐的颜之推作七卷二十篇的《颜氏家训》，被称作中国家训宝典，惠泽后世，蔚然成风。

《颜氏家训》是我国古代家庭教育及其思想史的一个重要里程碑，对现代家庭教育仍有显著的借鉴作用和指导意义。颜之推创制家训，意在治家。他认为，治家首在教育子女，而"少成若天性，习惯如自然"。在孩子会辨认大人的脸色、知道他们的喜怒的年龄时就开始教育他，做到大人允许他做才做，不允许他做就立刻停止的状态。这样等孩子长大时，就可以省得对他严苛斥责，甚至使用鞭、杖的惩罚了。这样父母对孩子既保持一定的威严，又不失慈爱，子女就会敬畏、谨慎，产生孝心。宋朝以后，家庭礼治不断加强，出现了各种各样的家法。权贵之家的家（族）法的代表是司马光的《家范》，在社会上层仕宦之家广为流传。朱熹在此基础上制订了一套繁琐的家庭礼制和礼仪规范，即《家礼》。《家礼》在内容上与平民之家的生活和劳作的规律基本一致，并且各种规矩、礼仪都十分详备，所以逐渐成为平民之家的家教之法。

朱熹把"格物致知正心诚意修身齐家治国平天下"作为一个伦理框架，构建一个上自皇帝下至各个家庭的一整套周密的社会秩序。他要求每一个人，先修身，而后齐家，而后治国，而后平天下。于是，家训或家规就超越了"家"的范畴，与"国"联系在一起，使之进入到一个新的层次。当一个人走上社会，为国效力时，他的一举手一投足，无不显示出自身的家教如何，这就是家训的作用效果。明末清初《朱柏庐先生治家格言》被称为《朱子家训》，为家庭成员规定了日常生活准则。诸如：黎明即起，洒扫庭除，要内外整洁；一粥一饭，当思来处不易；半丝半缕，恒念物力维艰；宜未雨而绸缪，毋临渴而掘井；自奉必须俭约，宴客切勿流连；与肩挑贸易，毋占便宜；见贫苦亲邻，当加温恤；莫贪意外之财，莫饮过量之酒；居家戒争讼，讼则终凶；处世戒多言，言多必失；家门和顺，虽饔飧不济，亦有余欢；国课早完，纵囊橐无余，自得其乐；子孙虽愚，经书不可不读；居身务期质朴，教子要有义方；饭食约而精，园蔬愈珍馐；乖僻自是，悔误必多；颓惰自甘，家道难成；轻听发言，安知非人之谮诉，当忍耐三思；因事相争，焉知非我之不是，须平心再想；施惠无念，受恩莫忘等等，他把立身处世的道理用明白浅显的文字表达出来，琅琅上口，几百年来几乎家喻户晓，已超越程朱理学的境界，化作一代又一代人的座右铭。

王昶是清代高官，他的家训共有十条，包括：要谨身起居，尊敬亲人长辈，随时随地进行自我检点；要认识物力艰难，要爱惜财用，饮食淡薄，衣服朴素，一切以节省俭约为准则；告诫子弟考试不要作弊，不要请人代考，更不要营求关节——走后门、通路子；见利不能忘义，不能产生贪心；对待别人，不能产生漠视心、欺诳心、徇情心，更不能产生自私自利占便宜心；待人要宅心宽厚，己所不欲勿施于人；教导子弟要勤奋好学，不要心有旁骛，荒废学业；不要出入衙门，不要和走江湖的三教九流交往，不要和奸佞之人、刻薄之人、行为怪诞之人交往，以致沾染不良习气等。这种家规，今日看来总体倾向依然无可非议。对于身居高位，在乡里有着崇高威望的王昶而言，能够如此严格修身、齐家、约束自家子弟，实在难能可贵，值得今人深思与崇敬。

现在社会上推崇的《弟子规》是清代的启蒙读本，原名《训蒙文》，为康熙年间的秀才李毓秀所作。其内容以《论语·学而》篇"弟子入则孝，出则弟，谨而信，泛爱众，而亲仁，行有余力，则以学文"的文义为本，以三字一句，两句一韵编纂而成，具体列举出为人子弟在家、出外、待人接物、求学等行为应有的礼仪与规范，特别讲究家庭教育与生活教育。后经清代贾存仁修订改编，名为《弟子规》。《弟子规》集中国家训、家规之大成，可谓古代启蒙养和教育子弟、养成忠厚家风的最佳读物。

今天的社会生活内容、家庭结构和时代要求已经发生重大变化，但是家的社会最基础组织地位没变，所以我们要鼓励和引导各自家庭借鉴古代治家经验，制定和实施符合时代要求，又适合自家特点的家训、家规，形式上可以是古代家训箴言的精选，也可以是丰富多彩的自家创造，已达到确立家庭核心价值、履行家庭责任、规范家庭成员言行为目的。

2."村规民约"也可以为农村精神文明建设和家庭道德建设所用。

要以推进社会主义新农村的法治建设和精神文明建设为背景，借鉴古代村规民约，充实完善现代村规民约的内容表达并提炼价值与行为规范。也就是说，要在肯定村规民约作用、价值的基础上，根据现实要求，借鉴古代经验，结合党务、行政、立法和司法，做好规范、完善村规民约的工作。

由于中国乡土社会依然存在，我们所致力推进的法治建设进入民间特别是乡村社会后，往往被民间体现传统政治伦理思想的"村规民约"所稀释或重新阐释并主要按照自身生活逻辑运作。现实农村社会中的"法治"存在着偏离党和政府原本赋予的"理想化"意义，但农村社会并没有因为国家法律在此失真、走样而完全失范。可见，在建设社会主义新农村的今天，村规民约仍然发挥了重要的作用。

村规民约是实现中国基层社会治理的重要手段，其历史源远流长。到清代为止，中国传统的国家权力系统的神经末梢均只止于县一级，县以下的乡、村则为另一套知识系统——乡规村约——所维系。在广大农村，历朝历代的村民们可以不熟悉朝廷的"法度"，但绝对知晓"乡规"、"村规"，他们以此来规范和约束自己的行为，并以同样的标准评判自己和乡邻的行为。宋代的《吕氏乡约》是中国古代乡约——村规民约作品的代表。《吕氏乡约》提出了"德业相劝，过失相规，礼俗相交，患难相恤"四大纲目，勾画了一个以道德建设为中心的全面维护乡村和谐秩序的蓝图。

村规民约包括乡约和村规。乡约包括乡间达成共识的个人行为规范和人际交往行为规范。村规是村落居民集体讨论制定的民间规约，其内容一类是禁约，一类是罚则或奖励。作为基层社会组织自治规范，村规民约具有民间性、乡土性、自治性和成文性。如果说国家法律对应的是国家管理活动，私人契约对应的是私人交易行为，那么，民间规约则对应的是社会组织自治领域。民间规约不同于私人契约，也不同于国家法律。一些乡规中，强调其条规出自"公议"，违规要受到"公罚"。民间规约亦"公"亦"私"，相对于国家法律是"私禁"，相对于个人意志是"公议"。在公共领域，除了国家法律之外，还有民间规约同时起作用，对国家法律作补充。这就为村规民约在中国这样一个幅员辽阔的大国留下发挥作用的空间。明朝嘉靖年间，国家正式推广以宣讲六条圣谕为中心的乡约活动，成为官方强制推行的国家制度的一部分。到了清代，乡约彻底变成了官方法律体制下的一种正式制度。事实上"官禁不如私禁"，村规更有约束力，因为在乡土熟人社会，民间舆论具有更大的作用。村规以禁革地方恶俗为主要内容，其主要存在形式是碑刻，立碑约束，意在显示其恒久的效力，当然其效力只是限于本村落。

随着时间的推移，村规民约不断发展完善，它在对民众的组织、协调、整合方面发挥着积极作用，成为中华民族文化的重要组成部分。如果说中国古代乡约村规是传统社会乡民基于一定的地缘和血缘关系，为某种共同目的而设立的生活规则，那么在今天实行村民自治、民主管理的社会主义新农村中存在的村规民约则是指村民群众依据有关法律、法规、政策，结合本村实际制定的涉及村风民俗、社会公共道德、公共秩序、治安管理等方面的综合规定，是村民进行自我管理、自我教育、自我约束的行为规范。二者在效力功能、发起制定、实施效果等方面存在一定的共性。我们可以借古资今。今天的村规民约是为我国农村改革、建设、发展服务的，是发展基层民主，是文明的体现，但是多数村规民约更注重村民的义务，重事而轻人，存在着重"罚"轻"教"现象，过于注重国家政策的落实而成为国家法的一种乡土化、民间化的体现，与我国乡村的传统文化不符，现今的村规民约多含有"命令性、强制性"语气，缺乏人文关怀，这样一来，村民们是被动地接受，而不是主动的实行。

现代村规民约是经全体村民讨论通过而制定的，目的是为了建设生产发展、生活富裕、乡风文明、村容整洁、管理民主的社会主义新农村。村规民约是建设文明乡风服务的重要手段。目前我国大多数的村规民约一般涉及如下五大内容：

一是"社会治安"（包括1.每个村民都要学法、知法、守法、自觉维护法律尊严，积极同一切违法犯罪行为作斗争。2.村民之间应团结友爱，和睦相处，不打架斗殴，不酗酒滋事，严禁侮辱、诽谤他人，严禁造谣惑众、拨弄是非。3.自觉维护社会秩序和公共安全，不扰乱公共秩序，不阻碍公务人员执行公务。4.严禁偷盗、敲诈、哄抢国家、集体、个人财物，严禁赌博、严禁替罪犯藏匿赃物。5.严禁非法生产、运输、储存和买卖爆炸物品；经销烟火、爆竹等易燃易爆物品须经公安机关等有关部门批准。不得私藏枪支弹药，拾得枪支弹药、爆炸物品，要及时上缴公安机关。6.爱护公共财产，不得损坏水利、道路交通、供电、通讯、生产等公共设施。7.严禁非法限制他人人身自由或非法侵犯他人住宅，不准隐匿、毁弃、私拆他人邮件。8.严禁私自砍伐国家、集体或他人的林木，严禁损害他人庄稼、瓜果及其他农作物，加强牲畜看管，严禁放养猪、牛、羊。对违反上述社会治安条款者，触犯法律法规的，报送司法机关处理。尚未触犯刑律和治安处罚条例的，由村委会批评教育，责令改正）；

二是"消防安全"（包括1.加强野外用火管理，严防山火发生。2.家庭用火做到人离火灭，严禁在将易燃易爆物品堆放户内、寨内，定期检查、排除各种火灾隐患。3.加强村寨防火设施建设，定期检查消防池、消防水管和消防栓，保证消防用水正常。4.对村内、户内电线要定期检查，损坏的要请电工及时修理、更新，严禁乱拉乱接电线。5.加强村民尤其是少年儿童安全用火用电知识宣传教育，提高全体村消防安全知识水平和意识）；

三是"村风民俗"（包括 1.提倡社会主义精神文明，移风易俗，反对封建迷信及其他不文明行为，树立良好的民风、村风。2.红白喜事由红白喜事理事会管理，喜事新办，丧事从俭，破除陈规旧俗，反对铺张浪费、反对大操大办。3.不请神弄鬼或装神弄鬼，不搞封建迷信活动，不听不看不传播淫秽书刊、音像，不参加邪教组织。4.建立正常的人际关系，不搞宗派活动，反对家族主义。5.积极开展文明卫生村建设，搞好公共卫生，加强村容村貌整治，严禁随地乱倒乱堆垃圾、秽物，修房盖屋余下的垃圾碎片应及时清理，柴草、粪土应定点堆放。6.建房应服从村庄建设规划，经村委会和上级有关部门批准，统一安排，不得擅自动工，不得违反规划或损害四邻利益。违犯上述规定的给予批评教育，出具检讨书，情节严重的交上级有关部门处理）；

四是"邻里关系"（包括 1.村民之间要互尊、互爱、互助，和睦相处，建立良好的邻里关系。2.在生产、生活、社会交往过程中，应遵循平等、自愿、互惠互利的原则，发扬社会主义新风尚。3.邻里纠纷，应本着团结友爱的原则平等协商解决，协商不成的可申请村调解委调解，也可依法向人民法院起诉，树立依法维权意识，不得以牙还牙，以暴制暴）；

五是"婚姻家庭"（包括 1.遵循婚姻自由、男女平等、一夫一妻、尊老爱幼的原则，建立团结和睦的家庭关系。2.婚姻大事由本人作主，反对包办干涉，男女青年结婚必须符合法定结婚年龄要求，提倡晚婚晚育。3.自觉遵守计划生育法律、法规、政策，实行计划生育，提倡优生优育，严禁无计划生育或超生。4.夫妻地位平等，共同承担家务劳动，共同管理家庭财产，反对家庭暴力。5.父母应尽抚养、教育未成年子女的义务，禁止歧视、虐待、遗弃女婴，破除生男才能传宗接代的陋习。6.子女应尽赡养老人的义务，不得歧视、虐待老人）等内容。①

目前一般乡镇制定推行的较为规范的《农村公民公共文明守则》，主要包括如下内容：1.公民基本道德规范：爱国守法、明礼诚信、团结友善、勤俭自强、敬业奉献。2.社会公德：文明礼貌、助人为乐、爱护公物、保护环境、遵纪守法。3.职业道德：爱岗敬业、诚实守信、办事公道、服务群众、奉献社会。4.家庭美德：尊老爱幼、男女平等、夫妻和睦、勤俭持家、邻里团结。5."八荣八耻"社会主义荣辱观：以热爱祖国为荣、以危害祖国为耻，以服务人民为

---

①《村规民约_管理制度与规章制度》。

荣、以背离人民为耻，以崇尚科学为荣、以愚昧无知为耻，以辛勤劳动为荣、以好逸恶劳为耻，以团结互助为荣、以损人利己为耻，以诚实守信为荣、以见利忘义为耻，以遵纪守法为荣、以违法乱纪为耻，以艰苦奋斗为荣，以骄奢淫逸为耻。6.《农村公民文明公约》：要爱国爱乡，要诚实坦荡；不随地吐痰，不粗言秽语；要爱岗敬业，要遵纪守法；不乱扔乱倒，不乱贴乱画；要敬老爱亲，要热心公益；不乱停乱放，不乱搭乱建；要讲究卫生，要保护环境；不乱穿马路，不染黄、赌、毒；要崇尚科学，要举止文明；不损坏公物，不铺张浪费。7.《农村公民守则》：要遵纪守法，不随地吐痰；要热爱劳动，不乱扔乱倒；要尊老爱幼，不乱贴乱画；要团结互助，不妨碍交通；要维护国格，不恶语伤人；要尊重科学，不铺张浪费；要诚实公道，不赌博迷信；要爱护公物，不损坏花木；要讲究卫生，不看淫秽品；要美化环境，不猎保护动物。8.县乡公务员行为规范：政治坚定，忠于国家；勤政为民，依法行政；务实创新，清正廉洁；团结协作，品行端正。

3.国家司法系统要与"村规民约"形成良性互动。

《中华人民共和国村民委员会组织法》第二十条规定："村民会议可以制定和修改村民自治章程、村规民约，并报乡、民族乡、镇的人民政府备案。"我们应当看到村规民约在当今农村社会管理中仍然存在着的价值及作用。村规民约既要反映传统，又要体现现行法律、法规的精神，既要能与宏观的国家政策相适应，又要体现村落的特点，在理论上是一种传统与现实、宏观与微观、普遍与特殊巧妙结合的一种科学的社会控制规范。一方面它承接和接受传统村规民约带有浓厚乡土色彩的内容；另一方面，为了适应变化了的村落生活的实际需要，它又必须进行新的乡土化改造，融入大量现代价值观。改革开放30多年来，在社会向市场经济转变的过程中，中国正由传统的"身份社会"向现代"契约社会"迈进。村民自治制度是国家对广大农民个体特殊利益需求的承认。通过村民利益协调从而基于合意产生的村规民约，是共居同一村落全体村民之间达成的一种契约，确保社会生活的各个方面尤其是涉及全体村民共同利益的村级事务按此规范行事。因此，村规民约作为一种契约性规范，是农村社会关系的稳定器、调节器，是社会有序化的重要工具。在中国社会不断向法治社会迈进的进程中，村规民约所具有的民主契约特性与国家依法保障和促进农村改革发展稳定的方针相一致。

要更好地发挥村规民约的作用，一要加大乡镇党委对村民制定村规民约工作给予指导，适当增加一些提倡村民诚信、向善、相助的内容，引导村民积极进取；二要加强乡镇政府对村规民约执行过程的监督，保证村规民约对群众的约束更多的是道德上的约束，保证村规民约在一个良好的政策环境下执行；三要充分发挥乡镇人大的职能作用，指导村委会制定完善村规民约，监督政府做好村规民约的备案工作，审查村规民约制定是否符合法律规定，是否真正体现全体村民的意愿，使各行政村制定的村规民约都符合法律规定，充分体现村民自立自律的精神，使其真正成为促进依法治村、村民自治，深受广大村民欢迎，大家共同自觉遵守的好公约。

国家司法介入村民自治管理，特别是规范村规民约运作，应为村民自治组织的处罚保留一定空间，在法院的裁量中，村规民约具有参考意义。对村民议决事项，司法机关应主要审查村规民约是否与宪法、法律、法规及国家政策相抵触，是否侵犯公民的人身权利、民主权利和合法财产权利，而不审查和判决干预它是否合理、是否合乎科学性等依法属于村民自治范围内的事项，给村民法定范围内充分的民主自决权，使村规民约的制定、执行更具现实意义。司法介入村民自治应注意要通过法制宣传教育，以化解矛盾纠纷，促进安定团结和经济发展，切忌方法简单、粗暴。

村规民约作为一种现行法律制度的有益补充，与村民自治权紧密地联系在一起，在组织协调人际关系和建立和谐社会秩序方面具有积极意义。我们相信，要建设一个和谐民主的社会，要建设社会主义新农村，占中国人口多数的广大农村的村民自治，及村民内部的民主契约性规范的运作是不容忽视的。

五、落实和完善民间自治组织自我调处作用，培育维护新孝道

1. 中国的人民调解制度是一项有中国特色和民族文化传统的民主法律制度。

民间调解在我国已有几千年的历史，现行的人民调解制度是中国共产党团结带领人民在土地革命时创立，经过抗日战争、解放战争以及新中国成立后几十年逐渐发展和完善起来的，在解决人民内部矛盾、化解民间纠纷、维护社会稳定，促进经济发展方面做出了突出贡献，深受广大人民群众的欢迎。

人民调解制度渊源于中华民族的优秀文化传统。中华民族的祖先把原始氏族首领解决内部纷争的调解与和解方式带进了文明时代，在西周时期开始建制而为后世历代所继承与发展。经几千年的发展演变，民间调解发展出"乡治调解"、"宗族调解"和"邻里亲朋调解"等多种方式。这些民间调解方式都有利于生产力的发展和种族延续，作为司法制度的补充几千年来长盛不衰。新中

国成立后，人民调解制度作为司法制度建设和社会主义基层民主政治制度建设的重要内容，与民事诉讼制度、仲裁制度一样，是我国民事程序法律制度系统中的重要组成部分，在社会生活中特别是在基层司法活动中，发挥着重要的作用。人民调解制度由于宪法、基本法和许多实体法特别是《人民调解法》的规范，使其享有较高的法律地位，成为独具中国特色的社会主义民主法律制度。《人民调解委员会组织条例》规定：人民调解必须坚持依法调解和依社会公德调解，必须坚持平等自愿原则，人民调解不能剥夺当事人的诉讼权。我国的人民调解目前主要有以下几类：一是横向或"块块"的村（社区、企业）的人民调解委员会以及乡镇（街道）的人民调解委员会的调解，二是纵向或"条条"的各种产业协会、商会的调解，三是各种群众团体，如工会、妇联、共青团等组织的调解，四是各种消费者协会的调解等。

2. 我国目前正处于体制转型的关键时期，即动荡和纠纷多发时期，"人民调解"家庭纠纷大有可为。

现代社会发展急速，市场经济竞争激烈，科技进步日新月异，面对知识经济和信息时代的社会转型、经济转轨、观念转变以及政府职能转变，很大一部分人特别是近2亿文盲半文盲以及经历十年浩劫的数亿中老年文化较少人群，不能适应社会发展的变化，已成为一大社会问题。目前下岗、待业、失业大多为这部分人，他们上有老下有小，负担较重，成为社会的弱势群体。这部分人数量大、矛盾多，他们的受尊重问题、赡养问题、生活保障问题等特别突出。很多家庭纠纷、受虐待甚至自杀问题、群体性事件、上访缠访闹访事件、社会保障纠纷乃至冲击党政机关等问题，多与这一群体有关。解决这些问题，办法之一就是要发挥好"人民调解制度"的作用，做好人民调解工作。

事实上，人民调解作用更为实际，适用范围更具有针对性。人民调解的范围包括：（1）一般民事纠纷，如恋爱、婚姻、家庭、继承、析产、赡养、扶养、抚育、债务、赔偿、房屋、宅基地、相邻、承包、租赁、土地、山林、水利等纠纷；有些纠纷即便不涉及民事权利义务争议，也可纳入人民调解的范围，如夫妻、婆媳之间因家庭琐事引起的矛盾。（2）轻微民事违法行为引起的纠纷，如轻微伤害、斗殴、损毁、小额偷窃、欺诈等。（3）轻微刑事违法行为引起的纠纷，比如，殴打、侮辱、诽谤、虐待、干涉婚姻自由等。"轻微刑事案件"也可以纳入人民调解的范围。

我国的民间调解历史悠久、经验丰富，但是《人民调解法》的实施时间不长，还有待借鉴历史和民间经验结合实际予以完善。

一是要适当引入调解前置的规定。一些特定类型的纠纷，可以考虑规定强制调解，把人民调解委员会的调解作为提起诉讼的前置程序。比如：涉及特殊社会关系的纠纷，如邻里关系纠纷、农村承包合同纠纷，尤其是家事（如婚姻、恋爱、抚养、赡养、扶助、轻微家暴、分割、继承等）纠纷等；争议标的数额较小、事实清楚的民事纠纷。当事人的诉权是宪法保障的基本权利，但对当事人行使诉权作适当限制也有正当性依据。诸如，现代社会普遍承认，司法资源是有限的，因而对法院的利用方式可予以限定；某些特定纠纷更适合非正式的纠纷解决方式等。如挪威、菲律宾等国就有调解前置的规定。挪威《纠纷解决法》规定，诉讼外调解是诉讼的必经程序，经调解达成的协议可强制执行。菲律宾把调解作为初步的诉讼程序，发生纠纷须先经调解。英国、澳大利亚也把调解等替代性纠纷解决方式作为司法改革的重要内容之一。我国可在城乡社区尝试和推行家庭邻里纠纷如婚姻、恋爱、抚养、赡养、扶助、轻微家暴、财产分割、遗产继承等问题设置前置调解程序，即必先进行人民调解。

二是不断总结各地人民调解工作的有效实践经验并尝试制度化。调解是一门基于经验的艺术。在人民调解的实践中，全国各地创造和总结出了各种各样的经验。如上海市对社区法律服务所、法律援助中心、律师事务所、仲裁机构进行整合，成立社区矛盾调解中心等作法行使有效，可以尝试上升为制度措施。如坚持"调防结合，以防为主，多种手段，协同作战"方针的人民内部矛盾"大调解"工作机制。人民调解委员会应坚持"抓早、抓小、抓苗头"，切实掌握纠纷动向，抓住纠纷激化的潜在因素，积极开展说服疏导工作，采取有效防治措施，力争把矛盾纠纷解决在萌芽状态，维护社会稳定。各地人民调解组织广泛深入地开展民间纠纷排查、纠纷专项治理、联防联调、创"四无"（无因民间纠纷激化引起的自杀、凶杀、群体性械斗、集体性上访）等形式多样的活动，将"防止民间纠纷激化"、"预防民间纠纷发生"与"调解民间纠纷"作为并行不悖的工作任务。

三是从制度设计上保持我国人民调解的活力并发挥更大的作用，为此有必要进一步明确人民调解在我国纠纷解决体系中的地位，做到人民调解与诉讼审判相结合；处理好人民调解与行政调解、司法调解的关系，做到互相渗透、良性互动；深刻把握人民调解的正当性基础，切实做到当事人在调解协议的达成方面的合意——合法、自愿、平等、自由；严格规范人民调解员的行为，切实做到中立、保密、尊重当事人、廉洁自律。

3. 民间"道德协会"等组织的调解是"人民调解"的重要补充。

在农村村组还要大力培育和推进"农村思想道德建设协会"等农民自治组织，发挥其在农村道德建设和文明乡风培育中的作用。这方面我们调研了一个典型地方，即湖北省英山县，他们针对转型期农村工作出现的新情况、新要求，结合农村工作实际，以贯彻落实《公民道德建设实施纲要》为主线，以"农村思想道德建设协会"为载体，加强农村思想道德建设，培育文明乡风的探索值得肯定和借鉴。1996 年，英山县金家铺镇龙潭河村、石头咀镇凉亭村在全县首创成立"农村思想道德建设协会"。这两个村顺应农民意愿，率先成立由老党员、老模范和退休回村老干部组成的"农村思想道德建设协会"，采取"好事大家传、坏事大家管、歪风大家纠、喜事大家办"的方法，形成了"自我教育、自我管理、自我约束、自我提高"的农村思想道德建设机制，农民道德素质不断提高，社会风气明显好转，各项工作在全县名列前茅。英山县由此进一步健全农村思想道德协会建设网络，推广这两个村的"思想道德建设协会"建立谈心室、编唱思想道德歌、开展文艺宣传等做法，组织协会采取自办文艺宣传队、说鼓书、作打油诗等群众喜闻乐见的方式，在农村开展"刹三风"（赌博风、大操大办风、封建迷信风）、"树三德"（社会公德、家庭美德、个人品德）活动，促进了乡风、民风的好转。

湖北省英山县"农村思想道德建设协会"的主要任务是一建（建一个文化中心户）、二评（道德评议、十星级文明农户创评）、三管（管民事纠纷、管红白理事、管居住环境）、四带（带头学习宣传政策、带头遵守法纪、带头发展特色产业、带头发家致富）、五室（建立谈心室、医务室、图书室、娱乐室、科普室），把调解矛盾纠纷、维护社会治安作为重点，及时做好耐心细致的调解工作，把一些不安定因素解决在萌芽状态，基本做到了"好事传千里，坏事不出屋，大事不出村，小事不出组"，协会成为化解矛盾纠纷的"缓冲带"。英山县的这些农村思想道德协会通过开展社会主义荣辱观等系列教育活动，引导农民移风易俗，遏制封建迷信、赌博等不正之风，形成家庭和睦、邻里团结、尊老爱幼、团结互助，促进了乡风文明建设。他们的一些具体做法也值得学习借鉴。如县委宣传部根据协会宗旨编印《公民基本道德规范歌》、《公民道德五字歌》、《农民道德歌》、《新农民读本》等通俗简明读物，赠送到千家万户；各个协会组织民间文艺宣传队表演快板、三句半、鼓书、黄梅戏、小品、英山采茶戏等，寓教于乐；村协会利用活动室或文化中心户的房屋开设"谈心室"，尽早介入调解一些家庭和邻里矛盾纠纷；各村制定具体道德规范标准，组织开展十大道德标兵、十佳媳妇、十佳婆婆、文明家庭等评选表彰活动；村协会对赌博、不行孝、大操大办等由道德评议会召开当事人家庭会、村民小组评议会进行教育帮助等等。英山县通过成立这样的协会、组建网络、形成机制、开展活动、评议指导、纠正帮助等系列行为，形成了强大气场，集聚了正能量，有助于培育农村道德新风尚，有助于人们自觉履行兴孝、助老、敬老等道德义务。

4. 将国家司法刚性约束与民间协调软性调解结合起来，两手抓，克服"中国式执法"缺陷，形成刚柔相济的"中国式治理"特色模式。

值得指出的是，我国素有政治动员全面迅速、司法为民宗旨坚定、民间调解经验丰富、重视思想舆论引导、突出以道德正己正人的优势和特色，但是也有"一阵风"、"虎头蛇尾"的执行陋习，缺乏长效机制和可持续的动力。这在大到培育社会风气，具体到维系家庭亲情，大到建构和弘扬"新孝道"、具体到处理家庭老人扶养等特别需要持久耐心的问题上，都需要扬长避短、兴利除弊，建立长效机制、培育国民持之以恒、亲力亲为的耐心、韧性、习惯和品德。这就需要"两手"并举，一手弘扬"共产党最讲认真二字"的优良传统，一手抓持之以恒的贯彻落实，原则性与灵活性相结合、"闪电战"与"持久战"相统一，既治标又治本。当前特别要克服和破除错位的"中国式治理"和扭曲变形的"中国式执法"——好的理念、规矩甚至立法及时确立了，但并不是自始至终地严格贯彻、遵守和执行，而是等到不良影响、不法行为蔓延到一定程度再来"集中治理"，而到这时，要么罚不责众，无疾而终；要么重拳出击，甚至矫枉过正，伤害了原初理念、规矩和立法的意义、价值和形象，徒增修复的成本和难度，可能收得一时之效，却不能形成长效机制，甚至带来副作用——"牛皮癣效应"。正如治理牛皮癣一样，我们既要选择合适的清洁工具，又要做持之以恒的清理工作。总结历史的经验和现实的做法，维护新孝道不仅要通过思想理论和伦理道德的循循善诱，还要坚持运用法律、法规等刚性工具乃至人民调解、村规民约等柔性工具对非孝观念和不孝行为进行遏制、约束和纠正。

第十二章　文化建设发展维度

　　——从确保国家安全与建设国家软实力的文化学维度，突出民族优秀传统的传承与创新，建设特色鲜明、和谐社会、充满活力的新孝道，使之成为中华民族伟大复兴的文化支撑和道德基石。

　　文化是人类把握世界的重要方式。马克思在其《〈政治经济学批判〉导言》中提出了一种与理论的（哲学的、科学的）方式、"宗教的"方式和"实践——精神的"方式有着本质区别的"艺术的"掌握世界的方式即所谓"艺术地掌握世界的方式"，也就是我们说的观察世界事物的"文化"视角。它包括形象认识、整体思维、情感体验、价值评价、审美品位等内容。在社会的发展层面，文化往往表现为意识形态、文化事业、文化产业，文化传承与创新、文化安全等部类。从人的主体层面看，文化则表现为人们的文化素质、价值取向、道德修养以及由此构成的社会风尚、精神文明状态等方面。梁漱溟认为"文化……乃是人类生活的样法"、"生活上抽象的样法便是文化"。这些也是我们从文化视角来审视和建设"新孝道"所应把握的主要内容，从特色文化建设的角度看，要突出发挥孝文化纽带作用以服务和谐社会建设，促进全面建成小康社会，加快推进社会主义现代化建设，传承、弘扬、光大以家庭亲情为核心的东方价值观以彰显中华文化软实力，以深沉坚强而又富有活力的价值内核维护国家文化安全，形成全社会爱老、扶老、敬老的值得世界景仰的制度体系和文明风尚，实现中华民族和中华文化的伟大复兴。

第一节　以弘扬创新孝文化助推和谐文化与和谐社会建设

一、突出孝文化的纽带作用，服务建设和谐文化与和谐社会

1.孝文化是和谐文化的重要内容，有助于促进建设社会主义和谐社会。

和谐文化是以和谐为思想内核和价值取向，以倡导、奉行和传播和谐理念为主要内容的文化形态、文化现象和文化性状，包括思想观念、价值体系、行为规范、文化产品、社会风尚、制度体制等多种存在方式。和谐文化最核心的内容是崇尚和谐理念，体现和谐精神，大力倡导社会和谐的理想信念，坚持和实行互助、合作、团结、稳定、有序的社会准则。社会和谐的关键是人的和谐——人与自然相和谐、人际关系和谐、自身心灵和谐。而人又是社会的人，人要在社会中生存发展，离不开家庭、邻里间的友好亲善、互相帮助，离不开同事之间的光明磊落、以诚相待。一个家庭、一个单位、一个社会，做到了人与人之间的和谐相处，就能形成巨大的合力，就能调动人的积极性，最大限度地激发人的想象力和创造力，为各项工作和整个社会事业发展提供强大的动力和支持。社会的稳定、和谐，需要人际关系首先是家庭人际关系的有序、和谐。而"孝"正有如此担当。构建新孝道，呼唤、引导、促进、督促亿万家庭中代际间的抚养与扶养、爱与敬良性互动、互养责任切实落实并有序更替，就能筑牢社会和谐的基石，由此看来，弘孝、兴孝、行孝，就是建设和谐文化，也是和谐文化建设的基础内容，对于建设和谐社会、全面建成小康社会具有极其重要的意义。

2.要正确认识和处理孝文化、和谐文化与先进文化的关系问题，确立孝文化是先进文化的重要组成部分的认识。

无论是在中国古代"家国同构"的宗法专制社会，还是在今天的国家对应公民的法治社会，家庭都是社会的细胞，家庭的和谐是社会和谐的基础。在我国，乃至东方社会，孝观念是和谐思想在家庭的体现并由此合乎逻辑地扩展到家族、国家和全社会（天下），孝行实践及其规范、制度等也由家庭推及社会。因此，孝文化也就是和谐文化。包括"孝"在内的和谐思想理念是人类精神进步的产物，是数千年来人类孜孜以求的一种美好理想，具有进步的性质。而凝聚和传播这种和谐精神的孝文化、和谐文化，也就是具有进步性质的文化，亦即先进文化，或者准确地说，孝文化也具有先进性。从这个意义上来说，以

阐扬孝义精神和以代际互养为担当而托起社会和谐大厦的孝文化，以主张人生内心和谐、人际关系和谐、人与自然和谐相处的和谐文化也就是先进文化。但是，文化的先进性并不仅仅表现在和谐一种性质上。优秀的孝文化具有和谐文化的性质，和谐文化属于先进文化，先进文化也必然具有和谐的性质，但先进文化包含的内容比孝文化、和谐文化更多、更广。建设孝文化、和谐文化是建设先进文化的一项重要内容和重要任务。建设孝文化、和谐文化，有助于进一步建设和发展先进文化。正是在这个意义上说，要建设先进文化，就必须弘扬、创新和建设孝文化、和谐文化。

3. 孝文化已经融入我们民族文化的血脉，是支撑社会和谐的文化基石。

孝在多数知识分子中是自觉的，而在大多数老百姓中可能是不自觉的，但他们却会自发地想到弘扬孝。实际上，孝德早已成为中华文化的深沉底蕴，先秦诸子百家对孝都有论述或涉及，并非儒家所独享，道家、墨家、杂家、纵横家，甚至法家著作都有论述。但是儒家文化是中国传统社会长期占主导地位的文化，儒家学派在民众中产生最大影响的观念和规范就是"孝"，因为孝在儒家文化中是"始德"和"首德"，是行仁之本，它具有很强的实践性。又因为我们每个人都是或者曾经为人子女，因此，孝与我们的日常生活有着极为密切的联系。从汉代独尊儒术、标榜以孝治国以后，老百姓中影响深远的第一观念，其实并不是仁而是孝，它不仅是人们的首要价值观念，而且是为人之子的首要义务。孟子说："不得乎亲，不可以为人，不顺乎亲，不可以为子"。[①]也就是说，一个人如果不承担"孝顺"父母、亲长这一首要的社会责任，那就失去了做人的合法性，甚至比禽兽还不如。道德教化下的传统中国反复强调"人兽几希之辨"，潜移默化之下，"处世必先做人"也就成为百姓普遍的文化认同。

在道德教化和日常伦理中，孝亲尊长也成为人们普遍认同的立身处世的根本。因此，当社会环境相对和平稳定而人们不再激烈反对传统时，每个相伴一生置身于家庭生活的人，每个受到中华文化——无论是传统精英文化还是民间生活文化浸润的人，就会首先想到自己的家庭职责——供养老小，自然想到自己的生活伦理本分——爱亲孝老。因为家庭生活是人们参与社会生活的起点，家庭成为人类从野蛮走向文明的重要标志，所以履行家庭义务、恪守居家伦理就成为文明社会架构下每个人的首要社会规则，无论古今、无论圣凡。正因为

---

① 《孟子·离娄上》。

如此，尊重和遵循家庭生活规则就成为文明社会生活的普适价值，而信守孝道就成为体现东方特色文明的重要文化传统，传承孝道既体现了人类社会普适的生活法则和精神，又传承了优秀中华文化传统。弘扬创新孝文化及其孝道则遵循和体现了复兴中华传统文化和中华文明的根本要义。

二、突出孝文化的教化传承作用，促进中华民族的文化认同[①]

1. 传承、弘扬传统孝文化、构建新孝道，是人们身心"回家"的客观需要。

新中国建立后，民族独立、政治稳定、社会生活恢复和平常态，如果继续如革命战争年代（被迫）过度地压抑家庭的价值，扭曲个人的生活意义，就不利于社会的和谐发展。改革开放以来，市场化取向和社会主义市场经济体制的建立和完善，使中国进入了一个全新的历史发展时代，"救亡与革命"不再是时代的主题，而"和平与发展"成了时代的最强音。发展就要尊重个性，这样，社会才会有活力。市场经济要求自由平等、充分竞争，要求"小政府"、"大社会"。"政治挂帅"、"思想领先"已经被"以经济建设为中心"所取代，中国很多人摆脱或脱离了过去那种政治化、制度化的生活而过着一种私人化、日常化的生活。

特别是改革开放从农村起步，家庭联产承包制的确立，甚至恢复了家庭作为生产单位的功能与意义。干部退休制度的确立，家也成为人们生活回归的重要场所，家的生活港湾意义更为凸显。在多变的时代，在充满竞争的时代，"家"作为情感的港湾对社会个体来说更为重要。20世纪90年代以来，中国社会的市场化程度不断提高，工作的压力增大、节奏加快、竞争加剧，我们要在新的体制下铸造一个让身体得以休息、心灵得以安顿的家，否则我们将无休整之地、无安宁之所。毕竟人们只有"安居"才能保证基本生存，才能谈到"乐业"。公民社会的成长就意味着公共领域和私人领域的相对分离，而家庭恰恰是人们的日常生活领域。这一分离意味着家庭价值重新被肯定、重视，而传统孝道作为家庭伦理的首要价值，就在人们身心"回家"的需要中重新获得了被重视的客观理由。

---

① 本部分参考肖群忠：《传统孝道的传承、弘扬与超越》，《社会科学战线》2010年第3期。

2. 传承、弘扬传统孝文化、构建新孝道，是对重视家庭亲情的精神呼唤。

如果说对家庭价值的重新重视，使孝道再次成为我们所需要的客观理由。那么，人们对亲情的依赖和需要就是孝道的精神价值基础。家不仅是指物理空间上的房子，它更是我们的灵魂得到安顿和抚慰的精神家园。20 世纪 90 年代，中国经济体制转轨、社会转型剧烈，国企改制后很多人下岗了，尽管如此，多数人是在家人的同心协力帮助下渡过了难关。1 亿多的农民工背井离乡去大城市打工，莘莘学子负笈去外地求学，但千百里之外的"家"仍是维系"游子"们人生意义的心理支柱。一曲《常回家看看》引起了多少人的共鸣，人们在高唱和欣赏《歌唱祖国》、《祝福祖国》、《党啊，亲爱的妈妈》、《没有共产党就没有新中国》等，抒发崇高的爱国爱党情怀同时，也思念和向往"父亲"、"母亲"、"妻子"、"儿女"、"家庭"，倾诉亲情之思，抒发"儿女情长"。

一个时期以来，韩国家庭伦理剧和国内大量家庭亲情伦理片的热播，也都体现出民众对亲情的呼唤。亲情，就是亲人之间的情感联系和依恋，这种联系主要依靠家庭伦理来支撑和维系。从伦理关系上来说，家是由夫妻、亲子组成的人伦关系和生活共同体。尽管我国现在很少有五世、四世同堂的大家庭，而大多是亲子同居的核心家庭，然而只要父母在，哪怕是分居的，甚至是远隔千里万里，人们就还有强烈的家的感觉，就有向往之心和凝聚之力，没有父母就没有"家"了。父母不仅是子女生命所出，也是子女精神所系。亲子之间的亲情，固然少不了父母的慈爱，而孝亲则是人们报答父母慈爱的最好途径。孝亲仍然是亿万中国人的道德情怀。人们回到了平凡的日常生活，脱离了过去高度集中的政治与制度生活，日常生活社会也需要一种足以凝聚人心、激励人生的价值理想，那么，普遍不信教的中国人的灵魂往哪里寄托呢？我们在日常生活中发现家庭亲情是最适合的感情寄托，家庭亲情往往被认为是最可靠的，是最值得珍惜的。父母日常的大量的长期相濡以沫的爱和呵护使我们感同身受，自然想到感恩回报，这就需要我们用尊敬的心态和反哺的方式去回报这种最为直接而长久的养育之爱。

3. 传承、弘扬传统孝文化、构建新孝道，是呼唤传统文化复兴的必然结果。

20 世纪 90 年代特别是进入新世纪以来，随着我国经济建设取得举世瞩目的成就，中华民族自信心空前增强，中华文化也出现了强劲复苏的良好态势。进入新世纪，我们比任何时候更接近中华民族伟大复兴的梦想。民族复兴的中国梦，不仅要求经济发达、军事强大，也包括民族文化的复兴、昌盛和民族精神的重塑、高扬。在这种大的历史背景下，传统的极富民族特色的孝文化也受到民间和官方的重视。民间的儿童诵经读经活动的兴起，企业及其他社会人士对传统文化学习的热衷，各种弘扬传统孝文化的学堂和书院的兴办，互联网上传统文化网站的逐渐增多和网友的交流，传统节日的国家法定化，四百多所"孔子学院"、"孔子课堂"在世界各地遍地开花，和谐社会的治国理念以及和谐世界、协和万邦的国际观，所有这些，无疑都反映了改革开放以来中国经济快速发展以及"中国和平崛起"所带来的全民族建设中国特色社会主义的道路自信、理论自信和制度自信的增强，与此同时，基于现实的成功实践和厚重的历史底蕴而建立起来的对包括孝文化在内的中华文化的自信也在不断增强。

我们在迎接中华民族文化复兴的时候，就自然地要以尊重我们的传统文化为基础，而在政治伦理型的中华文明和以"和合"为特色的中华传统文化中，孝是首要的核心的文化精神和规范。中国传统文化在某种意义上可称为孝的文化；传统中国社会，一定意义上说是奠基于孝道之上的社会，因为是孝道，也只有孝道才是使中华文明区别于其他世界性区域文明的鲜明特色。在传统的中国社会与文化中，孝道具有根源性的重要作用。

三、突出孝文化的引领、凝聚作用，增进和提升"家国情怀"

1. 弘扬创新孝文化，引导人们的乡土情结，激发人们的家国情怀，推动形成积极健康的社会文化心态。

经过几千年历史浪洗、浸润，"乡土情结"及其由此提升而来的"家国情怀"，深深流淌在中国人的血脉之中，成为中国人精神气脉中最深刻和质朴的表现，构成了中华民族精神的核心理念。忠孝观念及其孝文化作为传统伦理观念，在中国有着悠久的历史，忠孝文化已成了中华民族的重要精神支柱，成了维系国家和家庭不可或缺的纽带。在新的历史条件下，塑造时代精神，尊崇高尚道德，是培育健康的社会文化心态的重要前提。为此，我们要以正确的价值观、思维方式、审美标准来认识、理解和吸取传统孝文化精华，形成积极健康的社会文化心态，使行孝、尽孝成为人们的自觉行为。

中国人有两个最朴素的情感："忠孝思想"和"家国情怀"。[①]这是中国人几千年来以居家齐家为基础、以天下为己任的一种有所努力、有所奋斗、有所作为的入世情怀，构成了中国人特有的精神凝聚的核心理念，已经成为中国人特有

---

① 刘慧卿、王斌：《培育积极健康的社会文化心态》，《光明日报》2012 年 6 月 4 日。

的社会文化心态之一，有着不可替代地支配着中国人的道德伦理行为的意义和作用。"家国情怀"的重要来源和体现就是"忠孝思想"，它作为传统伦理观念在中国有着悠久的历史，是中华民族最基本的伦理道德观，也是维系国家和民族不可或缺的纽带。在新的历史时期，借鉴"忠孝思想"，就是要树立忠于国家、忠于人民，孝敬父母、孝敬老人的爱国情怀和良好的社会风气，继承弘扬中华民族优秀的传统道德观念，这是培育积极健康向上的社会文化心态的重要切入点，也是加强与创新社会管理的重要途径。通过继承弘扬孝道优秀传统道德观念，有利于使广大群众、所有公民具有强烈的民族自豪感，[①]把家庭和谐、邻里和睦放在基础位置，把民族与国家的利益放在至高无上的位置，自发产生对家庭对社会的高度责任感，正确履行公民义务，自觉创造和维护安定团结的良好社会环境。

2. 改造并突出"忠"和"孝"的思想，提升人们家国情怀的境界。

"忠孝思想"作为传统伦理观念在中国有着悠久的历史，以其强大的生命力在历史的大浪淘沙中不断地发展、完善。它是中华民族最基本的伦理道德观，已成为我们这个民族的重要精神支柱，是维系国家和家庭不可或缺的纽带，在保证国家的统一、民族的团结、人民安居乐业有着特殊的意义和作用。倡导弘扬创新"忠孝思想"，不是要恢复封建社会的愚忠愚孝，而是要树立忠于国家、忠于人民，孝敬父母、孝敬老人的良好社会风气，继承弘扬中华民族优秀传统的道德观念，促进人生健康成长。"家国情怀"是中国人精神气脉中最深刻质朴的体现，构成了几千年来中华民族精神的核心理念，已成为中国人文化心理之一，有意识无意识地支配着中国人的行为。传统的"家国情怀"理念下爱国主义蕴藏的合理价值目标给我们重要的启示和引领。这种价值目标是以血缘关系为基础，定位在以家为本，家国一体的整体结构上，个人、家庭、国家有机结合起来。倡导公忠为国、爱民爱国、以身许国，强调个人要秉公去私，以公克私，崇德重义，修身为本。宏观层面上，表现为通过教育树立对德政、德治与德教为主的诉求；微观层面上，则强调个体修身为本和对理想道德人格的追求。随着时代的发展，"家国情怀"的内涵与外延有了不断地拓展，一直发挥着激励人心、凝聚精神的特殊作用。

今天，要实现把对自己祖国无限热爱与忠诚，对父母的感恩与孝敬的道德情感，渗透到自己的灵魂深处和内化为自己的内心信念的目的，一是国家要强化这方面内容的社会教育，二是公民要自觉加强自身道德修养。目前一些高校

---

① 《培育积极健康的社会文化心态》。

通过开展"家国情怀"与"忠孝思想"的专题讨论与实践活动，让大学生燃爱国之情、树报国之志、修孝敬之德，从而更加坚定理想信念，把握正确的成才方向，成为德才兼备的优秀家庭成员、合格公民和社会栋梁，很有意义。[①]如他们收集筛选"最受欢迎的十句名言"[②]，"最受欢迎的十首歌曲"[③]，"最受欢迎的十首诗歌"[④]等，通过征集、评选、背诵记忆、诵读和传唱，在实践活动中提升思想情怀，培植、传承和光大着"忠孝思想"、"家国情怀"，传承优秀中华民族精神、高扬爱国主义伟大旗帜，点亮人生，砥砺奋斗，很有意义。

思想理论价值的阐扬需要一定的载体，以生动活泼、人们喜闻乐见的实践活动来承载和弘扬。当前我们要在广大社会群体中因群体制宜地开展和推广类似活动，以道德、理想之光激发全体公民的向善道德文化基因，形成与中国快速持续自信发展现状相称、与中华礼仪之邦美名相接续的社会精神面貌，全面提升全社会精神气质和文明程度，实现中华文化的伟大复兴。

3. 传承、弘扬、创新孝文化需要"贴地飞行"，容纳、引导"乡土情结"，夯实家国情怀的起点和基础，使之为和谐人际关系、密切族群情感服务。

由于农业文明的历史悠久和农业人口数量庞大，在社会流动和交往不断扩大的历史进程中，背井离乡在外打拼的中国人乡情观念和乡土情结深重。人们常说：美不美，家乡水，亲不亲，故乡人。远离家乡的人，对家乡总有很深的情感，离开了家乡，就会有一种乡思乡愁涌起，自然会思念、眷恋家乡。当人们离开家乡、远离故土，猛然间听到家乡话，看到故乡人，就会觉得特别的亲切。由于语言、习俗和生活环境及其体现的相同，同乡人在一起交谈，总离不了谈家乡的山水、家乡的风土人情，家乡的人和事。俗语有云，老乡见老乡，两眼泪汪汪。为什么泪汪汪，因为彼此都想起了家乡，思念家乡亲人。思乡之

---

① 《家国情怀、忠孝思想专题讨论》，《辽宁中医药大学报》2011 年 11 月 7 日。

② 顾炎武的"国家兴亡匹夫有责"、周恩来的"为中华之崛起读书"、文天祥的"人生自古谁无死，留取丹心照汗青"、范仲淹的"先天下之忧而忧，后天下之乐而乐"、鲁迅的"惟有民魂是值得宝贵的，惟有他发扬起来，中国才有真进步"、林则徐的"苟利国家生死以，岂因祸福避趋之"、邓小平的"我是中国人民的儿子，我深情地爱着我的祖国和人民"、司马迁的"常思奋不顾身，以殉国家之急"、顾炎武的"风声雨声读书声，声声入耳；家事国事天下事，事事关心"、周恩来的"爱我们的民族，这是我们自信的源泉"。

③ 《精忠报国》、《国家》、《龙的传人》、《爱我中华》、《我的中国心》、《红旗飘飘》、《歌唱祖国》、《保卫黄河》、《我爱你中国》、《我和我的祖国》。

④ 《乡愁》、《祖国，我亲爱的祖国》、《过零丁洋》、《满江红》、《我爱这土地》、《游子吟》、《春望》、《死水》、《我用我残破的手掌》、《我的祖国》。

情，也是人之常情。人为什么会有思乡之情，这种情感又有什么内涵，思乡之情有什么积极之处呢，这种情感是应该压制还是应该弘扬呢？思乡之情、乡土情结，值得思索和回味，需要尊重、发扬和引导。

中国古代抒发乡思乡愁的诗句情真意切，思绪缠绵。如王维的"独在异乡为异客，每逢佳节倍思亲"、"君自故乡来，应知故乡事。来日绮窗前，寒梅着花未？"、"劝君更进一杯酒，西出阳关无故人"，杜甫的"露从今夜白，月是故乡明"，李白的"举头望明月，低头思故乡"、"此夜曲中闻折柳，何人不起故园情"，宋之问的"近乡情更怯，不敢问来人"，刘皂的"客舍并州已十霜，归心日夜忆咸阳。无端更渡桑干水，却望并州是故乡"，王安石的"春风又绿江南岸，明月何时照我还"，李益的"不知何处吹芦管，一夜征人尽望乡"等等诗词警句，至今读来扣人心弦。正如当代诗人艾青所唱："为什么我的眼里常含泪水，因为我对这片土地爱得深沉"。一方水土养育一方人。人们在童年时期打上了家乡的烙印，就会在日后的人生历程中深刻铭记、无尽思念。人们的所记所思，主要包括对父母、亲族的爱（或家乡使人懂得了爱）、家乡的山水草木（或家乡山水草木给人的印象）、家乡饮食物产和乡野撒欢的记忆与留恋、悲欢离合的家史（或祖辈的经历）、邻里乡情（或乡音乡俗）、发小甚至初恋的身影情形等等。

当代著名作家柯灵的美文《乡土情结》[①]灵性地书写了我们民族的乡土情结并提升到激发家国情怀、贡献国家社会的层面，给人启迪，发人深思。作者把乡思称为"情结"，因为它像烙印、像蚕茧、像纹身一样不能化解与消退。一个人的出生地不仅给他自然的生命，而且给了他文化，他之所以成为这样的人，故乡的文化起了决定性作用。乡土给离人们打下了"童年的烙印"：父母亲戚的爱，家乡的山水草木，悲欢离合的家史，邻里乡情等。少年离别家乡的人中不少人富有浪漫气息，为追求理想开创事业去闯世界，多数人是沉重的现实主义格调，为维持最低生活被打发出门。他们有的一无所有而回乡，有的流连在外，有的厌倦闯荡、锐气消尽，有的淡泊名利、渴慕归隐，有的穷困潦倒，有的春风得意。人们因战争、放逐等灾难引发的超越思乡情结的爱国情怀。作者把仅仅只是表现为对家的思念的乡土情结逐渐提升到爱国情怀的高度，是乡土情结新的时代内涵。一代又一代的炎黄子孙浮海远游，不忘桑梓之情，慷慨奉献，与祖国休戚相关。这样就把"乡土情结"深

---

① 柯灵：《乡土情结》，1991 年 12 月 23 日为《香港文学》七周年纪念号作。

化为"民族情结",提高到民族凝聚力的高度来认识,丰富并深化了乡土情结的内涵,从时间上的延续、空间上的凝聚两个角度说明,"民族向心力的凝聚,并不取决于地理距离的远近",乡土情结不因时间的久远(历史)和空间的阻隔(地理)而褪色。[①]

在高度流动和交往日益复杂的现代社会,挂念远方的亲人,回望童年生活和滋养自己的故乡山水,不失为一种自己心灵安顿的好方式,也是提升自身修养和精神境界的好方式,更是一种提醒和督促自己自觉履行家庭社会义务的内省方式。这也促使我们经常思考,我从哪里来,应该做些什么,我为家乡和乡亲能做些什么,做了些什么,如何更多地扩展自己的角色担当,感恩故乡和乡亲的养育、照护,热爱家乡和乡亲,尽可能地回报故乡的亲人和乡亲,更多地履行多重社会义务,关心支持故乡的建设和发展,从而使得整个社会充满亲情的关怀和温暖,使人间充满善意和大爱,为促进城乡间、跨地域间的社会和谐多尽一份心力,使整个社会生活更加充满人情味,传承和弘扬东方社会更加注重关心牵挂亲人、更加注重感恩图报的和合文化魅力。

第二节　发掘中华孝文化"基因库",培育中国软实力

一、保护和开发孝文化"基因库",确保国家文化安全

国家安全是国家的基本利益所在,维护国家安全就是要在综合运用政治、经济、军事、文化等各种资源,应对核心挑战与威胁,维护国家安全利益与核心价值观。国家综合安全包括政治、经济、文化、社会、信息安全等。文化安全是当今我国社会主义文化建设和开展对外文化交流所必须面对的重大理论和现实问题。国家文化安全是由语言文字安全、意识形态安全、价值观念安全、生活方式安全等内容构成的具有相对独立性、民族阶级性、潜隐性等特点的非传统国家安全形式,它对民族国家形成凝聚力和认同感、保存人类文化多样性、保障社会秩序形成和有效运转、保证先进文化繁荣发展具有重要作用。

---

① 参见《2003年高考语文试题分析》,嘉兴教育网。

1. 以孝文化为基础的政治伦理型的中华传统文化是我国文化安全的特色保护层，也是中国文化的特色和核心内涵。

在文化安全的视阈下重新审视以忠孝内涵为基础的中华民族传统文化，厘清孝道文化传统与文化安全的关系，对于促进社会主义文化的大发展大繁荣、确保国家文化安全具有重要的理论价值和实践意义。文化传统是一个民族的根和魂，是维系民族存在的根本，是维系民族团结和凝聚的纽带，是促进民族进步的思想保证和精神载体，其力量深深熔铸在民族的生命力、创造力和凝聚力之中。传统孝文化是中华文化传统的承载物，没有传统孝文化，中华文化传统之根就无所依附。一个民族，如果抛弃自己的文化传统（事实上抛弃不了），去追随别的民族的文化，经济再现代化，也会被看作一个业已消失的民族，或者是别的民族文化的复制品。如果民族文化被异质文化所同化或消灭，该民族就不可能存在下去。[1]华中科技大学教授杨叔子院士曾说：没有先进的科学技术，我们会一打就垮，没有人文精神、民族传统，一个国家、一个民族会不打自垮。许嘉璐也说：一个民族如果失去了先进的科技可以导致亡国，而一个民族失去自己的民族文化可以导致亡种，亡种比亡国更悲惨。因此，民族传统文化与国家安全尤其是国家的文化安全具有极其重要的关系。正因如此，我们在历史中看到，一个民族的崛起或复兴，常常以民族传统文化的复兴和民族精神的崛起为先导；一个民族的衰落或覆灭，则往往以民族传统文化的颓废和民族精神的萎靡为先兆。同时，我们还在全球化和现代化的进程中看到，为了维护文化安全，弘扬和保护民族传统文化，倡导文化多样性，增强对本民族传统文化的认同感、归属感，增强民族传统文化自豪感，已成为世界许多国家的共识。[2]

2. 民族精神是国家文化安全的内核，它需要科学理论的引导，更重要的是需要源于民族传统文化和文化传统的民族精神作为核心支撑。

民族精神是民族传统文化的核心和灵魂，是维护民族团结、生存，贯穿于民族延续发展的历史长河中的一种持久性的根本精神，是民族传统文化中固有的并且绵延不断的一种历史传统，是民族的"精神家园"。马克思、恩格斯曾经说过的"希腊精神"、"日耳曼精神"、"法兰西精神"等就是这种意义上的民族精神。中华民族在漫漫历史长河中创造的灿烂的孝文化，是支撑中华民族

---

① 张其学：《民族传统文化与文化安全》，《广东社会科学》2009 年 7 月 15 日。
② 《民族传统文化与文化安全》，学术论文网。

历经风险磨难、饱尝艰难困苦而永葆旺盛生命力的强大精神力量，构成了伟大中华民族精神的核心内容。这一民族精神在 20 世纪初，被极力向国外推介中国传统文化的辜鸿铭概括为"深沉、博大和纯朴"的"中国人的精神"。党的十六大报告概括的"以爱国主义为核心的团结统一、爱好和平、勤劳勇敢、自强不息的中华民族精神"就是这一精神的当代形态。中华民族精神已成为中华民族生命肌体中不可分割的重要组成部分，是中华民族数千年来绵延不绝、愈挫愈勇的精神动力，也是中华民族在未来的岁月里薪火相传、继往开来的强大精神动力。这一民族精神孕育于丰富和深厚的中华民族传统文化之中，其底蕴和核心就是重视亲情、重视家庭、尊老爱幼的和平信义精神——孝文化精神。

在全球化的洪流中，有了这种以热爱家国为核心的民族魂，走向现代化的中华民族的国家文化安全乃至整个国家安全就有了强大的精神动力保障。其实，世界上很多国家也非常重视弘扬和培育民族精神。如，新加坡政府于 1991 年明确提出了"国家至上，社会为先；家庭为根，社会为本；关怀备至，同甘共苦；求同求异，协同共识；种族和谐，宗教宽容"的共同价值观。面对世界范围的各种思想文化的相互激荡，积极弘扬民族优秀传统孝文化，不断推动民族精神的与时俱进，这对于在新形势下克服各种艰难险阻，增强中华民族的凝聚力、战斗力和国际竞争力，有力保障国家文化安全，具有极其重大的意义。[①]

3. 确保国家文化安全要打造标识中华民族文化先进性和特色的"身份证"，保护民族文化的"物种源"和"基因库"。

文化身份认同与民族传统文化具有极其密切的联系。一个民族的传统文化是一个民族身份的象征。一个民族的身份认同，既从该民族的宗教信仰、历史经验、语言、习俗等传统文化中吸取资源，又体现民族的共同的"集体记忆"，体现了民族的认同感、归属感，反映了民族的生命力、凝聚力，其特性一旦形成，比起政治、经济结构更不容易改变，具有极强的稳定性，对于一个民族的生存和发展，对于一个国家的国家安全和文化安全具有极其重要的作用和意义。对于中华民族来说，孝文化是中华民族之所以成为中华民族的身份证和象征，是中华民族区别于其他民族的唯一标志。[②]

中华民族家国同构，是一个具有强大凝聚力和向心力、具有强烈的认同感和归属感的民族。其温柔敦厚、勤劳不息、节俭内敛的民族性格，尊祖先、重

---

① 参见张其学：《民族传统文化与文化安全》，《广东社会科学》2009 年 7 月 15 日。
② 参见张其学：《民族传统文化与文化安全》，《广东社会科学》2009 年 7 月 15 日。

家族、爱家庭、孝老爱亲的宗亲意识，讲究族源、血缘的身份世系情结，人文初祖同源、朝代正统的历史文化认同，和为贵的处事原则理念，安土重迁、和衷共济的乡情观念，家国一体、荣辱与共的集体主义情怀等，这种凝聚力和向心力、认同感和归属感在很大程度上源于中华民族对中华传统孝文化的高度认同。中华儿女无论生活在本土还是移居海外，对中华孝文化的认同忠贞不渝，基于民族文化认同而产生的精神动力生生不息。这种强烈和高度一致的身份认同，不仅为我们应对全球化的挑战、为国家文化安全和国家意志的推行，提供了切实的价值基础，也使我们在危难之时积聚了万众一心、众志成城、同仇敌忾的巨大力量，从而看到了民族的前途和希望，这是近代中国历经磨难而不死，屡遭侵略而未亡的根本原因之所在。[①]

4. 中华孝文化是中国文化持续发展的"物种源"、"基因库"，我们必须倍加珍惜、精心保护，维护孝文化生长的良好生态环境。

中国是一个农耕文明昌盛的古国，即使是在现代化加快推进的当代，中国仍然是一个农业经济大国、农业人口大国，孝文化赖以产生和发展的文化生态环境依然存在。孝道等传统文化基因深沉而静谧地流淌在中国人的血脉之中。全球化、工业化、信息化、农业现代化、城镇化的潮流正以巨大的物质力量裹挟着庞大的中国社会走向现代化，但这并不是要消灭孝文化及其生长生态，反而更为需要吸取历史文化的养分，以求得人们心灵的安顿、经济社会创新驱动发展的智慧源泉、文明进步的历史文化支撑。特别是中国社会老龄化加剧，养老、扶老、助老、敬老、乐老成为现实突出问题的时候，我们亟须传承、弘扬并创新孝文化，切实扭转老年人被边缘化的堪忧状况，进而增进全社会爱亲敬老，重视家庭亲情、邻里和睦、以人际关系和谐促进社会和谐。中华孝文化是一套关于构建和谐健康家庭伦理乃至社会伦理的经典教科书，内涵深刻、内容丰富、术道精良、效果明显、特色鲜明、形象良好、影响深远。人们常说，家庭是社会的细胞，家和万事兴，因此，为着社会的和谐进步、个人的奋斗发展、礼仪之邦美名的传承、中华文化的全面复兴，我们要守护好中国传统文化的根脉——孝文化。因为，从一定意义上说，关于家的文化正是中国人的"精神家园"，我们不能舍弃家庭亲情，不能破坏孝老爱亲这一维系家庭亲情的根本之道，不能使自己成为无根的飘萍。

我们理解，因为千百年来中国人赖以生存的农耕的农业生产方式及其乡土

---

① 《民族传统文化与文化安全》，学术论文网。

社会生活方式没有从根本上中断，所以建筑于其上的以孝文化为核心的传统文化生态没有受到根本性的破坏。而当代中国及其文化植根于其上，我们有理由要经常回到传统文化的"基因库"，认真寻找今天发展社会主义文化的民族文化基因和"物种源"，特别要检视、珍视、延续、修复和接续这一博大绵长而富有韧性和生机的文化生态。生长于农业社会、植根于家庭亲情文化生态的孝文化，不会因市场经济要求彰显个人创造能力、养老逐渐社会化而被替代。恰恰相反，保护好传统孝文化，保护、修复和建设良好的文化生态，是维护我国文化主权和文化安全的需要。

二、传承、弘扬和创新孝文化，可以提升国家"软实力"

1. 中华民族丰厚的孝文化资源、家庭核心价值观和孝道文教制度，是国家文化软实力的重要源泉。

国家软实力的核心是文化的价值认同，文化价值观念所体现出来的吸引力、凝聚力和整合力是国家软实力的真正体现。中华孝文化就具有强大的民族凝聚力和社会整合力，是中华民族屹立于世界民族之林的精神支柱，它对我国综合国力的提升，发挥着凝聚人心、鼓舞士气、振奋精神、激励斗志等重要作用。因为，国家力量的形成及其实施，需要作为个体的国民服从作为整体的国家，而中华民族传统文化中的"修身、齐家、治国、平天下"等所体现出来的国家价值观，带给全社会较高的凝聚力和整合力，能够促进民族融合、国家统一以及政权巩固。如中国传统文化追求"和"，讲究"和而不同"，肯定世界是多样性的统一，承认各方的差异，认同多元共处和相互依存。在以合作、说服、渗透为主要特征的软实力竞争时代，在国际矛盾日趋尖锐化的今天，这种注重"和谐"、"和而不同"的思想更能体现合作、说服等竞争优势，更容易被别的国家认同和接受，更能发挥独特的协调、平衡和包容的作用。以"和"为核心的中国孝文化在文化多元化、全球化的时代焕发出来的魅力，是中国提高国家软实力的历史文化根基。①

中华孝文化具有一种天行健、君子以自强不息的积极进取取向，是古老东方文化的代表，它为人们提供了一种生活方式，一种世界观与哲学观，一种乐生、务实、注重此岸性的生活态度与生活质量，它彰显人文价值，为克服现代性的某

---

① 参见张其学：《民族传统文化与文化安全》，《广东社会科学》2009 年 7 月 15 日。

些弊端提供了一种有参考意义的思路。它历经曲折，回应了严峻的挑战，走出了近代落后于世界潮流的阴影，如今日益呈现出勃勃生机，它更是一个能够与世界主流文化与现代文化、先进文化相交流、相对话、互补互通、与时俱进的活的文化。[①]中华孝文化又是一种泛道德主义的文化。它强调人伦关系，强调和谐与秩序的理想，主张克制无限竞争与不断膨胀的欲望，强调人生而有之的伦理义务。这虽然有它的不足，影响了数千年来中国的科学技术的发展与文化创新，但它维护了中华大国的延续与统一，帮助中华民族渡过了重重难关，以充满活力的姿态进入了21世纪。今天看来，它对于回应恶性竞争、欲望的恶性膨胀、生存压力的畸形增重与飞速发展中的浮躁心理这种种"现代病"，是有积极意义的。

我国文化软实力的提升，一方面要发挥文化软实力在促进我国经济发展、推动社会进步、提高人的素质和增强综合竞争力方面的重要作用；另一方面要加强对外文化交流，推动中华孝文化走向世界，更好地向世界展示中华孝文化，让世界了解并认同。注重优秀传统孝文化的教育和传播，即从国家民族的长远发展考虑，开展弘扬中华优秀传统文化活动，提高国民素质、提升国家文化软实力，要作为国家文化战略的重要组成部分来考虑。[②]

2. 从中国传统孝文化中提炼"国家软实力"要素，应有助于建构当代中国"和谐社会"。

党的十七大报告指出："要坚持社会主义先进文化前进方向，兴起社会主义文化建设新高潮，激发全民族文化创造活力，提高国家文化软实力。"无论就理论依据还是价值取向而言，中国的"软实力"内涵与约瑟夫·奈的大为不同。约瑟夫·奈的文化理论是为了维护美国文化在世界上的主导地位，而中国提出发展国家文化"软实力"的战略是为了"使人民基本文化权益得到更好保障，使社会文化生活更加丰富多彩，使人民精神风貌更加昂扬向上"，而且中国的"软实力"建设不以自己的文化价值观冲击、消解、侵蚀其他文明的文化价值观，因而也不会构成对其他文明的威胁，文化霸权主义、文化帝国主义、文化殖民主义在以和谐为主要特征的中华文明中没有存在的土壤。中国的"软实力"思想有极为深厚的本土渊源。中国传统孝文化的基本精神就是"和"——通过孝而致力于"家和"，而家和则万事兴。中国传统文化强调"致中和，天地位焉，万物育焉"、"和为贵"，可见"和谐"是中国文化的根本精

---

① 参见《中华传统文化与软实力》。
②《弘扬中华优秀传统文化 提升文化软实力》，求是理论网。

神。中国语境中的"和谐"强调在差异性和多样性基础上的平衡、协调与统一，所谓"君子和而不同，小人同而不和"、"夫和实生物，同则不继"，中国式"和谐"有利于世界文明的多样化存在，因而具有更为普世的"软实力"价值。中国传统孝文化中蕴含的"和谐"思想与"大同"理念启示我们：文明的冲突既不是人类的发展趋势，也不是人类的必经之路。中国传统文化的和谐共生理念，必将对中国"和谐社会"与"和谐世界"的当代建构提供极为重要的思想资源和实践基因，赢得世界上绝大多数国家和人民的认同与支持。[1]

3. 孝文化作为国家软实力的重要构成，在当代要理直气壮宣传、解放思想、吸取精华、科学建构。

大力传承、弘扬、创新中华孝文化，已经成为摆在我们面前的紧迫任务。著名相声演员姜昆等大声疾呼："优秀传统文化重点强调'忠孝、仁爱、诚信、道义、廉耻'等道德观与精神修养，这一点正是对当今社会道德滑坡最有力的救助措施。"这是非常正确和及时的。的确，我国优秀的传统文化是我国文化软实力的重要内容来源和内核，可以用来抵御内外不良文化的侵袭。中国的孝为百善之首的孝悌文化就是极为珍贵的优秀传统，发扬这一传统，就能促进社会和谐，国家因社会稳定而强大。

现在，许多优秀的传统文化受到不健康价值观念的冲击，如孝文化，现在虽然开始重视起来，但仍然不够理直气壮。如对"二十四孝"故事，许多人只看到它有副作用的一面，而没有看到它在看重亲情、善待父母、和谐家庭等方面所起到的积极作用。现在人们要么不敢宣传"二十四孝"，要么被扣上宣扬封建迷信、愚昧无知、愚孝等帽子，事实上，"二十四孝"故事中即使如"孟宗哭竹生笋"、"王祥卧冰求鲤"等孝行故事，在科学昌盛、经济发展的今天，只要对青少年稍作引导，就不会造成因机械地模仿而发生副作用，而学到、体会到的却是一种孝顺父母的精神。[2]中国古代有大量的割肝治疾以行孝、尽孝的极端事例，这有子女痛表孝心的因素，也有攀比行孝的原因，更有古代不发达医学的误导。一些毫无根据、毫无保护的割舍器官的救治酿出人间悲剧，确实令人痛心。但是，现代医学证明相同血型亲属间的输血乃至器官移植确实更为匹配，风险也是可控的。由此可见，孝文化和孝道的精神在今天并未过时，在尊重科学的前提下，仍然值得大力提倡。

---

[1] 刁生虎、陈志霞：《中国传统文化的"软实力"价值》，《理论探索》2011 年 1 月 1 日。
[2] 何忠礼：《弘扬优秀传统文化 提高文化软实力》，《杭州日报》2012 年 3 月 26 日。

三、传承和传播中华优秀传统孝文化是提高文化软实力的重要内容

1. 中华传统优秀孝文化是我国文化软实力的原种基因，提升我国文化软实力要注重传统孝文化的教育和传播，也是增强国民文化自信的需要。

我国社会正处于转型期，随着经济体制改革的不断深化，社会思想文化呈现出了多元化现象。近年来，欧美文化以压倒性的优势渗透到社会生活的方方面面，我国一些年轻人对传统孝文化的了解越来越少。有的人根本没用心去了解传统，就无端地蔑视、反感民族传统孝文化，这样做，只能脱离固有文化的土壤，变成没有根基、没有寄托的空虚的人。大力倡导、弘扬和创新孝文化及其孝道，在当前显得更为必要和迫切。其实，我们今天所提倡的孝文化精神并不抽象，它最核心的内容就是要建构积极向上、仁爱求和的文化内容和精神境界，大力弘扬责任意识和奉献意识，这些都是传统文化人文精神中最本分的东西，必须批判性地吸收一切优秀孝文化遗产中有益的东西。把孝文化遗产中真正的精华同时代精神紧密结合起来，让优秀传统孝文化的经典进学校、进教材、进课堂、进电视，形成崇尚孝文化、重视文明风尚的社会风气，推动和谐社会建设，构建起属于这个时代的文化家园。[①]

2. 从中华优秀传统孝文化中吸取营养，丰富和提升中国文化软实力贡献影响于世界。

中国传统文化强调"礼之用，和为贵"。总结历史经验，分析新的国际局势，当今世界各国所面临的课题不再是战争与革命，而是和平与发展，为此我国提出了建设"和谐世界"的目标，这与西方文化传统有着很大的差别。透过纷纷扰扰的国际政治，我们可以感受到一股共谋发展、期盼和平的新风，而且成为大趋势。中国的和谐文化、和合文化很有可能成为一种新的国际文化，推动世界走向持续和平与和谐发展。同时中国传统文化具有包容性，强调"物之不齐，物之情也"、"君子和而不同"，对世界也是一个重要启示。作为一个有着五千多年不间断文明史的国家，一个分量越来越重的国际社会成员，中国理应在构筑国际社会共同文化方面做出自己的贡献，中国传统文化中的珍贵遗产和当代中国经验理应与各国人民共享。[②]"和而不同"、"自强不息"、"孝老爱亲"

---

① 何忠礼：《弘扬优秀传统文化 提高文化软实力》，《杭州日报》2012 年 3 月 26 日。
②《从传统文化中提炼软实力－文化发展论坛》。

的文化心理应成为影响世界的新文化，成为中国的软实力。

3. 创新孝文化、构建新孝道，提升国家文化软实力、构筑中华民族共有精神家园离不开也确实需要党的引领、指导和推进。

当代中国的文化建设，离不开也确实需要党的引领、指导和推进，因为这将更多地涉及如何正确处理传统文化的传承与弘扬、继承与创新，本国本民族文化与世界其他民族文化，优秀传统文化与当代先进文化的关系等问题。中共十七届六中全会明确指出中国共产党是中国优秀传统文化的忠实传承者和弘扬者，是中国先进文化的积极倡导者和发展者，这是我们党在文化建设上的历史担当和理论自觉。创新建设孝文化、构建新孝道，以提升国家文化软实力、构筑中华民族共有精神家园需要处理好传统文化与现代要求的关系。

4. 亲和力是文化的重要属性，发展国家文化软实力关键在于要更加自觉主动地不断增强文化的亲和力。

传统中华文化在一定意义上就是一种家文化、亲情文化、和谐文化，她歌唱和感念亲情，抒发家国情怀，调整人伦关系，呼唤和建设家庭、家族、社会人际与群体的和谐，而调整亲子关系的"孝"——孝道、孝文化——就是其中的核心。而"只有当中国文明的精髓引导人类文化前进时，世界历史才找到真正的归属。"（汤因比语）中华民族自古就是爱好和平、亲仁善邻、倾向以"软实力"立国的民族，始终信奉"百姓昭明，协和万邦"，"知和曰常，知常曰明"，"畜之以道则民和，养之以德则民合"，"天时不如地利，地利不如人和"，"万物各得其和以生"，"和也者，天下之达道也"，"己所不欲，勿施于人"等理念。[1] 正因为如此，中国传统文化的内容体现了东方文化和农耕文明的普遍价值观念，这些内容既是民族的，又是全人类的，既是传统的，又是现代的，极富现代意蕴。我们把这些内容用国际社会容易理解的形式对外传播，比较容易得到认同，从而有助于提升中华文化的国际影响力和亲和力，提升我国在国际社会中的"软实力"。

四、以孝文化为核心，对外展示仁爱和平的中国形象

1. 加强孝文化国际研讨、交流是展示国家形象、提升国家软实力的重要途径。

文化交流是各国人民沟通的桥梁，也是展示国家形象，提升国家软实力的重要途径。中华文化源远流长、博大精深，对世界文明进步做出了重大贡献。

---

[1] 刁生虎、陈志霞：《中国传统文化的"软实力"价值》，《理论探索》2011 年 1 月 1 日。

要加强对外文化交流，推动中华文化走向世界，更好地向世界展示中华文化。让世界了解中华文化、认同中华文化。现在，纪念孔子已经开始成为一项全球性的文化活动，孔子学院也在不胫而走。据最新资料，截至 2013 年底，中国国家汉办在全球 120 多个国家共建立了 440 余所孔子学院和 646 个孔子课堂，注册学员达 85 万多人，美国是世界上孔子学院最多的国家。孔子学院已经成为传播中国文化、推广汉语教学的一个重要载体。这绝不仅仅是一种文化猎奇，而是对东方智慧、中华以孝文化为核心的传统文化的一种新的回顾和思考。我们要高度重视这一现象，国家和民间力量要齐心协力鼓励、赞助传统文化传播事业，鼓励中国文化"走出去"，在世界范围内推动多种文化的交流与融合。

2. 孝文化是中华文化认同的基础，是沟通海内外华人的文化桥梁。

我国有几千万海外华人华侨，他们有着强烈的爱国爱家乡的观念和感情，许多华人华侨就是出于爱国爱家乡的观念和感情来祖国投资兴业的。这是我国得天独厚的"软实力"资源。中国引进的外国直接投资大部分是海外华人的投资。海外华人那种叶落归根的向心力，正是中华民族世代相传的爱国观念和感情。要以优秀传统文化为纽带，增进与海外侨胞和港澳台同胞的交流，增强他们对优秀传统文化的了解和认同。我国的现代化建设，得到了海外华人华侨的大力支持，也是提升文化软实力的具体措施之一。同时，我们要借鉴国外发展"文化软实力"的有效做法，以强劲的文化产业硬实力支撑国家文化软实力的传播。文化产业是国家"软实力"的重要组成部分，我们要善于借文化产品同国外民间组织打交道以传播中国文化。我国应提高同国外民间文化组织打交道的本领，由这些组织出面向国外民众介绍真实的中国、传播中国文化，并主动进行政治游说，以期逐渐改变一些西方国家民众对中国的负面看法，影响外国对华政策。在这方面，与外国民间组织合作开发文化产品是非常有效的手段。①用文化产品应对"中国威胁论"，消除西方国家部分人士对中国的敌视，争取不同视角的认同。

3. 通过孝文化的理念与事例形象展示、艺术化表达是传播中国文化软实力的重要形式。

文学作品是我们民族各个时期的精神风貌的某种反映，或者说，至少是一部分人的内心世界的呈现。其中孝文化有家国情怀、乡土情结、亲情友情、爱情，有对生命的关爱，有人生感悟，有对于黑暗现实的愤慨不平，有对于美好

---

① 参见《弘扬中华优秀传统文化 提升文化软实力》，求是理论网。

人生的祝愿，有对于善良人性的赞美，也有对于丑恶人性的揭露与抨击。它们对于民族精神的承传、善良人性的张扬、完美人格情操的熏陶培养，都有着其他意识形态所无法代替的作用。这就决定了作品的选择，不仅要考虑知识的传授，而且要考虑对优秀民族文化、民族精神的理解。以往曾经有过的以阶级性、人民性、真实性作为衡量作品优劣、作为选择标准的做法，似乎过于狭窄。我们在选择对外文化交流的作品时，视野要更为开阔。要将具有善的道德内涵特别是彰显家庭伦理和孝道德的作品突出放进入选范围，注重作品在反映上述种种思想感情时的真诚、深刻程度，注重它是否能真正动人情怀。

近年我国创作发行的《舌尖上的中国》就是宣传展示中国软实力内涵的一次成功实践。我们需要打造更多像《舌尖上的中国》一样面向国际、制作精良、品质一流、有口皆碑的精品纪录片，为传播中华文明和传统文化、传达中华文化价值发挥特有的引领作用。孝文化以亲情、家庭、亲子关系为核心，充满人性、充满温馨，是文化亲和力的直接表现，对外展示中国形象和国家软实力，就是要多打亲情牌、增强亲和力和感召力。这方面，我们的工作大有可为。

五、孝的亲情和家庭归属感是民族精神家园和人们信仰的重要内容

传承、弘扬、创新以孝道为核心的中国优秀传统孝文化，构建区分层次而又具有包容性的价值与信仰体系，增强文化的亲和力、凝聚力、善的价值导向，是建设中华民族共有精神家园的灵魂工程的最基础支撑。

1. 家是人们生活栖息和心灵安顿最为重要自由的场所。

文化是民族的血脉，是人民的精神家园。"精神家园是指人的精神支柱、情感寄托和心灵归宿，是人们对生活意义、生存价值和生命归宿的一种精神与文化认同"。[①]对个体而言，精神家园也就是其精神世界与心灵归宿，是对生活世界的价值、意义的认识、追寻；对一个民族而言，精神家园与其民族文化内在关联，是其在文化认同基础上产生的文化寄托和精神归宿，包含了一个民族经过长期的历史积淀所形成的特有的传统、习惯、风俗、精神、心理、情感等。精神家园是含有文化体验、认知模式、价值观念、情感方式、理想信念、信仰体系等多种要素有机构成的精神文化系统。认同一定的精神家园，就是接

---

① 欧阳康：《中华民族共有精神家园如何构建》，《光明日报》2012年2月28日。

受一定的文化传统，融入其中，成为文化上与之相通的人。在现实生活中，做一个中国人，其实就是认同并融入一定的文化体系，并在其中获得自己的文化定位与精神认同。[①]

就其历史内涵而言，精神家园的核心是民族精神。民族精神是一个民族在长期共同生活和实践中，逐步形成和培育起来的，并通过他们特定的社会行为方式表现出来的思想观念、价值信念、性格与心理的总和。民族精神能够被该民族的绝大多数成员所理解和信奉，为本民族成员广泛认同，共同拥有，是民族认同和归属的本源所在。中华民族共有精神家园的核心是中华民族精神。中国传统文化博大精深，源远流长，勤劳善良的劳动人民在长期的社会生产实践中逐渐形成了一系列优秀的文化传统和文化精神。在此基础上也形成了以爱国主义为核心，以团结统一、爱好和平、勤劳勇敢、自强不息为主要内容的中华民族精神。汲取中华民族和世界其他民族精神的合理因素，并凝聚中华民族精神的新形态，是实现中华民族伟大复兴中国梦的必然要求。

2. 改革开放促使社会生活理性回归，精神家园需要也能够赋予现实内容。

对于当代中国人来说，构建精神家园还需要不断凝练和充实以改革开放为核心的时代精神。1978 年开展"实践是检验真理的唯一标准"大讨论后，以中共十一届三中全会为起点，我国开启了改革开放和以经济建设为中心建设小康社会，加快推进社会主义现代化建设的历史新时期。我国实行改革开放国策从在农村实施家庭联产承包责任制开始起步，打破人民公社事实上的"大锅饭"而充分调动亿万家庭的劳动生产积极性，极大地解放和提高社会生产力。究其根本原因就在于从家庭内部解放和调动了每个人的生产积极性和养家致富的责任感。实施家庭联产承包责任制，使得在家庭内部，每个人都成为劳动力，大家为可控可期待的家庭产出而真实有效劳作，心甘情愿地付出汗水，甚至农忙时节耄耋老人和稚幼儿童也尽心出力，这是大集体制下不可想象的。在城镇，承包责任制的推行，个体私营的被允许，企业的股份制改造，也极大地激发和调动了人们的劳动生产积极性。改革开放使得家庭的生产和经济功能得到了极大的恢复和发展。而在追求发家致富的努力中，人们的聪明才智、创富能力被极大地调动发挥出来，精神面貌也昂扬向上。无论城乡，家庭的功能特别是经济功能空前提升，家庭观念、家庭意识、家庭矛盾等也日益增强、增多。30 多年波澜壮阔的改革开放实践，孕育和形成了以改革创新为核心的伟大时代精

---

① 《精神家园解读》。

神。解放思想、实事求是、与时俱进、求真务实成为全社会共识，以人为本、重视科教、尊重劳动、崇尚创造的观念牢固树立，坚韧不拔、自强不息、锐意进取、积极向上成为普遍精神状态，诚实守信、团结友爱、互助奉献的风尚更加浓厚，自由平等、民主法治、公平正义的理念深入人心，亲情意识、家庭意识、开放意识、竞争意识、效率意识不断增强，发展、改革、创新成为时代的主题词和最强音。这一切，体现了时代精神的丰富内涵，反映了当代中国人紧跟时代、振兴中华、创造和谐的精神风貌，丰富了中华民族共有精神家园。[①]

3. 孝所固化的亲情体验、家庭归属感和生活哲学信条是价值与信仰体系的基础。

当前，我们要从传承创新中华民族共有精神家园、培育国魂民族魂的高度，创设引领全体公民灵魂安顿的价值与信仰系统。这其中引导普通公民特别是农民信仰中国传统伦理政治型的生活哲学，构筑并巩固全民的价值与信仰体系基石，也是一个极其重要的方面。

我们认为，没有明确宗教信仰的普通公民特别是农民也可以信仰中国传统伦理政治型的生活哲学。两千多年来，甚至上溯到七千年来，中华民族先民就有着深厚的处世哲学，特别是经过孔孟等儒家先哲创设、引导的儒家政治伦理思想和礼仪规范的熏陶，中国人生生不息、务实进取、勤劳善良、入世爱国、内敛修身、明道讲礼、敬畏自然、尊重他人、忠厚传家的德行传统，对农村社会和广大农民影响巨大而深远，甚至可以说，融入了我们民族的血液。这些优良的民族文化资源和"一以贯之"之道，是我们民族最可宝贵的精神财富，也是百姓生活日用的行动指南和精神追求，值得光大、弘扬、利用和传承。访谈中，一位中年农妇就坚定地认为："劳动最靠得住，最能带来家庭幸福，家庭幸福了，个人就幸福了"。说明生活哲学也可以成为信仰，而且也很坚定。

为此要注意发掘、保护、张扬农民群众和中华民族传统的优秀的道德观念和精神文化。中华民族是具有优秀文化传统和道德情操的民族。早在先秦时期，管仲就提出了"礼义廉耻，国之四维"之说，由此也成为儒家学说和传统中国社会核心的价值观念。迄今为止，以忠孝为基础的"仁义礼智信"依然为广大民众所认可，而"修身、齐家、治国、平天下"也为知识精英所信奉，"君子以天下为己任"、"正人先正己"等也是对官员操守的要求。这一切与社会主义核心价值观所要求的"助人为乐"、"见义勇为"、"诚实守信"、"敬业奉

---

① 《在民族精神与时代精神之间保持张力》，竹梅老翁。

献"、"孝老爱亲"等是一致的，也是中华民族宝贵的精神财富和优良的价值观念，弥足珍贵，值得光大、弘扬、利用和传承。事实上，一个社会的主流价值体系如果脱离多数人的认同和传统观念的支撑，难以生长，也无以为继。

第三节　保护与开发孝文化资源是弘扬孝文化的基础工程①

弘扬、创新以孝道为核心的中国优秀传统文化，传承发展中国特色文脉，必须大力发掘、整理孝文化遗产资源并进行科学的保护和适度开发，从而为传统孝文化的创新发展和发展文化产业促进经济腾飞发挥重大作用。

一、高度重视并切实做好规范理述孝文化资源的基础工作

孝文化资源的表现形态主要是指孝文化资源在现实生活中的表现形式和存在状态，主要分为物质形态、制度形态、行为形态和精神形态等四种形式，而后三种形式又称作孝文化资源的非物质形态。

1. 孝文化资源的物质形态是由"物化的知识力量"构成的具有物质实体的孝文化资源。

这类孝文化资源包括表现后代人"慎终追远"、"怀抱祖德"、"报本返始"和"饮水思源"孝思的家族祠堂、民间为纪念祭祀孝子所建的祠堂、庙宇，颂扬孝德的孝碑（孝子碑、节孝碑），孝子墓（封有孝号的皇帝陵墓、大量朝廷赐封和民间认可的孝子墓）以及著名孝子的相关物品等。孝文化资源的非物质形态具体可分为制度形态、行为形态和精神形态。

2. 制度形态的孝文化资源包括"举孝廉"的察举制、养老制度、家规家训教育劝诫制度、族规族盟制度等。

族规族盟是家族成员之间的禁止性规范，主要内容有：孝悌、耕读为本、修身、整肃门户、严守尊卑秩序、门当户对善择婚姻、慎重选择继子、丧葬宜俭等。

---

① 本节内容综合参考程瑛：《孝文化资源的保护与开发利用研究》，《华中师范大学硕士论文》2012 年 4 月 1 日。

3. 孝文化资源的行为形态是指受孝的思想支配而表现出来的人们的行为举止、社会习俗和节庆活动等等。

这类资源包括关于孝的各种命名、礼仪习俗等，如以孝命名的人名、地名、景名，特别是把"孝"字镶嵌在人的名字之中，往往寄托着自己对道德境界的一种向往，表达着人们对孝道观念的肯定与追求。与孝有关的习俗主要包括节庆、婚嫁、丧葬、祭祀等蕴含孝文化的习俗。在漫长的历史演变过程中，中华传统节日更受到孝文化的深刻影响，重阳节、清明节是最典型的传统节日，越来越受到海内外中华儿女的重视。除重阳节、清明节之外，春节、端午节、中秋节等传统节日多少都受到了"孝道"思想的影响，有较深的孝文化思想烙印和丰富的孝文化内涵。如在民间有"送三节"之说，就是指春节、端午节、中秋节这三大节日，是全家成员团聚的日子。"每逢佳节倍思亲"，在外的儿女都要回到父母身边团聚，拜望长辈，并给长辈送上一份礼物，以表自己的一份孝心。再如婚嫁习俗中的孝文化。婚礼在古今中外都被视为人生仪礼中的大礼。中国古人认为，婚姻是家族和血统的延续，所谓"不孝有三，无后为大"，强调的是婚姻的主要责任。因此，男女阴阳交合、产生子嗣的婚姻之礼是极其重要的，也反映了子女对父母的孝敬。又如丧葬、祭祀习俗中的孝文化。"孝"是中国丧葬文化的精神内核。最早的孝，实际上是祭祀，即对死去的长者的祭祀仪式，是对生命的重视，尤其是对生命延续的重视，进而演变为对活着的生命的重视。

4. 孝文化资源的精神形态是由人类在社会实践和意识活动中长期形成的孝的价值观念、道德品质、情感意识、思想思维等。

这些都是孝文化资源在精神层面上的存在方式和状态，属于孝文化整体中的核心部分之一，包括关于孝的经典论著、文艺作品如以孝为题材的诗歌、散文、小说、志异、传奇、戏曲、笔记、书礼、铭赋、绘画、祭文、挽联等各种文学艺术形式。

二、加强对孝文化遗产的保护，建立科学的保护体制机制

1. 对孝文化资源和遗产的保护首先要提升思想认识。

孝文化遗产包括物质的孝文化遗产和非物质的孝文化遗产。孝文化物质遗产长时间来因其显性的特征，人们较为重视它，但许多孝文化非物质遗产就受到了不应有的冷落。其实，非物质的孝文化遗产中所蕴含的内容非常丰富，中

华民族特有的精神内核、价值观念、思维方式和文化意识在其中都有深刻的体现。物质的孝文化和非物质的孝文化共同为人类的发展进步发挥了很重大的作用，成为全世界人类文化遗产所必不可缺的组成部分，它们共同构成了中华民族独特的精神财富。无论是物质的孝文化资源，还是非物质的孝文化资源，要将其更好地开发利用，展现其无穷的文化魅力，首先要对这些孝文化资源进行科学的保护。

科学保护孝文化资源是实现文化多样性的内在要求，也是社会发展的需求。从社会精神文化建设的角度来看，也必须重视孝文化资源的科学保护。孝文化资源的保护对象可分为物质的和非物质的孝文化资源。物质形态的孝文化资源的保护，应该坚持以移植性保护和开发性保护为主，同时坚持博物馆保护的方式。对非物质形态的孝文化资源的保护必须采取研究型的保护方式，例如修建民族风情园、生态园和民俗博物馆等，另外，还可以采用确立传承人的办法加强对重要的非物质文化资源的保护。

2. 保护孝文化资源与遗产要注重对全社会的科学保护知识、法规与方法的宣传教育。

这样的宣传教育内容可包括：孝文化资源保护的对象和方法以及相关的法律法规等；宣传教育的手段可充分发挥大众媒体，尤其是新媒体形式的作用，在报刊、广播电视以及网络媒介中开展专题宣传；宣传教育的途径也是可以多种多样的，例如在各种机关单位或人民群体中开展多种寓教于乐的活动，使孝文化资源保护理念深入人心，从而全面提高全民保护孝文化资源的意识，并形成共识，最终落实到自己的行动当中去。

3. 更为迫切的是要加快孝文化资源的发掘整理工作，主要是开展孝文化遗产普查、建立孝文化遗产档案、加强孝文化遗产管理。

以孝文化遗产普查促文脉传承，弘扬中华孝文化，是推动文化大发展大繁荣的有效途径。全国文化遗产普查是我国文化遗产保护的重要基础工作，有利于发掘、整合文化资源，提高广大民众的保护意识，充分发挥孝文化遗产在建设社会主义先进文化，促进经济社会全面、协调、可持续发展中的重要作用。

建立孝文化遗产档案是发掘整理孝文化资源的一项重要工作。在孝文化遗产普查的基础上，对孝文化遗产相关数据信息的系统化采集、梳理、录入和保存。首先要依据不同类型的孝文化资源，对孝文化遗产进行分类、认定、绘图、照相、文字记载等的信息采集，以及各类表格的填写、照片的处理和电脑的信息录入等，确保各种信息完整、数据准确，保证信息录入各个环节的质量。其次要基于孝文化遗产数据信息的采集、梳理和录入，建立省、市（地区）县等各级孝文化遗产档案和数据库。最后，就孝文化的宝贵遗产，要大力发展博物馆事业和申报世界文化遗产，进行保护性的档案保存。

加强孝文化遗产管理具体要解决以下两个问题：一是实行分级管理。按照孝文化遗产的价值等级，配备学术级别和业务能力不同的管理者，制定不同的管理制度；二是实行法规与标准管理。政府要制定出具有制约作用、引导作用的孝文化遗产管理法规与标准，做到系统、具体、可操作。

三、科学合理开发利用，在发展中传承光大中华孝义精神

孝文化资源的价值是全方位的，它不仅具有历史、文化价值，而且具有很高的效用功能和经济价值，存在着巨大的经济产业开发的潜力，这也是孝文化能够千百年来不断传承和发展的强大内在动力。孝文化资源的开发利用需要进行全面、科学和合理的统一规划，结合地域资源的实际情况，有步骤、有重点地开发利用，从而为传统孝文化的创新发展和发展文化产业促进经济腾飞、社会进步发挥重大的作用。

1. 对孝文化资源进行开发利用，必须坚持合理利用避免过度开发的原则。

对孝文化资源进行保护，实际上是为了能对孝文化精神进行更好的传承，为此，必须要坚持合理利用、科学开发，一方面以保护为前提来保证开发的可持续性，另一方面以开发来提升保护的水平。对孝文化资源要提倡保护性的开发和开放性的保护相结合。孝文化资源保护的策略与措施主要有以下几个方面：依法严格监管，完善保护法规，全面合理规划，分类分级保护，广泛宣传教育，树立保护意识。对物质的孝文化资源可采取建立遗址、民俗展馆等保护和管理方式；对非物质的孝文化资源则应采取图书、图片或多媒体数字技术等方法进行记录、整理、储存和宣传，并建立档案和数据库，对社会公众开放。

2. 开发利用孝文化资源应与发展老龄产业、服务业、文化产业相结合。

积极稳妥开发老年服务业。孝文化产业的开发利用也离不开以养老敬老为主要内容的市场需求。从市场的角度分析，老龄化意味着"银发"消费群体的迅速发展壮大，这也必然会为很多企业创造出更多新的商机，同时也为社会养老问题提供了一个很好的解决路径，建立起新的养老模式，从老年公寓、养老院、医疗保健和休闲设施到老年人日常用品，都蕴藏着巨大的市场空间。因此，以孝文化的视角开发利用老年产业，可以实现经济和社会效益的双向发

展。老年服务产业的开发可以从以下几个方面入手：一是成立专业的敬老服务企业，可以定位为带有公益性质的市场主体，政府层面需要加强引导和扶持，建设专门的养老公寓和养老医院等设施，转移家庭养老压力，满足市场养老需求，为老年人提供饮食起居、休闲娱乐和医疗卫生等多层次全方位的专业服务；二是重视养老敬老服务业人员的培训工作，要以孝文化教育为核心，在加强服务人员业务技能的同时，还要培养服务人员的敬老、爱老的奉献精神，为敬老服务企业提供大量的专业高素质人才；三是开发老年日常用品，要针对老年消费群体的特定需求，加入孝文化元素，打造孝文化品牌，大力开发如特色老年食品、老年服饰、老年护理品和老年保健器械等产品，做大做强老龄产业。

开发孝文化特色旅游。一是开发孝文化旅游项目。孝文化内涵中的一些元素具有很好的群众基础，因此，可以开发一些有特色的旅游项目。因"孝"得名的湖北孝感的旅游资源大都与孝文化有关，他们在开发自然美景的同时，挖掘出其孝文化的内涵，突出其孝文化特色，使得自然与文化和谐共存。比如，在观音湖景点，修建董永与七仙女的屋宇，设置传统农具和织布机等，以便游览和体验，在双峰山则开辟"孟宗哭竹"景点等；孝感麻糖、米酒、剪纸艺术名扬天下，他们把孝感麻糖、孝感米酒、孝感剪纸生产流程作为参观内容，打造旅游品牌。这些孝文化旅游开发都取得了成功。二是开发孝文化旅游商品。围绕着旅游活动的全方位拓展，使物质文明和精神文明达到和谐的一种状态。发展孝文化旅游要在旅游的吃、住、行、游、购、乐这几大要素上做文章，把孝文化创意做足，把孝文化资源用足。同时要大力鼓励和扶持各种孝文化传播公司、孝文化礼品公司、孝文化民俗产品开发公司，根据游客的需求开发具有创意的孝文化商品，使孝文化旅游商品更具特色和竞争力。

做优质孝文化产品。热情开发孝文化特色产品，大力发展孝文化特色产业，打造孝文化特色品牌，也是适应广阔的市场需求。湖北省孝感市在这方面做出了有益的探索。他们结合地域特色把孝文化特色元素融入剪纸、绘画、刀刻、泥塑等民间工艺之中，融入皮影、善书、戏剧等民间说唱艺术之中，通过传统文化与现代工艺相结合的方式，不断完善，加工整理，制作孝文化产品，提高产品的文化附加值，进行广泛的市场宣传，扩大产品的知名度，从而推动产品的销售，产生巨大的经济效益。其实，开发孝文化产品还可以尝试制作孝文化影视作品，与有关单位联合制作孝文化歌曲、小品等文艺作品，在利用传统的电影、电视、广播等媒体进行产品传播的同时，应大力利用网络、手机、游戏等新媒体形式，增强消费者对孝文化文艺作品的参与互动性，提高作品的知名度，从而创造良好的经济效益。

第四节　兴孝的实践要求、理论创新与政策建言

如果说亲情、家庭、亲子关系是孝文化的来源，那么农业生产方式及其农村生活方式则是孝文化的温床。这种"来源"和"温床"在可以预见的未来中国也不可能发生根本性的变化，由此，至少在农村，孝文化还将顽强地存在着。特别是在家庭养老还将长期起着重要作用、农业和农村生活方式仍将长期存在的情况下，传承、弘扬和创新实践孝文化就有着积极的意义。行孝于老人是全社会的责任，尽孝于父母是生为人子的义务，兴孝于家庭是道德建设的重点。按照我们对老年人的界定（年满 65 周岁），他们都出生在旧社会、绝大多数长在红旗下、奉献于新国家，经历苦难却走向"灰黄"。特别是农村老年人，承担着生产和再生产的艰辛，奉献一生，却走向凄凉的晚境。为着孝敬我们的衣食父母——老年人，能让他们共享改革红利、享受天伦之乐、幸福安享晚年，国家、社会和每一个人务必做出切实的贡献。由此，我们仍然要且必须传承、弘扬和创新中华孝文化，将"孝"恢复和提升到"道"的高度，成为中国人的恒久精神追求和生活恪守的底线，将孝道进行到底。

基于本篇前面的论述，本着党执政为民、政府促进民生幸福、全社会创造幸福和谐生活局面与仁爱和谐社会风尚的理念，我们对本篇所系统论述的构建和确立新孝道的理论创新与政策建言，做出如下条文化归纳：

1. 孝与孝道是中华优秀传统文化的重要组成部分和核心内容，当代中国的主流意识形态应予确认和改造创新，使之成为"中国先进文化"的组成部分；

2. 确立"党管道德建设"原则，各级党委、政府成立"道德建设监察委员会"，建立"党员、干部（公务员、公职人员）道德自律自查报告制度"；

3. 国家确立和实施"应对老龄化"国策，统筹协调经济社会建设；

4. 国家建立和完善"家庭制度"，以法律和政策明确家庭在社会生活中的地位、作用等，进而引导规范家庭行为、指导协调处理家庭事务；

5. 国家鼓励结婚登记双方签订《家庭生活守则》，政府帮助提供相应文本；

6. 修订《公民道德建设实施纲要》，理清"四德"的内涵与关系，增加和

修正"家庭美德"的内容；

7. 研究制订并适时颁布《公民基本道德观念与生活伦理基本规范通则》，以落实"社会主义核心价值观"的宣传贯彻，各级文明委负责推广"通则"的实施；

8. 各机关、团体、企事业单位内部，城市社区和农村村民自治委员会切实贯彻落实《老年人权益保障法》、《人民调解法》等，并完善"人民调解委员会"和"人民调解委员"工作制度；

9. 国家指导帮助城乡社区和自治组织建立和实施"村规民约"等，以规范和协调引导社会风尚；

10. 国家教育行政管理部门鼓励并督促承担义务教育的学校和高等教育院校在学生中开展"公民伦理道德通识教育"，增加传统优秀道德教育内容，创新活动方式，突出"感恩"教育与实践；

11. 建立民政部门负责"'家庭责任义务'培育制度"，民政部门在进行婚姻登记时增设"家庭知识普及培训"一环，开展家庭及其角色责任义务教育、督促家庭责任义务承诺和履行家庭责任义务承诺，增强登记对象的新老家庭责任义务意识；

12. 在国家荣誉制度中设立"道德楷模政府奖"，其中设"孝亲敬老"专项奖，给予精神和物质奖励，鼓励社会机构组织评奖"严父、慈母、孝子、贤媳、孝心少年"等；

13. 建立"主流媒体公民道德建设公益宣传制度"，规定时长、频次，审查内容，督促落实；

14. 国家规定"春节"、"清明节"、"端午节"、"中秋节"、"重阳节"为法定"涉孝"节日，公职人员"奔丧"、"治丧"给予相应带薪假期，鼓励其他行业及人员参照；

15. 国家承认"亲情"并确立"亲权"立法理念，统一各法"涉孝"条款，制订并颁布《亲属法》、《亲子关系权益法》、《涉孝事务诉讼法》（自诉）等，明确判定"涉孝"诉讼；

16. 国家鼓励和支持社会机构（NGO）从事养老、尊老、慰老等公益活动；

17. 国家鼓励建立老年服务志愿者（青少年、义工、年轻的老年人）组织，指导、帮助、管理它们开展的活动；

18. 国家发展老年事业，设立专项经费并纳入国家财政预算，支持发展老年产业，出台税收支持政策（如扩充和完善老年大学功能、富余的小学场地用作社区老年活动中心或敬老院）；

19. 征收遗产税，实施累进制税率制度，研究规范遗产税的结构及其支出，切块支持发展老年事业；

20. 国家发展老年关怀事业，开放并加强合法宗教关怀管理；

21. 国家重视"家庭核心价值观"，开放并加强管理家谱、族谱编修、祭祖等活动，各级政府可举行法定的相关公祭活动；

22. 完善孝载体，国家支持家庭美德建设活动与研究事业；

23. 孝继有人，国家严格实施统一的准生二胎的计划生育政策；

24. 国家支持"中华家文化"、"中华孝文化"国际交流；

25. 国家保护体现中华家庭文化、孝文化价值的物质和非物质文化遗产；

26. 国家鼓励成年子女与高龄父母等亲属长辈共居，相互扶助，并给予一定住房政策优惠和相应补贴；

27. 国家承认血缘亲情关系的存在、尊重公民和家庭的隐私权，不鼓励亲人相互举报、不迫使亲属检举、举证亲属中的犯罪嫌疑人；

28. 国家鼓励并规范管理家庭成员居家就业，以照顾高龄或生活不能自理的亲人；

29. 国家建立和实施并鼓励各级地方政府和单位建立和实施高龄老人生活补贴制度；

30. 国家鼓励和保护赡养义务人与被赡养人签订《赡养协议》。

后　记

　　十年思考，六年研究，三年写作修改，终于成稿，开始心情激动而忐忑地书写掩卷之思。2007年年度国家社会科学基金资助项目《"孝"与社会和谐研究》课题的结项书稿《孝——社会和谐的文化纽带》（出版修订名为《中华孝文化传承与创新研究》）及《论文集》带着作者们的喜悦、激动与遗憾、忧虑，终究是呈献在您的面前了。回想六年的研究历程，谋篇提纲上，从开始的主持人一人拟题，到不断地登专家之门、进京求大家赐教，反复构思、讨论修订；内容把握上，从原本计划只在道德伦理范畴内谈孝与和谐社会建设的关系，到最后从伦理学、经济学、社会学、法学（及政治学）和文化学五大维度支撑，从发展战略、体制机制等十大方面全面展开"新孝道"并在农村重点建构；调研方法上，从最开始只是在学生中问卷调研，到后来从城市到农村、从市民家庭到山村农户，广泛考察访谈；资料收集上，从最初只涉及书籍、学术期刊，到最后统摄诸多报纸与现代传媒报道直至网络论坛的帖子，全面收集整理提炼；写作分工上，从原本只是主笔撰稿，其他人分头写文章，到多方协助、二人主笔，集体审改；篇幅体量上，从最初承诺的25万字书稿到最终定稿近40万字，另加由九篇专题文章组成的"论文集"；一路走来自是不平常、不容易，有太多的感触、太多的感动。

　　首先是谋篇布局得到了诸多大家和前辈以及俊彦的指点。课题获得立项后，我们着手研究课题文稿体例，2007年秋课题主持人李银安即赴北京，向久负盛名的孝文化研究专家、中国人民大学的肖群忠教授和全国著名的李贽研究专家、首都师范大学的张建业教授当面请教，2008年夏肖群忠教授、2012年秋张建业教授来鄂讲学，我们又抓住机会请教，得到了他们的热情鼓励和悉心指教。几度赴京也得到了中央党校周熙明教授、叶庆丰教授的精心指导。在湖北，我们也得到了前辈学者的热心帮助和精心指导。他们是省委党校的曾瑞芝教授、赵诗清教授、彭家年教授、刘永柏副巡视员、陈家超教授等，省政协原

417

主席王生铁先生、省文化厅原厅长周年丰先生、省社科联原主席陈昆满先生、武汉大学资深教授冯天瑜先生、省社科院副院长刘玉堂教授、武汉市黄陂区委党校原校长魏益海先生、荆门市委党校周树清教授、孝感市委原常委、宣传部长栾春海先生、麻城市委原常委、市政协主席凌礼潮先生、十堰市委党校任兴有教授等。更多的同辈学者、朋友也给予了热心支持，他们的代表是恩施州委书记王海涛、武汉大学知名教授程虹、荆门市人大常委会副主任陈启华、省委宣传部文明办原主任蒋南平、省社科院研究员刘继兴、黄冈市政府副市长詹旺民、湖北职业技术学院院长助理田寿永、孝感市委党校教授苏格清、孝感市孝昌县政协主席陈传友、武汉市黄陂区委宣传部副部长李义祥、武汉市烟草专卖局副局长邹元忠、鄂州市烟草专卖局副局长陈劲等，当然还有我校多位中青年同事和历次孝感孝文化国际学术研讨会上激情交流的中外同道朋友们。值得强调指出的是，省委宣传部理论处和我校科研处负责人喻立平、廖生彪、杨维多、陈燕军、王汉军等，给予了课题研究以及时的指导和多方面的帮助。在此成稿出版之际，特向他们一并表示衷心感谢。

第二是调查研究、问卷访谈等得到多方帮助。中华孝文化资源丰富而积淀深厚，各地研究值得学习。八年来，几万里行程，十数省市区的问询，十多次专程到访，本课题研究进行了多次专题调研，2007年底还有机会随团访问越南，2013年秋随团访问新加坡，亲身感受中华孝文化的国际和历史影响，期间结合承担中央宣传部和湖北省委宣传部的重大项目调研，深入到湖北省内外的大中小学校、城乡社区和家庭、有关机关企事业单位和孝文化资源突出的地方和孝文化研究机构，获取了大量第一手资料和真切感受，也得到了相关地方和相关人员的大力支持。

省外国内调研所及，在北京、河南、广东、浙江、江苏、山东、内蒙古、四川、西北地区调研期间，北京市委党校张耀南，河南省委党校王永恒、河南大学孙学士，广州市委党校李仁武，贵州省委党校李向红，江苏省委党校廖礼平、南京企业家夏唯元，内蒙古自治区委党校郭永祥，四川省委党校陈叙，宁夏自治区委党校周伟权，陕西省行政学院吴琼华，甘肃省行政学院谷军威等都给予了热情接待和大力支持，在此也一并感谢。国内我们还顺访了东北地区、福建、江西、安徽、云南、上海、天津、河北、湖南等省市，获取了大量孝文化资料和相关研究成果。

湖北省是我们调研的主要区域。在省内，我们去了全省十七个市州和林区及其多数县市及重点的乡镇、村组，深入相关单位、乡镇甚至村组的主要是在武汉、孝感、宜昌、襄阳、黄冈、十堰、荆州七市和神农架林区。这里要特别感谢组织学员和学生进行问卷调研的湖北省委党校的连学良等组织员和宜昌市伍家岗区教育局的陈荣及武汉市、宜昌市多所大中小学的领导、老师和同学，还有当时在大学学习的我的女儿李希。多年来我带队调研，深感调研工作之所以顺利、有效，主要得益于各级领导的高度重视、大力支持，得益于各地各级干部和同志们包括普通市民和农民乐于和敢于向党委部门——党校的同志讲真话，反映问题、建言献策、寄予希望。

　　这几年的调研之所以能深入到城市社区和乡镇村组甚至普通农户，获得底气、自信和灵感，也得益于我们将参加湖北省委组织的"荆楚民情"调研与本课题调研结合起来一并进行，相互增益。我们在完成相关课题《创新孝文化 建设平安和谐湖北新农村》（2007）、《整合社会资源 创新发展机制 构建"和谐神农架"》（2009）、《湖北农民思想状况调查》（2011）、《湖北农民文化生活状况调查》（2012）、《彰显劳动价值是公平正义第一要求》（2012）、《深入贯彻落实科学发展观问题研究（湖北篇）》（2012）的同时，加强对孝道德与农村养老、乡风文明等问题的深入调查和研究。

　　第三是写作分工与协作得到领导关怀和青年俊彦的鼎立担当。本课题研究曾经走了一段弯路，曾将一段时间集中在能否从实证的自然科学层面论证"孝"是否具有自然属性。经领导和专家的指点，终于回到了政治学的视角来研究和论述的正确轨道。开展课题研究的数年间，课题组成员因工作岗位变动、职位升迁或退休，人员及研究力量也有所变化。课题主持人期间也几度承担其他课题任务而影响本课题的研究进度，特别是影响到集中精力撰稿写作。这期间幸得校领导和科研管理部门负责同志提示、帮助和安排，补充新生力量李明博士承担基础部分的写作任务，大大加快了成稿进度。同时我们邀请著名的华中科技大学中国乡村治理和研究中心的博士生龚为纲参加研究和写作，也加深了问题研究的力度，增强了针对性。这里要特别感谢湖北省委党校彭家年教授，他多年来与课题负责人论辩交流自己的理论思考和人生心得，直指问题核心——如何实现养老代际转换，悉心指导并收集整理了大量相关现实材料以供写作提炼。

　　第四是得到了来自家庭的耐心支持，得到家人现身说法的启发与探讨。作为课题主持人，自然对调研组织和撰稿写作有更多的担当，再加上教学与科研的行政任务和所负责的部门工作，事务繁忙，压力大，对小家庭以及连成一体的大家庭所尽义务反倒有违"孝道"。这里我要特别感谢小家庭里的妻子彭凤霞、女儿李希和紧邻的大家庭里高龄的岳父彭家年、岳母程本秀，一是感谢他们多年来更多地承担家务，给予我的研究以理解和耐心的全力的支持，二是要感谢他们以亲身感受提醒和交流他们对孝道——家庭代际和谐幸福的相处之道的理解，提出了很多很好的建议，更重要的是他们时时提醒我，对"孝"的理论研究不能脱离了当今时代变化和家庭生活的实际。

本课题研究虽然得到了多方面的支持、帮助与指导，但是研究和写作的任务还主要是由课题组成员来负责和承担。课题组每位成员在长达十年的时间内都始终关注、支持课题研究和文稿写作，都尽到了自己的责任。由于时间跨度超过了预期，这些年，作为课题组重要成员的一些同志工作岗位几经变动和升迁，如孝感市委宣传部副部长涂洪甫同志工作繁忙且已升任市社科联主席，湖北省委党校的王亚群同志也是几经岗位变动、本职工作任务繁重且已升任副巡视员，湖北省委党校的周蓓同志则已提前退休，这些同志很好地履行了当时阶段的课题研究职责并且一如既往地关注支持着，但是他们无从承担具体的调研与写作任务。

本课题后期调研和文稿撰写主要由李银安、李明完成。李明主要完成上篇第一章、第二章和第三章第二节的写作任务。刘洪波则主要完成中篇第七章第二节、第三部分，并有《关于孝感市建设"中华孝文化名城"的调查与思考》作为本课题附件"论文集"文章之一。龚为纲主要完成《应对中国农村人口老龄化的战略分析》作为本课题附件"论文集"文章之一。全书体例由本课题负责人李银安负责拟定并在征求各方意见后最后确定，本书文稿除标明其他作者外的均由李银安撰写和编写，其中还撰有《孝文化是中华文明的鲜明特征和基本标识》、《孝心犹存 呼唤新孝道——"孝在当代"调查报告》、《在建设社会主义和谐社会进程中构建新孝道》和《关于孝的理论创新与构建新孝道的政策建言》作为本课题附件"论文集"文章。课题组成员陈绍辉完成了阶段性、专题性研究成果《论孔子的孝义及其现代价值》作为本课题附件"论文集"文章之一，也因已公开发表（《襄樊学院学报》2008年第4期），故不再收入本书稿。课题组成员刘盛华完成了《中华孝文化研究述评》作为本课题附件"论文集"文章之一，因书稿"上篇"系统梳理并运用了学界相关研究成果，故本篇也不再专题收入。全书由李银安统稿并负责。

最后还需要说明和感谢的是，在本课题调研和本书稿写作的后期，湖北省委党校的梅松副教授、湖北省委党校2011级硕士研究生彭怡鸣、浙江大学2012级硕士研究生张曼华给予了我们以大力支持，在课题调研过程中，他们做了大量的问卷调查、统计、整理的工作，在后期书稿写作过程中，他们为资料收集整理和参考文献的登记统计付出了大量心血，彭怡鸣为中篇第四章第二节第一部分的撰稿做了资料整理和初步写作工作，梅松则最后完成了本课题文稿的参考文献整理工作，张曼华统计整理"孝在当代"的问卷并做出了初步的分析和基础写作，在此也对他们特别致谢。

本书稿写作参阅了大量文献资料，作者们在写作时尽力做到明确标注，但是由于写作时间较长，采用资料较多，特别是我们采用了大量报刊的新闻报道和视频媒体以及网络媒体的转述资料，由于技术原因，也有很多没有明确标注，在此，我们真诚地对有关资料及研究成果的作者表示由衷的感谢并致以深深的歉意。

中华孝文化博大精深，当今老龄化问题日益突出，养老之责和敬老之风有待进一步治理，我们对此做出了尽心尽力的研究，也提出了较为宏观的考察思路和大体框架以及较为具体的解决办法建议，研究思路之开阔、有些问题研究之深、研究和建议的创新之处也是明显的，这是我们聊以自慰的，同时，我们也深知，研究对象之博大精深、问题解决之难也是明显的，我们端正了接受批评指正的态度，真诚欢迎方家的指导帮助和来自社会的意见批评，目的只有一个，正如书稿结束时所说"将孝道进行到底"，以期共同研究和促进问题的解决。

本课题和本书稿完成之时，我国新的《老年人权益保障法》已经开始正式实施，培育和践行社会主义核心价值观已成全社会共识和自觉行动，我国老年人权益保障和公民道德建设将进入一个全新阶段，数千年的孝文化传统将得到进一步的传承与发展，让我们共同努力，见证中华孝文化在中国特色社会主义道路与制度下的伟大复兴！

李银安

2017 年 4 月 8 日

策　　划：张文勇

责任编辑：张文勇　孙　逸　申　吕　罗　浩

封面设计：李　雁

图书在版编目（CIP）数据

中华孝文化传承与创新研究 / 李银安，李　明　等　著．—北京：人民出版社，
　2017.9

ISBN　978 - 7 - 01 - 018131 - 8

Ⅰ．①中…　Ⅱ．①李…　②李…　Ⅲ．①孝—文化—研究—中国　Ⅳ．
　① B823.1

中国版本图书馆 CIP 数据核字（2017）第 215395 号

中华孝文化传承与创新研究

ZHONGHUA XIAOWENHUA CHUANCHENG YU CHUANGXIN YANJIU

李银安　李　明　等著

人民出版社 出版发行

（100706　北京市东城区隆福寺街 99 号）

涿州市星河印刷有限公司印刷　　新华书店经销

2017 年 9 月第 1 版　2017 年 9 月北京第 1 次印刷
开本：710 毫米 × 1000 毫米 1/16　印张：27
字数：460 千字

ISBN 978 - 7 - 01 - 018131 - 8　定价：42.00 元

邮购地址 100706　北京市东城区隆福寺街 99 号
人民东方图书销售中心　电话（010）65250042　65289539